故宫博物院藏清初影宋鈔本

營造法式

上册

故宫博物院編

故宫出版社

圖書在版編目（CIP）數據

故宮博物院藏清初影宋鈔本營造法式 / (宋) 李誠撰；故宮博物院編. —北京：故宮出版社，2017.10 (2022.4 重印)

ISBN 978-7-5134-0944-5

I. ①故… Ⅱ. ① 李… ②故… Ⅲ. ①建築史 - 中國 - 宋代 Ⅳ. ① TU-092.44

中國版本圖書館 CIP 數據核字（2016）第 258905 號

故宮博物院藏
清初影宋鈔本營造法式

〔宋〕李　誠　撰

故宮博物院　編

出　版　人：章宏偉
策　　劃：江　英　朱賽虹
責任編輯：宋　歌
裝幀設計：王　梓　于朝娟
責任印製：馬静波　常曉輝　顧從輝
資料提供：故宮博物院圖書館
出版發行：故宮出版社
地址：北京市東城區景山前街4號　郵編：100009
電話：010-85007800　010-85007817
郵箱：ggcb@culturefc.cn
製版印刷：鑫藝佳利（天津）印刷有限公司
開　　本：787×1092mm　1/16
印　　張：60.5
版　　次：2017年10月第一版
2022年4月第四次印刷
印　　數：3001-4000套
書　　號：ISBN 978-7-5134-0944-5
定　　價：360.00圓

介紹故宫博物院藏鈔本《營造法式》

傅熹年

《營造法式》是宋代官方編定的建築技術專書，全面反映了宋代在建築的設計、結構、構造、施工和工料定額等多方面的技術、藝術特點以及工藝水平，是現存最重要的古代建築典籍之一。上世紀二十年代以來，此書開始受到學術界的重視，先後兩次印行，建築史學界的梁思成、劉敦楨、陳明達諸老輩學者都對它進行了深入研究，先後出版專著。在他們倡導下，當代建築史界專家也相繼開展研究，成果斐然。

近代《營造法式》主要有兩個通行本，即一九一九年據南京圖書館藏丁氏八千卷樓舊藏清鈔本影印的石印本和一九二五年陶湘的仿宋刊本。仿宋刊本的文字主要依據石印本，并用《四庫全書》本和另一舊鈔殘本進行校勘，按當時新發現的宋刊本殘葉的版式刊板。但在研究過程中發現，這兩個通行的新印本都或多或少存在缺憾，或文字缺失，或圖樣有誤，需經反復比較、推算，始得其解，但因無原文、原圖爲顯證，終是憾事。

一九三三年，在故宫博物院圖書館發現一部舊鈔本《營造法式》，經劉敦楨、謝國楨、單士元三先生共同據以校勘石印丁氏本，發現上二本在文字和圖樣上的缺憾大部分能得到補正，被劉敦楨先生推爲最善本。以後故宫藏《營造法式》遂成爲學人想望、亟希一睹真面以解積疑的珍籍。

此書爲鈔本，墨畫欄格，每半葉十一行，每行二十一二字，白口，左右雙欄，版心下方記葉數。順序爲首劄子，次序，次總目，次看詳，後接全書三十四卷，卷末附紹興十五年（一一四五年）平江府重刊題記。在卷三十第九葉『亭榭鬥尖用筒瓦舉折』圖的中縫下方有『金榮』二字，爲刻工之名；書之首册鈐『虞山錢曾遵王藏書』朱文長方印。這二點對探討此鈔本的來源頗爲關鍵。

宋代刻書大都在版心下方刻有刻工的名字，既表明責任，也用以計工費。這對現在辨别該書的刊刻時代和地域極爲重要。刻工金榮之名見于宋紹定以後平江府刻的《吴郡志》《磧沙藏》，也見于上世紀初在清内閣大庫中發現的宋本《營造法式》中，可知這個鈔本源于宋代的平江府刊本。

卷首鈐印的主人錢曾字遵王，以述古堂爲藏書齋名，是明末清初著名藏書家錢謙益的族孫。據錢曾撰《讀書敏求記》記載，錢謙益晚年把一些藏書轉讓給錢曾，鈔本《營造法式》是其中的一種。據錢謙益《有學集》記載，此書是他購得的趙琦美遺書，而趙琦美是借明代内閣所藏刊本鈔寫并請良工描繪圖樣完成全帙的，收集鈔寫歷時二十年，在當時傳爲愛書的佳話㈠。當時錢謙益還藏有一部宋刊本《營造法式》，可惜在一六五〇年被燒毁，這部趙琦美鈔本《營造法式》遂成爲重要的傳本，被錢曾譽爲『希世之寶』㈡。故宫本上鈐有『虞山錢曾遵王藏書』印，故我們應首先考訂它是否即《讀書敏求記》著録的趙琦美鈔本原書。

從書的鈔寫時代考慮，錢謙益、錢曾遞藏的趙琦美鈔本鈔寫于明末，而此本的紙質、書風都屬清代前期，存在明顯的時代差異。再進一步把卷首所鈐『虞山錢曾遵王藏書』印與故宫博物院運臺文物中的宋刊《宣和奉使高麗圖經續記》和上海圖書館藏明鈔本《省心雜言》二書上所鈐的此印相比較，可發現二書之印相同，爲真印，而此本所鈐者雖乍視與二印極相似，經仔細審視，仍有微小差異，應是精心翻刻者而非原印。據此二點，故宮本祗能認爲是清代前期據述古堂藏趙琦美鈔本精鈔複製之本，而非原本。劉敦楨先生在《故宮鈔本營造法式校勘記》中説故宮本中『錢氏圖章極不可靠，紙色質地亦多疑點』，對其是否即述古堂舊藏原本質疑，是極有見地的。

清内閣大庫中發現的宋刊《營造法式》殘本存卷十的末四葉和卷十一、十二、十三三個全卷，共有二十九葉。把故宮本相應各葉與宋本比較，發現各卷的葉數、總行數均相同，卷中每葉各條的起止處在版面上的位置也都相同，祗有個别條的次行第一字偶有上移或下錯之處，但并未改變該條在版面上的位置，可能是鈔寫不嚴謹所致。故就整體而言，故宮本與宋本版面相同，這也就證明它所出自的述古堂舊藏本源出這個宋本。

關于宋代刊行《營造法式》的情況，據《營造法式》前所附《劄子》，紹聖四年（一〇九七年）下令編定《營造法式》，在元符三年（一一〇〇年）編成後，即于崇寧二年（一一〇三年）刊小字本行世，是爲此書第一次刊行。在包括故宮本的後世傳鈔本中，大都在卷末附有紹興十五年平江府重刊此書的題記，可知在南宋紹興十五年時平江府（即今江蘇省蘇州市）曾經重刊過，是爲《營造法式》的第二次刊行。這是宋代有明確文字記載的兩次刊行。但在現存宋本《營造法式》的版心下方刻有金榮、賈裕、蔣宗、蔣榮祖、馬良臣五个刊工姓名，這五個刻工之名又都見于紹定以後平江府刻的《吴郡志》和《磧沙藏》中。紹定元年爲一二二八年，上距第一次重刻的一一四五年已有八十三年，同一刻工不可能工作這樣長時間，故可推知這個殘宋本不可能是紹興十五年刊本而祗能是紹定以後的重刊本，據此，現存的殘宋本實是《營造法式》的第三版刊本。這樣，我們就可以知道《營造法式》在宋代有一一〇三年北宋崇寧刊本（紹興重刊題記稱之爲『紹聖舊本』）、一一四五年南宋紹興刊本和一二二八年以後南宋紹定刊本三個刊本。在現存諸鈔本中，源于述古堂舊藏本的故宮本和源于明范氏天一閣藏本的《四庫全書》本内保留有個别的宋代刻工人名，都屬紹定前後的刻工[三]，可證這兩個鈔本都源于宋紹定刊本。但四庫本已改變了行款版式，而故宫本則保留着宋本的版式，這是故宫本在版本方面的重要價值。

如果以故宫本與現存其他鈔本比較，在内容方面也可見其優長之處。《營造法式》傳世的鈔本，除少量殘本、《四庫全書》本及其傳鈔本外，完整者主要有上海圖書館藏清張蓉鏡鈔本，南京圖書館藏丁氏八千卷樓舊藏清鈔本，日本静嘉堂文庫藏清郁氏宜稼堂、陸氏皕宋樓遞藏清鈔本。後二本實爲傳鈔張蓉鏡本，故三者版式全同，都是半葉十行，每行二十二字。但它的版式雖與宋本不同，其中卷六版門條缺文二十二行又恰爲宋刊本一葉，可知張蓉鏡本仍是輾轉源出宋刊二十二行本，衹是改變了版式而已。劉敦楨先生以故宫本校丁本，重要發現有：卷三補止扉石、水槽子二條，卷四補慢栱一條，卷六補版門條二十二行，卷二十三補壁藏十行等多處。在圖紙部分對殿堂中單槽草架側樣，廳堂中八架椽屋用三柱、六架椽屋用三柱、六架椽屋用四柱等側樣圖，裝飾圖案紋樣方面也都有重要校正，這表明源于述古堂本的故宫本較傳世其他鈔本爲優，這是它在學術方面的重要價值。

在宋代崇寧刊本、紹興刊本已不存，紹定刊本衹殘存三卷、述古堂舊藏本也不存的情况下，源于述古堂舊藏本的故宫本應是現存反映宋紹定刊本全貌的最重要傳本，文字、圖樣也比他本優勝，劉敦楨先生在《故宫鈔本營造法式校勘記》中説此本『宋刊面目躍然如見』正是這個意思，這是此書的重要價值所在。

在此本今年被正式列入首批國家珍貴古籍保護名録，肯定了它的歷史和文化價值後，故宫博物院决定將它出版，相信此本的出版既可使這部有重名的善本能舉世共賞，也將有利于推動學術研究的發展。

二〇〇八年

注释：

㈠ 錢謙益《有學集》卷四十六：『《營造法式》余得之天水長公。長公初得此書惟二十餘卷，遍訪藏書家，罕有蓄者。後于留院得殘本三册，又于内閣借得刊本，而閣中却闕六、七數卷，先後搜訪，竭二十餘年之力始爲完書。圖樣界畫最爲難事，用五十千購長安良工，始能厝手。長公嘗謂余言購書之難如此。長公殁，此書歸余。趙靈均又爲余訪求梁溪故家鏤本，首尾完好，始無遺憾，恨長公之不及見也。靈均嘗手鈔一本，亦言界畫之難，經年始竣事云。』

㈡ 錢曾《讀書敏求記》卷二：『李誡《營造法式》三十四卷，目録、看詳二卷，牧翁得之天水長公，圖樣界畫最爲難事。己丑（一六四九年）春，予以四十千自牧翁購歸。牧翁又藏梁溪故家鏤本，庚寅（一六五〇年）不戒于火，縹緗囊帙盡爲六丁取去，獨此本流傳人間，真希世之寶也。』

㈢ 文津閣《四庫全書》在卷二十九『殿内鬥八第三』圖左下有刻工金榮名，『風字流杯渠』圖左下有刻工馬良二字。在卷三十一『殿堂等八鋪作雙槽草架側樣第十一』圖中縫下有刻工馬良臣名。這些刻工都見于紹定本《營造法式》。據《四庫全書總目》，《四庫全書》本源于范氏天一閣藏本，但其中卷三十一天一閣本缺，用《永樂大典》本補入。據刻工名相同可知，范氏天一閣藏本和《永樂大典》本都出于宋紹定本。遍檢故宫本全書，祇在卷三十第九頁一處有金榮之名，其餘各卷均無，可知原鈔寫體例是省去刻工名，金榮之名是因在圖之下方而偶然留下的。據此可知，現存《永樂大典》本、《四庫全書》本和故宫本都源于宋代紹定本。

故宫鈔本《營造法式》校勘記※

故宫圖書館鈔本《營造法式》，原庋南書房。宣統出宫後，移藏文獻館，現歸圖書館保存。書凡二函，函六册，内圖式三册。版心高二八點八厘米，闊一八點八厘米，每面十一行，行二十二字。首册鈐有『虞山錢曾遵王藏書』書記一方。書中順序：首進書劄子，次自序，次總目，次看詳，以下本書三十四卷，末頁紹興十五年王喚重刊題名。字數、體裁與紹興本殘頁一致，唯錢氏圖章極不可靠，紙色質地亦多疑點，恐非《讀書敏求記》以四十千購自絳雲樓之真本也。又此本卷六小木作版門脱落二十二行，卷三十二天宫樓閣、佛道帳與天宫壁藏後，無行在吕信刊及武陵楊潤刊題名，仍係輾轉重録，非直接影鈔宋本者。但卷四大木作，未脱『慢栱第五』一條，甚足珍異。卷六脱簡廿二行，適爲同卷第二頁全頁，疑係鈔手偶爾遺漏，或所據之本即無此頁，以視丁本，以訛傳訛，不可同日而語。餘如圖繪精美，標註詳明，宋刊面目，躍然如見，直可與倫敦《永樂大典》殘本媲美，遠非《四庫》本、丁本所可企及也。民國二十二年四月上浣，與謝剛主、單士元二君，以石印丁本校故宫鈔本，凡六日畢事。新寧劉敦楨記。

※ 本文爲作者于自藏之《營造法式》一書扉頁内所題識語，寫于一九三三年四月，未經發表。本文摘自《劉敦楨文集》第一卷，標題係该书編者所加。

目録

上册

下册

編脩營造法式所

準崇寧二年正月十九日

敕通直郎試將作少監提舉脩置外學等李誡劄子奏契勘熙寧中敕令將作監編脩營造法式至元祐六年方成書準紹聖四年十一月二日

敕以元祐營造法式祇是料狀别無變造用材制度其間工料太寬關防無術三省同奉

聖旨著臣重别編脩臣考究經史羣書并勒人匠逐一講說編脩海行營造法式元符三年内成書送所屬看詳別無未盡未便遂具

進呈奉

聖旨依續準都省指揮只錄送在京官司竊緣上件法式
係營造制度工限等關防功料最為要切內外皆合通行
臣今欲乞用小字鏤版依海行敕令頒降取進止正月十
八日三省同奉
聖旨依奏

進新脩營造法式序

臣聞上棟下宇易為大壯之時正位辨方禮實太平之典共工命於舜曰大匠始於漢朝各有司存按為功緒況
神畿之千里加
禁闈之九重內財
宮寢之宜外定
廟朝之次蟬聯庶府棊列百司櫼櫨枅柱之相枝規矩準繩之先治五材並用百堵皆興惟時鳩僝之工遂考翬飛之室而斲輪之手巧或失真董役之官才非兼技不知以材而定分乃或倍斗而取長弊積因循法疏檢察非有治三宮之精識豈能

新一代之成規

温詔下頒成書入

奏空靡歲月無補消塵恭唯

皇帝陛下仁儉生知

睿明天縱

淵靜而百姓定

綱舉而衆目張官得其人事爲之制丹楹刻桷淫巧既除

菲食卑宫淳風斯復乃

詔百工之事更資千慮之愚 臣 攷閲舊章稽參衆智功分

三等第爲精粗之差役辨四時用度長短之晷以至木議

剗削而理無不順土評遠邇而力易以供類例相從條章

具在研精覃思顧述者之非工按牒披圖或將來之有補

通直郎管 脩蓋 皇弟外第專一提舉脩蓋班直諸軍

營房等編脩 臣李誡謹昧死上

營造法式目録

通直郎管 修蓋皇弟外第專一提舉脩蓋班直諸軍營房等 臣李誡奉

聖旨編修

第一

第二

舉折　門

烏頭門　華表

牕　平棊

鬬八藻井　鉤闌

拒馬叉子　屏風

槏柱　露籬

鴟尾　瓦

塗　彩画

階　塼

井

總例

第三

壕寨制度

石作制度

第四

大木作制度一

第六

第七

第八

小木作制度三

第十三

第十五

第十六

角石 角柱　殿階基

地面石 壓闌石　殿階螭首

殿内鬬八　踏道

單鉤闌 重臺鉤闌　螭子石

門砧限 臥立柣将軍石 止扉石　地栿石

流盃渠　壇

卷輂水窓　水槽

馬臺　井口石

山棚鋜脚石　幡竿頰

贔屓碑　笏頭碣

第十七

大木作功限一

栱枓等造作功

殿閣外檐補間鋪作用栱枓等數

殿閣身槽內補間鋪作用栱枓等數

樓閣平坐補間鋪作用栱枓等數

枓口跳每縫用栱枓等數

把頭絞項作每縫用栱枓等數

鋪作每間用方桁等數

第十八

大木作功限二

殿閣外檐轉角鋪作用栱枓等數

殿閣身內轉角鋪作用栱枓等數

樓閣平坐轉角鋪作用栱枓等數

第十九

大木作功限三

殿堂梁柱等事件功限

城門道功限 樓臺鋪作準殿閣法

倉廒庫屋功限 其名件以七寸五分材為祖計之更不加減常行散屋同

常行散屋功限 官府廊屋之類同

跳舍行牆功限

望火樓功限

營屋功限 其名件以五寸材為祖計之

第二十一

小木作功限二

第三十一

大木作制度圖樣下

第三十二

小木作制度圖樣

彫木作制度圖樣

三

營造法式目録

營造法式看詳

通直郎管修蓋皇弟外第專一提舉脩蓋班直諸軍營房等臣李誠奉

聖旨編修

方圜平直　取徑圍

定功　取正

定平　墻

舉折　諸作異名

總諸作看詳

方圜平直

周官考工記圜者中規方者中矩立者中垂衡者中水鄭司農注云治材居材如此乃善也

墨子子墨子言曰天下從事者不可以無法儀雖至百工從事者亦皆有法百工為方以矩為圓以規直以繩衡以水正以垂無巧工不巧工皆以此為法巧者能中之不巧者雖不能中依放以從事猶愈於已

周髀算經昔者周公問扵商高曰數安從出商高曰數之法出扵圓方圓出扵方方出扵矩矩出扵九九八十一萬物周事而圓方用焉大匠造制而規矩設焉或毀方而為圓或破圓而為方方中為圓者謂之圓方圓中為方者謂之方圓也

韓子曰無規矩之法繩墨之端雖班尔不能成方圓

看詳諸作制度皆以方圓平直為準至如八棱之

類及欹斜羨禮圖云羨爲不圜之貌璧羨以爲量物之度也鄭司農云羨猶延也以善切其袤一尺而廣狹焉陊史記索隱云陊謂狹長而方去其角也陊丁果切俗作隋非六

用規矩取法今謹按周官考工記等脩立下條

諸取圜者以規方者以矩直者以繩取則立者垂繩取正橫者定水取平

取徑圍

九章算經李淳風注云舊術求圜皆以周三徑一爲率若用之求圜周之數則周少而徑多徑一周三理非精密蓋術從簡要畧舉大綱而言之今依密率以七乘周二十二而一即徑以二十二乘徑七而一即周

看詳今來諸工作已造之物及制度以周徑爲則

者如點量大小須於周内求徑或於徑内求周若用舊例以圍三徑一方五斜七為據則踈略頗多今謹按九章筭經及約斜長等密率脩立下條

諸徑圍斜長依下項

圜徑七其圍二十有二

方一百其斜一百四十有一

八棱徑六十每面二十有五其斜六十有五

六棱徑八十有七每面五十其斜一百

圜徑内取方一百中得七十有一

方内取圜徑一得一〔八棱六棱取圜準此〕

定功

唐六典凡役有輕重功有短長注云以四月五月六月七月為長功以二月三月八月九月為中功以十月十一月十二月正月為短功

看詳夏至日長有至六十刻者冬至日短有止於四十刻者若一等定功則枉棄日刻甚多今謹按唐六典修立下條

諸稱功者謂中功以十分為率長功加一分短功減一分

諸稱長功者謂四月五月六月七月中功謂二月三月八月九月短功謂十月十一月十二月正月

右三項並入總例

取正

詩定之方中又揆之以日注云定營室也方中昏正四方也揆度也度日出日入以知東西南視定北準極以正南北周禮天官唯王建國辨方正位

考工記置槷以垂視以景為規識日出之景與日入之景夜攷之極星以正朝夕鄭司農注云自日出而晝其景端以至日入既則為規測景兩端之内規之規之交乃審也度兩交之間中屈之以指槷則南北正日中之景最短者也極星謂北辰

管子夫繩扶撥以為正

字林㨿時釧切垂臬望也

刊謬證俗音字今山東匠人猶言垂繩視正為㨿

看詳今來凡有興造既以水平定地平面然後立表測景望星以正四方正與經傳相合今謹按詩及周官攷工記等修立下條

取正之制先於基址中央日内置圜版徑一尺三寸六分當心立表高四寸徑一分畫表景之端記日中最短之景次施望筒於其上望日景以正四方

望筒長一尺八寸方三寸用版合造兩罨頭開圜眼徑五分筒身當中兩壁用軸安於兩

立頰之内其立頰自軸至地高三尺廣三寸厚二寸晝望以筒指南令日景透北夜望以筒指北於筒南望令前後兩竅内正見北辰極星然後各垂繩墜下記望筒兩竅心於地以為南則四方正

若地勢偏衺既以景表望筒取正四方或有可疑處則更以水池景表較之其立表高八尺廣八寸厚四寸上齊（後斜向下三寸）安於池版之上其池版長一丈三尺中廣一尺於一尺之内隨表之廣刻線兩道一尺之外開水道環四周廣深各八分用水定平

今日景兩邊不出刻綫以池版所指及立表心爲南則四方正安置令立表在南池版在北其景夏至順線長三尺冬至長一丈三尺其立表内向池版處用曲尺較令方正

定平

周官考工記匠人建國水地以垂鄭司農注云於四角立植而垂以水望其高下高下既定乃爲位而平地

莊子水静則平中準大匠取法焉

管子夫準壞險以爲平

尚書大傳非水無以準萬里之平

釋名水準也平準物也

何晏景福殿賦唯工匠之多端固萬變之不窮讎天地以

開基竝列宿而作制制無細而不協於規景作無微而不
違於水臬五臣注云水臬水平也
看詳今來凡有興建須先以水平望基四角所立
之柱定地平面然後可以安置柱石正與經傳相
合今謹按周禮攷工記脩立下條
定平之制既正四方據其位置於四角各立一表當
心安水平其水平長二尺四寸廣二寸五
分高二寸下施立樁長四尺（安鐏在內）上面横
坐水平兩頭各開池方一寸七分深一寸
三分（或中心更開池者方深同）身內開槽子廣深各五
分令水通過於兩頭池子內各用水浮子

一枚（用三池者水浮子或亦用三枚）方一寸五分高一寸二分刻上頭令側薄其厚一分浮於池内望兩頭水浮子之首遥對立表處于表身内畫記即知地之高下（若槽内如有不可用水處即於椿子當心施墨綫一道上垂繩墜下令繩對墨綫心則上槽自平與用水同其槽底與墨線兩邊用曲尺較令方正）

凡定柱礎取平須更用真尺較之其真尺長一丈八尺廣四寸厚二寸五分當心上立表高四尺（廣厚同上）於立表當心自上至下施墨線一道垂繩墜下令繩對墨線心則其下地面自平（其真尺身上平處與立表上墨線兩邊亦用曲尺較令方正）

墻

周官考工記匠人為溝洫牆厚三尺崇三之鄭司農注云高厚以是為率足以相勝

尚書既勤垣墉

詩崇墉圪圪

春秋左氏傳有牆以蔽悪

爾雅牆謂之墉

淮南子舜作室築牆茨屋令人皆知去巖穴各有室家此其始也

說文堵垣也五版為一堵㙩周垣也埒卑垣也壁垣也垣蔽曰牆栽築牆長版也今謂之膊版榦築牆端木也今謂之牆師

尚書大傳貢墉諸侯疏杼注云貢大也言大牆正道直也疏衰也杼亦衺其上不得正直

釋名墻障也所以自障蔽也垣援也人所依止以為援衛也墉容也所以隱蔽形容也壁辟也辟禦風寒也

博雅㙩（力彫切）隊（音篆）墉院（音犯淵聖御名）也廦（音壁又即壁切）牆垣也

義訓厇（音毛）樓墻也穿垣謂之腔（音空）為垣謂之厽（音累）周謂之㙩（音了）㙩謂之寏（音垣）

看詳今來築墻制度皆以高九尺厚三尺為祖雖城壁與屋墻露墻各有增損其大槩皆以厚三尺崇三之為法正與經傳相合今謹按周官考工記等群書修立下條

築墻之制每墻厚三尺則高九尺其上斜收比厚減半若高增三尺則厚加一尺減亦如之

凡露墻每墻高一丈則厚減高之半其上收面之廣比高五分之一若高增一尺其厚加三寸減亦如之其用葽橛並準築城制度

凡抽絍墻高厚同上其上收面之廣比高四分之一若高增一尺其厚加二寸五分如在屋下只加二寸剗削並準築城制度

右三項並入壕寨制度

舉折

周官攷工記匠人爲溝洫葺屋三分瓦屋四分鄭司農注

云各分其脩以其一為峻

通俗文屋上平曰陠（必孤切）

刊謬證俗音字陠今猶言陠峻也

皇朝景文公宋祁筆録今造屋有曲折者謂之庯峻齊魏間以人有儀矩可喜者謂之庯峻蓋庯峻也（今謂之舉折）

看詳今來舉屋制度以前後撩檐方心相去遠近分為四分自撩檐方背上至脊槫背上四分中舉起一分雖殿閣與廳堂及廊屋之類畧有增加大抵皆以四分舉一為祖正與經傳相合今謹按周官考工記修立下條

舉折之制先以尺為丈以寸為尺以分為寸以氂為

分以毫爲氂側畫所建之屋於平正壁上定其舉之峻慢折之圜和然後可見屋内梁柱之高下卯眼之遠近今俗謂之定側樣亦曰點草架

舉屋之法如殿閣樓臺先量前後橑檐方心相去遠近分爲三分若餘屋柱頭作或不出跳者則用前後檐柱心從橑檐方背至脊槫背舉起一分如量溪三丈即舉起一丈之類如甋瓦廳堂即四分中舉起一分又通以四分所得丈尺每一尺加八分若甋瓦廊屋及瓪瓦廳堂每一尺加五分或瓪瓦廊屋之類每一尺加三分若兩椽屋不加其副階或纏腰並二分中舉一分

折屋之法以舉高尺丈每尺折一寸每架自上遞減半為法如舉高二丈即先從脊槫背上取平下屋撩檐方背其上第一縫折二尺又從上第一縫槫背取平下至撩檐方背於第二縫折一尺若椽數多即逐縫取平皆下至撩檐方背每縫並減上縫之半如第一縫二尺第二縫一尺第三縫五寸第四縫二寸五分之類如取平皆從槫心抨繩令緊為則如架道不勻即約度遠近隨宜加減以脊槫及撩檐方為準

若八角或四角鬬尖亭榭自撩檐方背舉至角梁底五分中舉一分至上簇角梁即

兩分中舉一分若亭榭只用瓪瓦者即十分中舉四分

簇角梁之法用三折先從大角背自橑檐方心量向上至棖桿卯心取大角梁背一半立上折簇梁斜向棖桿舉分盡處其簇角梁上下並出卯中下折簇梁同次從上折簇梁盡處量至橑檐方心取大角梁背一半立中折簇梁斜向上折簇梁當心之下又次從橑檐方心立下折簇梁斜向中折簇梁當心近下令中折簇角梁上一半與上折簇梁一半之長同其折分並同折屋之制唯量折以曲尺於絃上取方量之用瓪瓦者同

右入大木作制度

諸作異名

今按羣書修立總釋已具法式淨條第一第二卷內凡四十九篇總二百八十三條今更不重錄

看詳屋室等名件其數實繁書傳所載各有異同或一物多名或方俗語滯其間亦有訛謬相傳音同字近者遂轉而不改習以成俗今謹按羣書及以其曹所語參詳去取修立總釋二卷今於逐作制度篇目之下以古今異名載於注內修立下條

右入壕寨制度

牆 其名有五一曰牆二曰墉三曰垣四曰㙺五曰壁

柱礎 其名有六一曰礎二曰礩三曰磶四曰磌五曰碱六曰磉今謂之石碇

右入石作制度

材 其名有三一曰章二曰材三曰方桁

栱 其名有六一曰閞二曰槉三曰欂四曰曲枅五曰欒六曰栱

飛昂 其名有五一曰櫼二曰飛昂三曰英昂四曰斜角五曰下昂

爵頭 其名有四一曰爵頭二曰耍頭三曰胡孫頭四曰蜉蜒頭

枓 其名有五一曰楶二曰栭三曰櫨四曰楷五曰枓

平坐 其名有五一曰閣道二曰墱道三曰飛陛四曰平坐五曰鼓坐

梁 其名有三一曰梁二曰杗廇三曰欐

柱 其名有二一曰楹二曰柱

陽馬 其名有五一曰觚棱二曰陽馬三曰闕角四曰角梁五曰梁抹

侏儒柱 其名有六一曰棁二曰侏儒柱三曰浮柱四曰棳五曰上楹六曰蜀柱

斜柱 其名有五一曰斜柱二曰梧三曰迕四曰枝柱五曰扠手

棟 其名有九一曰棟二曰桴三曰穩四曰棼五曰甍六曰極七曰槫八曰檁九曰櫋

搏風 其名有二一曰榮二曰搏風

柎 其名有三一曰柎二曰複棟三曰替木

椽 其名有四一曰桷二曰椽三曰榱四四橑短椽其名有二一曰楝二曰禁楄

檐 其名有十四一曰宇二曰檐三曰樀四曰楣五曰屋垂六曰梠七曰櫺八曰聯櫋九曰橝十曰庌十一曰廡十二曰槾十三曰櫋十四曰庮

舉折 其名有四一曰陠二曰峻三曰陠峭四曰舉折

右入大木作制度

烏頭門 其名有三一曰烏頭大門二曰表揭三曰閥閱今呼為櫺星門

平棊 其名有三一曰平機二曰平橑三曰平棊俗謂之平起其以方椽施素版者謂之平闇

鬬八藻井 其名有三一曰藻井二曰圜泉三曰方井今謂之鬬八藻井

鉤闌 其名有八一曰櫺檻二曰軒檻三曰龔四曰梐牢五曰闌楯六曰柃七曰階檻八曰鉤闌

拒馬叉子 其名有四一曰梐枑二曰梐拒三曰行馬四曰拒馬叉子

屏風 其名有四一曰皇邸二曰後版三曰扆四曰屏風

露籬 其名有五一曰欐二曰栅三曰據四曰藩五曰落今謂之露籬

右入小木作制度

塗 其名有四一曰墐二曰墍三曰塗四曰泥

右入泥作制度

階 其名有四一曰階二曰陛三曰陔四曰墒

右入塼作制度

瓦 其名有二一曰瓦二曰甍

塼其名有四一曰甓二曰瓴甋三曰瑴四曰甗甎

右入窰作制度

總諸作看詳

看詳先準

朝旨以營造法式舊文秪是一定之法及有營造位置盡皆不同臨時不可攷據徒為空文難以行用先次更不施行委臣重別編脩令編脩到海行營造法式總釋并總例共二卷制度一十五卷功限一十卷料例并工作等第共三卷圖樣六卷目録一卷總三十六卷計三百五十七篇共三千五百五十五條内四十九篇二百八十三條係於經

史等羣書中檢尋攷究到或制度與經傳相合或一物而數名各異已於前項逐門看詳立文外其三百八篇三千二百七十二條係自来工作相傳並是經久可以行用之法與諸作諳會經歷造作工匠詳悉講究規矩比較諸作利害隨物之大小有增減之法謂如版門制度以高一尺為法積至三丈四尺如料栱等功限以第六等材為法若材增減一等其功限各有加減法之類各於逐項制度功限料例內剏行脩立並不曾參用舊文即别無開具看詳因依其逐作造作名件內或有須於畫圖可見規矩者皆别立圖樣以明制度

營造法式看詳

營造法式卷第一

通直郎管脩蓋皇弟外第專一提舉修蓋班直諸軍營房等臣李誡奉

聖旨編修

總釋上

宮　闕

殿（堂附）　樓

亭　臺榭

城　墻

柱礎　定平

取正　材

栱　飛昂

爵頭　　枓

鋪作　　平坐

梁　　柱

陽馬　　侏儒柱

斜柱

宮

易繫辭上古穴居而野處後世聖人易之以宮室上棟下宇以待風雨

詩作于楚宮揆之以日作于楚室

禮儒一畝之宮環堵之室

爾雅宮謂之室室謂之宮皆所以古通今之異語明同實而兩名室有東西

廂曰廟夾室前堂無東西廂有室曰寢但有大室西南隅謂之奧室中隱奧處西北隅謂之屋漏詩曰尚不媿于屋漏其義未詳東北隅謂之宧宧見禮亦未詳東南隅謂之窔禮曰歸室聚窔窔亦隱闇

墨子子墨子曰古之民未知為宮室時就陵阜而居穴而處下潤濕傷民故聖王作為宮室之法曰宮高足以辟潤溼旁足以圉風寒上足以待霜雪雨露牆之高足以别男女之禮

白虎通義黃帝作宮

世本禹作宮

說文宅所託也

釋名宮穹也屋見於垣上穹崇然也室實也言人物實滿

其中也寝〻也所寝息也舍於中舍息也屋奥也其中温奥也宅擇也擇吉處而營之也

風俗通義自古宮室一也漢來尊者以為號下乃避之也

義訓小屋謂之㡯（音近）深屋謂之庝（音同）偏舍謂之𢋈（音亶）𢋈謂之康（音次）宮室相連謂之誃（直移切）因巖成室謂之广（音儼）壞室謂之庘（音歷）夾室謂之廂塔下室謂之龕龕謂之椌（音空）空室謂之㝩𡧱（上音康下音郎）溲謂之𡯁𡯁（音躭）頳謂之㲉敷（上音批下音鋪）不平謂之庯庩（上音逋下音途）

闕

周官太宰以正月示治法於象魏

禮天子諸侯臺門天子外闕兩觀諸侯内闕一觀

尒雅觀謂之闕宫門雙闕也

白虎通義門必有闕者何闕者所以釋門别尊卑也

風俗通義魯照公設兩觀於門是謂之闕

說文闕門觀也

釋名闕在門兩旁中央闕然為道也觀觀也於上觀望也

博雅象魏闕也

雀豹古今注闕觀也於前所標表宫門也其中可居登之可遠觀人臣將朝至此則思其所闕故謂之闕其上丹壁其下皆畫雲氣仙靈奇禽怪獸以示四方蒼龍白虎元武朱雀並画其形

義訓觀謂之闕闕謂之皇

殿 堂附

蒼頡篇殿大堂也徐堅注云商周以前其名不載秦本紀始曰作前殿

周官考工記夏后氏世室堂修二七廣四修一商人重屋堂脩七尋堂崇三尺周人明堂東西九筵南北七筵堂崇一筵鄭司農注云脩南北之深也夏度以步令堂脩十四步其廣益以四分脩之一則堂廣十七步半商度以尋周度以筵六尺曰步八尺曰尋九尺曰筵

禮記天子之堂九尺諸侯七尺大夫五尺士三尺

墨子堯舜堂高三尺

說文堂殿也

釋名堂猶堂堂高顯貌也殿殿鄂也

尚書大傳天子之堂高九雉公侯七雉子男五雉雉長三尺

博雅堂堭殿也

義訓漢曰殿周曰寢

樓

爾雅狹而脩曲曰樓

淮南子延樓棧道雞棲井幹

史記方士言於武帝曰黄帝為五城十二樓以候神人帝乃立神臺井幹樓高五十丈

說文樓重屋也

釋名樓謂之牖戶之間有射孔慺慺然也

亭

說文亭民所安定也亭有樓从高省从丁聲也

釋名亭停也人所亭集也

風俗通義謹按春秋國語有寓望謂今亭也漢家因秦大率十里一亭〻留也今語有亭留亭待蓋行旅宿食之所館也亭亦平也民有訟諍吏留辦處勿失其正也

臺榭

老子九層之臺起於累土

禮記月令五月可以居高明可以處臺榭

爾雅無室曰榭（榭即今堂堭）

又觀四方而高曰臺有木曰榭（積土四方者）

漢書坐皇堂上（室而無四壁曰皇）

釋名臺持也築土堅高能自勝持也

城

周官考工記匠人營國方九里旁三門國中九経九緯経涂九軌王宮門阿之制五雉宮隅之制七雉城隅之制九雉國中城内也経緯涂也経緯之涂皆容方九軌軌謂轍廣凡八尺九軌積七十二尺雉長三丈高一丈度高以高度廣以廣

春秋左氏傳計丈尺揣高卑度厚薄仞溝洫物土方議遠邇量事期計徒庸慮材用書餱糧以令役此築城之義也

公羊傳城雉者何五版而堵五堵而雉百雉而城天子之城千雉高七雉公侯百雉高五雉子男五雉高三雉

禮月令每歲孟秋之月補城郭中秋之月築城郭

管子内之為城外之為郭

吳越春秋鯀築城以衛君造郭以守民

說文城以盛民也墉城垣也堞城上女垣也

五經異義天子之城高九仞公侯七仞伯五仞子男三仞

釋名城盛也盛受國都也郭廓也廓落在城外也城上垣謂之睥睨言於孔中睥睨之常也亦曰陴言陴助城之高也亦曰女墻言其卑小比之於城女子之丈夫也

博物志禹作城彊者攻弱者守敵者戰城郭自禹始也

墻

周官考工記匠人為溝洫墻厚三尺崇三之高厚以是為率足以相勝

尚書既勤垣墉

詩崇墉圪圪

春秋左氏傳有墻以蔽悪

尒雅墻謂之墉

淮南子舜作室築墻茨屋令人皆知去巖穴各有室家此其始也

說文堵垣也五版為一堵㙩周垣也埒卑垣也壁垣也垣蔽曰墻栽築墻長版也今謂之膊版榦築墻端木也今謂之墻師

尚書大傳貢墉諸侯疏杼貢大也言大墻正道直也疏衰杼亦墻也亦衰其上不得正直

釋名墻障也所以自障蔽也垣援也人所以止以為援衛也墉容也所以隱蔽形容也壁辟也辟禦風寒也

博雅㙩音力彫切隊音篆墉院音犯渊聖御名也廦音壁又即壁切墻垣也

義訓庬音毛樓墻也穿垣謂之腔音空為垣謂之厽音累周謂之

墽（音了）墽謂之寏（音垣）

柱礎

淮南子山雲蒸柱礎潤

說文櫍（之日切）柎也柎闌足也榰（章移切）柱砥也古用木今以石

博雅礎磶（音昔）磌（音真又徒年切）礩也鑱（音讒）謂之鈹（音披）鐫（醉全切又子兖切）謂之鏨（慙敢切）

義訓礎謂之碱（仄六切）碱謂之礩〻謂之碣〻謂之磉（音顙今謂之石碇音頂）

定平

周官考工記匠人建國水地以垂（於四角立植而垂以水望其高下高下既定乃為位而平地）

莊子水靜則平中淮大匠取法焉

營子夫淮壞險以為平

取正

詩定之方中又揆之以日定營室也方中昏正四方也揆度也度日出日入以知東西南視定北準極以正南北

周禮天官惟王建國辨方正位

考工記置槷以垂視以景為規識日出之景與入之景夜考之極星以正朝夕自日出而畫其景端以至日入既則為規測景兩端之内規之規之交乃審也度兩交之間中屈之以指槷則南北正日中之景最短者也極星謂北辰

管子夫繩扶撥以為正

字林𢭏時訓切垂臬望也

刋謬證俗音字今山東匠人猶言垂繩視正為抯

材

周禮任工以飭材事

吕氏春秋夫大匠之為宮室也景小大而知材木矣

史記山居千章之楸（章材也）

班固漢書將作大匠屬官有主章長丞（舊將作大匠主材吏名章曹掾）

又西都賦因瓌材而究奇

弁蘭許昌宮賦材靡隱而不華

說文契刻也（契音至）

傅子（犯御名）大廈者先擇匠而後簡材（今謂或之方桁桁音衡按（犯御名）屋之法其規矩制度皆以章契為祖今語以人舉止失措者謂之失章失契蓋此也）

栱

尒雅閞謂之槉（柱上欂也亦名枅又曰楷閞音弁槉音疾）

蒼頡篇枅柱上方木

釋名欒攣也其體上曲欒拳然也

王延壽魯靈光殿賦曲枅要紹而環句（曲枅栱也）

博雅欂謂之枅曲枅謂之欒（枅音古妍切又音雞）

薛綜西京賦注欒柱上曲木兩頭受櫨者

左思吳都賦彫欒鏤楶（楶栱也）

飛昂

說文櫼楔也

何晏景福殿賦飛昂鳥踴

又檥櫨各落以相承李善曰飛昂之形類鳥之飛今人名屋四阿栱曰檥昂檥即昂也

劉梁七舉雙覆井菱荷垂英昂

義訓斜角謂之飛棉今謂之下昂者以昂尖下指故也下昂尖面䫜下平又有上昂如昂桯挑斡者施之於屋内或平坐之下昂字又作柳或作昂者皆吾郎切䫜於交切俗作凹者非是

爵頭

釋名上入曰爵頭形似爵頭也今俗謂之耍頭又謂之胡孫頭朔方人謂之蜉㟅頭蜉音勃㟅音縱

枓

語山節藻棁節栭也

爾雅栭謂之楶即櫨也

說文櫨柱上柎也栭枅上標也

釋名盧在柱端都盧負屋之重也斗在欒兩頭如斗負上穩也

博雅楶謂之櫨（節楶古文通用）

魯靈光殿賦層櫨磥佹以岌峩（櫨枓也）

義訓柱斗謂之楷（音沓）

鋪作

漢柏梁詩大匠曰柱棖欂櫨相支持

景福殿賦桁梧複疊勢合形離（桁梧枓栱也皆重疊而施其勢或合或離）

又櫼櫨各落以相承欒栱夭蟜而交結

徐陵太極殿銘千櫨赫奕萬栱崚層

李白明堂賦走栱夤緣

李含華元殿賦雲薄萬栱

又千櫨駢湊（今以枓栱層數相疊出跳多寡次序謂之鋪作）

平坐

張衡西都賦閣道穹隆（閣道飛陛也）

又隥道邐倚以正東（隥道閣隥也）

魯靈光殿賦飛陛揭孽緣雲上征中坐垂景俯視流星

義訓閣道謂之飛陛飛陛謂之墱（今俗謂之平坐亦曰鼓坐）

梁

爾雅杗廇謂之梁（屋大梁也杗武文切廇力又切）

司馬相如長門賦委參差之糠梁（糠虛也）

西都賦抗應龍之虹梁（梁曲如虹也）

釋名梁強梁也

景福殿賦雙枚既脩兩重作梁也

又重桴乃飾重桴在外作兩重牽也

博雅曲梁謂之罶音柳

義訓梁謂之欐音禮

柱

詩有覺其楹

春秋莊公丹淵聖御名宮楹

禮楹天子丹諸侯黝堊大夫蒼士黈黈黄色也

又三家視淵聖御名楹柱曰植曰楹

西都賦彫玉瑱以居楹瑱音鎮

說文楹柱也

釋名柱住也楹亭也亭亭然孤立旁無所依也魯讀曰輕輕勝也孤立獨處能勝任上重也

景福賦殿金楹齊列玉舄承跋玉爲矴以承柱下跋柱根也

陽馬

周官考工記商人四阿重屋四阿若今四注屋也

爾雅直不受檐謂之交謂五架屋際椽又直上檐交於檼上

說文柧棱殿堂上最高處也

景福殿賦承以陽馬陽馬屋四角引出以承短椽者

左思魏都賦齊龍首以涌霤屋上四角雨水入龍口中寫之于地也

張景陽七命陰虬負檐陽馬翼阿

義訓闕角謂之柧棱（今俗謂之角梁又謂之梁抹者蓋語訛也）

侏儒柱

語山節藻梲

尔雅梁上楹謂之梲（侏儒柱也）

楊雄甘泉賦抗浮柱之飛榱（浮柱即梁上柱也）

釋名棳〻儒也梁上短柱也棳儒猶侏儒短故因以名之也

魯靈光殿賦胡人遥集於上楹（今俗謂之蜀柱）

斜柱

長門賦離樓梧而相樘（丑庚切）

說文樘衺柱也

釋名迕在梁上兩頭相觸迕也

魯靈光殿賦枝樘杈枒而斜據枝樘梁上交木也杈枒相柱而斜據其間也

義訓斜柱謂之梧今俗謂之叉手

營造法式卷第一

營造法式卷第二

通直郎管修蓋皇弟外第專一提舉修蓋班直諸軍營房等臣李誡奉

聖旨編修

總釋下

棟　兩際

搏風　柎

椽　檐

舉折　門

烏頭門　華表

窻　平綦

鬬八藻井　鉤闌

拒馬义子　屏風

槏柱　露籬

鴟尾　瓦

塗　彩畫

階　塼

井

總例

總釋下

棟

易棟隆吉

尒雅棟謂之桴屋檼也

儀禮序則物當棟堂則物當楣是制五架之屋也正中曰棟次曰楣前曰庪九偽切又九委切

西都賦列棼橑以布翼荷棟桴而高驤棼桴皆棟也

揚雄方言甍謂之霤即屋檼也

説文極棟也棟屋極也檼棼也甍屋棟也徐鍇曰所以承瓦故从瓦

釋名檼隱也所以隱桷也或謂之望言高可望也或謂之棟棟中也居屋之中也屋脊曰甍甍蒙也在上蒙覆屋也

博雅檼棟也

義訓屋棟謂之甍今謂之槫亦謂之檁又謂之櫋

两際

尒雅桷直而遂謂之閲謂五架屋際椽正相當

甘泉賦日月纔經於柍桭柍於两切桭音真

義訓屋端謂之柍桭今謂之廢

搏風

儀禮直于東榮榮屋翼也

甘泉賦列宿乃施於上榮

說文屋梠之两頭起者為榮

義訓搏風謂之榮今謂之搏風版

柎

說文棼複屋棟也

魯靈光殿賦狡兔跧伏於柎側柎枓上横木刻兔形致木於背也

義訓複棟謂之棼今俗謂之替木

椽

易鴻漸于木或得其桷

春秋左氏傳淵聖御名公伐鄭以大宮之椽為盧門之椽

國語天子之室斵其椽而礱之加密石焉諸侯礱之大夫斵之士首之密細密文理石謂砥也先粗礱之加以密砥首之斵其首也

爾雅桷謂之榱屋椽也

甘泉賦琁題玉英題頭也榱椽之頭皆以玉飾

說文秦名為屋椽周謂之榱齊魯謂之桷

又椽方曰桷短椽謂之棟耻緑切

釋名桷确也其形細而踈确也或謂之椽椽傳也傳次而布列之也或謂之榱在檼旁下列衰衰然垂也

博雅榱橑（魯好切）桷棟椽也

景福殿賦爰有禁楄勒分翼張（禁楄短椽也 楄蒲沔切）

陸德明春秋左氏傳音義圜曰椽

檐（余廉切或作櫚 俗作簷者非是）

易繫辭上棟下宇以待風雨

詩如跂斯翼如矢斯棘如鳥斯革如翬斯飛（疏云言檐阿之勢似鳥飛也翼言其体飛言其勢也）

爾雅檐謂之樀（屋梠也）

禮復廇重檐天子之廟飾也

儀禮賓升主人阼階上當楣（楣前梁也）

淮南子橑檐榱題（檐屋垂也）

方言屋梠謂之欞即屋檐也

說文秦謂屋聯櫋曰楣齊謂之檐楚謂之梠橝徒含切屋梠前也㡿音雅廡也宇屋邊也

釋名楣眉也近前若面之有眉也又曰梠梠旅也連旅旅也或謂之槾槾綿也綿連榱頭使齊平也宇羽也如鳥羽自蔽覆者也

西京賦飛檐轍轍

又鏤檻文梍梍連檐也

景福殿賦梍梠緣邊連檐木以承瓦也

博雅楣檐櫺梠也

義訓屋垂謂之宇宇下謂之廡步檐謂之廊峻廊謂之巖

檐槐謂之槫（音由）

舉折

周官考工記匠人為溝洫葺屋三分瓦屋四分（各分其脩以其一為峻）

通俗文屋上平曰庯（必孤切）

刊謬證俗音字庯今猶言庯峻也

唐柳宗元梓人傳畫宮於堵盈尺而曲盡其制計其毫氂而（犯御名）大廈無進退焉

皇朝景文公宋祁筆録今造屋有曲折者謂之庯峻齊魏間以人有儀矩可喜者謂之庯峭蓋庯峻也（今謂之舉折）

門

易重門擊柝以待暴客

詩衡門之下可以棲遲

又乃立皐門皐門有閌乃立應門應門鏘鏘

詩義橫一木作門而上無屋謂之衡門

春秋左氏傳高其閈閎

公羊傳葢著於門闔何休云闔扇也

尒雅閍謂之門正門謂之應門柣謂之閾閾門限也疏云俗謂之地柣千結切棖謂之楔門兩旁木李巡曰捆上兩旁木楣謂之梁門戶上橫梁樞謂之椳門戶扉樞樞達北方謂之落時門持樞者或達北檼以為固也落時謂之扆道二名也棖謂之闑門閫闔謂之扉所以止扉謂之閎門辟旁長橛也長杙即門橛也植謂之傳傳謂之突戶持鏁植也見埤蒼

説文閤門旁戶也閨特立之門上圜下方有似圭

風俗通義門戶鋪首昔公輸班之水見蠡曰見汝形蠡適出頭般以足畫圖之蠡引閉其戶終不可得開遂施之於門戶云人閉藏如是固周密矣

博雅闔謂之門閉乎計切扇扉也限謂之丞扶槷巨月切機闑桊苦木切也

釋名門捫也為捫幕障衛也戶護也所以謹護閉塞也

聲類曰廡堂下周屋也

義訓門飾金謂之鋪〻謂之鏂音歐今俗謂之浮漚釘也門持関謂之楗音連戶版謂之簡䉤上音牽下音先門上木謂之枅扉謂之戶戶謂之閑臬謂之柣限謂之閫閫謂之閲閾謂之扊扅上音琰下音移扊扅謂之[門旦]音坦廣韻曰所以止扉門上梁謂之㮘音冒㮘謂之闑

音沓鍵謂之扊音及開謂之闈音偉閭謂之閨音蛭外闋謂之扃外啓謂之闃音挺門次謂之闖高門謂之闛音唐闛謂之閬荆門謂之蓽石門謂之庯音孚

烏頭門

唐六典六品以上仍通用烏頭大門

唐上官儀投壺經第一箭入謂之初箭再入謂之烏頭取門雙表之義

義訓表揭閥閱也揭音竭今呼為櫺星門

華表

說文淵聖御名亭郵表也

前漢書注舊亭傳於四角面百步築土四方上有屋屋上

有柱出高丈餘有大版貫柱四出名曰（淵聖御名）表縣所治夾兩邉各一（淵聖御名）陳宋之俗言（淵聖御名）聲如今人猶謂之和表顔師古云即華表也

崔豹古今註程雅問曰堯設誹謗之木何也荅曰今之華表以横木交柱頭狀如華形似桔槔大路交衢悉施焉或謂之表木以表王者納諫亦以表識衢路秦乃除之漢始復焉今西京謂之交午柱

窻

周官考工記四旁兩夾窻（窻助戸為明每室四戸八牕也）

尒雅牖戸之間謂之扆（窻東戸西也）

說文窻穿壁以木為交窻向北出牖也在墻曰牖在屋曰

窻欞楯間子也欞房室之處也

釋名窻聰也於內窺見外為聰明也

博雅窻牖𨷲（虛諒切）也

義訓交窻謂之牖欞窻謂之䟽牖牘謂之篰（音部）綺窻謂之廲（音黎）廔（音婁）房䟽謂之欞

平棊

史記漢武帝建章後閣平機中有騶牙出焉（今本作平樂者悞）

山海經圖作平橑云今之平棊也（古謂之承塵今宮殿中其上悉用草架梁栿承屋蓋之重如攀額樘柱敦㩮方槫之類及縱橫固濟之物皆不施斤斧於明栿背上架筭桯方以方椽施版謂之平闇以平板貼華謂之平棊俗亦呼為平起者語訛也）

鬭八藻井

西京賦帶倒茄於藻井披紅葩之狎獵藻井當棟中交木如井畫以藻文飾以蓮莖綴其根於井中其花下垂故云倒也

魯靈光殿賦圜淵方井反植荷蕖為方井圖以圜淵及芙蓉華葉向下故云反植

風俗通義殿堂象東井形刻作荷蔆〻水物也所以厭火

沈約宋書殿屋之為圜泉方井兼荷華者以厭火祥今以四方造者謂之鬬四

鉤闌

西都賦捨櫺檻而却倚若顛墜而復稽

魯靈光殿賦長塗升降軒檻曼延軒檻鉤闌也

博雅闌檻櫳梐牢也

景福殿賦櫺檻披張鉤錯矩成楯類騰蛇槢以瓊英如螭

之蟠如虬之停櫺檻鉤闌也言鉤闌中錯爲方斜之文楯鉤闌上橫木

漢書朱雲忠諫攀檻檻折及治檻上曰勿易因而輯之以旌直臣今殿鉤闌當中兩洪不施尋杖謂之折檻亦謂之龍池

義訓闌楯謂之柃階檻謂之闌

拒馬叉子

周禮天官掌舍設梐枑再重故書枑爲拒鄭司農云梐柀梐也拒受居溜水涑橐者也行馬再重者以周衛有內外列杜子讀爲梐枑謂行馬也

義訓梐枑行馬也今謂之拒馬叉子

屏風

周禮掌次設皇邸邸後版也其屏風邸染羽象鳳凰以爲飾

禮記天子當扆而立又天子負扆南鄉而立扆屏風也斧扆爲斧文屏

風於戶牖之間

爾雅牖戶之間謂之扆其內謂之家今人稱家義出於此

釋名屏風可以障風也扆倚也在後所依倚也

櫎柱

義訓牖邊柱謂之櫎苦減切今梁或欂及額之下施柱以安門窻者謂之㤿柱盖語譌也㤿俗音蘸字書不載

露籬

釋名櫳籬也以柴竹作之疏離離也青徐曰裾裾居也居其中也柵蹟也以木作之上平蹟然也又謂之撤撤緊也詵詵然緊也

博雅據巨於切栫在見切藩蓽音必欏落音落杝籬也柵謂之㮶音朔

義訓籬謂之藩今謂之露籬

鴟尾

漢記柏梁殿災後越巫言海中有魚虬尾似鴟激浪即降雨遂作其象於屋以厭火祥時人或謂之鴟吻非也

譚賓録東海有魚虬尾似鴟鼓浪即降雨遂設象於屋脊

瓦

詩乃生女子載弄之瓦

說文瓦土器已燒之總名也瓬周家塼埴之工也瓬分兩切

古史考昆吾氏作瓦

釋名瓦踝也踝确堅皃也亦言腂也在外腂見之也

博物志桀作瓦

義訓瓦謂之甍音轂半瓦謂之㼽音浹㼽謂之𤬛音爽牝瓦謂之㼸音敢㼸謂之𤭝音還牡瓦謂之㼾音皆㼾謂之𤮗音雷小瓦謂之𤭛音橫

塗

尚書梓材篇若作室家既勤垣墉唯其塗既茨

周官守祧職其祧則守祧黝堊之

詩塞向墐戶墐塗也

論語糞土之墻不可杇也

爾雅鏝謂之杇地謂之黝牆謂之堊泥鏝也一名杇塗土之作具也以黑飾地謂之黝以白飾牆謂之堊

說文垷胡典切墐渠吝切塗也杇所以塗也秦謂之杇關東謂

之槾

釋名泥邇近也以水沃土使相黏近也塈猶煟煟細澤貌也

博雅黝堊烏故切垷峴又乎典切墐墀塈懮奴回切𡏖力奉切椷古湛切

塓莫典切培音裴封塗也

義訓塗謂之塓音覓塓謂之𡏖音壠仰塗謂之塈音洎

彩畫

周官以猷鬼神祇猷謂圖畫也

世本史皇作圖宋衷曰史皇黄帝臣圖謂圖畫形象也

尔雅猷圖也畫形也

西都賦繡栭雲楣鏤檻文槐五臣曰西為繡雲之飾槐連檐也皆飾為文彩故其舘室次舍彩飾纖縟裛以藻繡文以朱緑舘室之上纏飾藻繡朱緑之文

吴都賦青瑣丹楹圖以雲氣畫以仙靈青瑣畫為瑣文染以青色及畫雲氣神仙灵奇之物

謝赫畫品夫圖者畫之權輿繢者畫之末迹總而名之為畫倉頡造文字其體有六一曰鳥書書端象鳥頭此即圖畫之類尚標書稱未受畫名逮史皇作圖猶略體物有虞作繢始備象形今畫之法蓋興於重華之世也窮神測幽於用甚博今以施之於縑素之類者謂之畫布彩於梁棟枓栱或素象什物之類者俗謂之裝鑾以粉朱丹三色為屋宇門窗之飾者謂之刷染

階

說文除殿陛也階陛也阼主階也陛升高階也陜階次也

釋名階陛也陛卑也有高卑也天子殿謂之納陛以納人

之言也階梯也如梯有等差也

博雅阤（仕已切）橉（力忍切）砌也

義訓殿基謂之陛（音堂）殿階次序謂之陔除謂之階階謂之墒（音的）階下齒謂之城（七仄切）東階謂之阼霤外砌謂之阤

塼

詩中唐有甓

爾雅瓴甋謂之甓（甋甎也今江東呼為瓴甓）

博雅𤮊（音潘）瓳（音胡）㼷（音亭）治甄（音真）瓾（力佳切）瓵（夷耳切）瓴（音零）甋（音的）甓甗甎也

義訓井甓謂之㼧（音侗）塗甓謂之㲄（音哭）大塼謂之𤮊瓳

井

周書黄帝穿井

世本化益作井（宋衷曰化益伯益也堯臣）

易傳井通也物所通用也

説文甃井壁也

釋名井清也泉之清潔者也

風俗通義井者法也節也言法制居人令節其飲食無窮竭也久不渫滌爲井泥（易云井泥不食渫息列切）不停污曰井渫滌井曰浚井水清曰冽（易曰井渫不食又曰井冽寒泉）

總例

諸取圜者以規方者以矩直者抨繩取則立者垂繩取正橫者定水取平

諸徑圍斜長依下項

圜徑七其圍二十有二

方一百其斜一百四十有一

八棱徑六十每面二十有五其斜六十有五

六棱徑八十有七每面五十其斜一百

圜徑內取方一百中得七十一

方內取圜徑一得一八棱六棱取圜準此

諸稱廣厚者謂熟材稱長者皆別計出卯

諸稱長功者謂四月五月六月七月中功謂二月三月八月九月短功謂十月十一月十二月正月

諸稱功者謂中功以十分為率長功加一分短功減一分

諸式內功限並以軍工計定若和雇人造作者即減軍工

三分之一謂如軍工應計三功即和雇人計二功之類

諸稱本功者以本等所得功十分為率

諸稱增高廣之類而加功者減亦如之

諸功稱尺者皆以方計若土功或材木則厚亦如之

諸造作功並以生材即名件之類或有收舊及已造堪就

用而不須更改者並計數於元料帳內除豁

諸造作並依功限即長廣各有增減法者各隨所用紐計

如不載增減者各以本等合得功限內計分

數增減

諸營繕計料並於式內指定一等隨法算計若非泛抛降

或制度有異應與式不同及該載不盡名色等第者並比類增減其完葺增修之類準此

營造法式卷第二

營造法式卷第三

通直郎管修蓋皇弟外第專一提舉修蓋班直諸軍營房等臣李誡奉

聖旨編脩

壕寨制度

取正　定平

立基　築基

城　牆

築臨水基

石作制度

造作次序　柱礎

角石　角柱

殿階基　壓闌石 地面石

殿階螭首　殿内鬭八

踏道　重臺鉤闌 單鉤闌 望柱

螭子石　門砧限

地栿　流盃渠 剜鑿流盃 壘造流盃

壇　卷輂水窗

水槽子　馬臺

井口石 井蓋子　山棚鋜脚石

幡竿頰　贔屓鼇坐碑

笏頭碣

壕寨制度

取正

取正之制先於基址中央日内置圜版徑一尺三寸六分當心立表高四寸徑一分畫表景之端記日中最短之景次施望筒於其上望日星以正四方

望筒長一尺八寸方三寸（用版合造）兩罨頭開圜眼徑五分筒身當中兩壁用軸安於兩立頰之内其立頰自軸至地高三尺廣三寸厚二寸晝望以筒指南令日景透北夜望以筒指北於筒南望令前後兩竅内正見北辰極星然後各垂繩墜下記望筒兩竅心於地以爲南則四方正

若地勢偏衺既以景表望筒取正四方或有可疑處則更以水池景表較之其立表高八尺廣八寸厚四寸上齊（後斜）

向下三寸安於池版之上其池版長一丈三尺中廣一尺於一尺之内隨表之廣刻線兩道一尺之外開水道環四周廣深各八分用水定平令日景兩邊不出刻線以池版所指及立表心為南則四方正安置令立表在南池版在北其景夏至順線長三尺冬至長一丈二尺其立表内池版處用曲尺較令方正

定平

定平之制既正四方據其位置於四角各立一表當心安水平其水平長二尺四寸廣二寸五分高二寸下施立椿長四尺安鑽在内上面横坐水平兩頭各開池方一寸七分深一寸三分或中心更開池者方深同身内開槽子廣深各五分令水通過於兩頭池子内各用水浮子一枚用三池者水浮子或亦用三枚方一

寸五分高一寸二分刻上頭令側薄其厚一分浮於池内望兩頭水浮子之首遥對立表處於表身内画記即知地之高下若槽内如有不可用水處即於椿子當心施墨線一道上垂繩墜下令繩對墨線心則上槽自平與用水同其槽底與墨線兩边用曲尺較令方正凡定柱礎取平須更用真尺較之其真尺長一丈八尺廣四寸厚二寸五分當心上立表高四尺廣厚同上於立表當心自上至下施墨線一道垂繩墜下令繩對墨線心則其下地面自平其真尺身上平處與立表上墨線兩邊亦用曲尺較令方正

立基

立基之制其高與材五倍材分在大木作制度内如東西廣者又加五分至十分

若殿堂中庭脩廣者量其位置隨宜加高所加雖高不過

與材六倍

築基

築基之制每方一尺用土二擔隔層用碎塼瓦及石札等亦二擔每次布土厚五寸先打六杵（二人相對每窩子内各打三杵）次打四杵（一人相對每窩子内各打二杵）次打兩杵（二人相對每窩子内各打一杵）以上並各打平土頭然後碎用杵輾躡令平再攢杵扇撲重細輾躡每布土厚五寸築實厚三寸每布碎塼瓦及石札等厚三寸築實厚一寸五分

凡開基址須相視地脉虛實其深不過一丈淺止於五尺或四尺並用碎塼瓦石札等每土三分内添碎塼瓦等一分

城

築城之制每高四十尺則厚加高二十尺其上斜收減高之半若高增一尺則其下厚亦加一尺其上斜收亦減高之半或高減者亦如之

城基開地深五尺其厚隨城之厚每城身長七尺五寸栽永定柱長視城高徑一尺至一尺二寸夜叉木徑同上其長比上減四尺各二條每築高五尺橫用紝木一條長一丈至一丈二尺徑五寸至七寸護門甕城及馬面之類準此每膊椽長三尺用草葽一條長五尺徑一寸重四兩木橛子一枚頭徑一寸長一尺

牆其名有五一曰牆二曰墉三曰垣四曰𡏖五曰壁

築牆之制每牆厚三尺則高九尺其上斜收比厚減半若高增三尺則厚加一尺減亦如之

凡露牆每牆高一丈則厚減高之半其上收面之廣比高五分之一若高增一尺其厚加三寸減亦如之（其用葽橛並準築城制度）

凡抽絍墻高厚同上其上收面之廣比高四分之一若高增一尺其厚加二寸五分（如在屋下只加二寸剗削並準築城制度）

築臨水基

凡開臨流岸口脩築屋基之制開深一丈八尺廣隨屋間數之廣其外分作兩擺手斜隨馬頭布柴梢令厚一丈五尺每岸長五尺釘椿一條（長一丈七尺徑五寸至六寸皆可用）梢上用膠土打築令實（若造橋兩岸馬頭準此）

石作制度

造作次序

造石作次序之制有六一曰打剥〔用鏨揭剥高處〕二曰麤搏〔稀布鏨鑿令深淺齊勻〕三曰細漉〔密布鏨鑿漸令就平〕四曰褊稜〔用褊鏨鐫稜角令四邊周正〕五曰斫砟〔用斧刃斫砟令面勻平〕六曰磨礲〔用砂石水磨去其斫文〕其彫鐫制度有四等一曰剔地起突二曰壓地隱起華三曰減地平鈒四曰素平〔如素平及減地平鈒並斫砟三遍然後磨礲壓地隱起兩遍剔地起突一遍並隨所用描華文〕如減地平鈒磨礲畢先用墨蠟後描華文鈒造若壓地隱起及剔地起突造畢並用翎刷細砂刷之令華文之内石色青潤其所造華文制度有十一品一曰海石榴華二曰寶相華三曰牡丹華四曰蕙草五曰雲文六曰水浪七曰寶山八曰寶階〔以上並通用〕九曰鋪地蓮花十曰仰覆蓮華十一曰寶裝蓮華〔以上並施之於柱礎〕或於華文之内間以龍鳳師獸

及化生之類者隨其所宜分布用之

柱礎 其名有六一曰礎二曰礩三曰舄四曰磌五曰磩六曰磉今謂之石碇

造柱礎之制其方倍柱之徑 謂柱徑二尺即礎方四尺之類 方一尺四寸以下者每方一尺厚八寸方三尺以上者厚減方之半方四尺以上者以厚三尺為率若造覆盆 鋪地蓮華同 每方一尺覆盆高一寸每覆盆高一寸盆脣厚一分如仰覆蓮華其高加覆盆一倍如素平及覆盆用減地平鈒壓地隱起花剔地起突亦有施減地平鈒及壓地隱起於蓮華瓣上者謂之寶裝蓮華

角石

造角石之制方二尺每方一尺則厚四寸角石之下別用

角柱廳堂之類或不用

角柱

造角柱之制其長視階高每長一尺則方四寸柱雖加長至方一尺六寸止其柱首接角石處合縫令與角石通平若殿宇階基用塼作疊澁坐者其角柱以長五尺為率每長一尺則方三寸五分其上下疊澁並隨塼坐逐層出入制度造內版柱上造剔地起突雲皆隨兩面轉角

殿階基

造殿階基之制長隨間廣其廣隨間深階頭隨柱心外階之廣以石段長三尺廣二尺厚六寸四周並疊澁坐數令高五尺下施土襯石其疊澁每層露棱五寸束腰露身一

尺用隅身版柱柱内平面作起突壼門造

壓闌石 地面石

造壓闌石之制長三尺廣二尺厚六寸 地面石同

殿階螭首

造殿階螭首之制施之於殿階對柱及四角隨階斜出其長七尺每長一尺則廣二寸六分厚一寸七分其長以十分為率頭長四分身長六分其螭首令舉向上二分

殿内鬭八

造殿堂内地面心石鬭八之制方一丈二尺匀分作二十九窠當心施雲捲捲内用單盤或雙盤龍鳳或作水地飛魚牙魚或作蓮荷等華諸窠内並以諸華間雜其制作或用

壂地隐起華或剔地起突華

踏道

造踏道之制長隨間之廣每階高一尺作二踏每踏厚五寸廣一尺两邊副子各廣一尺八寸厚與第一層象眼同两頭象眼如階高四尺五寸至五尺者三層第一層與副子平厚五寸第二層厚四寸半第三層厚四寸高六尺至八尺者五層第一層厚六寸每一層各遞減一寸或六層第一層第二層厚同上第三層以下每一層各遞減半寸皆以外周為第一層其內深二寸又為一層逐層準此至平地施土襯石其廣同踏两頭安望柱石坐

重臺鉤闌單鉤闌望柱

造鉤闌之制重臺鉤闌每段高四尺長七尺尋杖下用雲栱癭項次用盆脣中用束腰下施地栿其盆脣之下束腰

之上內作剔地起突華版束腰之下地栿之上亦如之单鉤闌每段高三尺五寸長六尺上用尋杖中用盆脣下用地栿其盆脣地栿之內作万字（或透空或不透空）或作壓地隱起諸華（如尋杖遠皆於每間當中施单托神或相背雙托神）若施之於慢道皆隨其拽脚令斜高與正鉤闌身齊其名件廣厚皆以鉤闌每尺之高積而為法

望柱長視高每高一尺則加三寸（徑一尺作八瓣柱頭上師子高一尺五寸柱下石坐作覆盆蓮華其方倍柱之徑）

蜀柱長同上廣二寸厚一寸其盆脣之上方一寸六分剜為癭項以承雲栱（其項下細比上減半下留尖高十分之二兩肩各留十分中四氂如单鉤闌即撮項造）

雲栱長二寸七分廣一寸三分五厘厚八分（単鉤闌長三寸二分廣一寸六分厚一寸）

尋杖長隨片廣方八分（単鉤闌方一寸）

盆脣長同上廣一寸八分厚六分（単鉤闌廣二寸）

束腰長同上廣一寸厚九分（及華盆大小華版皆単鉤闌不用）

華盆地霞長六寸五分廣一寸五分厚三分

大華版長隨蜀柱内其廣一寸九分厚同上

小華版長隨華盆内長一寸三分五氂廣一寸五分厚同上

万字版長隨蜀柱内其廣三寸四分厚同上（重臺鉤闌不用）

地栿長同尋杖其廣一寸八分厚一寸六分（単鉤闌厚一寸）

凡石鉤闌每段兩邊雲栱蜀柱各作一半令逐段相接

螭子石

造螭子石之制施之於階棱鉤闌蜀柱卯之下其長一尺廣四寸厚七寸上開方口其廣隨鉤闌卯

門砧限

造門砧之制長三尺五寸每長一尺則廣四寸四分厚三寸八分

門限長隨間廣用三段相接其方二寸如砧長三尺五寸即方七寸之類

若階斷砌即卧柣長二尺廣一尺厚六寸鑿卯口與立柣合角造其立柣長三尺廣厚同上側面分心鑿金口一道如相連一段造者謂之曲柣

城門心將軍石方直混稜造其長三尺方一尺上露一尺下栽二尺入地

止扉石其長二尺方八寸上露一尺下栽一尺入地

地栿

造城門石地栿之制先於地面上安土襯石以長三尺廣二尺厚六寸為率上面露棱廣五寸下高四寸其上施地栿每段長五尺廣一尺五寸厚一尺一寸上外棱混二寸混內一寸鑿眼立排叉柱

流盃渠

剜鑿流盃 壘造流盃

造流盃石渠之制方一丈五尺用方三尺石二十五段造其石厚一尺二寸剜鑿渠道廣一尺深九寸其渠道盤屈或作風字作作國字若用底版壘造則心內施看盤一段長四尺廣三尺五寸外盤渠道石並長三尺廣二尺厚一尺底版長廣同上厚六寸餘並同剜鑿

之制出入水項子石二段各長三尺廣二尺厚一尺二寸剜鑿與身內同若壘造則厚一尺其下又用底版石厚六寸出入水斗子二枚各方二尺五寸厚一尺二寸其內鑿池方一尺八寸深一尺壘造同

壇

造壇之制共三層高廣以石段層數自土襯上至平面為高每頭子各露明五寸束腰露一尺格身版柱造作平面或起突作壺門造石段裡用塼填後心內用土填築

卷輂水窗

造卷輂水窗之制用長三尺廣二尺厚六寸石造隨渠河之廣如单眼卷輂自下兩壁開掘至硬地各用地釘木橛也打築入地留出鑲卯上鋪襯石方三路用碎磚瓦打築空處令

與襯石方平方上並二横砌石澁一重澁上隨岸順砌並
二廂壁版鋪壘令與岸平如騎河者每段用熟鐵鼓卯二枚仍以錫灌如並三以上廂壁
版者每二層鋪鐵葉一重於水窗當心平鋪石地面一重於上下出入
水處側砌線道三重其前密釘擗石樁二路於兩邊廂壁
上相對卷輦隨渠河之廣取半圜為卷輦棬內圜勢用斧刃石鬭卷合又於
斧刃石上用緻背一重其背上又平鋪石段二重兩邊用
石隨棬勢補填令平若雙卷眼造則於渠河心依兩岸用地釘打築二渠之間補填同上若
當河道卷輦其當心平鋪地面石一重用連二厚六寸石
其縫上用熟鐵鼓卯與廂壁同及於卷輦之外上下水隨河岸斜分四擺
手亦砌地面令與廂壁平擺手內亦砌地面一重亦用熟鐵鼓卯地面之外
側砌線道石三重其前密釘擗石樁三路

水槽子

造水槽之制長七尺方二尺每廣一尺脣厚二寸每高一尺底厚二寸五分脣内底上並為槽内廣深

馬臺

造馬臺之制高二尺二寸長三尺八寸廣二尺二寸其面方外餘一尺八寸下面分作兩踏身内或通素或疊澁造隨宜彫鐫華文

井口石 并蓋子

造井口石之制每方二尺五寸則厚一尺心内開鑿井口徑一尺或素平面或作素覆盆或作起突蓮華瓣造蓋子徑一尺二寸（下作子口徑同井口）上鑿二竅每竅徑五分（兩竅之間開渠子深

五分安訖角鈌手把

山棚鋜脚石

造山棚鋜脚石之制方二尺厚七寸中心鑿竅方一尺二寸

幡竿頰

造幡竿頰之制两頰各長一丈五寸廣二尺厚一尺二寸筍在内下埋四尺五寸其石頰下出筍以穿鋜脚其鋜脚長四尺廣二尺厚六寸

贔屓鼇坐碑

造贔屓鼇坐碑之制其首為贔屓盤龍下施鼇坐於土襯之外自坐至首共高一丈八尺其名件廣厚皆以碑身每尺之長積而為法

碑身每長一尺則廣四寸厚一寸五分（上下有卯隨身棱並破瓣）

鼇坐長倍碑身之廣其高四寸五分駝峯廣三分餘作龜文造

碑首方四寸四分厚一寸八分下爲雲盤（每碑廣一尺則高一寸半）上作盤龍六條相交其心内刻出篆額天宫（其長廣計字數隨宜造）

土襯二段各長六寸廣三寸厚一寸心内刻出鼇坐版（長五尺廣四尺）外周四側作起突寶山面上作出没水地

笏頭碣

造笏頭碣之制上爲笏首下爲方坐共高九尺六寸碑身

廣厚並準石碑制度

廣厚並準石碑制度（笏首在內）其坐每碑身高一尺則長五寸高二寸坐身之內或作方直或作疊澁隨宜彫鐫華文

營造法式卷第三

營造法式卷第四

通直郎管修蓋皇弟外第專一提舉修蓋班直諸軍營房等臣李誡奉

聖旨編修

大木作制度一

材　栱

飛昂　爵頭

枓　總鋪作次序

平坐

材（其名有三：一曰章，二曰材，三曰方桁）

凡（犯御名）屋之制，皆以材為祖；材有八等，度屋之大小，因而用之。

第一等：廣九寸，厚六寸。（以六分為一分）

右殿身九間至十一間則用之若副階并殿挾屋材分減殿身一等廊屋減挾屋一等餘準此

第二等廣八寸二分五釐厚五寸五分以五分五釐為一分

右殿身五間至七間則用之

第三等廣七寸五分厚五寸以五分為一分

右殿身三間至殿五間或堂七間則用之

第四等廣七寸二分厚四寸八分以四分八釐為一分

右殿三間廳堂五間則用之

第五等廣六寸六分厚四寸四分以四分四釐為一分

右殿小三間廳堂大三間則用之

第六等廣六寸厚四寸以四分為一分

右亭榭或小廳堂皆用之

第七等廣五寸二分五氂厚三寸五分以三分五氂為一分

右小殿及亭榭等用之

第八等廣四寸五分厚三寸以三分為一分

右殿内藻井或小亭榭施鋪作多則用之

栔廣六分厚四分材上加栔者謂之足材施之栱眼内兩枓之間者謂之闇栔

各以其材之廣分為十五分以十分為其厚凡屋宇之高深名物之短長曲直舉折之勢規矩繩墨之宜皆以所用材之分以為制度焉凡分寸之分皆如字材分之分音符問切餘準此

栱其名有六一曰閞二曰槉三曰欂四曰曲枅五曰欒六曰栱

造栱之制有五

一曰華栱或謂之抄栱又謂之卷頭亦謂之跳頭足材栱也若補間鋪作則用單材兩卷頭者其長七十二分若鋪作多者裏跳減長二分七鋪作以上即第二裏外跳各減四分六鋪作以下不減若八鋪作下兩跳偷心則減第三跳令上下跳上交互枓畔相對若平坐出跳抄栱並不減其第一跳於櫨枓口外添令與上跳相應每頭以四瓣卷殺每瓣長四分如裏跳減多不及四瓣者祇用三瓣每瓣長四分與泥道栱相交安於櫨枓口內若累鋪作數多或內外俱匀或裏跳減一鋪至兩鋪其騎槽檐栱皆隨所出之跳加之每跳之長心不過三十分傳跳雖多不過一百五十分若造廳堂裏跳承梁

出檐頭者長更加一跳其檐頭或謂之壓跳交角內外皆隨鋪作之數斜出跳一縫（拱謂之角拱昂謂之角昂）其華拱則以斜長加之（假如跳頭長五寸則加二寸五厘之類後稱斜長者準此）若丁頭拱其長三十三分出卯長五分（若只裏跳轉角者謂之蝦須拱用股卯到心以斜長加之若入柱者用双卯長六分或七分）

二曰泥道拱其長六十二分（若枓口跳及鋪作全用単拱造者只用令拱）每頭以四瓣卷殺每瓣長三分半與華拱相交安於櫨枓口內

三曰瓜子拱施之於跳頭若五鋪作以上重拱造即於令拱內泥道拱外用之（四鋪作以下不用）其長六

十二分每頭以四瓣卷殺每瓣長四分

四曰令拱或謂之單拱施之於裏外跳頭之上外在橑檐方之下內在筭桯方之下與耍頭相交亦有不用耍頭者及屋內槫縫之下其長七十二分每頭以五瓣卷殺每瓣長四分若裏跳騎栿則用足材

五曰慢拱或謂之腎拱施之於泥道瓜子拱之上其長九十二分每頭以四瓣卷殺每瓣長三分騎栿及至角則用足材

凡拱之廣厚並如材拱頭上留六分下殺九分其九分勻分為四大分又從拱頭順身量為四瓣瓣又謂之胥亦謂之棖或謂之生各以逐分之首自下而至上與逐瓣之末自內而至外以直尺對斜

画定然後斫造用五瓣及分數不同者準此栱兩頭及中心各留坐枓處餘並爲栱眼深三分如造足材栱則更加一栔隱出心枓及栱眼

凡栱至角相交出跳則謂之列栱其過角栱或角昂處栱眼外長内小自心向外量出一材分又栱頭量一枓底餘並爲小眼

泥道栱與華栱出跳相列

瓜子栱與小栱頭出跳相列小栱頭從心出其長二十三分以三瓣卷殺每瓣長三分上施散枓若平坐鋪作即不用小栱頭卻與華栱頭相列其華栱之上皆累跳至令栱於每跳當心上施耍頭

慢栱與切几頭相對切几頭微刻材下作兩卷瓣如角内足材下昂造即與華頭子出跳相列華頭子承昂者在昂制度内

令栱與瓜子栱出跳相列（乘替木頭或橑檐方頭）

凡開栱口之法：華栱於底面開口，深五分，（角華栱深十分）廣二十分。（包櫨枓耳在內）口上當心兩面各開子廕，通栱身，各廣十分，（若角華栱連隱枓通開）㴫一分。餘栱（謂泥道栱、瓜子栱、令栱、慢栱也）上開口，㴫十分，廣八分。（其騎栿絞昂栿者，各隨所用）若角內足材列栱，則上下各開口，上開口深十分，（連栔）下開口深五分。

凡栱至角相連長兩跳者，則當心施枓，〻底兩面相交，隱出栱頭，（如令栱只用四瓣）謂之鴛鴦交手栱。（裏跳上栱同）

飛昂

（其名有五：一曰櫼，二曰飛昂，三曰英昂，四曰斜角，五曰下昂）

造昂之制有二：

一曰下昂，自上一材，垂尖向下，從枓底心下取直，其長二十三分其昂身上徹屋內自枓外斜殺向下留厚二分昂面中顱二分令顱勢圜和亦有於昂面上隨顱加一分訛殺至兩棱者謂之琴面昂亦有自枓外斜殺至尖者其昂面平直謂之批竹昂

凡昂安枓處高下及遠近皆準一跳若從下第一昂自上一材下出斜垂向下枓口內以華頭子承之華頭子自枓口外長九分將昂勢盡處勻分刻作兩卷瓣每瓣長四分如至第二昂以上只於枓口內出昂其承昂枓口及昂身下皆斜開鐙口令上大下小與昂身相銜

凡昂上坐枓四鋪作五鋪作並歸平六鋪作以上

自五鋪作外昂上枓並垂向下二分至五分如逐跳計心造即於昂身開方斜口深二分兩面各開子廕深一分

若角昂以斜長加之角昂之上別施由昂（長同角昂廣或加一分至二分所坐枓上安角神若宝藏神或宝瓶）

若昂身於屋內上出皆至下平槫若四鋪作用插昂即其長斜隨跳頭（插昂又謂之掙昂亦謂之矮昂）

凡昂栓廣四分至五分厚二分若四鋪作即於第一跳上用之五鋪作至八鋪作並於第二跳上用之並上徹昂背（自一昂至三昂秖用一栓徹上面昂之背下入栱身之半或三分之一）

若屋内徹上明造即用挑斡或只挑一枓或挑一材兩栔謂一拱上下皆有枓也若不出昂而用挑斡者即騎束闌方下昂桯

如用平棊即自槫安蜀柱以义昂尾如當柱頭即以草栿或丁栿壓之

三曰上昂頭向外留六分其昂頭外出昂身斜收向裏並通過柱心

如五鋪作單抄上用者自櫨枓心出第一跳華拱心長二十五分第二跳上昂心長二十二分其第一跳上枓口内用鞾楔其平棊方至櫨枓口内共高五材四栔其第一跳重拱計心造

如六鋪作重抄上用者自櫨枓心出第一跳華拱

心長二十七分第二跳華栱心及上昂心共長二十八分華栱上用連珠枓其枓口内用䇠楔七鋪作八鋪作同其平綦方至櫨枓口内共高六材五栔於兩跳之内當中施騎枓栱

如七鋪作於重抄上用上昂兩重者自櫨枓心出第一跳華栱心長二十三分第二跳華栱心長一十五分華栱上用連珠枓第三跳上昂心兩重上昂共此一跳長三十五分其平綦方至櫨枓口内共高七材六栔其騎枓栱與六鋪作同

如八鋪作於三抄上用上昂兩重者自櫨枓心出第一跳華栱心長二十六分第二跳第三

跳並華栱心各長一十六分（於第三跳華栱上用連珠枓）第四跳上昂心（兩重上昂共此一跳）長二十六分

其平棊方至櫨枓口內共高八材七栔（其騎

枓栱與七鋪作同）

凡昂之廣厚並如材其下昂施之於外跳或單栱或重栱或偷心或計心造上昂施之裡跳之上及平坐鋪作之內昂背斜尖皆至下枓底外昂底於跳頭枓口內出其枓口外用鞾楔（刻作三卷瓣）

凡騎枓栱宜單用其下跳並偷心造（凡鋪作計心偷心並在總鋪作次序制度之內）

爵頭

（其名有四一曰爵頭二曰耍頭三曰胡孫頭四曰蜉蜒頭）

造耍頭之制用足材自枓心出長二十五分自上棱斜殺

向下六分自頭上量五分斜殺向下二分謂之鵲臺兩面留心各斜抹五分下隨尖各斜殺向上二分長五分下大棱上兩面開龍牙口廣半分斜梢向尖又謂之雞眼開口與華栱同與令栱相交安於齊心枓下

若累鋪作數多皆隨所出之跳加長若角內用則以斜長加之於裏外令栱兩出安之如上下有礙昂處即隨昂勢斜殺放過昂身或有不出耍頭者皆於裏外令栱之內安到心股卯只用單材

枓其名有五一曰楶二曰栭三曰櫨四曰楷五曰枓

造枓之制有四

一曰櫨枓施之於柱頭其長與廣皆三十二分若施於

角柱之上者方三十六分如造圜枓則面径三十六分底径二十八分高二十分上八分為耳中四分為平下八分為欹今俗謂之溪者非開口廣十分深八分出跳則十字開口四耳如不出跳則順身開口兩耳底四面各殺四分欹䫜一分如柱頭用圜枓即補間鋪作用訛角枓

二曰交互枓

亦謂之長開枓施之於華栱出跳之上十字開口四耳如施之於替木下者順身開口兩耳其長十八分廣十六分若屋內梁栿下用者其長二十四分廣十八分厚十二分半謂之交栿枓於梁栿頭橫用之如梁栿項歸一材之厚者只用交互枓如柱大小不等其枓量柱材隨宜加減

三曰齊心枓

亦謂之華心枓施之於栱心之上順身開口兩耳若施之於平坐出頭木之下則十字開口四耳其長與廣皆十六分如施之於

由昂及内外轉角出跳之上則不用耳謂之平盤枓其高六分

四曰散枓亦謂之小枓或謂之順桁枓又謂之騎互枓施之於栱兩頭橫開口兩耳以廣為面如鋪作偷心則施之於華栱出跳之上其長十六分廣十四分

凡交互枓齊心枓散枓皆高十分上四分為耳中二分為平下四分為欹開口皆廣十分深四分底四面各殺二分欹䫜半分

凡四耳枓於順跳口内前後裏壁各留隔口包耳高二分厚一分半櫨枓則倍之角内櫨枓於出角栱口内畱隔口包耳其高隨耳抹角内䫜入半分

總鋪作次序

總鋪作次序之制凡鋪作自柱頭上櫨枓口内出一栱或

一昂皆謂之一跳傳至五跳止

出一跳謂之四鋪作（或用華頭子上出一昂）

出兩跳謂之五鋪作（下出一卷頭上施一昂）

出三跳謂之六鋪作（下出一卷頭上施兩昂）

出四跳謂之七鋪作（下出兩卷頭上施兩昂）

出五跳謂之八鋪作（下出兩卷頭上施三昂）

自四鋪作至八鋪作皆於上跳之上橫施令栱與耍頭相交以承橑檐方至角各於角昂之上别施一昂謂之由昂以坐角神

凡於闌額上坐櫨枓安鋪作者謂之補間鋪作（今俗謂之步間者非）當心間須用補間鋪作兩朵次間及梢間各用一朵其鋪作分布令遠近皆匀（若逐間皆用雙補間則每間之廣丈尺皆同如只心間用雙補間者假如

心間用一丈五尺則次間用一丈之類或間廣不勻即每補間鋪作一朶不得過一尺

凡鋪作逐跳上下昂之上亦同安栱謂之計心若逐跳上不安栱而再出跳或出昂者謂之偷心凡出一跳南中謂之出一枝計心謂之轉葉偷心謂之不轉葉其實一也

凡鋪作逐跳計心每跳令栱上只用素方一重謂之单栱素方在泥道栱上者謂之柱頭方在跳上者謂之羅漢方方上斜安遮椽版即每跳上安兩材一栔令栱素方為兩材令栱上枓一為兩栔若每跳瓜子栱上至橑檐方下用令栱施慢栱慢栱上用素方謂之重栱方上斜施遮椽版即每跳上安三材兩栔瓜子栱慢栱素方為三材瓜子栱上枓慢栱上枓為兩栔

凡鋪作並外跳出昂裏跳及平坐只用卷頭若鋪作數多

裏跳恐太遠即裡跳減一鋪或兩鋪或平棊低即於平棊

方下更加慢拱

凡轉角鋪作須與補間鋪作勿令相犯或梢間近者須連

拱交隱（補間鋪作不可移遠恐間內不勻）或於次角補間近角處從上減

一跳

凡鋪作當柱頭壁拱謂之影拱（又謂之扶壁拱）

如鋪作重拱全計心造則於泥道重拱上施素方（方上斜安

遮椽版）

五鋪作一抄一昂若下一抄偷心則泥道重拱上施素

方々上又施令拱拱上施承椽方

单拱七鋪作兩抄兩昂及六鋪作一抄兩昂或兩抄一

昂若下一抄偷心則於櫨枓之上施兩令拱兩素方（方上平鋪遮椽版）或只於泥道重拱上施素方

單拱八鋪作兩抄三昂若下兩抄偷心則泥道拱上施素方〻上又施重拱素方（方上平鋪遮椽版）

凡樓閣上屋鋪作或減下屋一鋪其副階纏腰鋪作不得過殿身或減殿身一鋪

平坐（其名有五一曰閣道二曰墱道三曰飛陛四曰平坐五曰鼓坐）

造平坐之制其鋪作減上屋一跳或兩跳其鋪作宜用重拱及逐跳計心造作

凡平坐鋪作若叉柱造即每角用櫨枓一枚其柱根叉於

櫨枓之上若纏柱造即每角於柱外普拍方上安櫨枓三枚（每面互見兩枓於附角枓上各別加鋪作一縫）

凡平坐鋪作下用普拍方厚隨材廣或更加一栔其廣盡所用方木（若纏柱造即於普拍方裡用柱脚方廣三材厚二材上生柱脚卯）

凡平坐先自地立柱謂之永定柱〻上安搭頭木木上安普拍方方上坐枓栱

凡平坐四角生起比角柱減半（生角柱法在柱制度內）

平坐之內逐間下草栿前後安地面方以拘前後鋪作鋪作之上安鋪版方用一材四周安鴈翅版廣加材一倍厚四分至五分

營造法式卷第四

營造法式卷第五

通直郎管修蓋皇弟外第專一提舉修蓋班直諸軍營房等臣李誡奉

聖旨編修

大木作制度二

梁　闌額

柱　陽馬

侏儒柱斜柱附　棟

搏風版　柎

椽　檐

舉折

梁 其名有三：一曰梁，二曰杗廇，三曰欐。

造梁之制有五

一曰檐栿如四椽及五椽栿若四鋪作以上至八鋪作並廣兩材兩栔草栿廣三材如六椽至八椽以上栿若四鋪作至八鋪作廣四材草栿同

二曰乳栿若對大梁用者與大梁廣同三椽栿若四鋪作五鋪作廣兩材一栔草栿廣兩材六鋪作以上廣兩材兩栔草栿同

三曰劄牽若四鋪作至八鋪作出跳廣兩材如不出跳並不過一材一栔草牽梁準此

四曰平梁若四鋪作五鋪作廣加材一倍六鋪作以上

廣兩材一栔

五曰廳堂梁栿五椽四椽廣不過兩材一栔三椽廣兩材餘屋量椽數準此法加減

凡梁之大小各隨其廣分為三分以二分為厚（凡方木小須繳貼令大如方木大不得裁減即於廣厚加之如礙槫及替木即於梁上角開抱槫口若直梁狹即兩面安槫栿版如月梁狹即上加繳背下貼兩頰不得剜刻梁面）

造月梁之制明栿其廣四十二分（如徹上明造其乳栿三椽栿各廣四十二分四椽栿廣五十分五椽栿廣五十五分六椽栿以上其廣並至六十分止）梁首（謂出跳者）不以大小從下高二十一分其上餘材自枓裏平之上隨其高勻分作六分其上以六瓣卷殺每瓣長十分其梁下當中𩑶六分自枓心下量三十八分為斜項（如下兩跳者長六十八分）斜項外其

下起䫜以六瓣卷殺每瓣長十分第六瓣盡處下䫜五分（去三分留二分作琴面自第六瓣盡處漸起至心又加高一分令䫜勢圜和）梁尾（謂入柱者）上背下䫜皆以五瓣卷殺餘並同梁首之制

梁底面厚二十五分其項（入枓口處）厚十分枓口外兩肩各以四瓣卷殺每瓣長十分

若平梁四椽六椽上用者其廣三十五分如八椽至十椽上用者其廣四十二分不以大小從下高二十五分上背下䫜皆以四瓣卷殺（兩頭並同）其下第四瓣盡處䫜四分（去二分留一分作琴面自第四瓣盡處漸起至心又加高一分）餘並同月梁之制

若劄牽其廣三十五分不以大小從下高一十五分（上至枓底）牽首上以六瓣卷殺每瓣長八分（下同）牽尾上以五瓣其下

䫜前後各以三瓣斜項同月梁法䫜内去留同平梁法

凡屋内徹上明造者梁頭相疊處須隨舉勢高下用駝峯其駝峯長加高一倍厚一材枓下兩肩或作入瓣或作出瓣或圜訛兩肩兩頭卷尖梁頭安替木處並作隱枓兩頭造耍頭或切几頭切几頭刻梁上角作一入瓣與令栱或襻間相交

凡屋内若施平棊平闇亦同在大梁之上平棊之上又施草栿乳栿之上亦施草乳栿並在壓槽方之上壓槽方在柱頭方之上其草栿長同下梁直至橑檐方止若在兩面則安丁栿丁栿之上別安抹角栿與草栿相交

凡角梁下又施隱襯角栿在明梁之上外至橑檐方内至角後栿項長以兩椽斜長加之

凡襯方頭施之於梁背耍頭之上其廣厚同材前至撩檐方後至昂背或平棊方（如無鋪作即至托脚木止）若騎槽即前後各隨跳與方栱相交開子廕以壓枓上

凡平棊之上須隨槫栿用方木及矮柱敦㮇隨宜拄擋固濟並在草栿之上（凡明梁只闇平棊草栿在上承屋蓋之重）

凡平棊方在梁背上其廣厚並如材長隨間廣每架下平棊方一道（平闇同又隨架安椽以遮版縫其椽若殿宇廣二寸五分厚一寸三分餘屋廣二寸二分厚一寸二分如材小即隨宜加減）絞井口並隨補間（令縱橫分布方正若用峻脚即於四闌內安版貼華如平闇即安峻脚椽廣厚並與平闇椽同）

闌額

造闌額之制廣加材一倍厚減廣三分之一長隨間廣兩

頭至柱心入柱卯減厚之半兩肩各以四瓣卷殺每瓣長八分如不用補間鋪作即厚取廣之半

凡檐額兩頭並出柱口其廣兩材一栔至三材如殿閣即廣三材一栔或加至三材三栔檐額下綽幕方廣減檐額三分之一出柱長至補間相對作楷頭或三瓣頭（如角梁）

凡由額施之於闌額之下廣減闌額二分至三分（出卯卷殺並同闌額法）如有副階即於峻脚椽下安之如無副階即隨宜加減令高下得中（若副階額下即不須用）

凡屋内額廣一材三分至一材一栔厚取廣三分之一長隨間廣兩頭至柱心或駝峯心

凡地栿廣加材二分至三分厚取廣三分之二至角出柱

一材（上角或卷殺作梁切几頭）

柱（其名有二一曰楹二曰柱）

凡用柱之制若殿閣即徑兩材兩栔至三材若廳堂柱即徑兩材一栔餘屋即徑一材一栔至兩材若廳堂等屋内柱皆隨舉勢定其短長以下檐柱為則（若副階廊舍下檐柱雖長不越間之廣）至角則隨間數生起角柱若十三間殿堂則角柱比平柱生高一尺二寸（平柱謂當心間兩柱也自平柱疊進向角漸次生起令勢圜和如逐間大小不同即隨宜加減佗皆倣此）十一間生高一尺九間生高八寸七間生高六寸五間生高四寸三間生高二寸

凡殺梭柱之法隨柱之長分為三分上一分又分為三分如栱卷殺漸收至上徑比櫨枓底四周各出四分又量柱

頭四分緊殺如覆盆樣令柱頭與櫨枓底相副其柱身下一分殺令徑圍與中一分同

凡造柱下櫍徑周各出柱三分厚十分下三分為平其上並為欹上徑四周各殺三分令與柱身通上匀平

凡立柱並令柱首微收向內柱脚微出向外謂之側脚每屋正面（謂柱首東西相向者）隨柱之長每一尺即側脚一分若側面（謂柱首南北相向者）每長一尺即側脚八釐至角柱其柱首相向各依本法（如長短不定隨此加減）

凡下側脚墨於柱十字墨心裏再下直墨然後截柱脚柱首各令平正

若樓閣柱側脚秖以柱上為則側脚上更加側脚逐層做

此塔同

陽馬

其名有五一曰觚稜二曰陽馬三曰闕角四曰角梁五曰梁抹

造角梁之制大角梁其廣二十八分至加材一倍厚十八分至二十分頭下斜殺長三分之二或於斜面上畱二分外餘直卷為三瓣子角梁廣十八分至二十分厚減大角梁三分頭殺四分上折深七分

隱角梁上下廣十四分至十六分厚同大角梁或減二分上兩面隱廣各三分深各一椽分餘隨逐架接續隱法皆倣此

凡角梁之長大角梁自下平槫至下架檐頭子角梁隨飛檐頭外至小連檐下斜至柱心安於大角梁內隱角梁隨架之廣自下平槫至子角梁尾安於大角梁中皆以斜長加之

凡造四阿殿閣若四椽六椽五間及八椽七間或十椽九間以上其角梁相續直至脊槫各以逐架斜長加之如八椽五間至十椽七間並兩頭增出脊槫各三尺隨所加脊槫盡處别施角梁二重俗謂之吴殿亦曰五脊殿

凡堂廳若厦兩頭造則兩梢間用角梁轉過兩椽亭榭之類轉一椽今亦用此制為殿閣者俗謂之曹殿又曰漢殿亦曰九脊殿按唐六典及營繕令云王公以下居第並廳厦兩頭者此制也

侏儒柱其名有六一曰棁二曰侏儒柱三曰浮柱四曰棳五曰上楹六曰蜀柱斜柱附其名有五一曰斜柱二曰梧三曰迕四曰枝樘五曰叉手

造蜀柱之制於平梁上長隨舉勢高下殿閣徑一材半餘屋量栿厚加減兩面各順平栿隨舉勢斜安叉手

造叉手之制若殿閣廣一材一栔餘屋廣隨材或加二分至三分厚取廣三分之一蜀柱下安合楷者長不過梁之半

凡中下平槫縫並於梁首向裏斜安托脚其廣隨材厚三分之一從上梁角過抱槫出外以托向上槫縫

凡屋如徹上明造即於蜀柱之上安枓若叉手上角內安栱兩面出耍頭者謂之丁華抹頦栱枓上安隨間襻間或一材或兩材襻間廣厚並如材長隨間廣出半栱在外半栱連身對隱若兩材造即每間各用一材隔間上下相閃令慢栱在上瓜子栱在下若一材造只用令栱隔間一材如屋內遍用襻間一材或兩材並與梁頭相交或於兩際隨槫作楷頭以乘替木

凡襻間如在平棊上者謂之草襻間並用全條方

凡蜀柱量所用長短於中心安順脊串廣厚如材或加三分至四分長隨間隔間用之若梁上用矮柱者徑隨相對之柱其長隨舉柱高下

凡順栿串並出柱作丁頭栱其廣一足材或不及即作楷頭厚如材在牵梁或乳栿下

棟其名有九一曰棟二曰桴三曰檼四曰棼五曰甍六曰極七曰槫八曰檁九曰櫋兩際附

用槫之制若殿閣槫徑一材一栔或加材一倍廳堂槫徑加材三分至一栔餘屋槫徑加材一分至二分長隨間廣

凡正屋用槫若心間及西間者皆頭東而尾西如東間者頭西而尾東其廊屋面東西者皆頭南而尾北

凡出際之制槫至兩梢間兩際各出柱頭又謂之屋廢如兩椽屋出二尺至二尺五寸四椽屋出三尺至三尺五寸六椽

屋出三尺五寸至四尺八椽至十椽屋出四尺五寸至五尺若殿閣轉角造即出際長隨架於丁栿上隨架立夾際柱子以柱槫梢或更於丁栿背上添閣頭栿

凡橑檐方更不用橑風槫及替木當心間之廣加材一倍厚十分至角隨宜取圜貼生頭木令裏外齊平

凡兩頭梢間槫背上並安生頭木廣厚並如材長隨梢間斜殺向裏令生勢圜和與前後橑檐方相應其轉角者高與角梁背平或隨宜加高令椽頭背低角梁頭背一椽分

凡下昂作第一跳心之上用槫承椽以代承椽方謂之牛脊槫安於草栿之上至角即抱角梁下用矮柱敦㮇如七鋪作以上其牛脊槫於前跳内更加一縫

搏風版（其名有二：一曰榮，二曰搏風）

造搏風版之制：於屋兩際出槫頭之外安搏風版，廣兩材至三材，厚三分至四分，長隨架道。中上架兩面各斜出搭掌，長二尺五寸至三尺。下架隨椽與瓦頭齊。（轉角者至曲脊內）

柎（其名有三：一曰柎，二曰複棟，三曰替木）

造替木之制：其厚十分，高一十二分。

單枓上用者，其長九十六分。

令栱上用者，其長一百四分。

重栱上用者，其長一百二十六分。

凡替木兩頭各下殺四分，上留八分，以三瓣卷殺，每瓣長四分。若至出際，長與槫齊。（隨槫齊處更不卷殺。其栱上替木，如補間鋪作相近者，即相連用之）

椽 其名有四：一曰桷，二曰椽，三曰榱，四曰橑。短椽其名有二：一曰棟，二曰禁楄。

用椽之制椽每架平不過六尺若殿閣或加五寸至一尺五寸徑九分至十分若廳堂椽徑七分至八分餘屋徑六分至七分長隨架斜至下架即加長出檐每槫上為縫斜批相搭釘之 凡用椽皆令椽頭向下而尾在上

凡布椽令一間當間心若有補間鋪作者令一間當耍頭心若四裵回轉角者並隨角梁分布令椽頭踈密得所過角歸間 至次角補間鋪作心 並隨上中架取直其稀密以兩椽心相去之廣為法殿閣廣九寸五分至九寸副階廣九寸至八寸五分廳堂廣八寸五分至八寸廊庫屋廣八寸至七寸五分

若屋内有平棊者即隨椽長短令一頭取齊一頭放過上架當榑釘之不用裁截謂之鴈脚釘

檐其名有十四一曰宇二曰檐三曰樀四曰楣五曰屋垂六曰梠七曰櫺八曰聯櫋九曰橝十曰房十一曰廡十二曰槾十三曰櫰十四曰庮

造檐之制皆從橑檐方心出如椽徑三寸即檐出三尺五寸椽徑五寸即檐出四尺至四尺五寸檐外别加飛檐每檐一尺出飛子六寸其檐自次角柱補間鋪作心椽頭皆生出向外漸至角梁若一間生四寸三間生五寸五間生七寸五間以上約度隨宜加減其角柱之内檐身亦令微殺向裏不爾恐檐圜而不直

凡飛子如椽徑十分則廣八分厚七分大小不同約此法量宜加減各

以其廣厚分為五分兩邊各斜殺一分底面上留三分下殺二分皆以三瓣卷殺上一瓣長五分次二瓣各長四分此瓣分謂廣厚所得之分尾長斜隨檐凡飛子須兩條通造先除出兩頭於飛魁內出者後量身內令隨檐長結角解開若近角飛子隨勢上曲令背與小連檐平

凡飛魁又謂之大連檐廣厚並不越材小連檐廣加絜二分至三分厚不得越絜之厚並交斜解造

舉折其名有四一曰陠二曰峻三曰陠峭四曰舉折

舉折之制先以尺為丈以寸為尺以分為寸以氂為分以毫為氂側畫所建之屋於平正壁上定其舉之峻慢折之圜和然後可見屋內梁柱之高下卯眼之遠近今俗謂之定側樣亦曰點草架

舉屋之法如殿閣樓臺先量前後撩檐方心相去遠近分為三分若餘屋柱頭作或不出跳者則用前後檐柱心從撩檐方背至脊槫背舉起一分如屋深三丈即舉起一丈之類如甋瓦廳堂即四分中舉起一分又通以四分所得丈尺每一尺加八分若甋瓦廊屋及瓪瓦廳堂每一尺加五分或瓪瓦廊屋之類每一尺加三分若兩椽屋不加其副階或纏腰並二分中舉一分

折屋之法以舉高尺丈每尺折一寸每架自上遞減半為法如舉高二丈即先從脊槫背上取平下屋撩檐方背其上第一縫折二尺又從上第一縫槫背取平下至撩檐方背於第二縫折一尺若椽數多即逐縫取平皆下至撩檐方背每縫並減上縫之半如第一縫二尺第二縫一尺第三縫五寸第四縫二寸五分之

類如取平，皆從槫心抨繩令緊為則。如架道不勻，即約度遠近，隨宜加減。以脊槫及撩檐方為準

若八角或四角鬬尖亭榭，自撩檐方背舉至角梁底，五分中舉一分，至上簇角梁，即兩分中舉一分。若亭榭只用瓪瓦者，即十分中舉四分

簇角梁之法：用三折，先從大角背自撩檐方心量向上至棖桿卯心，取大角梁背一半，立上折簇梁，斜向棖桿舉分盡處；其簇角梁上下並出卯，中下折簇梁同 次從上折簇梁盡處量至撩檐方心，取大角梁背一半，立中折簇梁，斜向上折簇梁當心之下；又次從撩檐方心立下折簇梁，斜向中折簇梁當心近下。令中折簇角梁上一半與上折簇梁一半之長同 其折分並同折屋之制。唯量

折以曲尺於絃上取方量之用瓪瓦者同

營造法式卷第五

營造法式卷第六

通直郎管修蓋皇弟外第專一提舉修蓋班直諸軍營房等臣李誡奉

聖旨編修

小木作制度一

版門 雙扇版門 獨扇版門　烏頭門

軟門 牙頭護縫軟門 合版軟門　破子櫺窗

睒電窗　版櫺窗

截間版帳　照壁屏風骨 截間屏風骨 四扇屏風骨

隔截橫鈐立旌　露籬

版引檐　水槽

井屋子　地棚

版門（雙扇版門 獨扇版門）

造版門之制：高七尺至二丈四尺，廣與高方。（謂門高一丈，則每扇之廣不得過五尺之類。）如減廣者，不得過五分之一。（謂門扇合廣五尺，如減不得過四尺之類。）其名件廣厚，皆取門每尺之高，積而為法。（獨扇用者，高不過七尺，餘準此法。）

肘版：長視門高。（別留出上下兩鑲；如用鐵桶子或鞾臼，即下不用鑲。）每門高一尺，則廣一寸，厚三分。（謂門高一丈，則肘版廣一尺，厚三寸。丈尺不等，依此加減。下同。）

副肘版：長廣同上，厚二分五釐。（高一丈二尺以上用，其肘版與副肘版皆加至一尺五寸止。）

身口版：長同上，廣隨材，通肘版與副肘版合縫計數鵝臺石砧高二丈以上者門上鑄安鐵鐧雞栖木安鐵釧下鑄安鉄鞾臼用石地栿門砧及鉄鵝臺如斷砌即卧柣立柣並用石造地栿版長隨立柣之廣其廣同階之高厚量長廣取宜每長一尺五寸用楅一枚

烏頭門其名有三一曰烏頭大門二曰表揭三曰閥閱今呼為欞星門

造烏頭門之制俗謂之欞星門高八尺至二丈二尺廣與高方若高一丈五尺以上如減廣者不過五分之一用雙腰串七尺以下或用單腰串如高一丈五尺以上用夾腰華版版心內用㯶子每扇各隨其長於上腰串中心分作兩分腰上安子桯欞子欞子之數須隻用腰華以下並安障水版或下安鋜脚則於下桯上施串一條其版內外並施牙頭護縫下牙頭或用如意頭造門後用羅文楅左右結角斜安當心

紋口

其名件廣厚皆取門每尺之高積而為法

肘長視高每門高一尺廣五分厚三分三氂

桯同上長方三分三氂

腰串長隨扇之廣其廣四分厚同肘

腰華版長隨兩桯之內廣六分厚六氂

鋜脚版長厚同上其廣四分

子桯廣二分二氂厚三分

承櫺串穿櫺當中廣厚同子桯於子桯之內橫用一條或二條

櫺子厚一分長入子桯之內三分之一若門高一丈則廣一寸八分如高增一尺則加一分減亦如之

障水版廣隨兩桯之內厚七氂

障水版及鋜脚腰華內難子長隨桯內四周方七氂

牙頭版長同腰華版廣六分厚同障水版

腰華版及鋜脚內牙頭版長視廣其廣亦如之厚同上

護縫厚同上（廣同櫺子）

羅文楅長對角廣二分五氂厚二分

額廣八分厚三分（其長每門高一尺則加六寸）

立頰長視門高（上下各別出卯）廣七分厚同額（頰下安卧扶立扶）

挾門柱方八分（其長每門高一尺則加八寸柱下栽入地內上施烏頭）

日月版長四寸廣一寸二分厚一分五氂

搶柱方四分（其長每門高一尺則加二寸）

凡烏頭門所用雞栖木門簪門砧門關搕鏁柱石砧鋜鞾

臼鵝臺之類並準版門之制

軟門

牙頭護縫軟門　合版軟門

造軟門之制廣與高方若高一丈五尺以上如減廣者不過五分之一用湲腰串造（或用单腰串）每扇各隨其長除桯及腰串外分作三分腰上留二分腰下留一分上下並安版内外皆施牙頭護縫（其身内版及牙頭護縫所用版如門高七尺至一丈二尺並厚六分高一丈三尺至一丈六尺並厚八分高七尺以下並厚五分皆為定法腰華版厚同下牙頭或用如意頭）其名件廣厚皆取門每尺之高積而為法

攏桯内外用牙頭護縫軟門高六尺至一丈六尺（額栿内上下施伏兔用立棌）

肘長視門高每門高一尺則廣五分厚二分八氂

桯長同上上下各出二分方二分八氂

腰串長隨每扇之廣其廣四分厚二分八氂隨其厚三分以一分為卯

腰華版長同上廣五分

合版軟門高八尺至一丈三尺並用七楅八尺以下用五楅上下牙頭通身護縫皆厚六分如門高一丈即牙頭廣五寸護縫廣二寸每增高一尺則牙頭加五分護縫加一分減亦如之

肘版長視高廣一寸厚二分五氂

身口版長同上廣隨材通肘版合縫計數令足一扇之廣厚一分五氂

楅每門廣一尺則長九寸二分廣七分厚四分

凡軟門內或用手栓伏兔或用承柺楅其額立頰地栿雞

栖木門簪門砧石砧鐵桶子鵝臺之類並準版門之制

破子櫺窗

造破子窗之制高四尺至八尺如間廣一丈用一十七櫺若廣增一尺即更加二櫺相去空一寸（不以櫺之廣狹只以空一寸為定法）其名件廣厚皆以窗每尺之高積而為法

破子櫺每窗高一尺則長九寸八分（令上下入子桯內深三分之二）廣五分六氂厚二分八氂（每用一條方四分結角解作兩條則自得上項廣厚也）每間以五櫺出卯透子桯

子桯長隨櫺空上下並合角斜义立頰廣五分厚四分

額及腰串長隨間廣〻一寸二分厚隨子桯之廣

立頰長隨窻之高廣厚同額两壁内隱出子桯

地栿長厚同額廣一寸

凡破子窻於腰串下地栿上安心柱槫頰柱内或用障水版牙脚牙頭填心難子造或用心柱編竹造或於腰串下用隔減窻坐造凡安窻於腰串下高四尺至三尺仍令窻額與門額齊平

睒電牕

造睒電窻之制高二尺至三尺每間廣一丈用二十一櫺若廣增一尺則更加二櫺相去空一寸其櫺實廣二寸曲廣二寸七分厚七分謂以廣二寸七分直櫺左右剜刻取曲勢造成實廣二寸也此廣厚皆為定法其名件廣厚皆取窻每尺之高積而為法

櫺子每窻高一尺則長八寸七分廣厚已見上項

上下串長隨間廣其廣一寸（如窗高三尺厚一寸七分每增高一尺加一分五氂減亦如之）

兩立頰長視高其廣厚同串

凡睒電窗刻作四曲或三曲若水波文造亦如之施之於殿堂後壁之上或山壁高處如作看窗則下用橫鈐立旌其廣厚並準版櫺窗所用制度

版櫺窗

造版櫺窗之制高二尺至六尺如間廣一丈用二十一櫺若廣增一尺即更加二櫺其櫺相去空一寸廣二寸厚七分（並為定法）其餘名件長及廣厚皆以窗每尺之高積而為法

版櫺每窗高一尺則長八寸七分

上下串長隨間廣其廣一寸如窗高五尺則厚二寸若增高一尺加一分五氂減亦如之

立頰長視窗之高廣同串厚亦如之

地栿長同串每間廣一尺則廣四分五氂厚二分

立旌長視高每間廣一尺則廣三分五氂厚同上

横鈐長隨立旌内廣厚同上

凡版窗於串下地栿上安心柱編竹造或用隔減窗坐造若高三尺以下只安於墻上令上串與門額齊平

截間版帳

造截間版帳之制高六尺至一丈廣隨間之廣内外並施牙頭護縫如高七尺以上者用額栿槫柱當中用腰串造

若間遠則立槏柱其名件廣厚皆取版帳每尺之廣積而為法

槏柱長視高每間廣一尺則方四分

額長隨間廣其廣五分厚二分五氂

腰串地栿長及廣厚皆同額

槫柱長視額栿内廣其廣厚同額

版長同槫柱其廣量宜分布版及牙頭護縫難子皆以厚六分為定法

牙頭長隨槫柱内廣其廣五分

護縫長視牙頭内高其廣二分

難子長隨四周之廣其廣一分

凡截間版帳如安於梁外乳栿劄牽之下與全間相對者

其名件廣厚亦用全間之法

照壁屏風骨（截間屏風骨四扇屏風骨其名有四一曰皇邸二曰後版三曰扆四曰屏風）

造照壁屏風骨之制用四直大方格眼若每間分作四扇者高七尺至一丈二尺如只作一段截間造者高八尺至一丈二尺其名件廣厚皆取屏風每尺之高積而爲法

截間屏風骨

桯長視高其廣四分厚一分六氂

條桱長隨桯內四周之廣方一分六氂

額長隨間廣其廣一寸厚三分五氂

槫柱長同桯其廣六分厚同額

地栿長厚同額其廣八分

難子廣一分二氂厚八氂

四扇屏風骨

桯長視高其廣二分五氂厚一分二氂

條桱長同上法方一分二氂

額長隨間之廣其廣七分厚二分五氂

搏柱長同桯其廣五分厚同額

地栿長厚同額其廣六分

難子廣一分厚八氂

凡照壁屏風骨如作四扇開閉者其所用立㮇搏肘若屏風高一丈則搏肘方一寸四分立㮇廣二寸厚一寸六分如高增一尺即方及廣厚各加一分減亦如之

隔截横鈐立旌

造隔截横鈐立旌之制高四尺至八尺廣一丈至一丈二尺每間隨其廣分作三小間用立旌上下視其高量所宜分布施横鈐其名件廣厚皆取每間一尺之廣積而為法

額及地栿長隨間廣其廣五分厚三分

搏柱及立旌長視高其廣三分五氂厚二分五氂

横鈐長同額廣厚並同立旌

凡隔截所用横鈐立旌施之於照壁門窓或墻之上及中縫截間者亦用之或不用額栿搏柱

露籬

其名有五一曰樆二曰栅三曰據四曰藩五曰落今謂之露籬

造露籬之制高六尺至一丈廣八尺至一丈二尺下用地

栿橫鈐立旌上用搏頭木施版屋造每一間分作三小間

立旌長視高栽入地每高一尺則廣四分厚二分五釐曲

棖長一寸五分曲廣三分厚一分其餘名件廣厚皆取每

間一尺之廣積而為法

地栿橫鈐每間廣一尺則長二寸八分其廣厚並同

立旌

搏頭木長隨間廣其廣五分厚三分

山子版長一寸六分厚二分

屋子版長同搏頭木廣一寸二分厚一分

瀝水版長同上廣二分五釐厚六釐

壓脊垂脊木長廣同上厚二分

凡露籬若相連造則每間減立旌一條謂如五間只用立旌十六條之類

其橫鈐地栿之長各減一分三甃版屋兩頭施搏風版及垂魚惹草並量宜造

版引檐

造屋垂前版引檐之制廣一丈至一丈四尺如間太廣者每間作兩段長三尺至五尺內外並施護縫垂前用瀝水版其名件廣厚皆以每尺之廣積而為法

桯長隨間廣每間廣一尺則廣三分厚二分

檐版長隨引檐之長其廣量宜分擘以厚六分為定法

護縫長同上其廣二分厚同上定法

瀝水版長廣隨桯厚同上定法

跳椽廣厚隨桯其長量宜用之

凡版引檐施之於屋垂之外跳椽上安闌頭木挑斡引檐與小連檐相續

水槽

造水槽之制直高一尺口廣一尺四寸其名件廣厚皆以每尺之高積而為法

廂壁版長隨間廣其廣視高每一尺加六分厚一寸二分

底版長厚同上每口廣一尺則廣六寸

罨頭版長隨廂壁版内厚同上

口襻長隨口廣其方一寸五分

跳椽長隨所用廣二寸厚一寸八分

凡水槽施之於屋檐之下以跳椽襻拽若廳堂前後檐用者每間相接令中間者最高兩次間以外逐間各低一版兩頭出水如廊屋或挾屋偏用者並一頭安罨頭版其槽縫並包底廕牙縫造

井屋子

造井屋子之制自地至脊共高八尺四柱其柱外方五尺垂檐及兩際皆在外柱頭高五尺八寸下施井匱高一尺二寸上用厦瓦版内外護縫上安壓脊垂脊兩際施垂魚惹草其名件廣厚皆以每尺之高積而為法

柱每高一尺則長七寸五分鑣耳在内方五分

額長隨柱內其廣五分厚二分五釐

栿長隨方每壁每長一尺加二寸跳頭在內其廣五分厚四分

蜀柱長一寸三分廣厚同上

义手長三寸廣四分厚二分

槫長隨方每壁每長一尺加四寸出際在內廣厚同蜀柱

串長同上加亦同上出頭在內廣三分厚二分

厦瓦版長隨方每方一尺則長八寸斜長垂檐在內其廣隨材合縫以厚六分為定法

上下護縫長厚同上廣二分五釐

壓脊長及廣厚並同槫其廣取槽在內

垂脊長三寸八分廣四分厚三分

搏風版長五寸五分廣五分厚同厦瓦版

瀝水牙子長同槫廣四分厚同上

垂魚長二寸廣一寸二分厚同上

惹草長一寸五分廣一寸厚同上

井口木長同額廣五分厚三分

地栿長隨柱外廣厚同上

井匱版長同井口木其廣九分厚一分二氂

井匱内外難子長同上以方七分為定法

凡井屋子其井匱與柱下齊安於井階之上其舉分準大木作之制

地棚

造地棚之制長隨間之廣其廣隨間之深高一尺二寸至

一尺五寸下安敦㮇中施方子上鋪地面版其名件廣厚皆以每尺之高積而為法

敦㮇每高一尺長加三寸廣八寸厚四寸七分每方子長五尺用一枚

方子長隨間深接搭用廣四寸厚三寸四分每間用三路

地面版長隨間廣其廣隨材合貼用厚一寸三分

遮羞版長隨門道間廣其廣五寸三分厚一寸

凡地棚施之於倉庫屋內其遮羞版安於門道之外或露地棚處皆用之

營造法式卷第六

營造法式卷第七

通直郎管 修蓋皇弟外弟專一提舉修蓋班直諸軍營房等臣李 誡奉

聖旨編修

小木作制度二

格子門 四斜毬文格子 四直方格眼 四斜毬文上出條桱重格眼 版壁 兩明格子

闌檻鈎窻　殿内截間格子

堂閣内截間格子　殿閣照壁版

障日版　廊屋照壁版

胡梯　垂魚惹草

棋眼壁版　裏栿版

擗簾竿　護殿閣檐竹網木貼

格子門（四斜毬文格子　四斜毬文上出條桱重格眼　四直方格眼　版壁　兩明格子）

造格子門之制有六等：一曰四混中心出雙線入混內出單線（或混內不出線），二曰破瓣雙混平地出雙線（或單混出單線），三曰通混出雙線（或單線），四曰通混壓邊線，五曰素通混（以上並攛尖入卯），六曰方直破瓣（或攛尖或义瓣造）。高六尺至一丈二尺，每間分作四扇（如梢間狹促者只分作二扇），如檐額及梁栿下用者或分作六扇造，用雙腰串（或單腰串造）。每扇各隨其長除桯及腰串外分作三分，腰上留二分安格眼（或用四斜毬文格眼，或用四直方格眼，如就毬文者長短隨宜加減），腰下留二分安障水版（腰華版及障水版皆厚六分，桯四角外上下各出卯，長一寸五分，並為定法）。其名件廣厚皆取門桯每尺之高積而為法。

四斜毬文格眼：其條桱厚一分二氂（毬文徑三寸至六寸，每毬文圜徑一

（寸則每瓣長七分廣三分絞口廣一分四周壓線其條桱瓣數須雙用四角各令一瓣入角）

桯長視高廣三分五氂厚二分七氂（腰串廣厚同桯橫卯隨桯三分中存內裏二分爲廣腰串卯隨其廣如門高一丈桯卯及腰串卯皆厚六分每高增一尺即加二氂減亦如之後同）

子桯廣一分五氂厚一分四氂（斜合四角破瓣單混造後同）

腰華版長隨扇內之廣廣四分（施之于雙腰串之內版外別安彫華）

障水版長廣各隨桯（令四面各入池槽）

額長隨間之廣廣八分厚三分（用雙卯）

槫柱頰長同桯廣五分（量㰙擘扇數隨宜加減）厚同額（二分中取一分爲心卯）

地栿長厚同額廣七分

四斜毬文上出條桱重格眼其條桱之厚每毬文圜徑二寸則加毬文格眼之厚二分每毬文圜徑加一寸則厚又加一分桱及子桯亦如之其毬文上採出條桱四攛尖四混出雙線或单線造如毬文圜徑二寸則採出條桱方三分若毬文圜徑加一寸則條桱方又加一分其對格眼子桯則安攛尖其尖外入子桯內對格眼合尖令線混轉過其對毬文子桯每毬文圜徑一寸則子桯廣五氂若毬文圜徑加一寸則子桯之廣又加五氂或以毬文隨四直格眼者則子桯之下採出毬文其廣與身內毬文相應

四直方格眼其制度有七等一曰四混絞雙線或单線二曰通混壓邊線心內絞雙線或单線三曰麗口絞瓣雙混或单混出線四曰麗口素絞瓣五

曰一混四擸尖六曰平出線七曰方絞眼

其條桱皆廣一分厚八釐眼内方三寸至二寸

桯長視高廣三分厚二分五釐腰串同

子桯廣一分二釐厚一分

腰華版及障水版並準四斜毬文法

額長隨間之廣廣七分厚二分八釐

槫柱頰長隨門高廣四分量攤擘扇數隨宜加減厚同額

地栿長厚同額廣六分

版壁上二分不安格眼亦用障水版者名件並準前法唯桯厚減一分

兩明格子門其腰華障水版格眼皆用兩重桯厚更加

二分一釐子桯及條桱之厚各減二釐額

頰地栿之厚各加二分四氂（其格眼兩重外面者安定其內者上開池槽深五分下深二分）

凡格子門所用搏肘立㮀如門高一丈即搏肘方一寸四分立㮀廣二寸厚一寸六分如高增一尺即方及廣厚各加一分減亦如之

闌檻鉤窻

造鉤窻闌檻之制共高七尺至一丈每間分作三扇用四直方格眼檻面外施雲栱鵝項鉤闌內用托柱（各四枚）其名件廣厚各取窻檻每尺之高積而為法（其格眼出線並準格子門四直方格眼制度）

鉤窻高五尺至八尺

子桯長視窻高廣隨逐扇之廣每窻高一尺則廣三分厚一分四氂

條桱廣一分四氂厚一分二氂

心柱槫柱長視子桯廣四分五氂厚三分

額長隨間廣其廣一寸一分厚三分五氂

檻面高一尺八寸至二尺（每檻面高一尺鵝項至尋杖共加九寸）

檻面版長隨間心每檻面高一尺則廣七寸厚一寸五分（如柱徑或有大小則量宜加減）

鵝項長視高其廣四寸二分厚一寸五分（或加減同上）

雲栱長六寸廣三寸厚一寸七分

尋杖長隨檻面其方一寸七分

心柱及搏柱長自檻面版下至栿上其廣二寸厚一
寸三分
托柱長自檻面下至地其廣五寸厚一寸五分
地栿長同窻額廣二寸五分厚一寸三分
障水版廣六寸以厚六分為定法
凡鉤窻所用搏肘如高五尺則方一寸卧關如長一丈即廣二寸厚一寸六分每高與長增一尺則各加一分減亦如之

殿内截間格子

造殿堂内截間格子之制高一丈四尺至一丈七尺用單腰串每間各視其長除桯及腰串外分作三分腰上二分

安格眼用心柱槫柱分作二間腰下一分為障水版其版亦用心柱槫柱分作三間（内一間或作開閉門子）用牙脚牙頭填心内或合版攏桯（上下四周並纏難子）其名件廣厚皆取格子上下每尺之通高積而為法

上下桯長視格眼之高廣三分五氂厚一分六氂

條桱（廣厚並準格子門法）

障水子桯長隨心柱槫柱内其廣一分八氂厚二分

上下難子長隨子桯其廣一分二氂厚一分

槫肘長視子桯及障水版方八氂（出鑻在外）

額及腰串長隨間廣其廣九分厚三分二氂

地栿長厚同額其廣七分

上摶柱及心柱長視摶肘廣六分厚同額

下摶柱及心柱長視障水版其廣五分厚同上

凡截間格子上二分子桯內所用四斜毬文格眼圜徑七寸至九寸其廣厚皆準格子門之制

堂閣內截間格子

造堂閣內截間格子之制皆高一丈廣一丈一尺其桯制度有三等一曰面上出心線兩邊壓線二曰瓣內雙混或單混三曰方直破瓣攛尖其名件廣厚皆取每尺之高積而為法

截間格子當心及四周皆用桯其外上用額下用地栿兩邊安摶柱格眼毬文徑五寸雙腰串造

桯長視高卯在内廣五分厚二分七氂上下者每間廣一尺即長九寸二分腰串每間廣一尺即長四寸六分廣三分五氂厚同上

腰華版長隨兩桯内廣同上以厚六分爲定法

障水版長視腰串及下桯廣隨腰華版之長厚同腰華板

子桯長隨格眼四周之廣其廣一分六氂厚一分四氂

額隨長間廣其廣八分厚三分五氂

地栿長厚同額其廣七分

搏柱長同桯其廣五分厚同地栿

難子長隨桯四周其廣一分厚七氂

截間開門格子四周用額栿搏柱其内四周用桯桯内

上用門額額上作兩間施毬文其子桯高一尺六寸兩邊留泥

道施六頰泥道施毬文其子桯廣一尺二寸中安毬文格

子門兩扇格眼毬文徑四寸單腰串造

桯長及廣厚同前法上下桯廣同

門額長隨桯內其廣四分厚二分七氂

立頰長視門額下桯內廣厚同上

門額上心柱長一寸六分廣厚同上

泥道內腰串長隨摶柱立頰內廣厚同上

障水版同前法

門額上子桯長隨額內四周之廣其廣二分厚一分

二氂泥道內所用廣厚同

門肘長視扇高鑿在外方二分五氂

門桯長同上出頭在外廣二分厚二分五厘上下桯亦同

門障水版長視腰串及下桯内其廣隨扇之廣以厚六分為定法

門桯内子桯長隨四周之廣其廣厚同額上子桯

小難子長隨子桯及障水版四周之廣以方五分為定法

額長隨間廣其廣八分厚三分五氂

地栿長厚同上其廣七分

槫柱長視高其廣四分五氂厚同上

大難子長隨桯四周其廣一分厚七氂

上下伏兔長一寸廣四分厚二分

手栓伏兔長同上廣三分五厘厚一分五厘

手栓長一寸五分廣一分五氂厚一分二氂

凡堂閤內截間格子所用四斜毬文格眼及障水版等分數其長徑並準格子門之制

殿閣照壁版

造殿閣照壁版之制廣一丈至一丈四尺高五尺至一丈一尺外面纏貼內外皆施難子合版造其名件廣厚皆取每尺之高積而為法

額長隨間廣每高一尺則廣七分厚四分

榑柱長視高廣五分厚同額

版長同榑柱其廣隨榑柱之內厚二分

貼長隨桯內四周之廣其廣三分厚一分

難子長厚同貼其廣二分

凡殿閣照壁版施之於殿閣槽内及照壁門牕之上者皆用之

障日版

造障日版之制廣一丈一尺高三尺至五尺用心柱槫柱内外皆施難子合版或用牙頭護縫造其名件廣厚皆以每尺之廣積而為法

額長隨間之廣其廣六分厚三分

心柱槫柱長視高其廣四分厚同額

版長視高其廣隨心柱槫柱之内（版及牙頭護縫皆以厚六分為定法）

牙頭版長隨廣其廣五分

護縫長視牙頭之内其廣二分

難子長隨桯内四周之廣其廣一分厚八厘

凡障日版施之於格子門及門牕之上其上或更不用額

廊屋照壁版

造廊屋照壁版之制廣一丈至一丈一尺高一尺五寸至二尺五寸每間分作三段於心柱槫柱之内内外皆施難子合版造其名件廣厚皆以每尺之廣積而為法

心柱槫柱長視高其廣四分厚三分

版長隨心槫柱内之廣其廣視高厚一分

難子長隨桯内四周之廣方一分

凡廊屋照壁版施之於殿廊由額之内如安於半間之内

與全間相對者其名件廣厚亦用全間之法

胡梯

造胡梯之制高一丈拽脚長隨高廣三尺分作十二級攏頰榥施促踏版側立者謂之促版平者謂之踏版上下並安望柱兩頰隨身各用鉤闌斜高三尺五寸分作四間每間內安卧櫺三條其名件廣厚皆以每尺之高積而為法鉤闌名件廣厚皆以鉤闌每尺之高積而為法

兩頰長視梯每高一尺則長加六寸拽脚蹬口在內廣一寸二分厚二分一釐

榥長隨兩頰內卯透外用抱寨其方三分每頰長五尺用榥一條

促踏版長同上廣七分四釐厚一分

鉤闌望柱每鉤闌高一尺則長加四寸五分卯在內方一寸五分破瓣仰覆蓮華

單胡桃子造

蜀柱長隨鉤闌之高（卯在内）廣一寸二分厚六分

尋杖長隨上下望柱内徑七分

盆脣長同上廣一寸五分厚五分

卧櫺長隨兩蜀柱内其方三分

凡胡梯施之於樓閣上下道内其鉤闌安於兩頰之上（更不用地栿）如樓閣高遠者作兩盝至三盤造

垂魚惹草

造垂魚惹草之制或用華瓣或用雲頭造垂魚長三尺至一丈惹草長三尺至七尺其廣厚皆取每尺之長積而（為法）

垂魚版每長一尺則廣六寸厚二分五氂

惹草版每長一尺則廣七寸厚同垂魚

凡垂魚施之於屋山搏風版合尖之下惹草施之於搏風版之下搏水之外每長二尺則於後面施楅一枚

栱眼壁版

造栱眼版之制於材下額上兩栱頭相對處鑿池槽隨其曲直安版於池槽之内其長廣皆以枓栱材分為法（枓栱材分在大木作制度内）

重栱眼壁版長隨補間鋪作其廣五十四分（厚一寸二分）

單栱眼壁版長同上其廣三十三分（厚同上）

凡栱眼壁版施之於鋪作檐額之上其版如隨材合縫則縫内用劄造

裏栿版

造裏栿版之制於栿兩側各用廂壁版栿下安底版其廣厚皆以梁栿每尺之廣積而為法

兩側廂壁版長廣皆隨梁栿每長一尺則厚二分五釐底版長厚同上其廣隨梁栿之厚每厚一尺則廣加三寸

凡裏栿版施之於殿槽內梁栿其下底版合縫令承兩廂壁版其兩廂壁版及底版皆造彫華彫華等次序在彫作制度內

擗簾竿

造擗簾竿之制有三等一曰八混二曰破瓣三曰方直長一丈至一丈五尺其廣厚皆以每尺之高積而為法

搏簾竿長視高每高一尺則方三分

腰串長隨間廣其廣三分厚二分只方直造

凡搏簾竿施之於殿堂等出跳栱之下如無出跳者則於椽頭下安之

護殿閣檐竹網木貼

造安護殿閣檐枓栱竹雀眼網上下木貼之制長隨所用逐間之廣其廣二寸厚六分為定法皆方直造地衣簟貼同上於椽頭下於檐額之上壓雀眼網安釘地衣簟貼若至柱或碇之類並隨四周或圜或曲壓簟安釘

營造法式卷第七

營造法式卷第八

通直郎管修蓋皇弟外第專一提舉修蓋班直諸軍營房等臣李誡奉

聖旨編修

小木作制度三

平綦

其名有三：一曰平機，二曰平橑，三曰平綦。俗謂之平起。其以方椽施素版者，謂之平闇。

造殿內平綦之制：於背版之上，四邊用桯，桯內用貼，貼內留轉道纏難子分布隅截或長或方其中貼絡華文有十三品一曰盤毬二曰鬭八三曰疊勝四曰瑣子五曰簇六毬文六曰羅文七曰柿蔕八曰龜背九曰鬭二十四十曰簇三簇四毬文十一曰六入圜華十二曰簇六雪華十三曰車釧毬文其華文皆間雜互用華品或更隨宜用之或於雲盤華盝內施明鏡或施隱起龍鳳及彫華每段以長一丈四尺廣五尺五寸為率其名件廣厚若間架雖長廣更不加減唯盝頂欹斜處其程量所宜減之

背版長隨間廣其廣隨材合縫計數令足一架之廣厚六分

桯隨背版四周之廣其廣四寸厚二寸

貼長隨桯四周之内其廣二寸厚同背版

難子幷貼華厚同貼每方一尺用華子十六枚華子先用膠貼候乾刻削令平乃用釘

凡平棊施之於殿内鋪作筭桯方之上其背版後皆施護縫及楅護縫廣二寸厚六分楅廣三寸五分厚二寸五分長皆隨其所用

鬬八藻井

其名有三一曰藻井二曰圜泉三曰方井今謂之鬬八藻井

造鬬八藻井之制共高五尺三寸其下曰方井方八尺高一尺六寸其中曰八角井徑六尺四寸高二尺二寸其上曰鬬八徑四尺二寸高一尺五寸於頂心之下施垂蓮或彫華雲棬皆内安明鏡其名件廣厚皆以每尺之徑積而

爲法

方井於筭桯方之上施六鋪作下昂重栱材廣一寸八分厚一寸二分其枓栱等分數制度並準大木作法四八角每面用補間鋪作五朶凡所用枓栱並立施枓槽版枓栱之上用壓厦版八角井同此

枓槽版長隨方面之廣每面廣一尺則廣一寸七分厚二分五釐壓厦版長厚同上其廣一寸五分

八角井於方井鋪作之上施隨瓣方抹角勒作八角八角之外四角謂之角蟬於隨瓣方之上施七鋪作上昂重栱材分等並同方井法八入角每瓣用補間鋪作一朶

隨瓣方每直徑一尺則長四寸廣四分厚三分

料槽版長隨瓣廣二寸厚二分五氂

壓廈版長隨瓣斜廣二寸五分厚二分七氂

鬬八於八角井鋪作之上用隨瓣方方上施鬬八陽馬（陽馬今俗謂之梁抹）陽馬之內施背版貼絡華文

陽馬每鬬八徑一尺則長七寸曲廣一寸五分厚五分

隨瓣方長隨每瓣之廣其廣五分厚二分五氂

背版長視瓣高廣隨陽馬之內其用貼并難子並準

平棊之法（華子每方一尺用十六枚或二十五枚）

凡藻井施之於殿內照壁屏風之前或殿身內前門之前平棊之內

小鬭八藻井

造小藻井之制共高二尺二寸其下曰八角井徑四尺八寸其上曰鬭八高八寸於頂心之下施垂蓮或彫華雲捲皆内安明鏡其名件廣厚各以每尺之徑及高積而為法

八角井抹角勒䇲桯方作八瓣於䇲桯方之上用普拍方方上施五鋪作卷頭重栱（材廣六分厚四分其枓栱等分數制度皆準大木作法）枓栱之内用枓槽版上用壓厦版上施版壁貼絡門窻鉤闌其上又用普拍方方上施五鋪作一抄一昂重栱上下並入八角每瓣用補間鋪作兩朵

枓槽版每徑一尺則長九寸每高一尺則廣六寸（以厚

八分為定法

普拍方長同上每高一尺則方三分

随瓣方每徑一尺則長四寸五分每高一尺則廣八分厚五分

陽馬每徑一尺則長五寸每高一尺則曲廣一寸五分厚七分

背版長視瓣高廣随陽馬之内以厚五分為定法其用貼并難子並準殿内鬬八藻井之法貼絡華數亦如之

凡小藻井施之於殿宇副階之内其腰内所用貼絡門窻鉤闌鉤闌上施雁翅版其大小廣厚並随高下量宜用之

拒馬叉子其名有四一曰梐枑二曰梐拒三曰行馬四曰拒馬叉子

造拒馬叉子之制高四尺至六尺如間廣一丈者用二十一櫺每廣增一尺則加二櫺減亦如之兩邊用馬銜木上用穿心串下用攏桯連梯廣三尺五寸其卯廣減桯之半厚三分中留一分其名件廣厚皆以高五尺為祖隨其大小而加減之

櫺子其首制度有二一曰五瓣雲頭挑瓣二曰素訛角叉子首於上串上出者每高一尺出二寸四分挑瓣處下留三分斜長五尺五寸廣二寸厚一寸二分每高增一尺則長加一尺一寸廣加二分厚加一分

馬銜木其首破瓣同櫺減四分長視高每叉子高五尺則廣四寸半厚二寸半每高增一尺則廣加四分

厚加二分減亦如之

上串長隨間廣其廣五寸五分厚四寸每高增一尺

則廣加三分厚加二分

連梯長同上串廣五寸厚二寸五分每高增一尺則

廣加一寸厚加五分（兩頭者廣厚同長隨下廣）

凡拒馬叉子其櫺子自連梯上皆左右隔間分布於上串

内出首交斜相向

叉子

造叉子之制高二尺至七尺如廣一丈用二十七櫺若廣

增一尺即更加二櫺減亦如之兩壁用馬銜木上下用串

或於下串之下用地栿地霞造其名件廣厚皆以高五尺

為祖隨其大小而加減之

望柱如叉子高五尺即長五尺六寸方四寸每高增一尺則加一尺一寸方加四分減亦如之

櫺子其首制度有三一曰海石榴頭二曰挑瓣雲頭三曰方直笏頭叉子首於上串上出者每高一尺出一寸五分內挑瓣處下留三分其身制度有四一曰一混心出單線壓邊線二曰瓣內單混面上出心線三曰方直出線壓邊線或壓白四曰方直不出線其長四尺四寸透下串者長四尺五寸每間三條廣二寸厚一寸二分每高增一尺則長加九寸廣加二分厚加一分減亦如之

上下串其制度有三一曰側面上出心線壓邊線或壓白二曰瓣內單混出線三曰破瓣不出線長隨間廣其廣三寸厚二寸如高增一尺則廣加三分厚加二分減亦如之

馬衘木（破瓣同櫺）長隨高（上隨櫺齊下至地栿上）制度隨櫺其廣三寸五分厚二寸每高增一尺則廣加四分厚加二分減亦如之

地霞長一尺五寸廣五寸厚一寸二分每高增一尺則長加三寸廣加一寸厚加二分減亦如之

地栿皆連梯混或側面出線（或不出線）長隨間廣（或出絞頭在外）其廣六寸厚四寸五分每高增一尺則廣

加六分厚加五分減亦如之

凡叉子若相連或轉角皆施望柱或栽入地栿或安於地栿上或下用衮砧托柱如施於屋柱間之內及壁帳之間者皆不用望柱

鉤闌

重臺鉤闌單鉤闌其名有八一曰櫺檻二曰軒檻三曰襲四曰梐牢五曰闌楯六曰柃七曰階檻八曰鉤闌

造樓閣殿亭鉤闌之制有二一曰重臺鉤闌高四尺至四尺五寸二曰單鉤闌高三尺至三尺六寸若轉角則用望柱或不用望柱即以尋杖絞角如单鉤闌枓子蜀柱者尋杖或合角其望柱頭破瓣仰覆蓮當中用单胡桃子或作海石榴頭如有慢道即計階之高下隨其峻勢令斜高與鉤闌身齊不得令高其地栿之類廣厚準此其名件廣厚皆取鉤闌每尺之高謂自尋杖上至地栿下積而為法

重臺鉤闌

望柱長視高每高一尺則加二寸方一寸八分

蜀柱長同上上下出卯在內廣二寸厚一寸其上方一寸六分

刻為癭項其項下細處比上減半其下挑心尖留十分之二兩肩各留十分中四釐其上出卯以穿雲栱尋杖其下卯穿地栿

雲栱長二寸七分廣減長之半廕一分二釐在尋杖下

厚八分

地霞或用華盆亦同長六寸五分廣一寸五分廕一分五釐

在束腰下厚一寸三分

尋杖長隨間方八分或圜混或四混六混八混造下同

盆唇木長同上廣一寸八分厚六分

束腰長同上方一寸

上華版長隨蜀柱內其廣一寸九分厚三分（四面各别出卯）（入池槽各一寸下同）

下華版長厚同上（卯入至蜀柱卯）廣一寸三分五氂

地栿長同尋杖廣一寸八分厚一寸六分

單鉤闌

望柱方二寸（長及加同上法）

蜀柱制度同重臺鉤闌蜀柱法自盆脣木之上雲栱之下或造胡桃子撮項或作青蜓頭或用枓子蜀柱

雲栱長三寸二分廣一寸六分厚一寸

尋杖長隨間之廣其方一寸

盆脣木長同上廣二寸厚六分

華版長隨蜀柱內其廣三寸四分厚三分（若万字或鉤片造者每華版廣一尺万字條桱廣一寸五分厚一寸子桯廣一寸二分五釐鉤片條桱廣二寸厚一寸一分子桯廣一寸五分其間空相去皆比條桱減半子桯之厚同條桱）

地栿長同尋杖其廣一寸七分厚一寸

華托柱長隨盆脣木下至地栿上其廣一寸四分厚七分

凡鉤闌分間布柱令與補間鋪作相應（角柱外一間與階齊其鉤闌之外階頭隨屋大小留三寸至五寸為法）如補間鋪作太密或無補間者量其遠近隨宜加減如殿前中心作折檻者（今俗謂之龍池）每鉤闌高一尺

於盝頂內廣別加一寸其蜀柱更不出項內加華托柱

棵籠子

造棵籠子之制高五尺上廣二尺下廣三尺或用四柱或用六柱或用八柱柱子上下各用榥子脚串版櫺下用牙子或不用牙子或雙腰串或下用雙榥子鋜脚版造柱子每高一尺即首長一寸垂脚空五分柱身四瓣方直或安子桯或採子桯或破瓣造柱首或作仰覆蓮或單胡桃子或枓柱桃瓣方直或刻作海石榴其名件廣厚皆以每尺之高積而為法

柱子長視高每高一尺則方四分四氂如六瓣或八瓣即廣七分厚五分

上下榥并腰串長隨兩柱內其廣四分厚三分

鋜脚版長同上（下隨榥子之長）其廣五分（以厚六分為定法）

櫺子長六寸六分（卯在內）廣二分四氂（厚同上）

牙子長同鋜脚版（分作二條）廣四分（厚同上）

凡棵籠子其櫺子之首在上榥子內其櫺相去準叉子制度

井亭子

造井亭子之制自下鋜脚至脊共高一丈一尺（鵶尾在外）方七尺四柱四椽五鋪作一抄一昂材廣一寸二分厚八分重栱造上用壓厦版出飛簷作九脊結瓦其名件廣厚皆取每尺之高積而為法

柱長視高每高一尺則方四分

鋜脚長隨𣲖廣其廣七分厚四分（絞頭在外）

額長隨柱内其廣四分五氂厚二分

串長與廣厚並同上

普拍方長廣同上厚一分五氂

枓槽版長同上（減二寸）廣六分六氂厚一分四氂

平棊版長隨枓槽版内其廣合版令足（以厚六分為定法）

平棊貼長隨四周之廣其廣二分（厚同上）

楅長隨版之廣其廣同上厚同普拍方

平棊下難子長同平棊版方一分

壓厦版長同鋜脚（每壁加八寸五分）廣六分二氂厚四氂

栿長隨深加五寸廣三分五氂厚二分五氂

大角梁長二寸四分廣二分四氂厚一分六氂

子角梁長九分曲廣三分五氂厚同福

貼生長同壓厦版加六寸廣同大角梁厚同枓槽版

脊槫蜀柱長二寸二分卯在內廣三分六氂厚同栿

平屋槫蜀柱長八寸五分廣厚同上

脊槫及平屋槫長隨廣其廣三分厚二分二氂

脊串長隨槫其廣二分五氂厚一分六氂

叉手長二寸六分廣四分厚二分

山版每深一尺即長八寸廣一寸五分以厚六分為定法

上架椽每深一尺即長三寸七分曲廣一寸六分厚九氂

下架椽每深一尺即長四寸五分曲廣一寸七分厚同上

廈頭下架椽每廣一尺即長三寸曲廣一分二釐厚同上

從角椽長取宜均攤使用

大連檐長同壓廈版每面加二尺四寸廣二分厚一分

前後廈瓦版長隨槫其廣自脊至大連檐合貼令數足以厚五分為定法每至角長加一尺五寸

两頭廈瓦版其長自山版至大連檐合版令數足厚同上至角加一尺一寸五分

飛子長九分尾在內廣八釐厚六釐其飛子至角令隨勢上曲

白版長同大連檐每壁長加三尺廣一寸以厚五分為定法

壓脊長隨槫廣四分六釐厚三分

垂脊長自脊至壓厦外曲廣五分厚二分五氂

角脊長二寸曲廣四分厚二分五氂

曲闌槫脊每面長六尺四寸廣四分厚二分

前後瓦隴條每溪一尺即長八寸五分方九氂相去空九氂

厦頭瓦隴條每廣一尺即長三寸三分方同上

槫風版每溪一尺即長四寸三分以厚七分為定法

瓦口子長隨子角梁內曲廣四分厚亦如之

垂魚長一尺三寸每長一尺即廣六寸厚同槫風版

惹草長一尺每長一尺即廣七寸厚同上

鴟尾長一寸一分身廣四分厚同壓脊

凡井亭子鋜脚下齊坐於井階之上其枓拱分數及舉折

等並準大木作之制

牌

造殿堂樓閣門亭等牌之制長二尺至八尺其牌首牌上橫出者牌帶牌兩旁下垂者牌舌牌面下兩帶之内横施者每廣一尺即上邊綽四寸向外牌面每長一尺則首帶隨其長外各加長四寸二分舌加長四分謂牌長五尺即首長六尺一寸帶長七尺一寸舌長四尺二寸之類尺寸不等依此加減下同其廣厚皆取牌每尺之長積而爲法

牌面每長一尺則廣八寸其下又加一分令牌面下廣與牌長五尺即上廣四尺下廣四尺五分之類尺寸不等依此加減下同

首廣三寸厚四分

帶廣二寸八分厚同上

舌廣二寸厚同上

凡牌面之後四周皆用楅其身內七尺以上者用三楅四尺以上者用二楅三尺以上者用一楅其楅之廣厚皆量其所宜而為之

營造法式卷第八

營造法式卷第九

通直郎管修蓋皇弟外第專一提舉修蓋班直諸軍營房等臣李誡奉
聖旨編修

小木作制度四

佛道帳

造佛道帳之制自坐下龜脚至鴟尾共高二丈九尺內外攏深一丈二尺五寸上層施天宮樓閣次平坐次腰檐帳身下安芙蓉瓣疊澁門牕龜脚坐兩面與兩側制度並同（作五間造）其名件廣厚皆取逐層每尺之高積而為法（後鉤闌兩等皆以每寸之高積而為法）

帳坐高四尺五寸長隨殿身之廣其廣隨殿身之深下

用龜脚〻上施車槽槽之上下各用澁一重
於上澁之上又疊子澁三重於上一重之下
施坐腰上澁之上用坐面澁面上安重臺鉤
闌高一尺闌内遍用明金版鉤闌之内施寶柱兩重
留外一重為轉道内壁貼絡門窓其上設五鋪作卷
頭平坐材廣一寸八分腰檐平坐準此平坐上又安重臺鉤
闌並瘦項雲栱坐自龜脚上每澁至上鉤闌逐層並
作芙蓉瓣造

龜脚每坐高一尺則長二寸廣七分厚五分
車槽上下澁長隨坐長及深外每面加二寸廣二寸厚六分

五龕

車槽長同上（每面減三寸安花版在外）廣一寸厚八分

上子澁兩重（在坐腰上下者）各長同上（減二寸）廣一寸六分厚二分五厘

下子澁長同坐廣厚並同上

坐腰長同上（每面減八寸）方一寸（安華版在外）

坐面澁長同上廣二寸厚六分五氂

猴面版長同上廣四寸厚六分七氂

明金版長同上（每面減八寸）廣二寸五分厚一分二氂

枓槽版長同上（每面減三尺）廣二寸五分厚二分二氂

壓厦版長同上（每面減一尺）廣二寸四分厚二分二氂

門窓背版長隨枓槽版（減長三寸）廣自普拍方下至明金

版上以厚六分為定法

車槽華版長隨車槽廣八分厚三分

坐腰華版長隨坐腰廣一寸厚同上

坐面版長廣並隨猴面版內其厚二分六氂

猴面榥每坐溌一尺則長九寸方八分每一瓣用一條

猴面馬頭榥每坐溌一尺則長一寸四分方同上每一瓣用一條

連梯卧榥每坐溌一尺則長九寸五分方同上每一瓣用一條

連梯馬頭榥每坐溌一尺則長一寸方同上

長短柱脚方長同車槽澁每一面減三尺二寸方一寸

長短榻頭木長隨柱脚方內方八分

長立榥長九寸二分方同上隨柱脚方榻頭木逐瓣用之

短立榥長四寸方六分

拽後榥長五寸方同上

穿串透栓長隨榻頭木廣五分厚二分

羅文榥每坐高一尺則加長四寸方八分

帳身高一丈二尺五寸長與廣皆隨帳坐量瓣数隨宜取間其內外皆攏帳柱柱下用鋜脚隔科柱上用內外側當隔科四面外柱並安欹門帳帶前一面裏槽柱內亦用每間用算桯方施平棊闘八藻井前一面每間兩頰各用毬文格子門格子桯四混出雙線用雙腰串腰華版造門之制度並準本法兩側及後壁並用難子安版

帳内外槽柱長視帳身之高每高一尺則方四分

虛柱長三寸二分方三分四氂

内外槽上隔科版長隨間架廣一寸二分厚一分二氂

上隔科仰托榥長同上廣二分八氂厚二分

上隔科内外上下貼長同鋜脚貼廣二分厚八氂

隔科内外上柱子長四分四氂下柱子長三分六氂其廣厚並同上

裏槽下鋜脚版長隨每間之深廣其廣五分二氂厚一分二氂

鋜脚仰托榥長同上廣二分八氂厚二分

鋜脚内外貼長同上其廣二分厚八厘
鋜脚内外柱子長三分二氂廣厚同上
内外歡門長隨帳柱之内其廣一寸二分厚一分二氂
内外帳帶長二寸八分廣二分六氂厚亦如之
兩側及後壁版長視上下仰托榥内廣隨帳柱心柱
内其厚八氂
心柱長同上其廣三分二氂厚二分八氂
頰子長同上廣三分厚二分八氂
腰串長隨帳柱内廣厚同上
難子長同後壁版方八氂
隨間栿長隨帳身之深其方三分六氂

筭程方長隨間之廣其廣三分二氂厚二分四氂

四面搏難子長隨間架方一分二氂

平棊（華文制度並準殿內平棊）

背版長隨方子內廣隨栿心（以厚五分為定法）

桯長隨方子四周之內其廣二分厚一分六氂

貼長隨桯四周之內其廣一分二氂（厚同背版）

難子并貼華（厚同貼）每方一尺用貼華二十五枚或十六枚

鬬八藻井徑三尺二寸共高一尺五寸五鋪作重栱卷頭造材廣六分其名件並準本法量宜減之

腰檐自櫨枓至脊共高三尺六鋪作一抄兩昂重栱造

柱上施枓槽版與山版（版內又施夾槽版逐縫夾安鑰匙頭版其上順槽安鑰匙頭棍及於鑰匙頭版上通用卧棍棍上栽柱子柱上又施卧棍棍上安上層平坐）鋪作之上平鋪壓厦版四角用角梁子角梁鋪椽安飛子依副階舉分結瓦

普拍方長隨四周之廣其廣一寸八分厚六分（紋頭在外）

角梁每高一尺加長四寸廣一寸四分厚八分

丁角梁長五寸其曲廣二寸厚七分

抹角栿長七寸方一寸四分

槫長隨間廣其廣一寸四分厚一寸

曲椽長七寸六分其曲廣一寸厚四分（每補間鋪作一朵用四條）

飛子長四寸（尾在內）方三分（角內隨宜刻曲）

大連檐長同槫（梢間長至角梁每壁加三尺六寸）廣五分厚三分

白版長隨間之廣（每梢間加出角一尺五寸）其廣三寸五分（以厚五分為定法）

夾枓槽版長隨間之深廣其廣四寸四分厚七分

山版長同枓槽版廣四寸二分厚七分

枓槽鑰匙頭版（每深一尺則長四寸）廣厚同枓槽版逐間段數亦同枓槽版

枓槽壓厦版長同枓槽版（每梢間長加一尺）其廣四寸厚七分

貼生長隨間之深廣其方七分

枓槽卧榥每深一尺則長九寸六分五氂方一寸每鋪作一朶用二條

絞鑰匙頭上下順身榥長隨間之廣方一寸

立榥長七寸方一寸每鋪作一朶用二條

厦瓦版長隨間之廣深每梢間加出角一尺二寸五分其廣九寸以厚五分為定法

槫脊長同上廣一寸五分厚七分

角脊長六寸其曲廣一寸五分厚七分

瓦隴條長九寸瓦頭在內方三分五氂

瓦口子長隨間廣每梢間加出角二尺五寸其廣三分以厚五分為定法

平坐高一尺八寸長與廣皆隨帳身六鋪作卷頭重栱

造四出角於壓厦版上施鴈翅版槽內名件並準

腰檐法　上施單鉤闌高七寸撮項雲栱造

普拍方長隨間之廣合用在外其廣一寸二分厚一寸

夾枓槽版長隨間之深廣其廣九寸厚一寸一分

枓槽鑰匙頭版每深一尺則長四寸其廣厚同枓槽版逐間段數亦同

壓厦版長同枓槽版每梢間加長一尺五寸廣九寸五分厚一寸一分

枓槽卧榥每深一尺則長九寸六分五釐方一寸六分每鋪作一朶用二條

立榥長九寸方一寸六分每鋪作一朶用四條

鴈翅版長隨壓厦版其廣二寸五分厚五分

坐面版長隨枓槽内其廣九寸厚五分

天宫樓閣共高七尺二寸深一尺一寸至一尺三寸出

跳及檐並在柱外下層為副階中層為平坐上層為腰檐檐上為九脊殿結瓦其殿身茶樓（有挾屋者）角樓並六鋪作單抄重昂（或单栱或重栱）角樓長一瓣半殿身及茶樓各長三瓣殿挾及龜頭並五鋪作单抄单昂（或单栱或重栱）殿挾長一瓣龜頭長二瓣行廊四鋪作单抄（或单栱或重栱）長二瓣分心（材廣六分）每瓣用補間鋪作兩朵（兩側龜頭等制度並準此）

中層平坐用六鋪作卷頭造平坐上用單鉤闌高四寸（枓子蜀柱造）

上層殿樓龜頭之內唯殿身施重檐（重檐謂殿身并副階其高五尺

者不用外其餘制度並準下層之法其科槽版及最上結瓦壓脊瓦隴條之類並量宜用之

帳上所用鈎闌應用小鈎闌者並通用此制度

重臺鈎闌共高八寸至一尺二寸其鈎闌並準樓閣殿亭鈎闌制度下同其名件等以鈎闌每尺之高積而為法

望柱長視高加四寸每高一尺則方四寸通身八瓣

蜀柱長同上廣二寸厚一寸其上方一寸六分刻為癭項

雲栱長三寸廣一寸五分厚九分

地霞長五寸廣同上厚一寸三分

尋杖長隨間廣方九分

盆脣木長同上廣一寸六分厚六分

束腰長同上廣一寸厚八分

上華版長隨蜀柱内其廣二寸厚四分四面各別出卯合入

池槽下同

下華版長厚同上卯入至蜀柱卯廣一寸五分

地栿長隨望柱内廣一寸八分厚一寸一分上兩

棱連梯混各四分

單鉤闌高五寸至一尺者並用此法其名件等以鉤闌每寸之高

積而爲法

望柱長視高加二寸方一分八氂

蜀柱長同上制度同重臺鉤闌法自盆脣木上雲栱下作撮

項胡桃子

雲拱長四分廣二分厚一分

尋杖長隨間之廣方一分

盆脣木長同上廣一分八氂厚八氂

華版長隨蜀柱內廣三分（以厚四分為定法）

地栿長隨望柱內其廣一分五氂厚一分二氂

枓子蜀柱鉤闌（高三寸至五寸者並用此法）其名件等以鉤闌每寸之高積而為法

蜀柱長視高（卯在內）廣二分四氂厚一分二氂

尋杖長隨間廣方一分三氂

盆脣木長同上廣二分厚一分二氂

華版長隨蜀柱内其廣三分以厚三分為定法

地栿長隨間廣其廣一分五氂厚一分二氂

踏道圜橋子高四尺五寸斜拽長三尺七寸至五尺五寸面廣五尺下用龜脚上施連梯立旌四周纏難子合版内用榥兩頰之内逐層安促踏版上隨圜勢施鉤闌望柱

龜脚每橋子高一尺則長二寸廣六分厚四分

連梯程其廣一寸厚五分

連梯榥長隨廣其方五分

立柱長視高方七分

攏立柱上榥長與方並同連梯榥

兩頰每高一尺則加六寸曲廣四寸厚五分

促版踏版每廣一尺則長九寸六分廣一寸三分踏版又加三分厚二分

三氃

踏版榥每廣一尺則長加八分方六分

背版長隨柱子內廣視連梯與上榥內以厚六分為定法

月版長視兩頰及柱子內廣隨兩頰與連梯內以厚六分為定法

上層如用山華蕉葉造者帳身之上更不用結瓦其壓廈版於橑檐方外出四十分上施混肚方方上用仰陽版〻上安山華蕉葉共高二尺七寸七分其名件廣厚皆取自普拍方

至山華每尺之高積而為法

頂版長隨間廣其廣隨㴱以厚七分為定法

混肚方廣二寸厚八分

仰陽版廣二寸八分厚三分

山華版廣厚同上

仰陽上下貼長同仰陽版其廣六分厚二分四氂

合角貼長五寸六分廣厚同上

柱子長一寸六分廣厚同上

福長三寸二分廣同上厚四分

凡佛道帳芙蓉瓣每瓣長一尺二寸隨瓣用龜脚上對鋪作結

瓪瓦朧條每條相去如朧條之廣至角隨宜分布其屋蓋舉折及

枓栱等分數並準大木作制度隨材減之殺蒜瓣柱及飛子亦如之

營造法式卷第九

營造法式卷第十

通直郎管修蓋皇弟外第專一提舉修蓋班直諸軍營房等臣李誡奉

聖旨編修

小木作制度五

牙脚帳

造牙脚帳之制：共高一丈五尺，廣三丈，内外攏共深八尺。以此爲率。下段用牙脚坐；坐下施龜脚，中段帳身上用隔科，下用錠脚，上段山華仰陽版；六鋪作。每段各分作三段造。其名件廣厚，皆取逐層每尺之高，積而爲法。

牙脚坐高二尺五寸長三丈二尺深一丈（坐頭在内）下用連梯龜脚中用束腰壓青牙子牙頭牙脚背版填心上用梯盤面版安重臺鉤闌高一尺（其鉤闌並準佛道帳制度）

龜脚每坐高一尺則長三寸廣一寸二分厚一寸四分

連梯隨坐深長其廣八分厚一寸二分

角柱長六寸二分方一寸六分

束腰長隨角柱内其廣一寸厚七分

牙頭長三寸二分廣一寸四分厚四分

牙脚長六寸二分廣二寸四分厚同上

填心長三寸六分廣二寸八分厚同上

壓青牙子長同束腰廣一寸六分厚二分六氂

上梯盤長同連梯其廣二寸厚一寸四分

面版長廣皆隨梯盤長深之內厚同牙頭

背版長隨角柱內其廣六寸二分厚三分二氂

束腰上貼絡柱子長一寸（兩頭叉瓣在外）方七分

束腰上襯版長三分六氂廣一寸厚同牙頭

連梯棍（每深一尺則長八寸六分）方一寸（每面廣一尺用一條）

立棍長九寸方同上（隨連梯棍用五路）

梯盤棍長同連梯方同上（用同連梯棍）

帳身高九尺長三丈深八尺內外槽柱上用隔科下用

錠脚四面柱內安歡門帳帶兩側及後壁

皆施心柱腰串難子安版前面每間兩邉

並用立頰泥道版

内外帳柱長視帳身之髙每髙一尺則方四分五厘

虗柱長三寸方四分五氂

内外槽上隔科版長隨每間之深廣其廣一寸二分

四氂厚一分七氂

上隔科仰托榥長同上廣四分厚二分

上隔科内外上下貼長同上廣二分厚一分

上隔科内外上柱子長五分下柱子長三分四氂其

廣厚並同上

内外歡門長同上其廣二分厚一分五氂

内外帳帶長三寸四分方三分六氂

裹槽下鋜脚版長隨每間之深廣其廣七分厚一分七厘

鋜脚仰托榥長同上廣四分厚二分

鋜脚内外貼長同上廣二分厚一分

鋜脚内外柱子長五分廣二分厚同上

兩側及後壁合版長同立頰廣隨帳柱心柱内其厚一分

心柱長同上方三分五氂

腰串長隨帳柱内方同上

立頰長視上下仰托榥内其廣三分六氂厚三分

泥道版長同上其廣一寸八分厚一分

難子長同立頰方一分（安平棊亦用此）

平棊（華文等並準殿内平棊制度）

桯長隨枓槽四周之内其廣二分三厘厚一分六厘

背版長廣隨桯（以厚五分為定法）

貼長隨桯内其廣一分六氂（厚同背版）

難子并貼華（厚同貼）每方一尺用華子二十五枚或十六枚

楅長同桯其廣二分三氂厚一分六氂

護縫長同背版其廣二分（厚同貼）

帳頭共高三尺五寸枓槽長二丈九尺七寸六分澁七

尺七寸六分六鋪作單抄重昂重栱轉角
造其材廣一寸五分柱上安枓槽版鋪作
之上用壓厦版〻上施混肚方仰陽山華
版每間用補間鋪作二十八朶
普拍方長隨間廣其廣一寸二分厚四分七氂（絞頭在外）
内外槽并兩側夾枓槽版長隨帳之深廣其廣三寸
厚五分七氂
壓厦版長同上（至角加一尺三寸）其廣三寸二分六氂厚五
分七氂
混肚方長同上（至角加一尺五寸）其廣二分厚七分
頂版長隨混肚方内（以厚六分為定法）

仰陽版長同混肚方（至角加一尺六寸）其廣二寸五分厚（三分）

仰陽上下貼下貼長同上〻貼隨合角貼內廣五分

厚二分五釐

仰陽合角貼長隨仰陽版之廣其廣厚同上

山華版長同仰陽版（至角加一尺九寸）其廣二寸九分厚三分

山華合角貼廣五分厚二分五釐

臥榥長隨混肚方內其方七分（每長一尺用一條）

馬頭榥長四寸方七分（用同臥榥）

楅長隨仰陽山華版之廣其方四分（每山華用一條）

凡牙脚帳坐每一尺作一壼門下施龜脚合對鋪作其所用枓栱名件分數並準大木制度隨材減之

九脊小帳

造九脊小帳之制自牙脚坐下龜脚至脊共高一丈二尺鴟尾在外廣八尺内外攏共深四尺下段中段與牙脚帳同上段五鋪作九脊殿結瓦造其名件廣厚皆隨逐層每尺之高積而為法

牙脚坐高二尺五寸長九尺六寸坐頭在内深五尺自下連梯龜脚上至面版安重臺鉤闌並準牙脚帳坐制度

龜脚每坐高一尺則長三寸廣一寸二分厚六分

連梯隨坐深長其廣二寸厚一寸二分

角柱長六寸二分方一寸二分

束腰長隨角柱内其廣一寸厚六分

牙頭長二寸八分廣一寸四分厚三分二氂

牙脚長六寸二分廣二寸厚同上

填心長三寸六分廣二寸二分厚同上

壓青牙子長同束腰隨溴廣減一寸五分其廣一寸六分厚二分四氂

上梯盤長厚同連梯廣一寸六分

面版長隨角隨梯盤内厚四分

背版長隨角柱内其廣六寸二分厚同壓青牙子

束腰上貼絡柱子長一寸别出兩頭叉瓣方六分

束腰鋜脚内襯版長二寸八分廣一寸厚同填心

連梯榥長隨連梯内方一寸每廣一尺用一條

立榥長九寸卯在內方同上隨連梯榥用三路

梯盤榥長同連梯方同上用同連梯榥

帳身一間高六尺五寸廣八尺深四尺其內外槽柱至泥道版並準牙脚帳制度唯後壁兩側並不用腰串

內外帳柱長視帳身之高方五分

虛柱長三寸五分方四分五氂

內外槽上隔科版長隨帳柱內其廣一寸四分二厘厚一分五厘

上隔科仰托榥長同上廣四分三氂厚二分八氂

上隔科內外上下貼長同上廣二分八厘厚一分四厘

上隔科內外上柱子長四分八氂下柱子長三分八

釐廣厚同上

内歡門長隨立頰内外歡門長隨帳柱内其廣一寸五分厚一分五厘

内外帳帶長三寸二分方三分四釐

裹槽下鋜脚版長同上隅科上下貼其廣七分二釐厚一分五釐

鋜脚仰托榥長同上廣四分三釐厚二分八厘

鋜脚内外貼長同上廣二分八釐厚一分四釐

鋜脚内外柱子長四分八釐廣二分八厘厚一分四厘

兩側及後壁合版長視上下仰托榥廣隨帳柱心柱内其厚一分

心柱長同上方三分六氂

立頰長同上廣三分六氂厚三分

泥道版長同上廣隨帳柱立頰內厚同合版

難子長隨立頰及帳身版泥道版之長廣其方一分

平棊華文等並準殿內平棊制度作三段造

桯長隨枓槽四周之內其廣六分三氂厚五分

背版長廣隨桯以厚五分為定法

貼絡華文厚同上每方一尺用華子二十五枚或十六枚

貼長隨桯內其廣五分厚同上

楅長同背版其廣六分厚五分

護縫長同上其廣五分厚同貼

難子長同上方二分

帳頭自普拍方至脊共高三尺鴟尾在外廣八尺深四尺四柱五鋪作下出一抄上施一昂材廣一寸二分厚八分重栱造上用壓厦版出飛檐作九脊結瓦

普拍方長隨廣深絞頭在外其廣一寸厚三分

枓槽版長厚同上減二寸其廣二寸五分

壓厦版長厚同上每壁加五寸其廣二寸二分

栿長隨深加五寸其廣一寸厚八分

大角梁長七寸廣八分厚六分

子角梁長四寸曲廣二寸厚同上

貼生長同壓厦版加七寸其廣六分厚四分

脊槫長隨廣其廣一寸厚八分

脊槫下蜀柱長八寸廣厚同上

脊串長隨槫其廣六分厚五分

叉手長六寸廣厚皆同角梁

山版每深一尺則長九寸廣四寸五分以厚六分為定法

曲椽每深一尺則長五寸廣曲同脊串厚三分每補間鋪作一朵用三條

厦頭椽每深一尺則長五寸廣四分厚同上用同上

從角椽長隨宜均攤使用

大連檐長隨深廣每壁加一尺五寸其廣同曲椽厚同貼生

前後厦瓪版長隨槫（每至角加一尺五寸其廣自脊至大連檐隨材合縫以厚五分為定法）

兩厦頭厦瓪版長隨溪（加同上）其廣自山版至大連檐（合縫同上厚同上）

飛子長二寸五分（尾在內）廣二分五氂厚二分三氂（角內隨宜取曲）

白版長隨飛檐（每壁加二尺）其廣三寸（以厚同厦瓪版）

壓脊長隨厦瓪版其廣一寸五分厚一寸

垂脊長隨脊至壓厦版外其曲廣及厚同上

角脊長六寸廣厚同上

曲闌槫脊（共長四尺）廣一寸厚五分

前後瓦隴條（每深一尺則長八寸五分厦頭者長五寸五分若至角並隨角斜長）方三分相去空分同

搏風版（每深一尺則長四寸五分）曲廣一寸二分（以厚七分為定法）

瓦口子長隨子角梁内其曲廣六分

垂魚（共長一尺二寸每長一尺即廣六寸厚同搏風版）

惹草（共長一尺每長一尺即廣七寸厚同上）

鴟尾（共高一尺一寸每高一尺即廣六寸厚同壓脊）

凡九脊小帳施之於屋一間之内其補間鋪作前後各八朶兩側各四朶坐内壺門等並準牙脚帳制度

壁帳

造壁帳之制高一丈三尺至一丈六尺（山華仰陽在外）其帳柱之

上安普拍方方上施隅枓及五鋪作下昂重栱出角入角造其材廣一寸二分厚八分每一間用補間鋪作一十三朶鋪作上施壓厦版混肚方（混肚方上與梁下齊）方上安仰陽版及山華（仰陽版山華在兩梁之間）帳內上施平棊兩柱之內並用叉子栿

其名件廣厚皆取帳身間內每尺之高積而為法

帳柱長視高每間廣一尺則方三分八釐

仰托榥長隨間廣其廣三分厚二分

隅枓版長同上其廣一寸一分厚一分

隅枓貼長隨兩柱之內其廣二分厚八釐

隅枓柱子長隨貼內廣厚同貼

枓槽版長同仰托榥其廣七分六釐厚一分

壓厦版長同上其廣八分厚一分料槽版及壓厦版如減材分即廣隨所用減之

混肚方長同上其廣四分厚二分

仰陽版長同上其廣七分厚一分

仰陽貼長同上其廣二分厚八氂

合角貼長視仰陽版之廣其厚同仰陽貼

山華版長隨仰陽版廣其厚同壓厦版

平棊花文並準殿内平棊制度長廣並隨間内

背版長隨平棊其廣隨帳之深以厚六分為定法

桯隨背版四周之廣其廣二分厚一分六氂

貼長隨桯四周之内其廣一分六氂厚同上

雞子幷貼華每方一尺用貼絡華二十五枚或十

六枚

護縫長隨平棊其廣同桯厚同背版

福廣三分厚二分

凡壁帳上山華仰陽版後每華尖皆施福一枚所用飛子

馬銜皆量宜造之其枓栱等分數並準大木作制度

營造法式卷第十

營造法式卷第十一

通直郎管修蓋皇弟外第專一提舉修蓋班直諸軍營房等臣李誡奉

聖旨編修

小木作制度六

轉輪經藏

壁藏

轉輪經藏

造經藏之制共高二丈徑一丈六尺八稜每稜面廣六尺六寸六分内外槽柱外槽帳身柱上腰檐平坐〻上施天宫樓閣八面制度並同其名件廣厚皆隨逐層每尺之高積而爲法

外槽帳身柱上用隔科欵門帳帶造高一丈二尺

帳身外槽柱長視高廣四分六氂厚四分（歸瓣造）

隔科版長隨帳柱内其廣一寸六分厚一分二氂

仰托榥長同上廣三分厚二分

隔科内外貼長同上廣二分厚九氂

内外上下柱子上柱長四分下柱長三分廣厚同上

欵門長同隔科版其廣一寸二分厚一分二氂

帳帶長二寸五分方二分六氂

腰檐并結瓦共高二尺科槽徑一丈五尺八寸四分（科槽及出檐在外）内外並六鋪作重栱用一寸材（厚六分六厘）每瓣補間鋪作五朶外跳單抄重

昂裏跳並卷頭其柱上先用普拍方施枓栱上用壓廈版出椽井飛子角梁貼生依

副階轝折結瓦

普拍方長隨每辨之廣（絞角在外）其廣二寸厚七分五氂

枓槽版長同上廣三寸五分厚一寸

壓廈版長同上（加長七寸）廣七寸五分厚七分五氂

山版長同上廣四寸五分厚一寸

貼生長同山版（加長六寸）方一分

角梁長八寸廣一寸五分厚同上

子角梁長六寸廣同上厚八分

搏脊槫長同上（加長一寸）廣一寸五分厚一寸

曲椽長八寸曲廣一寸厚四分每補間鋪作一朶用三條與從椽取匀分擘

飛子長五寸方三分五氂

白版長同山版加長一尺廣三寸五分以厚五分為定法

井口榥長隨徑方二寸

立榥長視高方一寸五分每瓣同三路

馬頭榥方同上用數亦同上

廈瓪版長同山版加長一尺廣五寸以厚五分為定法

瓦隴條長九寸方四分瓦頭在內

瓦口子長厚同廈瓪版曲廣三寸

小山子版長廣各四寸厚一寸

搏脊長同山版（加長二寸）廣二寸五分厚八分

角脊長五寸廣二寸厚一寸

平坐高一尺枓槽徑一丈五尺八寸四分（壓厦版出頭在外）六鋪作卷頭重拱用一寸材每瓣用補間鋪作九朶上施单鉤闌高六寸（攙項雲拱造其鉤闌準佛道帳制度）

普拍方長隨每瓣之廣（絞頭在外）方一寸

枓槽版長同上其廣九寸厚二寸

壓厦版長同上（加長七寸五分）廣九寸五分厚二寸

鴈翅版長同上（加長八寸）廣二寸五分厚八分

井口榥長同上方三寸

馬頭榥（每直徑一尺則長一寸五分）方三分（每瓣用三條）

鈿面版長同井口榥（減長四寸）廣一尺二寸厚七分

天宮樓閣三層共高五尺深一尺下層副階內角樓子長一瓣六鋪作单抄重昂角樓挾屋長一瓣茶樓子長二瓣並五鋪作单抄单昂行廊長二瓣（分心）四鋪作（以上並或单栱或重栱造）材廣五分厚三分三氂每瓣用補間鋪作兩朶其中層平坐上安单鉤闌高四寸（枓子蜀柱造其鉤闌準佛道帳制度）鋪作並用卷頭與上層樓閣所用鋪作之數並準下層之制（其結瓦名件準腰檐制度量所宜減之）

槽坐高三尺五寸（并帳身及上層樓閣共高一丈三尺帳身直徑一丈）面徑一丈一尺四寸四分科槽徑九尺八寸四分下用龜脚脚上施車槽疊澁等其制度並準佛道帳坐之法内門窓上設平坐〻上施重臺鉤闌高九寸（雲栱瘿項造其鉤闌準佛道帳制度）用六鋪作卷頭其材廣一寸厚六分六釐每辦用補間鋪作五朵（門窓或用壼門神龕）並作芙蓉辦造

龜脚長二寸廣八分厚四分

車槽上下澁長隨每辦之廣（加長一寸）其廣二寸六分厚六分

車槽長同上減長一寸廣二寸厚七分安華版在外

上子澁兩重在坐腰上下者長同上減長一寸廣二寸厚三分

下子澁長厚同上廣二寸三分

坐腰長同上減長三寸五分廣一寸三分厚一寸安華版在外

坐面澁長同上廣二寸三分厚六分

猴面版長同上廣三寸厚六分

明金版長同上減長二寸廣一寸八分厚一分五釐

普拍方長同上絞頭在外方三分

枓槽版長同上減長七寸廣二寸厚三分

壓厦版長同上減長一寸廣一寸五分厚同上

車槽華版長隨車槽廣七分厚同上

坐腰華版長隨坐腰廣一寸厚同上

坐面版長廣並隨猴面版內厚二分五氂

坐內背版每枓槽徑一尺則長二寸五分廣隨坐高以厚六分為定法

猴面梯盤榥每枓槽徑一尺則長八寸方一寸

猴面鈿版榥每枓槽徑一尺則長二寸方八分每瓣用三條

坐下榻頭木并下卧榥每枓槽徑一尺則長八寸方同上隨瓣用

榻頭木立榥長九寸方同上隨瓣用

拽後榥每枓槽徑一尺則長二寸五分方同上每瓣上下用六條

柱脚方并下卧榥每枓槽徑一尺則長五寸方一寸隨瓣用

柱脚立榥長九寸方同上每瓣上下用六條

帳身高八尺五寸徑一丈帳柱下用鋜脚上用隔科

四面并安歡門帳帶前後用門柱内兩邊
皆施立頰泥道版造

帳柱長視高其廣六分厚五分

下鋜脚上隔科版各長隨帳柱内廣八分厚一分
四氂内上隔科版廣一寸七分

下鋜脚上隔科仰托榥各長同上廣三分六氂厚
二分四氂

下鋜脚上隔科内外貼各長同上廣二分四氂厚
一分一氂

下鋜脚及上隔科上内外柱子各長六分六氂上
隔科内外下柱子長五分六氂廣厚同上

立頰長視上下仰托榥内廣厚同仰托榥

泥道版長同上廣八分厚一分

難子長同上方一分

歡門長随兩立頰内廣一寸二分厚一分

帳帶長三寸二分方二分四氂

門子長視立頰廣随兩立頰内合版令足兩扇之數以厚八分為定法

帳身版長同上廣随帳柱内厚一分二氂

帳身版上下及兩側内外難子長同上方一分二氂

柱上帳頭共高一尺徑九尺八寸四分檐及出跳在外六鋪作卷頭重栱造其材廣一寸厚六分六氂

每瓣用補間鋪作五朶上施平棊

普拍方長隨每瓣之廣（絞頭在外）廣三寸厚一寸二分

枓槽版長同上廣七寸五分厚二寸

壓厦版長同上（加長七寸）廣九寸厚一寸五分

角栿（每徑一尺則長三寸）廣四寸厚三寸

算桯方廣四寸厚二寸五分（長用兩等一每徑一尺長六寸二分一每徑一尺長四寸八分）

平棊（貼絡華文等並準殿內平棊制度）

桯長隨內外算桯及算桯方心廣二寸厚一分五氂

背版長廣隨桯四周之內（以厚五分為定法）

福（每徑一尺則長五寸七分）方二寸

護縫長同背版廣二寸（以厚五分為定法）

貼長隨桯內廣一寸二分（厚同上）

難子并貼絡華（厚同貼）每方一尺用華子二十枚或十六枚

轉輪高八尺徑九尺當心用立軸長一丈八尺徑一尺五寸上用鐵鐧釧下用鐵鵝臺桶子（如造地藏其輞量所用增之）其輪七格上下各劄輻掛輞每格用八輞安十六輻盛經匣十六枚

輻（每徑一尺則長四寸五分）方三分

外輞徑九尺（每徑一尺則長四寸八分）曲廣七分厚二分五釐

內輞徑五尺（每徑一尺則長三寸八分）曲廣五分厚四分

外柱子長視高方二分五氂

内柱子長一寸五分方同上

立頰長同外柱子方一分五氂

鈿面版長二寸五分外廣二寸二分内廣一寸二

分以厚六分為定法

格版長二寸五分廣一寸二分厚同上

後壁格版長廣一寸二分厚同上

難子長隨格版後壁版四周方八氂

托輻牙子長二寸廣一寸厚三分隔間用

托棖每徑一尺則長四寸方四分

立絞棖長視高方二分五氂隨輻用

十字套軸版長隨外平坐上外徑廣一寸五分厚五分

泥道版長一寸一分廣三分二氂（以厚六分為定法）

泥道難子長隨泥道版四周方三氂

經匣長一尺五寸廣六寸五分高六寸（盝頂在內）上用趄塵盝頂陷頂開帶四角打卯下陷底每高一寸以二分為盝頂斜高以一分三氂為開帶四壁版長隨匣之長廣每匣高一寸則廣八分厚八氂頂版底版每匣長一尺則長九寸五分每匣廣一寸則廣八分八氂每匣高一寸則厚八氂子口版長隨匣

四周之內每高一寸則廣二分厚五氂

凡經藏坐芙蓉瓣長六寸六分下施龜脚（上對鋪作）套軸版安於外槽平坐之上其結𢈔瓦隴條之類並準佛道帳制度舉折等亦如之

壁藏

造壁藏之制共高一丈九尺身廣三丈兩擺手各廣六尺內外槽共深四尺（坐頭及出跳皆在柱外）前後與兩側制度並同其名件廣厚皆取逐層每尺之高積而為法

坐高三尺深五尺二寸長隨藏身之廣下用龜脚脚上施車槽疊澁等其制度並準佛道帳坐之法唯坐腰之內造神龕壼門門外安重臺

鉤闌高八寸上設平坐坐上安重臺鉤闌高一尺用雲栱癭項造其鉤闌準佛道帳制度用五鋪作卷頭其材廣一寸厚六分六氂每六寸六分施補間鋪作一朶其坐並芙蓉瓣造

龜脚每坐高一尺則長二寸廣八分厚五分

車槽上下澁後壁側當者長隨坐之深加二寸內上澁面前長減坐八尺廣二寸五分厚六分五氂

車槽長隨坐之深廣〻二寸厚七分

上子澁兩重長同上廣一寸七分厚三分

下子澁長同上廣二寸厚同上

坐腰長同上減五寸廣一寸二分厚一寸

坐面澁長同上廣二寸厚六分五氂

猴面版長同上廣三寸厚七分

明金版長同上（每面減四寸）廣一寸四分厚二分

枓槽版長同車槽上下澁（側當減一尺二寸面前減八尺擺手面前廣減六寸）廣二寸三分厚三分四氂

壓厦版長同上（側當減四寸面前減八尺擺手面前減二寸）廣一寸六分

厚同上

神龕壼門背版長隨枓槽廣一寸七分厚一分四氂

壼門牙頭長同上廣五分厚三分

柱子長五分七氂廣三分四氂厚同上（隨瓣用）

面版長與廣皆隨猴面版內（以厚八分為定法）

普拍方長隨枓槽之深廣方三分四氂

下車槽卧榥（每深一尺則長九寸卯在内）方一寸一分（隅瓣用）

柱脚方長隨枓槽内深廣方一寸二分（絞廕在内）

柱脚方立榥長九寸（卯在内）方一寸一分（隅瓣用）

榻頭木長隨柱脚方内方同上（絞廕在内）

榻頭木立榥長九寸一分（卯在内）方同上（隅瓣用）

拽後榥長五寸（卯在内）方一寸

羅文榥長隨高之斜長方同上（隅瓣用）

猴面卧榥（每深一尺則長九寸卯在内）方同榻頭木（隅瓣用）

帳身高八尺深四尺帳柱上施隅枓下用鋜脚前面及兩側皆安歡門帳帶（帳身施版門子）上下截作七

格 每格安經匣四十枚 屋内用平棊等造

帳内外槽柱長視帳身之高方四分

内外槽上隔科版長隨帳柱内廣一寸二分厚一分八氂

内外槽上隔科仰托榥長同上廣五分厚二分二氂

内外槽上隔科内外上下貼長同上廣二分二氂

厚一分二氂

内外槽上隔科内外上柱子長五分廣厚同上

内外槽上隔科内外下柱子長三分六厘廣厚同上

内外歡門長同仰托榥廣一寸二分厚一分八氂

内外帳帶長三寸方四分

裹槽下鋜脚版長同上隔科版廣七分二厘厚一

分八氂

裏槽下鋜脚仰托榥長同上廣五分厚二分二氂

裏槽下鋜脚外柱子長五分廣二分二氂厚一分二氂

正後壁及兩側後壁心柱長視上下仰托榥内其腰串長隨心柱内各方四分

帳身版長視仰托榥腰串内廣隨帳柱心柱内（以厚八分為定法）

帳身版内外難子長隨版四周之廣方一分

逐格前後格榥長隨間廣方二分

鈿版榥（每深一尺則長五寸五分）廣一分八氂厚一分五氂（每廣

六寸用一條

逐格鈿面版長同前後兩側格棍廣隨前後格棍内以厚六分爲定法

逐格前後柱子長八寸方二分每匣小間用二條

格版長二寸五分廣八分五氂厚同鈿面版

破間心柱長視上下仰托棍内其廣五分厚三分

摺疊門子長同上廣隨心柱帳柱内以厚一寸爲定法

格版難子長隨格版之廣其方六氂

裏槽普拍方長隨間之深廣其廣五分厚二分

平棊華文等準佛道帳制度

經匣盝頂及大小等並準轉輪藏經匣制度

罯檐高二尺枓槽共長二丈九尺八寸四分深三尺八寸四分枓栱用六鋪作单抄雙昂材廣一寸厚六分六氂上用壓厦版出檐結瓦

普拍方長隨深廣絞頭在外廣二寸厚八分

枓槽版長隨後壁及兩側擺手深廣前面長減八尺廣三寸五分厚一寸

壓厦版長同枓槽版減六寸前面長減同上廣四寸厚一寸

枓槽鑰匙頭長隨深廣厚同枓槽版

山版長同普拍方廣四寸五分厚一寸

出入角角梁長視斜高廣一寸五分厚同上

出入角子角梁長六寸卯在曲內廣一寸五分厚八分

抹角方長七寸廣一寸五分厚同角梁

貼生長隨角梁內方一寸（折計用）

曲椽長八寸曲廣一寸厚四（每補間鋪作一朶用三條從角均攤）

飛子長五寸（尾在內）方三分五釐

白版長隨後壁及兩側擸手（到角長加一尺前面長減六尺）廣三寸五分（以厚五分為定法）

厦瓦版長同白版（加一尺三寸前面長減八尺）廣九寸（厚同上）

瓦隴條長九寸方四分（瓦頭在內隅間均攤）

搏脊長同山版（加二寸前面長減八尺）其廣二寸五分厚一寸

角脊長六寸廣二寸厚同上

搏脊槫長隨間之深廣其廣一寸五分厚同上

小山子版長與廣皆二寸五分厚同上

山版枓槽卧棍長隨枓槽内其方一寸五分（隅瓣上下用二枚）

山版枓槽立棍長八寸方同上（隅瓣用二枚）

平坐高一尺枓槽長隨間之廣共長二丈九尺八寸四分深三尺八寸四分安單鉤闌高七寸（其鉤闌準佛道帳制度）用六鋪作卷頭材之廣厚及用壓厦版並準腰檐之制

普拍方長隨間之深廣（合角在外）方一寸

枓槽版長隨後壁及兩側擺手（前面減八尺）廣九寸（子口在内）厚二寸

壓厦版長同料槽版（至出角加七寸五分前面減同上）廣九寸五
分厚同上

鴈翅版長同料槽版（至出角加九寸前面減同上）廣二寸五分
厚八分

料槽内上下卧榥長隨料槽内其方三寸（隨瓣隔閒上下用）

料槽内上下立榥長隨坐高其方二寸五分（隨卧榥用二條）

鈿面版長同普拍方（厚以七分為定法）

天宫樓閣高五尺深一尺用殿身茶樓角樓龜頭殿挾
屋行廊等造

下層副階内殿身長三瓣茶樓子長二瓣角樓長
一瓣並六鋪作单抄雙昂造龜頭殿挾各

長一瓣並五鋪作單抄單昂造行廊長二瓣分心四鋪作造其材並廣五分厚三分三氂出入轉角間内並用補間鋪作

中層副階上平坐安单鉤闌高四寸其鉤闌準佛道帳制度其平坐並用卷頭鋪作等及上層平坐上天宫樓閣並準副階法

凡壁藏芙蓉瓣每瓣長六寸六分其用龜脚至舉折等並準佛道帳之制

營造法式卷第十一

營造法式卷第十二

通直郎管修蓋皇弟外第專一提舉修蓋班直諸軍營房等臣李誡奉

聖旨編修

彫作制度

混作　彫插寫生華

起突卷葉華　剔地窪葉華

旋作制度

殿堂等雜用名件　照壁版寶牀上名件

佛道帳上名件

鋸作制度

用材植　抨墨

就餘材

竹作制度

造笆　隔截編道

竹柵　護殿檐雀眼網

地面棊文簟　障日篛等簟

竹笍索

彫作制度

混作

彫混作之制有八品

一曰神仙（真人女真金童玉女之類同）　二曰飛仙（嬪伽共命鳥之類同）　三曰化生（以上並手執樂器或芝草花果盤器物之屬）　四曰拂菻（蕃王夷人

之類同手內牽拽走獸或執旌旗矛戟之屬五曰鳳皇孔雀仙鶴鸚鵡山鷓練鵲錦雞鴛鴦鵞鴨鳬雁之類同六曰師子狻猊麒麟天馬海馬羖羊仙鹿熊象之類同

以上並施之於鉤闌柱頭之上或牌帶四周其牌帶之內上施飛仙下用寶牀真人等如係御書兩頰作昇龍並在起突華地之外及照壁版之類亦用之

七曰角神寶藏神之類同施之於屋出入轉角大角梁之下及帳坐腰內之類亦用之

八曰纏柱龍盤龍坐龍牙魚之類同施之於帳及經藏柱之上或纏寶山或盤於藻井之內

凡混作彫刻成形之物令四周皆備其人物及鳳皇之類或立或坐並於仰覆蓮華或覆瓣蓮華坐上用之

彫插寫生華

彫插寫生華之制有五品

一曰牡丹華二曰芍藥華三曰黃葵華四曰芙蓉華五曰蓮荷華

以上並施之於栱眼壁之內

凡彫插寫生華先約栱眼壁之高廣量宜分布畫樣隨其卷舒彫成華葉於寶山之上以華盆安插之

起突卷葉華

彫剔地起突或透突卷葉華之制有三品

一曰海石榴華二曰寶牙華三曰寶相華（謂皆卷葉者牡丹華之類同）

每一葉之上三卷者為上兩卷者次之

一卷者又次之

以上並施之於梁額（裏貼同）格子門腰版牌帶鉤闌版雲栱尋杖頭椽頭盝子（如殿閣椽頭盝子或盤起突龍鳳之類）及華版凡貼絡如平棊心中角內若牙子版之類皆用之或於華內間以龍鳳化生飛禽走獸等物

凡彫剔地起突華皆於版上壓下四周隱起身內華葉等彫鎪葉內翻卷令表裏分明剔削枝條須圜混相壓其華文皆隨版內長廣勻留邊量宜分布

剔地窪葉華

彫剔地（或透突）窪葉（或平卷葉）華之制有七品：一曰海石榴華；二曰牡丹華（芍藥華、寶相華之類，卷葉或寫生者竝同）；三曰蓮荷華；四曰萬歲藤；五曰卷頭蕙草（長生草及蠻雲蕙草之類同）；六曰蠻雲（胡雲及蕙草雲之類同）。

以上所用及華內間龍鳳之類竝同上。

凡彫剔地窪葉華，先於平地隱起華頭及枝條（其枝梗竝交起相壓），減壓下四周葉外空地。亦有平彫透突（或壓地）諸華者，其所用竝同上。若就地隨刃彫壓出華文者，謂之實彫，施之於雲栱、地霞、鵝項或叉子之首（及叉子鋜脚版內），及牙子版、垂魚、惹草等皆用之。

旋作制度

殿堂等雜用名件

造殿堂屋宇等雜用名件之制

椽頭盤子大小隨椽之徑若椽徑五寸即厚一寸如徑加一寸則厚加二分減亦如之（加之厚一寸二分止）（減至厚六分止）

櫧角梁寶缾每缾高一尺即肚徑六寸頭長三寸三分足高二寸（餘作缾身）缾上施仰蓮胡桃子下坐合蓮若缾高加一寸則肚徑加六分減亦如之或作素寶缾即肚徑加一寸

蓮華柱頂每徑一寸其高減徑之半

柱頭仰覆蓮華胡桃子（二段減三段造）每徑廣一尺其高同徑之廣

門上木浮漚每徑一寸即高七分五氂

鉤闌上葱臺釘每高一寸即徑二分釘頭隨徑高七分

蓋葱臺釘筒子高視釘加一寸每高一寸即徑廣二分五氂

照壁版寶牀上名件

造殿内照壁版上寶牀等所用名件之制

香爐徑七寸其高減徑之半

注子共高七寸每高一寸即肚徑七分（兩段造）其項高徑取高十分中以三分為之

注盌径六寸每径一寸則高八分

酒杯径三寸每径一寸即高七分足在內

杯盤径五寸每径一寸即厚二分足子径二寸五分每径一寸即高四分心子並同

鼓高三寸每高一寸即肚径七分兩頭隱出皮厚及釘子

鼓坐径三寸五分每径一寸即高八分兩段造

杖鼓長三寸每長一寸鼓大面径七分小面径六分腔口径五分腔腰径二分

蓮子径三寸其高減径之半

荷葉径六寸每径一寸即厚一分

卷荷葉長五寸其卷径減長之半

披蓮徑二寸八分每徑一寸即高八分

蓮菩蘲高三寸每高一寸即徑七分

佛道帳上名件

造佛道等帳上所用名件之制

火珠高七寸五分肚徑三寸每肚徑一寸即尖長七分

每火珠高加一寸即肚徑加四分減亦如之

滴當火珠高二寸五分每高一寸即肚徑四分每肚徑一寸即尖長八分胡桃子下合蓮長七分

瓦頭子每徑一寸其長倍徑之廣若作瓦錢子每徑一寸即厚三分減亦如之加至厚二分止減至厚二分止

寶柱子作仰合蓮華胡桃子寶餅相間通長造長一

尺五寸每長一寸即徑廣八氂如坐紗窻

旁用者每長一寸即徑廣二分若胥坐車

槽內用者每長一寸即徑廣四分

貼絡門盤每徑一寸其高減徑之半

貼絡浮漚每徑五分即高三分

平棊錢子徑一寸以厚五分為定法

角鈴每一朶九件大鈴蓋子簀子各一角內子角鈴共六

大鈴高二寸每高一寸即肚徑廣八分

蓋子徑同大鈴其高減半

簀子徑及高皆減大鈴之半

子角鈴徑及高皆簀子之半

圜櫨枓大小隨材分高二十分徑三十二分

虚柱蓮華錢子用五段上段徑四寸下四段各遞減二分厚三分為定法

虚柱蓮華胎子徑五寸每徑一寸即高六分

鋸作制度

用材植

用材植之制凡材植須先將大方木可以入長大料者盤截解割次將不可以充極長極廣用者量度合用名件亦先從名件就長或就廣解割

抨墨

抨繩墨之制凡大材植須合大面在下然後垂繩取正抨

墨其材植廣而薄者先自側面抨墨務在就材充用勿令将可以充長大用者截割為細小名件

若所造之物或斜或訛或尖者並結角交解（謂如飛子或顛倒交斜解割可以兩就長用之類）

就餘材

就餘材之制凡用木植内如有餘材可以別用或作版者其外面多有璺裂須審視名件之長廣量度就璺解割或可以帶璺用者即那餘材於心内就其厚別用或作版勿令失料（如璺裂深或不可就者解作膔版）

竹作制度

造笆

造殿堂等屋宇所用竹笆之制每間廣一尺用經一道經順椽用若竹徑二寸一分至徑一寸七分者廣一尺用經一道經一寸五分至一寸者廣八寸用經一道徑八分以下者廣六寸用經一道每經一道用竹四片緯亦如之緯横鋪椽上殿閣等至散舍如六椽以上所用竹並徑三寸二分至徑二寸三分若四椽以下者徑一寸二分至徑四分其竹不以大小並劈作四破用之如竹徑八分至徑四分者並推破用之下同

隔截編道

造隔截壁桯内竹編道之制每壁高五尺分作四格上下各横用經一道凡上下貼桯者俗謂之壁齒不以經數多寡皆上下貼桯各用一道下同格内横用經三道共五道並横經縱緯相交織之或高少而廣多者則縱經横緯織之每經一道用竹三片以竹簽釘之緯用竹一片若栱眼壁高

二尺以上分作三格（共四道）高一尺五寸以下者分作兩格（其三道）其壁高五尺以上者所用竹徑三寸二分至徑二寸五分如不及五尺及栱眼壁屋山内尖斜壁所用竹徑二寸三分至徑一寸並劈作四破用之（露籬所用同）

竹柵

造竹柵之制每高一丈分作四格（制度與編道同）若高一丈以上者所用竹徑八分如不及一丈者徑四分（並去梢全用之）

護殿檐雀眼網

造護殿閣檐枓栱及托窻櫺内竹雀眼網之制用渾青篾每竹一條（以徑一寸二分為率）劈作篾一十二條刮去青廣三分從心斜起以長篾為經至四邊却折篾入身内以短篾直行

作緯往復織之其雀眼徑一寸（以篾心為則）如於雀眼内間織人物及龍鳳華雲之類並先於雀眼上描定隨描道織補施之於殿檐枓栱之外如六鋪作以上即上下分作兩格隨間之廣分作兩間或三間當縫施竹貼釘之（竹貼每竹徑一寸二分〻作四片其牕檽内用者同）其上下或用木貼釘之（其木貼廣二寸厚六分）

地面棊文簟

造殿閣内地面棊文簟之制用渾青篾廣一分至一分五氂刮去青橫以刀刃拖令厚薄勻平次立兩刃於刃中摘令廣狹一等從心斜起以縱篾為則先擡二篾壓三篾起四篾又壓三篾然後橫下一篾織之（復於起四處擡二篾循環如此）至四邊尋斜取正擡三篾至七篾織水路（水路外摺邊歸篾頭於身内）當

心織方勝等或華文龍鳳（並染紅黃篾用之）其竹用徑二寸五分至徑一寸（障日篛等簟同）

障日篛等簟

造障日篛等所用簟之制以青白篾相雜用廣二分至四分從下直起以縱篾為則擡三篾壓三篾然後橫下一篾織之（復自擡三處從長篾一條因再起壓三循環如此）若造假綦文並擡四篾壓四篾橫下兩篾織之（復自擡四處當心再擡循環如此）

竹笍索

造綰繫鷹架竹笍索之制每竹一條（竹徑二寸五分至一寸）劈作一十一片每片揭作二片作五股辮之每股用篾四條或三條（若純青造用青白篾各二條合青篾在外如青白篾相間用青篾一條篾白二條）造成廣一

寸五分厚四分每條長二百尺臨時量度所用長短截之

營造法式卷第十二

營造法式卷第十三

通直郎管修蓋皇弟外第專一提舉修蓋班直諸軍營房等臣李誡奉

聖旨編修

瓦作制度

結瓦　用瓦

壘屋脊　用鴟尾

用獸頭等

泥作制度

壘牆　用泥

畫壁　立竈（轉煙直坂）

釜鑊竈　茶鑪

壘射垛

瓦作制度

結瓦

結瓦屋宇之制有二等

一曰甋瓦施之於殿閣廳堂亭榭等其結瓦之法先將甋瓦齊口斫去下棱令上齊直次斫去甋瓦身內裏棱令四角平穩角內或有不穩須斫令平正謂之解撟於平版上安一半圈高廣與甋瓦同將甋瓦斫造畢於圈內試過謂之攛窠下鋪仰瓪瓦上壓四分下留六分散瓪仰合瓦並準此兩甋瓦相去隨所用甋瓦之廣勻分隴行自下而上其甋

（瓦須先就屋上拽勘𪏭行，修斫口縫令密，再揭起方用灰結瓦。）瓦畢，先用大當溝，次用線道瓦，然後壘脊。

二曰瓪瓦：施之於廳堂及常行屋舍等。其結瓦之法：兩合瓦相去，隨所用合瓦廣之半，先用當溝等壘脊畢，乃自上而至下，勻拽𪏭行。（其仰瓦並小頭向下，合瓦小頭在上。）

凡結瓦至出檐，仰瓦之下，小連檐之上，用鷰頷版，華廢之下用狼牙版。（若殿宇七間以上，燕頷版廣三寸，厚八分；餘屋並廣二寸，厚五分為率。每長二尺用釘一枚；狼牙版同。其轉角合版處，用鐵葉裹釘。）其當檐所出華頭瓪瓦，身內用葱臺釘。（下入小連檐，勿令透。）若六椽以上，屋勢緊峻者，於正脊下第四瓪瓦及第八瓪瓦背當中用著蓋腰釘。（先於棧笆或箔上約度腰釘遠近，橫

安版兩道以透釘脚

用瓦

用瓦之制

殿閣廳堂等五間以上用甋瓦長一尺四寸廣六寸五分（仰瓪瓦長一尺六寸廣一尺）三間以下用甋瓦長一尺二寸廣五寸（仰瓪瓦長一尺四寸廣八寸）

散屋用甋瓦長九寸廣三寸五分（仰瓪瓦長一尺二寸廣六寸五分）

小亭榭之類柱心相去方一丈以上者用甋瓦長八寸廣三寸五分（仰瓪瓦長一尺廣六寸）若方一丈者用甋瓦長六寸廣二寸五分（仰瓪瓦長八寸五分廣五寸五分）如方九尺以下者用甋瓦長四寸廣

二寸三分（仰瓪瓦長六寸廣四寸五分）

廳堂等用散瓪瓦者五間以上用瓪瓦長一尺四寸廣八寸

廳堂三間以下（門樓同）及廊屋六椽以上用瓪瓦長一尺三寸廣七寸或廊屋四椽及散屋用瓪瓦長一尺二寸廣六寸五分（以上仰瓦合瓦並同至檐頭）

（用重脣甋瓦其散瓪瓦結瓦者合瓦仍用垂尖華頭瓪瓦）

凡瓦下補襯柴棧為上版棧次之如用竹笆葦箔若殿閣七間以上用竹笆一重葦箔五重五間以下用竹笆一重葦箔四重廳堂等五間以上用竹笆一重葦箔三重如三間以下至廊屋並用竹笆一重葦箔二重（以上如不用竹笆更加葦

箔兩重若用荻箔則兩重代葦箔三重散屋用葦箔三重或兩重其棧柴之上先以膠泥徧泥次以純石灰拖瓪若版及笆箔上用純灰結瓪者不用泥扶並用石灰隨抹拖瓪其祇用泥結瓪者亦用泥先抹版及笆箔然後結瓪所用之瓦須水浸過然後用之其用泥以灰點節縫者同若只用泥或破灰泥及澆灰下瓦者其瓦更不用水浸壘脊亦同

壘屋脊

壘屋脊之制

殿閣若三間八椽或五間六椽正脊高三十一層垂脊低正脊兩層并線道瓦在內下同

堂屋若三間八椽或五間六椽正脊高二十一層

廳屋若間椽與堂等者正脊減堂脊兩層餘同堂法

門樓屋一間四椽正脊高一十一層或一十三層若三間

六椽正脊高一十七層其高不得過廳如殿門者依殿制

廊屋若四椽正脊高九層

常行散屋若六椽用大當溝瓦者正脊高七層用小當溝瓦者高五層

營房屋若兩椽脊高三層

凡壘屋脊每增兩間或兩椽則正脊加兩層殿閣加至三十七層止廳堂二十五層止門樓一十九層止廊屋一十一層止常行散屋大當溝者九層止小當溝者七層止營屋五層止

正脊於線道瓦上厚一尺至八寸垂脊減正脊二寸正脊十分中上收二分垂脊上收一分線道瓦在當溝瓦之上脊之下殿閣等露三寸五分堂屋等三寸廊屋以下並二寸五分其壘脊瓦

並用本等（其本等用長一尺六寸至一尺四寸甋瓦者壘脊瓦只用長一尺三寸瓦）合脊甋瓦亦用本等（其本等用八寸六寸甋瓦者合脊用長九寸甋瓦）令合垂脊甋瓦在正脊甋瓦之下（其線道上及合脊甋瓦下並用白石灰各泥一道謂之白道）若甋㼧瓦結瓦其當溝瓦所壓甋瓦頭並勘縫刻項子深三分令與當溝瓦相銜其殿閣於合脊甋瓦上施走獸者（其走獸有九品一曰行龍二曰飛鳳三曰行師四曰天馬五曰海馬六曰飛魚七曰牙魚八曰狻猊九曰獬豸相間用之）每隅三瓦或五瓦安獸一枚（其獸之長隨所用甋瓦謂如用一尺六寸甋瓦即獸長一尺六寸之類）正脊當溝瓦之下垂鐵索兩頭各長五尺（以備修整綰繫棚架之用五間者十餘七間者十二條九間者十四條並勻分布用之若五間以下九間以上並約此加減）垂脊之外橫施華頭甋瓦及重脣㼧瓦者謂之華廢常行屋垂脊之外順施㼧瓦相壘者謂之翦邊

用鴟尾

用鴟尾之制

殿屋八椽九間以上其下有副階者鴟尾高九尺至一丈（若無副階高八尺）五間至七間（不計椽數）高七尺至七尺五寸三間高五尺至五尺五寸

樓閣三層檐者與殿五間同兩層檐者與殿三間同

殿挾屋高四尺至四尺五寸

廊屋之類並高三尺至三尺五寸（若廊屋轉角即用合角鴟尾）

小亭殿等高二尺五寸至三尺

凡用鴟尾若高三尺以上者於鴟尾上用鐵脚子及鐵束子安搶鐵其搶鐵之上施五叉拒鵲子（三尺以下不用）身兩面用

鐵鞠身內用柏木椿或龍尾唯不用搶鐵拒鵲加襻脊鐵索

用獸頭等

用獸頭等之制

殿閣垂脊獸並以正脊層數為祖

正脊三十七層者獸高四尺三十五層者獸高三尺五寸三十三層者獸高三尺三十一層者獸高二尺五寸

堂屋等卆脊獸亦以正脊層數為祖其垂脊並降正脊獸一等用之（謂正脊獸高一尺四寸者垂脊獸高一尺二寸之類）

正脊二十五層者獸高三尺五寸二十三層者獸

高三尺二十一層者獸高二尺五寸一十九層者獸高二尺

廊屋等正脊及垂脊獸祖並同上（散屋亦同）

正脊九層者獸高二尺七層者獸高一尺八寸

散屋等

正脊七層者獸高一尺六寸五層者獸高一尺四寸

殿閣至廳堂亭榭轉角上下用套獸嬪伽蹲獸滴當火珠等

四阿殿九間以上或九脊殿十一間以上者套獸徑一尺二寸嬪伽高一尺六寸蹲獸八枚各高一尺滴當火珠高八寸（套獸施之於子角梁首嬪伽施於角）

上蹲獸在嬪伽之後其滴當火珠在檐頭華頭甋瓦之上下同

四阿殿七間或九脊殿九間套獸徑一尺嬪伽高一尺四寸蹲獸六枚各高九寸滴當火珠高七寸

四阿殿五間九脊殿五間至七間套獸徑八寸嬪伽高一尺二寸蹲獸四枚各高八寸滴當火珠高六寸廳堂三間至五間以上如五鋪作造廈兩頭者亦用此制唯不用滴當火珠下同

九脊殿三間或廳堂五間至三間枓口跳及四鋪作造廈兩頭者套獸徑六寸嬪伽高一尺蹲獸兩枚各高六寸滴當火珠高五寸

亭榭厦兩頭者（四角或八角撮尖亭子同）如用八寸甋瓦套獸径六寸嬪伽高八寸蹲獸四枚各高六寸滴當火珠高四寸若用六寸甋瓦套獸径四寸嬪伽高六寸蹲獸四枚各高四寸（如枓口跳或四鋪作蹲獸只用兩枚）滴當火珠高三寸

廳堂之類不厦兩頭者每角用嬪伽一枚高一尺或只用蹲獸一枚高六寸

佛道寺觀等殿閣正脊當中用火珠等數

殿閣三間火珠径一尺五寸五間径二尺七間以上並径二尺五寸（火珠並兩焰其夾脊兩面造盤龍或獸面每火珠一枚内用柏木竿一條亭榭所用同）

亭榭鬬尖用火珠等數

四角亭子方一丈至一丈二尺者火珠徑一尺五寸

方一丈五尺至二丈者徑二尺（火珠四焰或八焰其下用圓坐）

八角亭子方一丈五尺至二丈者火珠徑二尺五寸

方三丈以上者徑三尺五寸

凡獸頭皆順脊用鐵鉤一條套獸上以釘安之嬪伽用葱臺釘滴當火珠坐於華頭甋瓦滴當釘之上

泥作制度

壘墻

壘墻之制高廣隨間每墻高四尺則厚一尺每高一尺其

上斜收六分（每面斜收白上各三分）每用坯墼三重鋪襻竹一重若高增一尺則厚加二尺五寸減亦如之

用泥（其名有四一曰現二曰墐三曰塗四曰泥）

用石灰等泥壁之制先用麤泥搭絡不平處候稍乾次用中泥趁平又候稍乾次用細泥為襯上施石灰泥畢候水脈定收壓五遍令泥面光澤（乾厚一分三釐其破灰泥不用中泥）

合紅灰每石灰一十五斤用土朱五斤（非殿閣者用石灰一十七斤土朱三斤）赤土一十一斤八兩

合青灰用石灰及軟石炭各一半如無軟石炭每石灰一十斤用麤墨一斤或墨煤一十一兩膠七錢

合黃灰每石灰三斤用黃土一斤

合破灰每石灰一斤用白䕌土四斤八兩每用石灰十斤用麥䴬九斤收壓兩遍令泥面光澤

細泥一重（作灰襯同）方一丈用麥䴬一十五斤（城壁增一倍麤泥同）

麤泥一重方一丈用麥䴬八斤（搭絡及中泥作襯減半）

麤細泥施之城壁及散屋內外先用麤泥次用細泥收壓兩遍

凡和石灰泥每石灰三十斤用麻擣二斤（其和紅黃青灰等即通計所用二朱赤土黃土石炭等斤數在石灰之內如青灰內若用墨煤或粗墨者不計數）若礦石灰每八斤可以充十斤之用（每礦石灰三十斤加麻擣一斤）

畫壁

造畫壁之制先以麤泥搭絡畢候稍乾再用泥横被竹篾一重以泥蓋平又候稍乾釘麻華以泥分披令匀又用泥蓋平以上用粗泥五重厚一分五釐若栱眼壁只用粗細泥各一重〻施沙泥收壓三遍方用中泥細襯泥上施沙泥候水脉定收壓十遍令泥面光澤

凡和沙泥每白沙二斤用膠土一斤麻擣洗擇淨者七兩

立竈轉烟直拔

造立竈之制并臺共高二尺五寸其門突之類皆以鍋口徑一尺為祖加減之鍋徑一尺者一斗每增一斗口徑加五分加至一石止

轉煙連二竈門與突並隅烟後

門高七寸廣五寸每增一斗高廣各加二分五釐

身方出鍋口徑四周各三寸為定法

臺長同上廣六隨身高一尺五寸至一尺二寸一斗者高一尺五寸每加一斗者減二分五厘減至一尺二寸五分止

腔內後項子高同門其廣二寸高廣五分項子內斜高內上入突謂之搶烟增減亦同門

隔煙長同臺厚二寸高視身出一尺為定法

隔鍋項子廣一尺心內虛隔作兩處令分煙入突

直板立竈門及臺在前突在煙匱之上自一鍋至連數鍋

門身臺等並同前制唯不用隔烟

煙匱子長隨身高出竈身一尺五寸廣六寸為定法

山華子斜高一尺五寸至二尺長隨煙匱子在煙

突兩旁匱子之上

凡竈突高視屋身出屋外三尺（如時暫用不在屋下者高三尺突上作鞾頭出烟）其方六寸或鍋增大者量宜加之加至方一尺二寸止並以石灰泥飾

釜鑊竈

造釜鑊竈之制釜竈如蒸作用者高六寸（餘並入地內）其非蒸作用安鐵甑或瓦甑者量宜加高加至三尺止鑊竈高一尺五寸其門項之類皆以釜口徑以每增一寸鑊口徑以每增一尺為祖加減之（釜口徑一尺六寸者一石每增一石口徑加一寸加至十石止鑊口徑三尺增至八尺止）

釜竈釜口徑一尺六寸

門高六寸（於竈身內高三寸餘入地）廣五寸（每徑增一寸高廣各加五分如用鐵甑者

灶門用鐵鑄造及門前後各用生鐵版

腔內後項子高廣搶煙及增加幷後突並同立竈之制如連二或連三造者並壘向後其向後者每一釜加高五寸

鑊竈鑊口徑三尺用塼壘造

門高一尺二寸廣九寸海徑增一尺高廣各加三寸用鐵竈門其門前後各用鐵版

腔內後項子高視身搶烟同上若鑊口徑五尺以上者

底不當心用鐵柱子

後駝項突方一尺五寸並二坯壘斜高二尺五寸曲長一丈七尺令出墻外四尺

凡釜鑊竈面並取圜泥造其釜鑊口徑四周各出六寸外

泥飾與立竈同

茶鑪

造茶鑪之制高一尺五寸其方廣等皆以高一尺爲祖加減之

面方七寸五分

口圜徑三寸五分深四寸

吵眼高六寸廣三寸内搶風斜高向上八寸

凡茶鑪底方六寸内用鐵燎杖八條其泥飾同立竈之制

壘射垛

壘射垛之制先築牆以長五丈高二丈爲率牆心内長二丈兩邊牆各長一丈五尺兩頭斜收向裏各三尺上壘作五峯其峯之高下皆以牆每一丈之長積而爲法

中峯每墻長一丈高二尺

次中兩峯各高一尺二寸其心中至峯心各一丈

兩外峯各高一尺六寸其心至次中兩峯各一丈五尺

子垜高同中峯廣減高一尺厚減高之半

兩邊踏道斜高視子垜長隨垜身厚減高之半分作一十二踏每踏高八寸三分廣一尺一寸五分

子垜上當心踏臺長一尺二寸高六寸面廣四寸厚減面之半分作三踏每一尺為一踏

凡射垜五峯每中峯高一尺則其下各厚三寸上收令方減下厚之半上收至方一尺五寸止其兩峯之間並先約度上收之廣相對垂繩令縱至墻上為兩峯頂內員勢其峯上各安蓮華坐瓦火珠各一枚當面以青石

灰白石灰上以青灰為緣泥飾之

營造法式卷第十三

營造法式卷第十四

通直郎管修蓋皇弟外第專一提舉修蓋班直諸軍營房等臣李誡奉

聖旨編修

彩畫作制度

總制度

彩畫之制先遍襯地次以草色和粉分襯所畫之物其襯

色上方布細色或疊暈或分間剔填應用五彩裝及疊暈碾玉裝者並以赭筆描畫淺色之外並旁描道量留粉暈其餘並以墨筆描畫淺色之外並用粉筆蓋壓墨道

襯地之法

凡枓栱梁柱及畫壁皆先以膠水遍刷（其貼金地以鰾膠水）

貼真金地候鰾膠水乾刷白鉛粉候乾又刷凡五遍次入刷土朱鉛粉（同上）亦五遍（上用熟薄膠水貼金以綿按令著實候乾以玉或瑪瑙或生狗牙斫令光）

五彩地（其碾玉裝若用青綠疊暈者同）候膠水乾先以白土遍刷候乾又以鉛粉刷之

碾玉裝或青綠棱間者（刷雌黃合綠者同）候膠水乾用青

淀和茶土刷之（每三分中二分青淀二分茶土）

沙泥畫壁亦候膠水乾以好白土縱横刷之（先立刷候乾次横刷各一遍）

調色之法

白土（茶土同）先揀擇令淨用薄膠湯（凡下云用湯者同其稱熱湯者非後同）浸少時候化盡淘出細華（凡色之極細而淡者皆謂之華後同）入别器中澄定傾去清水量度再入膠水用之

鉛粉先研令極細用稍濃膠水和成劑（如貼真金地並以鰾膠水和之）再以熱湯浸少時候稍温傾去再用湯研化令稀稠得所用之

代赭石土朱土黄同如塊小者不擣先擣令極細次研以湯淘取

華次取細者及澄去砂石麤脚不用

藤黄量度所用研細以熱湯化淘去砂脚不得用膠

籠罩粉地用之

綿礦先擘開撏去心内綿無色者次將面上色深者

以熱湯撚取汁入少湯用之若於華心内

斡淡或朱地内壓深用者熬令色深淺得

所用之

時入生油一點

朱紅黄丹同以膠水調令稀稠得所用之其黄丹用之多澁燥者調

螺青紫粉同先研令細以湯調取清用螺青澄去淺脚充合碧粉用紫

粉淺脚充令朱用

雌黄先擣次研皆要極細用熱湯淘細華於別器中澄去清水方入膠水用之其淘澄下麤者再研再淘細華方可用忌鉛粉黄丹地上用恶灰及油不得相近亦不可施之於縑素

襯色之法

青以螺青合鉛粉為地鉛粉二分螺青一分

緑以槐華汁合螺青鉛粉為地粉青同上用槐華一錢熬汁

紅以紫粉合黄丹為地或只以黄丹

取石色法

生青層青同石緑朱砂並各先擣令略細若浮淘青但研令細用

湯淘出向上上石惡水不用收取近下水内淺色入别器中然後研令極細以湯淘澄分色輕重各入别器中先取水内色淡者謂之青華石緑者謂之緑華朱砂者謂之朱華次色稍深者謂之三青石緑謂之三緑朱砂謂之三朱又色漸深者謂之二青石緑謂之二緑朱砂謂之二朱其下色最重者謂之大青石緑謂之大緑朱砂謂之深朱澄定傾去清水候乾收之如用時量度入膠水用之五色之中唯青緑紅三色為主餘色隔間品合而已其為用亦各不同且如用青自大青至青華外暈用白朱緑同大青之内用墨或礦汁壓深此秪可以施之於裝飾等用但取其輪奐鮮麗如組繡華錦之文爾至於窮要妙奪生意則謂之畫其用色之制隨其所寫或淺

或淺或輕或重千變萬化任其自然雖不可以立言其色之所相亦不出於此唯不用大青大緑深朱雌黄白土之類

五彩遍裝

五彩遍裝之制梁栱之類外棱四周皆留緣道用青緑或朱疊暈梁栿之類緣道其廣二分枓栱之類其廣一分內施五彩諸華間雜用朱或青緑剔地外留空緣與外道對暈其空緣之廣減外緣道三分之一

華文有九品一曰海石榴華寶牙華太平華之類同二曰寶相華牡丹華之類同三曰蓮荷華以上宜以梁額橑檐方椽柱枓栱材昂栱眼壁及白版內凡名件之上皆可通用其海石榴若華葉肥大不見枝條者謂之鋪地卷成如華葉肥大而微露枝條者謂之枝條卷成並亦通用其牡丹花及蓮荷華或作寫生畫者施之於梁額或栱眼壁內四曰團科寶照團科柿蔕方勝合羅

之類同以上宜於方桁枓栱內飛子面相間用之五曰圈頭合子

六曰豹脚合暈梭身合暈連珠合暈偏暈之類同以上宜於方桁內飛栱子及大小連檐相間用七曰瑪瑙地玻瓈地之類同以上宜於方桁枓內相間用之八曰魚鱗旗脚宜於梁栱下相間用之九曰圈桸蔕胡瑪瑙之類同以上宜於枓內相間用之

瑣文有六品一曰瑣子聯環瑣瑪瑙瑣疊環之類同二曰簟文金鋌文銀方環之類同三曰羅地龜文六出龜文交脚龜文之類同四曰四出六出之類同以上宜以撩檐方槫柱頭及枓內其四出六出亦宜於栱頭椽頭方桁相間用之五曰斂環宜於枓內相間用之六曰曲水或作王字及万字或作斗底及鑰匙頭宜於普拍方內外用之

凡華文施之於梁額柱者或間以行龍飛禽走獸之類

於華内其飛走之物用赭筆描之於白粉地上或更以淺色拂淡（若五彩及碾玉裝華内宜用白畫其碾玉華内者亦宜用淺色拂淡或以五彩裝飾）如方桁之類全用龍鳳走飛者則遍地以雲文補空

飛仙之類有二品一曰飛仙二曰嬪伽（共命之類同）

飛禽之類有三品一曰鳳皇（鸞孔雀鶴之類同）二曰鸚鵡（山鷓練鵲錦鷄之類同）三曰鴛鴦（谿鵡鵝鴨之類同其騎跨飛禽人物有五品一曰真人二曰女真三曰仙童四曰玉女五曰化生）

走獸之類有四品一曰師子（麒麟狻猊獬豸之類同）二曰天馬（海馬仙鹿之類同）三曰羖羊（山羊華羊之類同）四曰白象（馴犀黑熊之類同其騎跨牽拽走獸人物有三品一曰拂菻二曰獠蠻三曰化生若天馬

仙鹿羚羊亦可用真人等騎跨

雲文有二品一曰吴雲二曰曺雲蕙草雲蠻雲之類同

間裝之法青地上華文以赤黄紅緑相間外棱用紅疊暈紅地上華文青緑心内以紅相間外棱用青或緑疊暈緑地上華文以赤黄紅青相間外棱用青紅赤黄疊暈其牙頭青緑地用赤黄牙朱地以二緑若枝條緑地用藤黄汁罩以丹華或薄礦水節淡青紅地如白地上單枝條用二緑隨墨以緑華合粉罩以三緑二緑節淡

疊暈之法自淺色起先以青華緑以緑華紅以朱華粉次以三青緑以三緑紅以三朱次以二青緑以二緑紅以二朱次以大青緑以大緑紅以深朱大青之内用深墨壓心緑以深色草汁

暈心朱以淺色紫礦暈心青華之外留粉地一暈綠紅準此其暈內二綠華或用藤黃汁罩如華文綠道等狹小或在高遠處即不用三青等及淺色壓罩凡染赤黃先布粉地次以朱華合粉壓暈次用藤黃通罩次以淺朱壓心若合草綠汁以螺青華汁用藤黃相和量宜入好墨數點及膠少許用之

用疊暈之法凡枓栱昂及梁額之類應外棱緣道並令深色在外其華內剔地色並淺色在外與外棱對暈令淺色相對其華葉等暈並淺色在外以淺色壓心凡外緣道用明金者梁栿枓栱之類金緣之廣與疊暈同金緣內用青或綠壓之其青綠廣比外緣五分之一

凡五彩遍裝柱頭謂額入處作細錦或瑣文柱身自柱櫍上亦

作細錦與柱頭相應錦之上下作青紅或緑疊暈一道其身内作海石榴等華或於華内間以飛鳳之類或作碾玉華内間以五彩飛鳳之類或間四入瓣科或四出尖斜科内間以化生或鳳龍之類櫍作青瓣或紅瓣疊暈蓮華檐額或大額及由額兩頭近柱處作三瓣或兩瓣如意頭角葉長加廣之半如身内紅地即以青地作碾玉或亦用五彩裝或隨兩邊緣道作分脚如意頭椽頭面子隨徑之圜作疊暈蓮華青紅相間用之或作出焰明珠或作簇七車釧明珠皆淺色在外或作疊暈寶珠深色在外令近上疊暈向下棱當中點粉為寶珠心或作疊暈合螺瑪瑙近頭處作青緑紅暈子三道每道廣不過一寸身内作通用六等華外或用青緑紅地作團科或方勝或兩尖

或四入瓣白地外用淺色青以青華綠以綠華朱以朱粉圈之白地內隨瓣之方圜或兩尖或四入瓣同描華用五彩淺色間裝之其青綠紅地作團科方勝等亦施之科栱梁栿之類者謂之海錦亦曰淨地錦飛子作青綠連珠及棱身暈或作方勝或兩尖或團科兩側壁如下面用遍地華即作兩暈青綠棱間若下面素地錦作三暈或兩暈青綠棱間飛子頭作四角柿蔕或作瑪瑙如飛子遍地華即椽用素地錦若椽作遍華即飛子用素地錦白版或作紅青綠地內兩尖科素地錦大連檐立面作三角疊暈柿蔕華或作霞光

碾玉裝

碾玉裝之制梁栱之類外棱四周皆留緣道緣道之廣並同五彩之制用青或綠疊暈如綠緣內於淡綠地描華用深青剔地外

留空緣與外緣道對暈綠緣內者用綠處以青用青處以綠

華文及瑣文等並同五彩所用華文內唯無寫生及豹脚合暈偏暈玻璨地魚鱗旗脚外增龍牙蕙草一品瑣文內無瑣子用青綠二色疊暈亦如之內有青綠不可隔間處于綠淺暈中用藤黄汁罩謂之菉豆褐

其卷成華葉及瑣文並旁赭筆量留粉道從淺色起暈至淡色其地以大青大綠剔之亦有華文稍肥者綠地以二青其青地以二綠隨華幹淡後以粉筆旁墨道描者謂之映粉碾玉宜小處用

凡碾玉裝柱碾玉或間白畫或素綠柱頭用五彩錦或只碾玉櫍作紅暈或青暈蓮華椽頭作出焰明珠或簇七明珠或蓮華身內碾玉或素綠飛子正面作合暈兩旁並退

暈或素緑仰版素紅（或亦碾玉裝）

青緑疊暈棱間裝（三暈帶紅棱間裝附）

青緑疊暈棱間裝之制：凡枓栱之類，外棱緑廣二分。

外棱用青疊暈者，身内用緑疊暈（外棱用緑者，身内用青，下同。其外棱緑道淺色在内，身内淺色在外，通壓粉緑），謂之兩暈棱間裝（外棱用青華、二青、大青，以墨澱深；身内用緑華、三緑、二緑、大緑，以草汁澱（淀）。若緑在外，緑不用三緑；如青在身内，更加三青）。

其外棱緑道用緑疊暈（淺色在内），次以青疊暈（淺色在外），當心又用緑疊暈者（淺色在内），謂之三暈棱間裝（皆不用二緑、三青，其外緑廣與五彩同，其内均作兩暈）。

若外棱緑道用青疊暈，次以紅疊暈（淺色在外，先用朱華粉，次用二

朱次用淡朱以紫礦𪍿深當心用綠疊暈者若外綠用綠者當心以青謂之三暈帶紅棱間裝

凡青綠疊暈棱間裝柱身內笋文或素綠或碾玉裝柱頭作四合青綠退暈如意頭攅作青暈蓮華或作五彩錦或團科方勝素地錦椽素綠身共頭作明珠蓮華飛子正面大小連檐並青綠退暈兩旁素綠

解綠裝飾屋舍解綠結華裝附

解綠刷飾屋舍之制應材昂枓栱之類身內通刷土朱其綠道及鷰尾八白等並用青綠疊暈相間若枓用綠即栱用青之類綠道疊暈並深色在外粉線在內先用青華或綠華在中次用大青或大綠在外後用粉線在內其廣狹長短並同丹粉刷飾之

制唯檐額或梁栿之類並四周各用緑道兩頭相對作如意頭由額及小額並同若畫松文即身內通刷土黃先以墨筆界畫次以紫檀間刷其紫檀用深墨合土朱令紫色心內用墨點節栱梁等下面用合朱通刷又有於丹地內用墨或檀紫點簇毬文與松文名件相雜者謂之卓柏裝

枓栱方桁緣內朱地上間諸華者謂之解緑結華裝

柱頭及脚並刷朱用雌黃畫方勝及團華或以五彩畫四斜或簇六毬文錦其柱身內通刷合緑畫作筍文或只用素緑椽頭或作青緑暈明珠若椽身通刷合緑者其槫亦作緑地筍文或素緑

凡額上壁內影作長廣制度與丹粉刷飾同身內上棱及兩頭亦以青綠疊暈為緣或作飜卷華葉身內通刷土朱其飜卷過葉並以青綠疊暈枓下蓮華並以青暈

丹粉刷飾屋舍黃土刷飾附

丹粉刷飾屋舍之制應材木之類面上用土朱通刷下棱用白粉闌界緣道兩盡頭斜訛向下下面用黃丹通刷昂栱下面及耍頭正面同其白緣道長廣等依下項

枓栱之類栿額替木叉手托脚駝峯大連檐搏風版等同隨材之廣分為八分以一分為白緣道其廣雖多不得過一寸雖狹不得過五分

栱頭及替木之類綽幕仰楷角梁等同頭下面刷丹於近上棱處

刷白鷰尾長五寸至七寸其廣隨材之厚分為四分兩邊各以一分為尾（中心空二分）上刷橫白廣一分半（其耍頭及梁頭正面用丹處刷望山子上其長隨高三分之二其下廣隨厚四分之二斜收向上當中合尖）

檐額或大額刷八白者（如裏面）隨額之廣若廣一尺以下者分為五分一尺五寸以下分為六分二尺以上者分為七分各當中以一分為八白（其八白兩頭近柱更不用朱闌斷謂之入柱白）於額身內均之作七隔其隔之長隨白之廣（俗謂之七朱八白）

柱頭刷丹（柱脚同）長隨額之廣上下並解粉線柱身椽檁及門窻之類皆通刷土朱（其破子窻子桯及屏風難子正

（側并椽頭並刷丹）平闇或版壁並用土朱刷版并程丹刷子程及牙頭護縫

額上壁內（或有補間鋪作遠者亦於栱眼壁內）畫影作於當心其上先畫枓以蓮華承之（身內刷朱或丹隔間用之若身內刷朱則蓮華用丹刷若身內刷丹則蓮華用朱刷皆以粉華解出華瓣）中作項子其廣隨宜（至五寸止）下分兩脚長取壁內五分之三（兩頭各空一分）廣身內隨項兩頭收斜尖向內五寸若影作華脚者身內刷丹則翻卷葉用土朱或身內刷土朱則翻卷葉用丹（皆以粉華壓棱）

若刷土黃者制度並同唯以土黃代土朱用之（其影作內蓮華用朱或丹並以粉華解出華瓣）

若刷土黃解墨緣道者唯以墨粉刷緣道其墨緣道之上用粉線壓棱亦有栿栱等下面合用丹處皆用黃土者亦有只用墨緣更不用粉線壓棱者制度並同其影作內蓮華並用墨刷以粉筆解出華瓣或更不用蓮華

凡丹粉刷飾其土朱用兩遍用畢並以膠水攏罩若刷土黃則不用若刷門窗其破子窗子程及影縫之類用丹刷餘並用土朱

雜間裝

雜間裝之制皆隨每色制度相間品配令華色鮮麗各以逐等分數為法

五彩間碾玉裝五彩遍裝六分碾玉裝四分

碾玉間畫松文裝碾玉裝三分畫松裝七分

青綠三暈棱間及碾玉間畫松文裝（青綠三暈棱間裝三分碾玉裝三分畫松裝四分）

畫松文間解綠赤白裝（畫松文裝五分解綠赤白裝五分）

畫松文卓柏間三暈棱間裝（畫松文裝六分三暈棱間裝二分卓柏裝二分）

凡雜間裝以此分數為率或用間紅青綠三暈棱間裝與五彩遍裝及畫松文等相間裝者各約此分數隨宜加減之

煉桐油

煉桐油之制用文武火煎桐油令清先煠膠令焦取出不用次下松脂攪候化又次下研細定粉粉色黄滴油於水內成珠以手試之黏指處有絲縷然後下黄丹漸次去火

攪令冷合金漆用如施之於彩畫之上者以亂線揩摞用之

營造法式卷第十四

營造法式卷第十五

通直郎管修蓋皇弟外第專一提舉修蓋班直諸軍營房等臣李誡奉

聖旨編修

塼作制度

用塼　壘階基

鋪地面　牆下隔減

踏道　慢道

須彌坐　塼牆

露道　城壁水道

卷輂河渠口　接甑口

馬臺　馬槽

井

窰作制度

瓦　塼

瑠璃瓦等 炒造黄丹附　青棍瓦 滑石棍 茶土棍

燒變次序　壘造窰

塼作制度

用塼

用塼之制

殿閣等十一間以上用塼方二尺厚三寸

殿閣等七間以上用塼方一尺七寸厚二寸八分

殿閣等五間以上用塼方一尺五寸厚二寸七分

殿閣廳堂亭榭等用塼方一尺三寸厚二寸五分以上用條塼並長一尺三寸廣六寸五分厚二寸五分如階脣用壓闌塼長一尺一寸廣一尺一寸厚二寸五分

行廊小亭榭散屋等用塼方一尺二寸厚二寸用條塼長一尺二寸廣六寸厚二寸

城壁所用走趄塼長一尺二寸面廣五寸五分底廣六寸厚二寸趄條塼面長一尺一寸五分底長一尺二寸廣六寸厚二寸牛頭塼長一尺三寸廣六寸五分一壁厚二寸五分一壁厚二寸二分

壘階基其名有四一曰階二曰陛三曰陔四曰墒

壘砌階基之制用條磚殿堂亭榭階高四尺以下者用二塼相並高五尺以上至一丈者用三塼相並樓臺基高一丈以上至二丈者用四塼相並高二丈至三丈以上者用五塼相並高四丈以上者用六塼相並普拍方外階頭自柱心出三尺至三尺五寸每階外細塼高十層其內相並塼高八層其殿堂等階若平砌每階高一尺上收一分五釐如露齦砌每塼一層上收一分粗壘二分樓臺亭榭每塼一層上收二分粗壘五分

鋪地面

鋪砌殿堂等地面塼之制用方塼先以兩塼面相合磨令平次斫四邊以曲尺較令方正其四側斫令下稜收入一分殿堂等地面每柱心內方一丈者令當心高二分方三

丈者高三分（如廳堂廊舍等亦可以兩椽為計）柱外階廣五尺以下每一尺令自柱心起至階齦垂二分廣六尺以上者垂三分其階齦壓闌用石或亦用塼其階外散水量檐上滴水遠近鋪砌内外側塼砌線道二周

墻下隔減

壘砌墻隔減之制殿閣外有副階者其内墻下隔減長隨墻廣（下同）其廣六尺至四尺五寸（自六尺以減五寸為法減至四尺五寸止）高五尺至三尺四寸（自五尺以減六寸為法至三尺四寸止）如外無副階者（廳堂同）廣四尺至三尺五寸高三尺至二尺四寸若廊屋之類廣三尺至二尺五寸高二尺至一尺六寸其上收同階基制度

踏道

造踏道之制廣隨間廣每階基高一尺底長二尺五寸每一踏高四寸廣一尺兩頰各廣一尺二寸兩頰內線道各厚二寸若階基高八塼其兩頰內地栿柱子等平雙轉一周以次單轉一周退入一寸又以次單轉一周當心為象眼每階基加三塼兩頰單轉加一周若階基高二十塼以上者兩頰內平雙轉加一周踏道下線道亦如之

慢道

壘砌慢道之制城門慢道每露臺塼基高一尺拽脚斜長五尺其廣減露臺一尺廳堂等慢道每階基高一尺拽脚斜長四尺作三瓣蟬翅當中隨間之廣取宜約度兩頰及線道並同踏道之制每斜長一尺加四寸為兩側翅瓣下之廣若作五瓣蟬翅其兩

側趐瓣下取斜長四分之三凡慢道面塼露齦皆深三分如華塼即不露齦

須彌坐

壘砌須弥坐之制共高一十三塼以二塼相並以此為率自下一層與地平上施单混肚塼一層次上牙脚塼一層比混肚塼下齦收入一寸次上罨牙塼一層比身脚出三分次上合蓮塼一層比罨牙收入一寸五分次上束腰塼一層比合蓮下齦收入一寸次上仰蓮塼一層比束腰出七分次上壼門柱子塼三層柱子比仰蓮收入一寸五分壼門比柱子收入五分次上罨澁塼一層比柱子出五分次上方澁平塼兩層比罨澁出五分如高下不同約此率隨宜加減之如殿階作須彌坐砌壘者其出入並依角石柱制度或約此法加減

塼牆

壘塼牆之制每高一尺底廣五寸每面斜收一寸若麤砌斜收一寸三分以此為率

露道

砌露道之制長廣量地取宜兩邊各側砌雙線道其內平鋪砌或側塼虹面壘砌兩邊各側砌四塼為線

城壁水道

壘城壁水道之制隨城之高勻分蹬踏每踏高二尺廣六寸以三塼相並（用趄模塼）面與城平廣四尺七寸水道廣一尺一寸深六寸兩邊各廣一尺八寸地下砌側塼散水方（六尺）

卷輂河渠口

壘砌卷輂河渠塼口之制長廣隨所用單眼卷輂者先於渠底鋪地面塼一重每河渠深一尺以二塼相並壘兩壁塼高五寸如深廣五尺以上者心内以三塼相並其卷輂隨圜分側用塼（覆背塼同）其上繳背順鋪條塼如雙眼卷輂者兩壁塼以三塼相並心内以六塼相並餘並同單眼卷輂之制

接甑口

壘接甑口之制口徑隨釜或鍋先依口徑圜樣取逐層塼定樣斫磨口徑内以二塼相並上鋪方塼一重為面（或只用條塼覆面）其高隨所用（塼並倍用純灰下）

馬臺

壘馬臺之制高一尺六寸分作兩踏上踏方二尺

四寸下踏廣一尺以此為率

馬槽

壘馬槽之制高二尺六寸廣三尺長隨間廣或隨所用之長其下以五塼相並壘高六塼其上四邊壘塼一周高三塼次於槽內四壁側倚方塼一周其方塼後隨斜分斫貼壘三重方塼之上鋪條塼覆面一重次於槽底鋪方磚一重為槽底面塼並用純灰下

井

甃井之制以水面徑四尺為法

用塼若長一尺二寸廣六寸厚二寸條塼除抹角就圜實收長一尺視高計之每深一丈以六

百口壘五十層若深廣尺寸不定留積而計之

底盤版隨水面徑料每片廣八寸牙縫搭掌在外其厚二寸為定法

凡甃造井於所留水面徑外四周各廣二尺開掘其塼甋用竹并蘆蕟編夾壘及一丈閃下甃砌若舊井損缺難於修補者即於徑外各展掘一尺攏套接壘下甃

窰作制度

瓦其名有二一曰瓦二曰甍

造瓦坯用細膠土不夾砂者前一日和泥造坯鴟獸事件同先於輪上安定札圈次套布筒以水搭泥撥圈打搭收光取札并布筒曬曝鴟獸事件捏造火珠之類用輪牀收托其等第依下項

甋瓦

長一尺四寸口徑六寸厚八分仍留曝乾并燒變所縮分數下準此

長一尺二寸口徑五寸厚五分

長一尺口徑四寸厚四分

長八寸口徑三寸五分厚三分五氂

長六寸口徑三寸厚三分

長四寸口徑二寸五分厚二分五氂

瓪瓦

長一尺六寸大頭廣九寸五分厚一寸小頭廣八寸五分厚八分

長一尺四寸大頭廣七寸厚七分小頭廣六寸厚六

分長一尺三寸大頭廣六寸五分厚六分小頭廣五寸五分厚五分五氂

長一尺二寸大頭廣六寸厚六分小頭廣五寸厚五分

長一尺大頭廣五寸厚五分小頭廣四寸厚四分

長八寸大頭廣四寸五分厚四分小頭廣四寸厚三分五氂

長六寸大頭廣四寸（厚同上）小頭廣三寸五分厚三分

凡造瓦坯之制候曝微乾用刀剺畫每桶作四片（甋瓦作二片線道瓦於每片中心畫一道條子十字剺畫）線道條子瓦仍以水飾露明處一邊

塼（其名有四一曰甓二曰瓴甋三曰㲉四曰甗甎）

造塼坯前一日和泥打造其等第依下項

方塼

二尺厚三寸

一尺七寸厚二寸八分

一尺五寸厚二寸七分

一尺三寸厚二寸五分

一尺二寸厚二寸

條塼

長一尺三寸廣六寸五分厚二寸五分

長一尺二寸廣六寸厚二寸

壓闌塼長二尺一寸廣一尺一寸厚二寸五分

塼碇方一尺一寸五分厚四寸三分

牛頭塼長一尺三寸廣六寸五分一壁厚二寸五分一壁厚二寸二分

走趄塼長一尺二寸面廣五寸五分底廣六寸厚二寸

趄條塼面長一尺一寸五分底長一尺二寸廣六寸厚二寸

鎮子塼方六寸五分厚二寸

凡造塼坯之制皆先用灰襯隔模匣次入泥以杖刮脫曝令乾

瑠璃瓦等（炒造黃丹附）

凡造瑠璃瓦等之制藥以黃丹洛河石銅末用水調勻（冬月以湯）甋瓦於背面鴟獸之類於安卓露明處（青掍同）

並遍澆刷瓪於仰面內中心（重脣瓪瓦仍於背上澆大頭；其線道條子瓦澆脣一壁）

凡合瑠璃藥所用黃丹闕炒造之制，以黑錫盆硝等入鑊煎一日爲麤扇出，候冷擣羅作末，次日再炒塼蓋罨，第三日炒成。

青棍瓦（滑石棍　茶土棍）

青棍瓦等之制，以乾坯用瓦石磨擦（甋瓦於背，瓪瓦於仰面，磨去布文），次用水濕布揩拭，候乾，次以洛河石棍研，次摻滑石末令勻。（用茶土棍者，准先摻茶土，次以石棍研）

燒變次序

凡燒變塼瓦等之制，素白窯前一日裝窯，次日下火燒變，又次日土水窨，更三日開，候冷通及七日出窯。青棍窯（裝窯燒變出窰日分准上法先燒芟草茶土棍者止于曝露內搭帶燒變不用柴草羊屎油籸次蒿草次松柏柴羊屎麻籸濃油蓋罨不冷透烟琉璃窰前一日裝窰次日下火燒變一日開窰天候冷至第五日出窰

壘造窰

壘窰之制大窰高二丈二尺四寸徑一丈八尺外圍地在外曝窰同門高五尺六寸廣二尺六寸曝窰高一丈五尺四寸徑一丈二尺八寸門高同大窰廣一尺四寸平坐高五尺六寸徑一丈八尺曝窰一丈二尺八寸壘二十八層曝窰同其上壘五帀高七尺曝窰壘三帀高四尺二寸壘七層曝窰同收頂七帀高九尺八寸壘四十九層曝窰四帀高五尺六寸壘二十

（八層逐層各收入五寸遞減半塼）

龜殼窰眼睛突底脚長一丈五尺（上留空分方四尺二寸盖暗實收長二尺四寸曝窰同）廣五寸壘二十層（曝窰長一丈八寸廣同大窰壘一十五層）

牀長一丈五尺高一尺四寸壘七層（曝窰長一丈八寸高一尺六寸壘八層）

壁長一丈五尺高一丈一尺四寸壘五十七層（下作出烟口子承重托柱其曝窰長一丈八寸高一丈壘五十層）

門两壁各廣五尺四寸高五尺六寸壘二十八層仍壘脊（子門同曝窰廣四尺八寸高同大窰）

子門两壁各廣五尺二寸高八尺壘四十層

外圍徑二丈九尺高二丈壘一百層（曝窰徑二丈二寸高一丈八寸）

壘五十四層

池徑一丈高二尺壘一十層曝窑徑八尺高一尺壘五層

踏道長三丈八尺四寸曝窑長二丈

凡壘窑用長一尺二寸廣六寸厚二寸條磚平坐并窑門子門窑牀外圍道皆並二砌其窑池下面作蛾眉壘砌承重上側使暗突出烟

營造法式卷第十五

營造法式卷第十六

通直郎管修蓋皇弟外第專一提舉修蓋班直諸軍營房等臣李誡奉

聖旨編修

壕寨功限

總雜功　築基

築城　築牆

穿井　般運功

供諸作功

石作功限

總造作功　柱礎

角石　角柱　殿階基

地面石 壓闌石　殿階螭首

殿内鬬八　踏道

單鉤闌 重臺鉤闌　螭子石

門砧限　將軍石

地栿石　流盃渠

壇　卷輂水窻

水槽　馬臺

井口石　山棚鋜脚石

幡竿頰　贔屓碑

笏頭碣

壕寨功限

總雜功

諸土乾重六十斤為一擔（諸物準此）如粗重物用八人以上石段用五人以上可舉者或琉璃瓦石件等每重五十斤為一擔

諸石每方一尺重一百四十三斤七兩五錢（方一寸二兩三錢）塼八十七斤八兩（方一寸一兩四錢）瓦九十斤六兩二錢五分（方一寸一兩四錢五分）

諸木每方一尺重依下項

黃松（寒松赤甲松同）二十五斤（方一寸四錢）

白松二十斤（方一寸三錢二分）

山雜木（謂海棗榆槐木之類）三十斤（方一寸四錢八分）

諸於三十里外般運物一擔往復一功若一百二十步以上紐計每往復共一里六十擔亦如之牽拽舟車栰地里準此

諸功作般運物若於六十步外往復者謂七十步以下者並秖用本作供作功或無供作功者每一百八十擔一功或不及六十步者每短一步加一担

諸於六十步内掘土般供者每七十尺一功如地堅硬或砂礓相雜者減二十尺

諸自下就土供壇基牆等用本功如加膊版高一丈以上用者以一百五十擔一功

諸掘土裝車及簍籃每三百三十擔一功如地堅硬或砂礓相雜者裝一

百三十擔

諸磨䃴石段每石面二尺一功

諸磨䃴二尺方塼每六口一功一尺五寸方塼八口壓闌塼一十口一尺三寸方塼一十八口一尺二寸方磚二十三口一尺三寸條塼三十五口同

諸脫造壘牆條墼長一尺二寸廣六寸厚二寸乾重十斤每二百口一功和泥起壘在內

築基

諸殿閣堂廊等基址開掘出土在內若去岸一丈以上即別計般土功方八十尺謂每長廣方深各一尺為計就土鋪填打築六十尺各一功若用碎塼瓦石札者其功加倍

築城

諸開掘及塡築城基每各五十尺一功削掘舊城及就土修築女頭牆及護嶮牆者亦如之

諸於三十步內供土築城自地至高一丈每一百五擔一功（自一丈以上至二丈每一百擔自二丈以上至三丈每九十擔自三丈以上至四丈每七十五擔自四丈以上至五丈每五十五擔同其地步及城高下不等準此細計）

諸紐草葽二百條或斫橛子五百枚若剗削城壁四十尺（般取膊椽功在內）各一功

築牆

諸開掘牆基每一百二十尺一功若就土築牆其功加倍

諸用葽橛就土築牆每五十尺一功（就土抽紝築屋下牆同露牆六十尺亦準此）

穿井

諸穿井開掘自下出土每六十尺一功若深五尺以上每深一尺每功減一尺減至二十尺止

般運功

諸舟船般載物（裝卸在內）依下項

一去六十步外般物裝船每一百五十擔（如麤重物一件及一百五十斤以上者減半）

一去三十步外取掘土兼般運裝船者每一百擔（一去一十五步外者加五十擔）

泝流拽船每六十擔

順流駕放每一百五十擔

右各一功

諸車般載物（裝卸拽車在內）依下項

螭車載麤重物

重一千斤以上者每五十斤

重五百斤以上者每六十斤

右各一功

轒轆車載麤重物

重一千斤以下者每八十斤一功

驢拽車

每車裝物重八百五十斤為一運（其重物一件重一百五十斤以上者別破裝卸功）

獨輪小車子（扶駕二人）

每車子裝物重二百斤

諸河内繫栰駕放牽拽般運竹木依下項

慢水泝流（謂蔡河之類）牽拽每七十三尺（如水淺每九十八尺）

順流駕放（謂汴河之類）每二百五十尺（縮繫在内若細碎及三十件以上者二百尺）

出漉每一百六十尺（其重物一件長三尺以上八十尺）

右各一功

供諸作功

諸工作破供作功依下項

瓦作結瓦

泥作

塼作

鋪壘安砌

砌壘井

窰作壘窰

右本作每一功供作各二功

大木作釘椽每一功供作一功

小木作安卓每一件及三功以上者每一功供作五分功（平棊藻井栱眼照壁裏栿版安卓雖不及三功者並計供作功即每一件供作不及一功者不計）

石作功限

總造作功

平面每廣一尺長一尺五寸（打剝麤摶細漉斫砟在內）

四邊褊棱鑿摶縫每長二丈應有棱者準此

面上布墨蠟每廣一尺長二丈安砌在內減地平鈒者先布墨蠟而後彫鐫其剔地起突及壓地隱起華者並彫鐫畢方布蠟或亦用墨

右各一功如平面柱礎在墻頭下用者減本功四分功若墻內用者減本功七分功下同

凡造作石段名件等除造覆盆及鐫鑿圜混若成形物之類外其餘皆先計平面及褊棱功如有彫鐫者加彫鐫功

柱礎

柱礎方二尺五寸造素覆盆

造作功

每方一尺一功二分方三尺方三尺五寸各加一分功方四尺加二分功方五尺加

三分功方六尺加四分功

彫鐫功其彫鐫功並於素覆盆所得功上加之

方四尺造剔地起突海石榴華內間化生四角水地內間魚獸之類或亦用華下同八十功方五尺如五十功方六尺加一百二十功

方三尺五寸造剔地起突水地雲龍或牙魚飛魚寶山五十功方四尺加三十功方五尺加七十五功方六尺加一百功

方三尺造剔地起突諸華三十五功方三尺五寸加五功方四尺加一十五功方五尺加四十五功方六尺加六十五功

方二尺五寸造壓地隱起諸華一十四功方三尺加一十一功方二尺五寸加一十六功方四尺加二十六功方五尺加四十六功方六尺加五十六功

方二尺五寸造減地平鈒諸華六功方一尺加二功方三尺五寸加四功

方四尺加九功方五尺加一十四功方六尺加二十四功

方二尺五寸造仰覆蓮華一十六功若造鋪地蓮華減八功

方二尺造鋪地蓮華五功若造仰覆蓮花加八功

角石角柱

角石

安砌功

角石一段方二尺厚八寸一功

彫鐫功

角石兩側造剔地起突龍鳳間華或雲文一十六功若面上鐫作師子加六功造壓地隱起華減一十功減地平鈒華減一十二功

角柱城門硧柱同

造作剜鑿功

疊澁坐角柱兩面共二十功

安砌功

角柱每高一尺方一尺二分五氂功

彫鐫功

方角柱每長四尺方一尺造剔地起突龍鳳間華或雲文兩面共六十功若造壓地隱起華減二十五功

疊澁坐角柱上下澁造壓地隱起華兩面共二十功

版柱上造剔地起突雲地昇龍兩面共一十五功

殿階基

殿階基一坐

彫鐫功每一段

頭子上減地平鈒華二功

束腰造剔地起突蓮華二功（版柱子上減地平鈒華同）

撻澀減地平鈒華二功

安砌功每一段

土襯石一功（壓闌地面石同）

頭子石二功（束腰石隔身版柱子撻澀版）

地面石（壓闌石）

地面石壓闌石

安砌功

每一段長三尺廣二尺厚六寸一功

彫鐫功

壓闌石一段階頭廣六寸長三尺造剔地起突龍鳳間華二十功（若龍鳳間雲文減二功造壓地隱起華減一十六功造減地平鈒華減一十八功）

殿階螭首

殿階螭首一隻長七尺

造作鐫鑿四十功

安砌一十功

殿内鬬八

殿階心内鬬八一段共方一丈二尺

彫鐫功

鬭八心內造剔地起突盤龍一條雲捲水地四十功

鬭八心外諸科格內並造壓地隱起龍鳳化生諸華

三百功

安砌功

每石二段一功

踏道

踏道石每一段長三尺廣二尺厚六寸

安砌功

土襯石每一段一功踏子石同

象眼石每一段二功副子石同

彫鐫功

副子石一段造減地平鈒華二功

單鉤闌（重臺鉤闌）

單鉤闌一段高三尺五寸長六尺

造作功

剜鑿尋杖至地栿等事件（内万字不透）共八十功

尋杖下若作單托神一十五功（雙托神倍之）

華版内若作壓地隱起華龍或雲龍加四十功（若万字透空亦如之）

重臺鉤闌如素造比單鉤闌每一功加五分功若盆脣癭項地栿蜀柱並作壓地隱起華大小華版作剔地起突華造者一百六十功

八瓣望柱每一條長五尺徑一尺出上下卯共一功

望柱

造剔地起突纏柱雲龍五十功

造壓地隱起諸華二十四功

造減地平鈒華一十二功

柱下坐造覆盆蓮華每一枚七功

柱上鐫鑿像生師子每一枚二十功

安卓六功

螭子石

安鉤闌螭子石一段

鑿劄眼剜口子共五分功

門砧限 卧立柣 止扉石 将軍石

門砧一段

彫鐫功

造剔地起突華或盤龍

長五尺二十五功

長四尺一十九功

長三尺五寸一十五功

長三尺一十二功

安砌功

長五尺四功

長四尺三功

長三尺五寸一功五分

長三尺七分功

門限每一段長六尺方八寸

彫鐫功

面上造剔地起突華或盤龍二十六功若外側造剔地起突行龍間雲文又加四功

卧立柣一副

剜鑿功

卧柣長二尺廣一尺厚六寸每一段三功五分

立柣長三尺廣同卧柣厚六寸側面上分心鑿金一道五功五分

安勘功

卧立柣各五分功

将軍石一段長三尺方一尺

造作四功安立在内

止扉石長二尺方八寸

造作七功剜口子鑿栓寨眼子在内

地栿石

城門地栿石土襯石

造作剜鑿功每一段

地栿一十功

土襯三功

安砌功

地栿二功

土襯二功

流盃渠

流盃渠一坐剜鑿水渠造每石一段方三尺厚一尺二寸

造作一十功開鑿渠道加二功

安砌四功出水斗子每一段加一功

彫鐫功

河道兩邊面上絡周華各廣四寸造壓地隱起寶相

華牡丹華每一段三功

流盃渠一坐砌壘底版造

造作功

心内看盤石一段長四尺廣三尺五寸

廂壁石及項子石每一段

右各八功

底版石每一段三功

斗子石每一段一十五功

安砌功

看盤及廂壁項子石斗子石每一段各五功 地架每一段三功

底版石每一段三功

彫鐫功

心内看盤石造剔地起突華五十功 若間以龍鳳加二十功

河道两邊面上遍造壓地隱起華每一段二十功 若間

以龍鳳加一十功

壇

壇一坐

彫鐫功

頭子版柱子撻澁造減地平鈒華每一段各二功束腰

剔地起突造蓮華亦如之

安砌功

土襯石每一段一功

頭子束罨隅身版柱子撻澁石每一段各二功

卷輂水窓

卷輂水窓石河渠同每一段長三尺廣二尺厚六寸

開鑿功

下熟鐵鼓卯每三枚　功

安砌一功

水槽

水槽長七尺高廣各二尺深一尺八寸

造作開鑿共六十功

馬臺

馬臺一坐高二尺二寸長三尺八寸廣二尺二寸

造作功

剜鑿踏道二十功（疊澁造加二十功）

彫鐫功

造剔地起突華一百功

造壓地隱起華五十功

造減地平鈒華二十功

臺面造壓地隱起水波内出没魚獸加一十功

井口石

井口石并蓋口拍子一副

造作鐫鑿功

透井口石方二尺五寸井口徑一尺共一十二功造素覆盆加二功若華覆盆加六功

安砌二功

山棚鋜脚石

山棚鋜脚石方二尺厚七寸

造作開鑿共五功

安砌一功

幡竿頰

幡竿頰一坐

造作開鑿功

頰二條及開栓眼共十六功

鋜脚六功

彫鐫功

造剔地起突華一百五十功

造壓地隱起華五十功

造減地平鈒華三十功

安卓一十功

贔屓碑

贔屓鼇坐碑一坐

彫鐫功

碑首造剔地起突盤龍雲盤共二百五十一功

鼇坐寫生鐫鑿共一百七十六功

土襯周回造剔地起突寶山水地等七十五功

碑身兩側造剔地起突海石榴華或雲龍一百二十功

絡周造減地平鈒華二十六功

安砌功

土襯石共四功

笏頭碣

笏頭碣一坐

彫鐫功

碑身及額絡周造減地平鈒華二十功

方直坐上造減地平鈒華一十五功

疊澁坐剜鑿三十九功

疊澁坐上造減地平鈒華三十功

營造法式卷第十六

營造法式卷第十七

通直郎管修蓋皇弟外第專一提舉修蓋班直諸軍營房等臣李誡奉

聖旨編修

大木作功限一

栱枓等造作功

殿閣外檐補間鋪作用栱枓等數

殿閣身槽内補間鋪作用栱枓等數

樓閣平坐補間鋪作用栱枓等數

枓口跳每縫用栱枓等數

把頭絞項作每縫用栱枓等數

鋪作每間用方桁等數

栱枓等造作功

造作功並以第六等材爲率

材長四十尺一功（材每加一等遞減四尺，材每減一等遞增五尺）

栱

令栱一隻二分五氂功

華栱一隻

泥道栱一隻

瓜子栱一隻

右各二分功

慢栱一隻五分功

若材每加一等各隨逐等加之華栱令栱泥道栱

瓜子栱慢栱並各加五氂功若材每減一等各隨逐等減之華栱減二氂功令栱減三氂功泥道栱瓜子栱各減一氂功慢栱減五氂功其自第四等加第三等於逓加功内減半加之加足材及枓柱槫之類並準此

若造足材栱各於逐等栱上更加功限華栱令栱各加五氂功泥道栱瓜子栱各加四氂功慢栱加七氂功其材每加減一等逓加減各一氂功如角内列栱各以栱頭為計

枓

櫨枓一隻五分功材每增減一等逓加減各一分功

交互枓九隻材每增減一等遞加減各一隻

齊心枓十隻加減同上

散枓一十一隻加減同上

右各一功

出跳上名件

昂尖一十一隻一功加減同交互枓法

爵頭一隻

華頭子一隻

右各一分功材每增減一等遞加減各二釐功身內並同材法

殿閣外檐補間鋪作用栱枓等數

殿閣等外檐自八鋪作至四鋪作內外並重栱計心外跳

出下昂裏跳出卷頭每補間鋪作一朶用栱昂等數下項八鋪作裏跳用七鋪作若七鋪作裏跳用六鋪作其六鋪作以下裏外跳並同轉角者準此

自八鋪作至四鋪作各通用

單材華栱一隻若四鋪作插昂不用

泥道栱一隻

令栱二隻

兩出耍頭一隻並隨昂身上下斜勢分作二隻内四鋪作不分

櫬方頭一條足材八鋪作七鋪作各長一百三十分六鋪作五鋪作各長九十分四鋪作長六十分

櫨枓一隻

闇栔二條一條長四十六分一條長七十六分八鋪作七鋪作又加二條各長隨補間之廣

昂栓二條（八鋪作各長一百三十分，七鋪作各長一百一十五分，六鋪作各長九十五分，五鋪作各長八十分，四鋪作各長五十分）

八鋪作七鋪作各獨用

第二抄華栱一隻（長四跳）

第三抄外華頭子內華栱一隻（長六跳）

六鋪作五鋪作各獨用

第二抄外華頭子內華栱一隻（長四跳）

八鋪作獨用

第四抄內華栱一隻（外隨昂槫斜長七十八分）

四鋪作獨用

第一抄外華頭子內華栱一隻（長兩跳，若卷頭不用）

自八鋪作至四鋪作各用

瓜子栱

八鋪作七隻

七鋪作五隻

六鋪作四隻

五鋪作二隻四鋪作不用

慢栱

八鋪作八隻

七鋪作六隻

六鋪作五隻

五鋪作三隻

四鋪作一隻

下昂

八鋪作三隻一隻身長三百分一隻身長二百七十分一隻身長一百七十分

七鋪作二隻一隻身長二百七十分一隻身長一百七十分

六鋪作二隻一隻身長二百四十分一隻身長一百五十分

五鋪作一隻身長一百二十分

四鋪作插昂一隻身長四十分

交互枓

八鋪作九隻

七鋪作七隻

六鋪作五隻

五鋪作四隻

四鋪作二隻

齊心枓

八鋪作一十二隻

七鋪作一十隻

六鋪作五隻五鋪作同

四鋪作三隻

散枓

八鋪作三十六隻

七鋪作二十八隻

六鋪作二十隻

五鋪作一十六隻

四鋪作八隻

殿閣身槽内補間鋪作用栱枓等數

殿閣身槽内裏外跳並重栱計心出卷頭每補間鋪作一朶用栱枓等數下項

自七鋪作至四鋪作各通用

泥道栱一隻

令栱二隻

两出耍頭一隻（七鋪作長八跳六鋪作長六跳五鋪作長四跳四鋪作長两跳）

襯方頭一隻（長同上）

櫨枓一隻

闇栔二條 一條長七十六分 一條長四十六分

自七鋪作至五鋪作各通用

爪子栱

七鋪作六隻

六鋪作四隻

五鋪作二隻

自七鋪作至四鋪作各用

兩出華栱

七鋪作四隻 一隻長八跳 一隻長六跳 一隻長四跳 一隻長兩跳

六鋪作三隻 一隻長六跳 一隻長四跳 一隻長兩跳

五鋪作二隻 一隻長四跳 一隻長兩跳

四鋪作一隻長兩跳

慢栱

七鋪作七隻

六鋪作五隻

五鋪作三隻

四鋪作一隻

交互枓

七鋪作八隻

六鋪作六隻

五鋪作四隻

四鋪作二隻

齊心枓

七鋪作一十六隻

六鋪作一十二隻

五鋪作八隻

四鋪作四隻

散枓

七鋪作三十二隻

六鋪作二十四隻

五鋪作一十六隻

四鋪作八隻

樓閣平坐補間鋪作用栱枓等數

樓閣平坐自七鋪作至四鋪作並重栱計心外跳出卷頭裏跳挑斡棚栿及穿串上層柱身每補間鋪作一朵使栱枓等數下項

自七鋪作至四鋪作各通用

泥道栱一隻

令栱一隻

耍頭一隻七鋪作身長二百七十分六鋪作身長二百四十分五鋪作身長二百一十分四鋪作身長一百八十分

襯方一隻七鋪作身長三百分六鋪作身長二百七十分五鋪作身長二百四十分四鋪作身長二百一十分

櫨枓一隻

闇栔二條一條長七十六分一條長四十六分

自七鋪作至五鋪作各通用

瓜子栱

七鋪作三隻

六鋪作二隻

五鋪作一隻

自七鋪作至四鋪作各用

華栱

七鋪作四隻一隻身長一百五十分一隻身長一百五十分一隻身長九十分一隻身長六十分

六鋪作三隻一隻身長一百二十分一隻身長九十分一隻身長六十分

五鋪作二隻一隻身長九十分一隻身長六十分

四鋪作一隻身長六十分

慢栱

七鋪作四隻

六鋪作三隻

五鋪作二隻

四鋪作一隻

交互枓

七鋪作四隻

六鋪作三隻

五鋪作二隻

四鋪作一隻

齊心枓

七鋪作九隻

六鋪作七隻

五鋪作五隻

四鋪作三隻

散枓

七鋪作一十八隻

六鋪作一十四隻

五鋪作一十隻

四鋪作六隻

枓口跳每縫用栱枓等數

枓口跳每柱頭外出跳一朶用栱枓等下項

泥道栱一隻

華栱頭一隻

櫨枓一隻

交互枓一隻

散枓二隻

闇栔二條

把頭絞項作每縫用栱枓等數

把頭絞項作每柱頭用栱枓等下項

泥道栱一隻

耍頭一隻

櫨枓一隻

齊心枓一隻

散枓二隻

闇栔二條

鋪作每間用方桁等數

自八鋪作至四鋪作每一間一縫内外用方桁等下項

方桁

八鋪作一十一條

七鋪作八條

六鋪作六條

五鋪作四條

四鋪作二條

撩檐方一條

遮椽版難子加版數一倍方一寸為定

八鋪作九片

七鋪作七片

六鋪作六片

五鋪作四片

四鋪作二片

殿槽内自八鋪作至四鋪作每一間一縫内外用方桁等

下項

方桁

七鋪作九條

六鋪作七條

五鋪作五條

四鋪作三條

遮椽版

七鋪作八片

六鋪作六片

五鋪作四片

四鋪作二片

平坐自八鋪作至四鋪作每間外出跳用方桁等下項

方桁

七鋪作五條

六鋪作四條

五鋪作三條

四鋪作二條

遮椽版

七鋪作四片

六鋪作三片

五鋪作二片

四鋪作一片

鴈翅版一片廣三十分

枓口跳每間内前後檐用方桁等下項

方桁二條

橑檐方二條

把頭絞項作每間内前後檐用方桁下項

方桁二條

凡鋪作如單栱及偷心造或柱頭内騎絞梁栿處出跳皆隨所用鋪作除減枓栱如單栱造者不用慢栱其爪子栱並改作令栱若裏跳别有增減者各依所出之跳加減其鋪作安勘絞割展拽每一朶昂栓開栔開枓口安劄及行繩墨等功並在内以上轉角者並準此取所用枓栱等造作功十分中加四分

營造法式卷第十七

營造法式卷第十八

通直郎管修蓋皇弟外第專一提舉修蓋班直諸軍營房等臣李誡奉

聖旨編修

大木作功限二

殿閣外檐轉角鋪作用栱枓等數

殿閣身內轉角鋪作用栱枓等數

殿閣平坐轉角鋪作用栱枓等數

殿閣外檐轉角鋪作用栱枓等數

殿閣等自八鋪作至四鋪作內外並重栱計心外跳出下昂裏跳出卷頭每轉角鋪作一朵用栱昂等數下項

自八鋪作至四鋪作各通用

華栱列泥道栱二隻若四鋪作插昂不用

角內耍頭一隻八鋪作至六鋪作身長一百一十七分五鋪作四鋪作身長八十四分

角內由昂一隻八鋪作身長四百六十分七鋪作身長四百二十分六鋪作身長三百七十六分五鋪作身長三百三十六分四鋪作身長一百四十分

櫨枓一隻

闇栔四條二條長三十六分二條長二十一分

自八鋪作至五鋪作各通用

慢栱列切几頭二隻

瓜子栱列小栱頭分首二隻身長二十八分

角內華栱一隻

足材耍頭二隻八鋪作七鋪作身長九十分六鋪作五鋪作身長六十五分

櫬方二條八鋪作七鋪作長一百三十分六鋪作五鋪作長九十分

自八鋪作至六鋪作各通用

令栱二隻

瓜子栱列小栱頭分首二隻身內交隱鴛鴦栱長五十三分

令栱列瓜子栱二隻外跳用

慢栱列切几頭分首二隻外跳用身長二十八分

令栱列小栱頭二隻裏跳用

瓜子栱列小栱頭分首四隻裏跳用八鋪作添二隻

慢栱列切几頭分首四隻八鋪作同上

八鋪作七鋪作各獨用

華頭子二隻身連間內方桁

瓜子栱列小栱頭二隻（外跳用八鋪作添二隻）

慢栱列切凡頭二隻（外跳用身長五十三分）

華栱列慢栱二隻（身長二十八分）

瓜子栱二隻（八鋪作添二隻）

第二抄華栱一隻（身長七十四分）

第三抄外華頭子內華栱一隻（身長一百四十七分）

六鋪作五鋪作各獨用

華頭子列慢栱二隻（身長二十八分）

八鋪作獨用

慢栱二隻

慢栱列切凡頭分首二隻（身內交隱鴛鴦栱長七十八分）

第四抄內華栱一隻（外隨昂槫斜身長一百一十七分）

五鋪作獨用

令栱列瓜子栱二隻（身內交隱鴛鴦栱身長五十六分）

四鋪作獨用

令栱列瓜子栱分首二隻（身長三十分）

華頭子列泥道栱二隻

耍頭列慢栱二隻（身長三十分）

角內外華頭子內華栱一隻（若卷頭造不用）

自八鋪作至四鋪作各用

交用昂

八鋪作六隻（二隻身長一百六十五分二隻身長一百四十分二隻身長一百一十五分）

七鋪作四隻二隻身長一百四十分二隻身長一百一十五分

六鋪作四隻二隻身長一百分二隻身長七十五分

五鋪作二隻身長七十五分

四鋪作二隻身長三十五分

角内昂

八鋪作三隻一隻身長四百二十分一隻身長三百八十分一隻身長二百分

七鋪作二隻一隻身長三百八十分一隻身長二百四十分

六鋪作二隻一隻身長三百三十六分一隻身長一百七十五分

五鋪作四鋪作各一隻五鋪作身長一百七十五分四鋪作身長五十分

交互枓

八鋪作一十隻

七鋪作八隻

六鋪作六隻

五鋪作四隻

四鋪作二隻

齊心枓

八鋪作八隻

七鋪作六隻

六鋪作二隻五鋪作四鋪作同

平盤枓

八鋪作一十一隻

七鋪作七隻六鋪作同

五鋪作六隻

四鋪作四隻

散枓

八鋪作七十四隻

七鋪作五十四隻

六鋪作三十六隻

五鋪作二十六隻

四鋪作一十二隻

殿閣身內轉角鋪作用栱枓等數

殿閣身槽內裏外跳並重栱計心出卷頭每轉角鋪作一朵用枓栱等數下項

自七鋪作至四鋪作各通用

華栱列泥道栱三隻（外跳用）

令栱列小栱頭分首二隻（裏跳用）

角内華栱一隻

角内兩出耍頭一隻（七鋪作身長二百八十八分，六鋪作身長一百四十七分，五鋪作身長七十七分，四鋪作身長八十四分）

櫨枓一隻

闇栔四條（二條長三十一分，二條長二十一分）

自七鋪作至五鋪作各通用

瓜子栱列小栱頭分首二隻（外跳用身長二十八分）

慢栱列切几頭分首二隻（外跳用身長二十八分）

角内第二抄華栱一隻身長七十七分

七鋪作六鋪作各獨用

瓜子栱列小栱頭分首二隻身内交隱鴛鴦栱身長五十三分

慢栱列切几頭分首二隻身長五十三分

令栱列瓜子栱二隻

華栱列慢栱二隻

騎栿令栱二隻

角内第三抄華栱一隻身長一百四十七分

七鋪作獨用

慢栱列切几頭分首二隻身内交隱鴛鴦栱身長七十八分

瓜子栱列小栱頭二隻

瓜子丁頭栱四隻

角内第四抄華栱一隻身長二百一十七分

五鋪作獨用

騎栿令栱分首二隻身内交隱鴛鴦栱身長五十三分

四鋪作獨用

令栱列瓜子栱分首二隻身長二十分

耍頭列慢栱二隻身長五十分

自七鋪作至五鋪作各用

慢栱列切几頭

七鋪作六隻

六鋪作四隻

五鋪作二隻

瓜子栱列小栱頭（數並同上）

自七鋪作至四鋪作各用

交互枓

七鋪作四隻（六鋪作同）

五鋪作二隻（四鋪作同）

平盤枓

七鋪作一十隻

六鋪作八隻

五鋪作六隻

四鋪作四隻

散枓

七鋪作六十隻

六鋪作四十二隻

五鋪作二十六隻

四鋪作一十二隻

樓閣平坐轉角鋪作用拱枓等數

樓閣平坐自七鋪作至四鋪作並重拱計心外跳出卷頭裏跳挑斡棚栿及穿串上層柱身每轉角鋪作一朶用拱枓等數下項

自七鋪作至四鋪作各通用

第一抄角内足材華拱一隻（身長四十二分）

第一抄入柱華栱二隻身長三十二分

第一抄華栱列泥道栱二隻身長三十二分

角内足材耍頭一隻七鋪作身長二百一十分六鋪作身長一百六十八分五鋪作身長一百二十六分四鋪作身長八十四分

耍頭列慢栱分首二隻七鋪作身長一百五十二分六鋪作身長一百二十二分五鋪作身長九十二分四鋪作身長六十二分

入柱耍頭二隻長同上

耍頭列令栱分首二隻長同上

櫬方三條七鋪作内二條单材長一百八十分一條足材長二百五十二分六鋪作内二條单材長一百五十分一條足材長二百一十分五鋪作内二條单材長一百二十分一條足材長一百六十八分四鋪作内二條单材長九十分一條足材長一百二十六分

櫨枓三隻

闇栔四條二條長六十八分二條長五十三分

自七鋪作至五鋪作各通用

第二抄角内足材華栱一隻身長八十四分

第二抄入柱華栱二隻身長六十二分

第二抄華栱列慢栱二隻身長六十三分

七鋪作六鋪作五鋪作各用

耍頭列方桁二隻七鋪作身長一百五十二分六鋪作身長一百二十三分五鋪作身長九十一分

華栱列瓜子栱分首

七鋪作六隻二隻身長一百二十二分二隻身長九十二分二隻身長六十二分

六鋪作四隻二隻身長九十二分二隻身長六十二分

五鋪作二隻身長六十二分

七鋪作六鋪作各用

交角耍頭

七鋪作四隻二隻身長一百五十二分二隻身長一百二十二分

六鋪作二隻身長一百二十二分

華栱列慢栱分首

七鋪作四隻二隻身長一百二十二分二隻身長九十二分

六鋪作二隻身長九十二分

七鋪作六鋪作各獨用

第三抄角內足材華栱一隻身長二十六分

第三抄入柱華栱二隻身長九十二分

第三抄華栱列柱頭方二隻身長九十二分

七鋪作獨用

第四抄入柱華栱二隻身長一百二十二分

第四抄交角華栱二隻身長九十二分

第四抄華栱列柱頭方二隻身長一百二十二分

第四抄角内華栱一隻身長一百六十八分

自七鋪作至四鋪作各用

交互枓

七鋪作二十八隻

六鋪作一十八隻

五鋪作一十隻

四鋪作四隻

齊心枓

七鋪作五十隻

六鋪作四十一隻

五鋪作一十九隻

四鋪作八隻

平盤枓

七鋪作五隻

六鋪作四隻

五鋪作三隻

四鋪作二隻

散枓

七鋪作一十八隻

六鋪作一十四隻

五鋪作一十隻

四鋪作六隻

凡轉角鋪作各隨所用每鋪作枓栱一朶如四鋪作五鋪作取所用栱枓等造作功於十分中加八分為安勘絞割展拽功若六鋪作以上加造作功一倍

營造法式卷第十八

法言十八

十

本次出版，内文部分均忠實于原本。爲使全書内容完整，方便閲讀，同時又不改變原本風貌，原本脱簡的卷六之二十二行，以《仿宋重刊營造法式》（陶本）的卷六第二頁補全，附于本册之後。

令足一扇之廣〔如牙縫造者每一版廣加五分爲定法〕厚二分

楅〔每門廣一尺則長九寸二分〕廣八分厚五分〔襯關楅同用楅之數若門高七尺以下用五楅高八尺至一丈三尺用七楅高一丈四尺至一丈九尺用九楅高二丈至二丈二尺用十一楅高二丈三尺至二丈四尺用十三楅〕

額長隨間之廣其廣八分厚三分〔雙卯入柱〕

雞栖木長厚同額廣六分

門簪長一寸八分方四分頭長四分半〔餘分爲三分上下各去一分留中心爲卯〕頰内額上兩壁各留半分外均作三分安簪四枚

立頰長同肘版廣七分厚同額〔三分中取一分爲心卯下同如頰外有餘空即裏外用難子安泥道版〕

地栿長厚同額，廣同頰。若斷砌門，則不用地栿，於兩頰下安卧柣、立柣。

門砧長二寸一分，廣九分，厚六分。地栿內外各留二分，餘並挑肩破瓣。

凡版門如高一丈，所用門關徑四寸。關上用柱門拐。搕鏁柱長五尺，廣六寸四分，厚二寸六分。如高一丈以下者，只用伏兎、手栓。伏兎廣厚同楅，長令上下至楅；手栓長二尺至一尺五寸，廣二寸五分至二寸，厚二寸至一寸五分。縫內透栓及劄並間楅用。透栓廣二寸，厚七分。每門增高一尺，則關徑加一分五厘；搕鏁柱長加一寸，廣加四分，厚加一分；透栓廣加一分，厚加三厘。透栓若減，亦同加法。一丈以上用四栓，一丈以下用二栓。其劄，若門高二丈以上，長四尺，廣三寸二分，厚九分；一丈五尺以上，長同上，廣二寸七分，厚八分；一丈以上，長三寸五分，廣二寸二分，厚七分；高七尺以上，長三寸，廣一寸八分，厚六分。若門高七尺以上，則上用雞栖木，下用門砧。若七尺以下，則上下並用伏兎。高一丈二尺以上者，或用鐵桶子

故宫博物院藏清初影宋鈔本

營造法式

下册

故宫博物院編
故宫出版社

營造法式卷第十九

通直郎管 修蓋皇弟外第專一提舉修蓋班直諸軍營房等臣李誡奉

聖旨編修

大木作功限三

殿堂梁柱等事件功限

城門道功限 樓臺鋪作準殿閣法

倉廒庫屋功限 其名件以七寸五分材為祖計之更不加減常行散屋同

常行散屋功限 官府廊屋之類同

跳舍行牆功限

望火樓功限

營屋功限 其名件以五寸材為祖計之

拆修挑拔舍屋功限附飛檐

薦拔抽換柱栿等功限

殿堂梁柱等事件功限

造作功

月梁材每增減一等各遞加減八寸直梁准此

八椽栿每長六尺七寸六椽栿以下至四椽栿各遞加八寸四椽栿至三椽栿加一尺六寸三椽栿至兩椽栿及丁栿乳栿各加二尺四寸

直梁

八椽栿每長八尺五寸六椽栿以下至四椽栿各遞加一尺四椽栿至三椽栿加二尺三椽栿至兩椽栿及丁栿乳栿各加三尺

右各一功

柱每一條長一丈五尺徑一尺一寸一功穿鑿功在內若角柱每一功加一分功如徑增一寸加一分二釐功如一尺三寸以上每徑增一寸又遞加三釐功若長增一尺五寸加本功一分功或徑一尺一寸以下者每減一寸減一分七釐功減至一分五釐止或用方柱每一功減二分功若壁內闇柱圜者每一功減三功方者減一分功如祇用柱頭額者減本功一分功

駝峯每一坐兩瓣或三瓣卷殺高二尺五寸長五尺厚七寸

綽幕三瓣頭每一隻

柱礩每一枚

右各五分功材每增減一等綽幕頭各加減五釐功柱礩各加減一分功其駝峯

若高增五寸長增一尺加一分功或作氊笠樣造減二分功

大角梁每一條一功七分 材每增減一等各加減三分功

子角梁每一條八分五氂功 材每增減一等各加減一分五氂功

續角梁每一條六分五氂功 材每增減一等各加減一分功

襻間脊串順身串並同材

替木一枚卷殺兩頭共七氂功 身內同材楷子同若作華楷加功三分之一

普拍方每長一丈四尺 材每增減一等各加減一尺

橑檐方每長一丈八尺五寸 加減同上

槫每長二丈 加減同上如草架加一倍

劄牽每長一丈六尺 加減同上

大連檐每長五丈 材每增減一等各加減五尺

小連檐每長一百尺材每增減一等各加減一丈

椽纏斫事造者每長一百三十尺如斫棱事造者加三十尺若事造圜椽者加六十尺材每增減一等各加減十分之二

飛子每三十五隻材每增減一等各加減三隻

大額每長一丈四尺二寸五分材每增減一等各加減五寸

由額每長一丈六尺加減同上照壁方承椽串同

托脚每長四丈五尺材每增減一等各加減四尺叉手同

平闇版每廣一尺長十丈遮椽版白版同如要用金漆及法油者長即減三分

生頭每廣一尺長五丈

樓閣上平坐內地面版每廣一尺厚二寸牙縫造長同上若直縫造者長增一倍

右各一功

凡安勘絞割屋内所用名件柱額等加造作名件功四分如有草架壓槽方襻間闇梁檯柱固濟等方木在内卓立搭架釘椽結裹又加二分倉敖庫屋功限及常行散屋功限準此其卓立搭架等若樓閣五間三層以上者自第二層平坐以上又加二分功

城門道功限樓臺鋪作準殿閣法

造作功

排义柱長二丈四尺廣一尺四寸厚九寸每一條一功九分二氂每長增減一尺各加減八氂功

洪門栿長二丈五尺廣一尺五寸厚一尺每一條一功九分二氂五豪每長增減一尺各加減七氂七毫功

狼牙栿長一丈二尺廣一尺厚七寸每一條八分四

㲪功每長增減一尺各加減七㲪功

托脚長七尺廣一尺厚七寸每一條四分九㲪功每長增減一尺各加減七㲪功

蜀柱長四尺廣一尺厚七寸每一條二分八㲪功每長增減一尺各加減七㲪功

涎衣木長二丈四尺廣一尺五寸厚一尺每一條三功八分四㲪每長增減一尺各加減一分六㲪功

永定柱事造頭口每一條五分功

檐門方長二丈八尺廣二尺厚一尺二寸每一條二功八分每長增減一尺各加減一㲪功

盝頂版每七十尺一功

散子木每四百尺一功

跳方（柱脚方、鴈翅版同）功同平坐

凡城門道取所用名件等造作功五分中加一分為展拽

安勘穿攏功

倉敖庫屋功限（其名件以七寸五分材為祖計之，更不加減。常行散屋同）

造作功

衝脊柱（謂十架椽屋用者）每一條三功五分（每增減兩椽，各加減五分之一）

四椽栿每一條二功（壷門柱同）

八椽栿項柱一條長一丈五尺径一尺二寸一功三分（如轉角柱，每一功加一分功）

三椽栿每一條一功二分五氂

角栿每一條一功二分

大角梁每一條一功一分

乳栿每一條

椽共長三百六十尺

大連檐共長五十尺

小連檐共長二百尺

飛子每四十枚

白版每廣一尺長一百尺

橫抹共長三百尺

搏風版共長六十尺

右各一功

下檐柱每一條八分功

两下栿每一條七分功

子角梁每一條五分功

槏柱每一條四分功

續角梁每一條三分功

壁版柱每一條二分五氂功

劄牽每一條二分功

槫每一條

矮柱每一枚

壁版每一片

右各一分五氂功

枓每一隻一分二氂功
脊串每一條
蜀柱每一枚
生頭每一條
脚版每一片
右各一分功
護替木楷子每一隻九氂功
額每一片八氂功
仰合楷子每一隻六氂功
替木每一枚
叉手每一片托脚同

右各五氂功

常行散屋功限官府廊屋之類同

造作功

四椽栿每一條二功

三椽栿每一條一功二分

乳栿每一條

椽共長三百六十尺

連椽每長二百尺

搏風版每長八十尺

右各一功

兩椽栿每一條七分功

駝峯每一坐四分功

槫每一條二分功（梢槫加二氂功）

劄牽每一條一分五氂功

枓每一隻

生頭木每一條

脊串每一條

蜀柱每一條

右各一分功

額每一條九氂功（側項額同）

替木每一枚八氂功（梢槫下用者加一氂功）

义手每一片（托脚同）

楷子每一隻

右各五氂功

右若枓口跳以上其名件各依本法

跳舍行牆功限

造作功穿鑿安勘等功在内

柱每一條一分功槫同

椽共長四百尺杚巴子所用同

連檐共長三百五十尺杚巴子同上

右各一功

跳子每一枚一分五氂功角内者加二氂功

替木每一枚四氂功

望火樓功限

望火樓一坐四柱各高三十尺基高十尺上方五尺下方一丈一尺

造作功

柱四條共一十六功

榥三十六條共二功八分八氂

梯脚二條共六分功

平栿二條共二分功

蜀柱二枚

搏風版二片

右各共六氂功

槫三條共三分功

角柱四條

厦屋版二十片

右各共八分功

護縫二十二條共二分二氂功

壓脊一條一分二氂功

坐版六片共三分六氂功

右以上穿鑿安卓共四功四分八氂

營屋功限 其名件以五寸材爲祖計之

造作功

栿項柱每一條

两椽栿每一條

右各二分功

四椽下檐柱每一條一分五氂功（三椽者一分功兩椽者七氂五豪功）

枓每一隻

槫每一條

右各一分功（梢槫加二氂功）

搏風版每共廣一尺長一丈九氂功

蜀柱每一條

額每一片

右各八氂功

𢆉每一條七氂功

脊串每一條五氂功

連檐每長一丈五尺

替木每一隻

右各四釐功

叉手每一片二釐五毫功（蚩翅三分中減二分功）

椽每一條一釐功

右以上釘椽結裹每一椽四分功

拆修挑拔舍屋功限（飛檐附）

拆脩鋪作舍屋每一椽

槫檁衮轉脫落全拆重修一功二分（枓口跳之類八分功单枓隻替以下六分功）

揭箔番修挑拔柱木修整檐宇八分功（枓口跳之類六分功单枓

隻替以下五分功

連瓦挑拔推薦柱木七分功枓口跳之類以下五分功如相連五間以上各減功五分之一

重別結裹飛檐每一丈四分功如相連五丈以上減功之一其轉角處加功三分之一

薦拔抽換柱栿等功限

薦拔抽換殿宇樓閣等柱栿之類每一條

殿宇樓閣

平柱

有副階者以長二丈五尺一十功每增減一尺各加減八分功其廳堂三門亭臺栿項柱減功三分之一

無副階者以長一丈七尺爲率六功每增減一尺各加減五分功其廳堂三門亭臺下檐柱減功三分之一

副階平柱以長一丈五尺爲率四功每增減一尺各加減三分功

角柱比平柱每一功加五分功廳堂三門亭臺同下準此

明栿

六架椽八功草栿六功五分

四架椽六功草栿五功

三架椽五功草栿四功

兩下栿乳栿同四功草栿三功草乳栿同

牽六分功劄牽減功五分之一

椽每一十條一功如上中架加數二分之一

枓口跳以下六架椽以上舍屋

栿六架椽四功四架椽二功三架椽一功八分兩下栿一功五分乳栿一功五分

牽五分功劄牽減功五分之一

栿項柱一功五分下檐柱八分功

单枓隻替以下四架椽以上舍屋枓口跳之類四椽以下舍屋同

栿四架椽一功五分三架椽一功二分兩下栿并乳栿各一功

牽四分功劄牽減功五分之一

栿項柱一功下檐柱五分功

椽每一十五條一功中下架加數二分之一

營造法式卷第十九

營造法式卷第二十

通直郎管　修蓋皇弟外第專一提舉修蓋班直諸軍營房等臣李誡奉

聖旨編修

小木作功限一

版門 獨扇版門 双扇版門　烏頭門

軟門 牙頭護縫軟門 合版用楅軟門　破子櫺窗

睒電窗　版櫺窗

截間版帳　照壁屏風骨 截間屏風骨 四扇屏風骨

隔截横鈐立旌　露籬

版引檐　水槽

井屋子　地棚

版門 獨扇版門 雙扇版門

獨扇版門一坐門額限兩頰及伏兔手栓全

造作功

高五尺一功二分

高五尺五寸一功四分

高六尺一功五分

高六尺五寸一功八分

高七尺二功

安卓功

高五尺四分功

高五尺五寸四分五氂功

高六尺五分功

高六尺五寸六分功

高七尺七分功

雙扇版門一間兩扇額限兩頰雞栖木及兩砧全

造作功

高五尺至六尺五寸加獨扇版門一倍功

高七尺四功五分六氂

高七尺五寸五功九分二氂

高八尺七功二分

高九尺一十功

高一丈一十三功六分

高一丈一尺一十八功八分

高一丈二尺二十四功

高一丈三尺三十功八分

高一丈四尺三十八功四分

高一丈五尺四十七功二分

高一丈六尺五十三功六分

高一丈七尺六十功八分

高一丈八尺六十八功

高一丈九尺八十功八分

高二丈八十九功六分

高二丈一尺一百二十三功

高二丈二尺一百四十二功

高二丈三尺一百四十八功

高二丈四尺一百六十九功六分

雙扇版門所用手栓伏兔立㮰橫關等依下項計所用名件添入造作功限內

手栓一條長一尺五寸廣二寸厚一寸五分并伏兔二枚各長一尺二寸廣三寸厚二寸共二分功

上下伏兔各一枚各長三尺廣六寸厚二寸共三分功

又長二尺五寸廣六寸厚二寸五分共二分四氂功

又長二尺廣五寸厚二寸共二分功

又長一尺五寸廣四寸厚二寸共一分二氂功

立榛一條長一丈五尺廣二寸厚一寸五分二分功

又長一丈二尺五寸廣二寸五分厚一寸八分二分二氂功

又長一丈一尺五寸廣二寸二分厚一寸七分二分一氂功

又長九尺五寸廣二寸厚一寸五分一分八氂功

又長八尺五寸廣一寸八分厚一寸四分一分五氂功

立榛身内手把一枚長一尺廣三寸五分厚一寸五分八氂功若長八寸廣三寸厚一寸三分則減二氂功

立㮰上下伏兔各一枚各長一尺二寸廣三寸厚二寸共五釐功

搕鎖柱二條各長五尺五寸廣七寸厚二寸五分共六分功

門横關一條長一丈一尺徑四寸五分功

立柣卧柣一副四件共二分四釐功

地柣版一片長九尺廣一尺六寸（福在内）一功五分

門簪四枚各長一尺八寸方四寸共一功（每門高增一尺加二分功）

托關柱二條各長二尺廣七寸厚三分共八分功

安卓功

高七尺一功二分

高七尺五寸一功四分

高八尺一功七分

高九尺二功三分

高一丈三功

高一丈一尺三功八分

高一丈二尺四功七分

高一丈三尺五功七分

高一丈四尺六功八分

高一丈五尺八功

高一丈六尺九功三分

高一丈七尺一十功七分

高一丈八尺一十二功二分

高一丈九尺一十三功八分

高二丈一十五功五分

高二丈一尺一十七功三分

高二丈二尺一十九功二分

高二丈三尺二十一功二分

高二丈四尺二十三功三分

烏頭門

烏頭門一坐雙扇雙腰串造

造作功

方八尺一十七功六分若下安鋜脚者加八分功每門高增一尺又加一分功如

単腰串造者減八分功下同

方九尺二十一功二分四氂

方一丈二十五功二分

方一丈一尺二十九功四分八氂

方一丈二尺三十四功八氂每扇各加承櫺一條共加一功四分每門高增一尺又加一分功若用雙承櫺者準此計功

方一丈三尺三十九功

方一丈四尺四十四功二分四氂

方一丈五尺四十九功八分

方一丈六尺五十五功六分八氂

方一丈七尺六十一功八分八氂

方一丈八尺六十八功四分

方一丈九尺七十五功二分四釐

方二丈八十二功四分

方二丈一尺八十九功八分八釐

方二丈二尺九十七功六分

安卓功

方八尺二功八分

方九尺三功二分四釐

方一丈三功七分

方一丈一尺四功一分八釐

方一丈二尺四功六分八釐

方一丈三尺五功二分

方一丈四尺五功七分四氂

方一丈五尺六功三分

方一丈六尺六功八分八氂

方一丈七尺七功四分八氂

方一丈八尺八功一分

方一丈九尺八功七分四氂

方二丈九功四分

方二丈一尺一十功八氂

方二丈二尺一十功七分八氂

軟門 牙頭護縫軟門 合版用楅軟門

軟門一合上下内外牙頭護縫攏程雙腰串造方六尺至一丈六尺

造作功

高六尺六功一分（如单腰串造各減一功用楅軟門同）

高七尺八功三分

高八尺一十功八分

高九尺一十三功三分

高一丈一十七功

高一丈一尺二十功五分

高一丈二尺二十四功四分

高一丈三尺二十八功七分

高一丈四尺三十三功三分

高一丈五尺三十八功二分

高一丈六尺四十三功五分

安卓功

高八尺二功每高增減一尺各加減五分功合版用楅軟門同

軟門一合上下牙頭護縫合版用楅造方八尺至一丈三尺

造作功

高八尺一十一功

高九尺一十四功

高一丈一十七功五分

高一丈一尺二十一功七分

高一丈二尺二十五功九分

高一丈三尺三十功四分

破子櫺牕

破子櫺窗一坐高五尺子桯長七尺

造作三功三分額腰串立頰在内

窗上横鈐立旌共二分功横鈐三條共一分功立旌二條共一分功若用搏柱準立旌下同

窗下障水版難子共二功一分障水版難子一功七分心柱二條共一分五氂功搏柱二條共一分五氂功地栿一條一分功

牕下或用牙頭牙脚填心共六分功牙頭三枚牙脚六枚共四分功填心三枚共二分功

安卓一功

窻上橫鈐立旌共一分六氂（橫鈐三條共八氂功立旌二條共八氂功）

牕下障水版難子共五分六氂功（障水版難子共三分功心柱槫柱各二條共二分功地栿一條六氂功）

窻下或用牙頭牙脚填心共一分五氂功（牙頭三枚牙脚六枚共一分功填心三枚共五氂功）

睒電牕

睒電窻一坐長一丈高三尺

造作一功五分

安卓三分功

版櫺窻

版櫺窻一坐高五尺長一丈

造作一功八分

窻上横鈐立旌準破子牕内功限

窻下地栿立旌共二分功地栿一條一分功立旌二條共一分功若用榑柱準立旌下同

安卓五分功

牕上横鈐立旌同上

牕下地栿立旌共一分四氂功地栿一條六氂功立旌二條共八氂功

截間版帳

截間牙頭護縫版帳高六尺至一丈每廣一丈一尺若廣增減者以本功分數加減之

造作功

高六尺六功每高增一尺則加一功若添腰串加一分四氂功添櫼柱加三分功

安卓功

高六尺二功一分每高增一尺則加三分功若添腰串加八氂功添槏柱加一分五氂功

照壁屏風骨截間屏風骨四扇屏風骨

截間屏風每高廣各一丈二尺

造作一十二功如作四扇造者每一功加二分功

安卓二功四分

隔截橫鈐立旌

隔截橫鈐立旌高四尺至八尺每廣一丈一尺若廣增減者以本功分數加減之

造作功

高四尺五分功每高增一尺則加一分功若不用額減一分功

安卓功

高四尺三分六氂每高增一尺則加九氂功若不用額減六氂功

露籬

露籬每高廣各一丈

造作四功四分內版屋二功四分立旌橫鈐等二功若高減一尺即減三分功版屋減一分餘減二分若廣減一尺即減四分四氂功版屋減二分四氂餘減二分加亦如之若每出際造垂魚惹草搏風版垂脊加五分功

安卓一功八分內版屋八分立旌橫鈐等一功若高減一尺即減一分

五甓功（版屋減五甓餘減一分）若廣減一尺即減一分八甓功（版屋減八甓餘減一分）加㸃如之若每出際造垂魚惹草搏風版垂脊加二分功

版引檐

版引檐廣四尺每長一丈

造作三功六分

安卓一功四分

水槽

水槽高一尺廣一尺四寸每長一丈

造作一功五分

安卓五分功

井屋子

井屋子自脊至地共高八尺（井匱子高一尺二寸在内）方五尺

造作一十四功（攏裹在内）

地棚

地棚一間六椽廣一丈一尺深二丈二尺

造作六功

鋪放安釘三功

營造法式卷第二十

營造法式卷第二十一

通直郎管修蓋皇弟外第專一提舉修蓋班直諸軍營房等臣李誡奉

聖旨編脩

小木作功限二

格子門（四斜毬文格子　四直方格眼　四斜毬文上出條桱重格眼　版壁　兩明格子）

闌檻鉤窗　殿內截間格子

堂閣內截間格子　殿閣照壁版

障日版　廊屋照壁版

胡梯　垂魚惹草

栱眼壁版　裹栿版

擗簾竿　護殿閣檐竹網木貼

平棊　鬬八藻井

小鬬八藻井　拒馬叉子

叉子　鉤闌 重臺鉤闌 単鉤闌

棵籠子　井亭子

牌

格子門 四斜毬文格子 四直方格眼 版壁 四斜毬文上出條桱重格眼 兩明格子

四斜毬文格子門一間四扇雙腰串造高一丈廣一丈二尺

造作功 額地栿槫柱在內如兩明造者每一功加七分功其四直方格眼及格子門桯準此

四混中心出雙線

破瓣雙混平地出雙線

右各四十功 若毬文上出條桱重格眼造即加二十功

四混中心出单線

破瓣雙混平地出单線

右各三十九功

通混出雙線

通混出单線

通混壓邊線

素通混

方直破瓣

右通混出雙線者三十八功餘各遞減一功

安卓二功五分若兩明造者每一功加四分功

四直方格眼格子門一間四扇各高一丈共廣一丈一尺

雙腰串造

造作功

格眼四扇

四混絞雙線二十一功

四混出单線

麗口絞瓣雙混出邊線

右各二十功

麗口絞瓣单混出邊線一十九功

一混絞雙線一十五功

一混絞单線一十四功

一混不出線

麗口素絞瓣

右各一十三功

平地出線一十功

四直方絞眼八功

格子門桯事件在内如造版壁更不用格眼功限於腰串上用障水版加六功若单腰串造如方直破瓣減一功混作出線減二功

四混出雙線

破瓣雙混平地出雙線

右各一十九功

四混出单線

破瓣雙混平地出单線

右各一十八功

一混出雙線

一混出单線

通混壓邊線

素通混

方直破瓣攛尖

右一混出雙線一十七功餘各遞減一功其方直破瓣若叉瓣造又減一功

安卓功

四直方格眼格子門一間高一丈廣一丈一尺

共二功五分

闌檻鉤窗

鉤窗一間高六尺廣一丈二尺三段造

造作功（安卓事件在內）

四混絞雙線一十六功

四混絞單線

麗口絞瓣（瓣內雙混）面上出線

右各一十五功

麗口絞瓣（瓣內單混）面上出線一十四功

一混雙線一十二功五分

一混單線一十一功五分

麗口絞素瓣

一混絞眼

右各一十一功

方絞眼八功

安卓一功三分

闌檻一間高一尺八寸廣一丈二尺

造作共一十功五氂檻面版一功二分鵝項四枚共二功四分雲栱四枚共二功心柱二條共二分功槫柱二條共二分功地栿三分功障水版三片共六分功托柱四枚共一功六分難子二十四條共五分功八混尋杖一功五氂其尋杖若六混減一分五氂功四混減三分功一混減四分五氂功

安卓二功二分

殿內截間格子

殿内截間四斜毬文格子一間單腰串造高廣各一丈四尺心柱槫柱等在内

造作五十九功六分

安卓七功

堂閣内截間格子

堂閣内截間四斜毬文格子一間高一丈廣一丈一尺槫柱在内額子泥道雙扇門造

造作功

破瓣攛尖瓣内雙混面上出心線壓邊線四十六功

破瓣攛尖瓣内單混四十二功

方直破瓣攛尖四十功方直造者減二功

安卓二功五分

殿閣照壁版

殿閣照壁版一間高五尺至一丈一尺廣一丈四尺（如廣增減者以本功分數加減之）

造作功

高五尺七功（每高增一尺加一功四分）

安卓功

高五尺二功（每高增一尺加四分功）

障日版

障日版一間高三尺至五尺廣一丈一尺（如廣增減者即以本功分數加減之）

造作功

高三尺三功每高增一尺則加一功若用心柱榑柱難子合版造則每功各加一分功

安卓功

高三尺一功二分每高增一尺則加三分功若用心柱榑柱難子合版造則每功減二分功下同

廊屋照壁版

廊屋照壁版一間高一尺五寸至二尺五寸廣一丈一尺如廣增減者即一本功分數加減之

造作功

高一尺五寸二功一分每增高五寸則加七分功

安卓功

高一尺五寸八分功每增高五寸則加二分功

胡梯

胡梯一坐高一丈拽脚長一丈廣三尺作十二踏用枓子蜀柱單鉤闌造

造作一十七功

安卓一功五分

垂魚惹草

垂魚一枚長五尺廣三尺

造作二功一分

安卓四分功

惹草一枚長五尺

造作一功五分

安卓二分五釐功

栱眼壁版

栱眼壁版一片長五尺廣二尺六寸（於第等材栱内用）

造作一功九分五釐（如单栱内用於三分中減一分功若長加一尺增三分五釐功材加一等增一分三釐功）

安卓二分功

裹栿版

裹栿版一副廂壁兩段底版一片

造作功

殿槽内裹栿版長一丈六尺五寸廣二尺五寸厚一尺四寸共二十功

副階内裏栿版長一丈二尺廣二尺厚一尺共一十四功

安釘功

殿槽二功五釐（副階減五釐功）

擗簾竿

擗簾竿一條（并腰串）

造作功

竿一條長一丈五尺八混造一功五分（破瓣造減五分功方直造

減七分功）

串一條長一丈破瓣造三分五釐功（方直造減五釐功）

安卓三分功

護殿閣檐竹網木貼

護殿閣檐枓栱竹雀眼網上下木貼每長一百尺（地衣簟貼同）

造作五分功（地衣簟貼遶碇之類隨曲剜造者其功加倍安釘同）

安釘五分功

平棊

殿内平棊一段

造作功

每平棊於貼内貼絡華文長二尺廣一尺（背版桯貼在内）

共一功

安搭一分功

鬭八藻井

殿內鬭八一坐

造作功

下鬭四方井內方八尺高一尺六寸下昂重栱六鋪作枓栱每一朶共二功二分或只用卷頭造減二功

中腰八角井高二尺二寸內徑六尺四寸枓槽壓厦版隨瓣方等事件共八功

上層鬭八高一尺五寸內徑四尺二寸內貼絡龍鳳華版并背版陽馬等共二十二功其龍鳳並彫作

計功如用平棊制度貼絡華文加一十二功

上昂重栱七鋪作枓栱每一朶共三功若入角其功加倍下同

攏裹功

上下昂六鋪作枓栱每一朶五分功如卷頭者減一分功

安搭共四功

小鬭八藻井

小鬭八一坐高二尺二寸徑四尺八寸

造作共五十二功

安搭一功

拒馬义子

拒馬义子一間斜高五尺間廣一丈下廣三尺五寸

造作四功如雲頭造加五分功

安卓二分功

义子

叉子一間高五尺廣一丈

造作功下並用三瓣霞子

櫺子

笏頭方直串方直三功

挑瓣雲頭方直串破瓣三功七分

雲頭方直出心線串側面出心線四功五分

雲頭方直出邊線壓白串側面出心線壓白五功五分

海石榴頭一混心出单線兩邊線串破瓣单混出線六功五分

海石榴頭破瓣〻裏单混面上出心線串側面上出心線壓白邊線七功

望柱

仰覆蓮單胡桃子破瓣混面上出線一功

海石榴頭一功二分

地栿

連梯混每長一丈一功二分

連梯混側面出線每長一丈一功五分

衮砧每一枚

雲頭五分功

方直三分功

托棖每一條四氂功

曲棖每一條五氂功

安卓三分功若用地栿望柱其功加倍

鉤闌重臺鉤闌單鉤闌

重臺鉤闌長一丈為率高四尺五寸

造作功

角柱每一枚一功二分

望柱破瓣仰覆蓮胡桃子造每一條一功五分

矮柱每一枚三分功

華托柱每一枚四分功

蜀柱癭項每一枚六分六釐功

華盆霞子每一枚一功

雲栱每一枚六分功

上華版每一片二分五釐功下華版減五釐功其華文並彫作計功

地栿每一丈二功

束腰長同上一功二分盆脣井八混尋杖同其尋杖若六混造減一分五厘功四混減三分功一混四分五厘功

攏裹共三功五分

安卓一功五分

單鈎闌長一丈為率高三尺五寸

造作功

望柱

海石榴頭一功一分九氂

仰覆蓮胡桃子九分四氂五毫功

萬字每片四字二功四分如減一字即減六分功加亦如之如作鉤片每一功減一分功若用華版不計

托棖每一條三氂功

蜀柱㨫項每一枚四分五氂功（青蜓頭減一分功 枓子減一分功）

地栿每長一丈四尺七氂功（盆唇加三氂功）

華版每一片二分功（其華文並彫作計功）

八混尋杖每長一丈一功（六混減二分功 四混減四分功 一混減六分七氂功）

雲栱每一枚五分功

卧櫺子每一條五氂功

攏裹一功

安卓五分功

棵籠子

棵籠子一隻高五尺上廣二尺下廣三尺

造作功

四瓣鋜脚单棍櫺子二功

四瓣鋜脚隻棍腰串櫺子牙子四功

六瓣隻棍单腰串櫺子子桯仰覆蓮單胡桃子六功

八瓣雙棍鋜脚腰串櫺子垂脚牙子柱子海石榴頭七功

安卓功

四瓣鋜脚单棍櫺子

四瓣鋜脚雙棍腰串櫺子牙子

右各三分功

六瓣雙棍单腰串櫺子子桯仰覆蓮单胡桃子

八瓣雙棍鋜脚腰串櫺子垂脚牙子柱子海石榴頭

右各五分功

井亭子

井亭子一坐鋜脚至脊共高一丈一尺（鴟尾在外）方七尺

造作功

結瓦柱木鋜脚等共四十五功

枓栱一寸二分材每一朶一功四分

安卓五功

牌

殿堂樓閣門亭等牌高二尺至七尺廣一尺六寸至五尺六寸（如官府或倉庫等用其造作功減半安卓功三分減一分）

造作功安勘頭帶舌內華版在內

高二尺六功每高增一尺其功加倍安掛功同

安掛功

高二尺五分功

營造法式卷第二十一

营造法式卷第二十二

通直郎管修盖皇弟外第专一提举修盖班直诸军营房等臣李诫奉

聖旨编修

小木作功限三

佛道帐　牙脚帐

九脊小帐　壁帐

佛道帐

佛道帐一坐下自龜脚上至天官鴟尾共高二丈九尺

坐高四尺五寸間廣六丈一尺八寸深一丈五尺

造作功

車槽上下澁坐面猴面澁芙蓉瓣造每長四尺

五寸

子澁芙蓉瓣造每長九尺

卧榥每四條

立榥每一十條

上下馬頭榥每一十二條

車槽澁并芙蓉華版每長四尺

坐腰并芙蓉華版每長三尺五寸

明金版芙蓉華瓣每長二丈

拽後榥每一十五條羅文榥同

柱脚方每長一丈二尺

榻頭木每長一丈三尺

龜脚每三十枚

枓槽版并鑰匙頭每長一丈二尺（壓厦版同）

鈿面合版每長一丈廣一尺

右各一功

貼絡門窻并背版每長一丈共三功

紗窻上五鋪作重栱卷頭枓栱每一朶二功（方桁及普拍方在内若出角或入角者其功加倍腰檐平坐同諸帳及經藏準此）

攏裹一百功

安卓八十功

帳身高一丈二尺五寸廣五丈九尺一寸深一丈二尺三寸分作五間造

造作功

帳柱每一條

上内外槽隔枓版（并貼絡及仰托桯在内）每長五尺

歡門每長一丈

右各一功五分

裹槽下鋜脚版（并貼絡等）每長一丈共二功二分

帳帶每三條

虛柱每二條

兩側及後壁版每長一丈廣一尺

心柱每三條

難子每長六丈

隨間栿每二條

方子每長三丈

前後及兩側安平棊搏難子每長五尺

右各一功

平棊依本功

鬬八一坐徑三尺二寸并八角共高一尺五寸五

鋪作重栱卷頭共三十功

四斜毬文截間格子一間二十八功

四斜毬文泥道格子門一扇八功

攏裹七十功

安卓四十功

腰檐高三尺間廣五丈八尺八寸深一丈

造作功

前後及兩側枓槽版并鑰匙頭每長一丈二尺

壓厦版每長一丈二尺（山版同）

枓槽卧榥每四條

上下順身榥每長四丈

立榥每一十條

貼生每長四丈

曲椽每二十條

飛子每二十五枚

屋内槫每長二丈（槫脊同）

大連檐每長四丈瓦隴條同

廈瓪版并白版每各長四丈廣一尺

瓦口子并䕬切每長三丈

右各一功

抹角栿每一條二分功

角梁每一條

角脊每四條

右各一功二分

六鋪作重栱一抄兩昂枓栱每一朶共二功五分

攏裏六十功

安卓三十五功

平坐高一尺八寸廣五丈八尺八寸深一丈二尺

造作功

枓槽版并鑰匙頭每長一丈二尺

壓厦版每長一丈

卧棍每四條

立棍每一十條

鴈翅版每長四丈

面版每長一丈

右各一功

六鋪作重栱卷頭枓栱每一朶共二功三分

攏裹三十功

安卓二十五功

天宫樓閣

造作功

殿身每一坐廣三瓣重檐并挾屋及行廊各廣二瓣諸事件並在内共一百三十功

茶樓子每一坐廣三瓣殿身挾屋行廊同上

角樓每一坐廣一瓣半挾屋行廊同上

右各一百一十功

龜頭每一坐廣二瓣四十五功

攏裹二百功

安卓一百功

圜橋子一坐高四尺五寸（拽脚長五尺五寸）廣五尺下用連梯

龜脚上施鉤闌望柱

造作功

連梯桯每二條

龜脚每一十二條

促踏版榥每三條

右各六分功

連梯當每二條五分六氂功

連梯榥每二條二分功

主柱每一條一分三氂功

背版每長廣各一尺

月版每長廣同上
右各八氂功
主柱上棍每一條一分二氂功
難子每五丈一功
頰版每一片一功二分
促踏版每一片一分五氂功
隨圜勢鉤闌共九功
攏裹八功
右佛道帳總計造作共四千二百九功九分攏裹共四百六十八功安卓共二百八十功
若作山華帳頭造者唯不用腰檐及天宮樓閣除造作安卓共

一千八百二十功九分 於平坐上作山華帳頭高四尺廣五丈八尺八寸深一丈二尺

造作功

頂版每長一丈廣一尺

混肚方每長一丈

福每二十條

右各一功

仰陽版每長一丈貼絡在內

山華版長同上

右各一功二分

合角貼每一條五釐功

以上造作計一百五十三功九分

攏裹一十功

安卓一十功

牙脚帳

牙脚帳一坐共高一丈五尺廣三丈内外槽共深八尺分作三間帳頭及坐各分作三段帳頭枓栱在外

牙脚坐高二尺五寸長三丈二尺坐頭在内深一丈

造作功

連梯每長一丈

龜脚每三十枚

上梯盤每長一丈二尺

束腰每長三丈

牙脚每一十枚

牙頭每二十片（剜切在内）

填心每一十五枚

壓青牙子每長二丈

背版每廣一尺長二丈

梯盤棍每五條

立棍每一十二條

面版每廣一尺長一丈

右各一功

角柱每一條

鋜脚上襯版每一十片
右各二分功
重臺小鉤闌共高一尺每長一丈七功五分
攏裹四十功
安卓二十功
帳身高九尺長三丈深八尺分作三間
造作功
内外槽帳柱每三條
裹槽下鋜脚每二條
右各三功
内外槽上隔枓版并貼絡仰托榥在内每長一丈共二功二

分內外槽歡門同

頰子每六條共一功二分虛柱同

帳帶每四條

帳身版難子每長六丈泥道版難子同

平棊搏難子每長五丈

平棊貼內每廣一尺長二尺

右各一功

兩側及後壁帳身版每廣一尺長一丈八分功

泥道版每六片共六分功

心柱每三條共九分功

攏裹四十功

安卓二十五功

帳頭高三尺五寸，枓槽長二丈九尺七寸六分，深七尺七寸六分，分作三段造

造作功

内外槽并兩側夾枓槽版，每長一丈四尺（壓厦版同）

混肚方，每長一丈（山華版、仰陽版並同）

卧榥，每四條

馬頭榥，每二十條（楅同）

右各一功

六鋪作重栱一杪兩昂重枓栱，每一朶共二功三分

項版，每廣一尺長一丈，八分功

合角貼每一條五氂功

攏裹二十五功

安卓一十五功

右牙脚帳総計造作共七百四功三分攏裹共一百五功安卓共六十功

九脊小帳

九脊小帳一坐共高一丈二尺廣八尺㴱四尺

牙脚坐高二尺五寸長九尺六寸㴱五尺

造作功

連梯每長一丈

龜脚每三十枚

上梯盤每長一丈二尺

右各一功

連梯棍

梯盤棍

右各共一功

面版共四功五分

立棍共三功七分

背版

牙脚

右各共三功

填心

束腰鋜脚

右各共二功

牙頭

壓青牙子

右各共一功五分

束腰鋜脚襯版共一功二分

角柱共八分功

束腰鋜脚内小柱子共五分功

重臺小鉤闌并望柱等共一十七功

攏裹二十功

安卓八功

帳身高六尺五寸廣八尺深四尺

造作功

內外槽帳柱每一條八分功

裏槽後壁并兩側下錠脚版并仰托榥貼絡在內共三功五釐

內外槽兩側并後壁上隔科版并仰托榥貼絡柱子在內共六功四分

兩頰

虛柱

右各共四分功

心柱共三分功

帳身版共五功

帳身難子

内外歡門

内外帳帶

右各共二功

泥道版共二分功

泥道難子六分功

擺裹二十功

安卓一十功

帳頭高三尺鴟尾在外廣八尺深四尺

造作功

五鋪作重栱一抄一下昂枓栱每一朶共一功四分

結瓦事件等共二十八功

擸裹一十二功

安卓五功

帳内平棊

造作共一十五功安難子又加一功

安掛功

每平棊一片一分功

右九脊小帳緫計造作共一百六十七功八分擸裹共五十二功安卓共二十三功三分

壁帳

壁帳一間廣一丈一尺共高一丈五尺

造作功攏裹功在内

枓栱五鋪作一抄一下昂普拍方在内每一朶一功四分

仰陽山華版帳柱混肚方枓槽版壓厦版等共七

功

毬文格子平棊叉子並各依本法

安卓三功

營造法式卷第二十二

營造法式卷第二十三

通直郎管修蓋皇弟外第專一提舉修蓋班直諸軍營房等臣李誡奉

聖旨編修

小木作功限四

轉輪經藏

壁藏

轉輪經藏

轉輪經藏一坐八瓣内外槽帳身造

外槽帳身腰檐平坐上施天宮樓閣共高二丈徑一丈六尺

帳身外柱至地高一丈二尺

造作功

帳柱每一條

歡門每長一丈

右各一功五分

隔枓版并貼柱子及仰托榥每長一丈二功五分

帳帶每三條一功

攏裹二十五功

安卓一十五功

腰檐高二尺枓槽徑一丈五尺八寸四分

造作功

枓槽版長一丈五尺（壓厦版及山版同）一功

内外六鋪作外跳一抄兩下昂裏跳並卷頭枓栱

每一朶共二功三分

角梁每一條子角梁同八分功

貼生每長四丈

飛子每四十枚

白版紐計每長三丈廣一尺厦瓦版同

瓦隴條每四丈

搏脊每長二丈五尺搏脊搏同

角脊每四條

瓦口子每長三丈

小山子版每三十枚

井口榥每三條

立榥每一十五條

馬頭榥每八條

右各一功

攏裹三十五功

安卓二十功

平坐高一尺徑一丈五尺八寸四分

造作功

枓槽版每長一丈五尺壓厦版同

鴈翅版每長三丈

井口榥每三條

馬頭棍每八條

面版每長一丈廣一尺

右各一功

枓栱六鋪作並卷頭材廣厚同腰檐每一朶共一功一分

單鉤闌高七寸每長一丈望柱在内共五功

攏裹二十功

安卓一十五功

天宫樓閣共高五尺深一尺

造作功

角樓子每一坐廣二瓣并挾屋行廊各廣二瓣共七十二功

茶樓子每一坐廣同上并挾屋行廊各廣同上共四十五功

攏裹八十功

安卓七十功

裹槽高一丈三尺徑一丈

坐高三尺五寸坐面徑一丈一尺四寸四分枓槽徑九尺八寸四分

造作功

龜脚每二十五枚

車槽上下澁坐面澁猴面澁每各長五尺

車槽澁并芙蓉華版每各長五尺

坐腰上下子澁三澁每各長一丈壼門神龕并背版同

坐腰澁并芙蓉華版每各長四尺

明金版每長一丈五尺

枓槽版每長一丈八尺壓厦版同

坐下榻頭木每長一丈三尺下卧榥同

立榥每一十條

柱脚方每長一丈二尺方下卧榥同

拽後榥每一十二條猴面鈿面榥同

猴面梯盤榥每三條

面版每長一丈廣一尺

右各一功

六鋪作重栱卷頭枓栱每一朶共一功一分

上下重臺鉤闌高一尺每長一丈七功五分

攏裹三十功

安卓二十功

帳身高八尺五寸徑一丈

造作功

帳柱每一條一功一分

上隔科版幷貼絡柱子及仰托榥每各長一丈

二功五分

下鋜脚隔科版幷貼絡柱子及仰托榥每各長

一丈二功

兩頰每一條三分功

泥道版每一片一分功

歡門華瓣每長一丈

帳帶每三條

帳身版紐計每長一丈廣一尺

帳身内外難子及泥道難子每各長六丈

右各一功

門子合版造每一合四功

攏裹二十五功

安卓一十五功

柱上帳頭共高一尺徑九尺八寸四分

造作功

斗槽版每長一丈八尺壓厦版同

角栿每八條

搭平棊方子每長三丈

右各一功

平棊依本功

六鋪作重栱卷頭枓栱每一朶一功一分

攏裹二十功

安卓一十五功

轉輪高八尺徑九尺用立軸長一丈八尺徑一尺五寸

造作功

軸每一條九功

輻每一條

外輞每二片
裹輞每一片
裹柱子每二十條
外柱子每四條
挾木每二十條
面版每五片
格版每一十片
後壁格版每二十四片
難子每長六丈
托輻牙子每一十枚
托根每八條

立絞棍每五條

十字套軸版每一片

泥道版每四十片

右各一功

攏裹五十功

安卓五十功

經匣每一隻長一尺五寸高六寸盝頂在内廣六寸五分

造作攏裹共一功

右轉輪經藏總計造作共一千九百三十五功二分攏裹

共二百八十五功安卓共二百二十功

壁藏

壁藏一坐高一丈九尺廣三丈兩擺手各廣六尺內外槽共深四尺

坐高三尺深五尺二寸

造作功

車槽上下澁并坐面猴面澁芙蓉瓣每各長六尺

子澁每長一丈

卧榥每一十條

立榥每一十二條拽後榥羅文榥同

上下馬頭榥每一十五條

車槽澁并芙蓉華版每各長五尺

坐腰并芙蓉華版每各長四尺

明金版 并造 辦 每長二丈 料檯 厦版 壓 同

柱脚方每長一丈二尺

槅頭木每長一丈三尺

龜脚每二十五枚

面版 合縫 在內 紐計每長一丈廣一尺

貼絡神龕并背版每各長五尺

飛子每五十枚

五鋪作重栱卷頭枓栱每一朶

右各一功

上下重臺鉤闌高一尺長一丈七功五分

攏裹五十功

帳身高八尺深四尺作七格每格内安經匣四十枚

造作功

上格科并貼及仰托榥每各長一丈共二功五分

下鋜脚并貼絡及仰托榥每各長一丈共二功

帳柱每一條

歡門剜造花辦在内每長一丈

帳帶剜切在内每三條

心柱每四條

腰串每六條

帳身合版納計每長一丈廣一尺

格桯每長三丈逐格前後桯子同
鈿面版桯每三十條
格版每二十片各廣八寸
普拍方每長二丈五尺
隨格版難子每長八丈
帳身版難子每長六丈
右各一功
平棊依本功
摺疊門子每一合共三功
逐格鈿面版紐計每長一丈廣一尺八分功
攏裹五十五功

安卓三十五功

腰檐高二尺枓槽共長二丈九尺八寸四分深三尺八寸四分

造作功

枓槽版每長一丈五尺鑰匙頭及壓厦版並同

山版每長一丈五尺合廣一尺

貼生每長四丈瓦隴條同

曲椽每二十條

飛子每四十枚

白版紐計每長三尺廣一尺厦瓦版同

搏脊槫每長二丈五尺

小山子版每三十枚

瓦口子（簽切在内）每長三丈

卧棍每一十條

立棍每一十二條

右各一功

六鋪作重栱一抄兩下昂枓栱每一朵一功二分

角梁每一條（子角梁同）八分功

角脊每一條二分功

攏裹五十功

安車三十功

平坐高一尺枓槽共長二丈九尺八寸四分深三尺八

寸四分

造作功

枓槽版每長一丈五尺鑰匙頭及疊厦版並同

鴈翅版每長三丈

卧棍每一十條

立棍每一十二條

鈿面版紐計每長一丈廣一尺

右各一功

六鋪作重栱卷頭枓栱每一朶共一功一分

單鉤闌高七寸每長一丈五功

攏裹二十功

安卓一十五功

天宫樓閣

造作功

殿身每一坐廣二瓣并挾屋行廊屋各廣二瓣各三層共八十四功

角樓每一坐廣同上并挾屋行廊等並同上

茶樓子並同上

右各七十二功

龜頭每一坐廣一瓣并行廊屋廣二瓣各三層共三十功

攏裹一百功

安卓一百功

經匣準轉輪藏經匣功

右壁藏一坐總計造作共三千二百八十五功三分攏裹共二百七十五功安卓共二百一十功

營造法式卷第二十三

營造法式卷第二十四

通直郎管脩蓋皇弟外第專一提舉脩蓋班直諸軍營房等臣李誡奉

聖旨編修

諸作功限一

彫木作　旋作

鋸作　竹作

彫木作

每一件

混作

照壁内貼絡

寶牀長三尺每尺高五寸其牀垂牙豹脚造上彫香鑪香合蓮華寶枓香山七寶等

共五十七功每增減一寸各加減一功九分仍以寶牀長為法

真人高二尺廣七寸厚四寸六功每高增減一寸各加減三分功

仙女高一尺八寸廣八寸厚四寸一十二功每高增減一寸各加減六分六氂功

童子高一尺五寸廣六寸厚三寸三功三分每高增減一寸各加減二分二氂功

雲盆或雲氣曲長四尺廣一尺五寸七功五八每廣增減一寸各加減五分功

角神高一尺五寸七功一分四氂每增減一寸各加減四分七氂六毫功寶藏神每功減七分功

鶴子高一尺廣八寸首尾共長二尺五寸三功每高增減

一寸各加減三分功

帳上

纏柱龍長八尺徑四寸五段造并爪甲脊膊焰雲盆或山子三十六功每長增減一尺各加減三功若牙魚并纏寫生華每功減一分功

虛柱蓮華蓬五層下層蓬徑六寸為率帶蓮荷藕口枝梗六功四分每增減一層各加減六分功如下層蓬徑增減一寸各加減三分功

扛坐神高七寸四功每增減一寸各加減六分功力士每功減一分功

龍尾高一尺三功五分每增減一寸各加減三分五釐功鴟尾功減半

嬪伽高五寸連翅并蓮花坐或雲子或山子一功八分每增減一寸各加減四分功

獸頭高五寸七分功每增減一寸各加減一分四釐功

套獸長五寸功同獸頭

蹲獸長三寸四分功每增減一寸各加減一分三氂功

柱頭取徑為率

坐龍五寸四功每增減一寸各加減八分功其柱頭如帶仰覆蓮荷臺坐每徑一寸加功一分下同

師子六寸四功二分每增減一寸各加減七分功

狻猊五寸單造三功每增減一寸各加減六分功雙造每功加五分功

鴛鴦鵝鴨之類同四寸一功每增減一寸各加減二分五氂功

蓮荷

蓮華六寸實彫六層三功每增減一寸各加減五分功如增減層數以所計功作六分每層各加減一分減至三層止如蓮葉造其功加倍

荷葉七寸五分功（每增減一寸各加減七釐功）

半混

彫插及貼絡寫生華（透突造同如剔地加功三分之一）

華盆

牡丹（芍藥同）高一尺五寸六功（每增減一寸各加減五分功加至二尺五寸減至一尺止）

雜華高一尺二寸（卷搭造）三功（每增減一寸各加減二分三釐功平彫減功三分之一）

華枝長一尺（廣五寸至八寸）

牡丹（芍藥同）三功五分（每增減一寸各加減三分五釐功）

雜華二功五分（每增減一寸各加減二分五釐功）

貼絡事件

昇龍（行龍同）長一尺二寸（下飛鳳同）二功（每增減一寸各加減一分六氂）

（功牌上貼絡者同下準此）

飛鳳（立鳳孔雀牙魚同）一功二分（每增減一寸各加減一分功內鳳如華尾造平彫每功加三分功若卷搭每功加八分功）

飛仙（嬪伽同）長一尺二寸二功（每增減一寸各加減一分七厘功）

師子（狻猊麒麟海馬同）長八寸八分功（每增減一寸各加減一分功）

真人高五寸（下至童子同）七分功（每增減一寸各加減一分五氂功）

仙女八分功（每增減一寸各加減一分六氂功）

菩薩一功二分（每增減一寸各加減一分四氂功）

童子（孩兒同）五分功（每增減一寸各加減一分功）

鴛鴦鸂鶒羊鹿之類同長一尺下雲子同八分功每增減一寸各加減八釐功

雲子六分功每增減一寸各加減六釐功

香草高一尺三分功每增減一寸各加減三釐功

故實人物以五件為率各高八寸共三功每增減一件各加減六分功即每增減一寸各加減三分功

帳上

帶長二尺五寸兩面結帶造五分功每增減一寸各加減二釐功若彫華者同華版功

山華蕉葉版以長一尺廣八寸為率寶雲頭造三分功

平棊事件

盤子徑一尺剗雲子間起突盤龍其牡丹華間起突龍鳳之類平彫者同卷搭者加功三分

之一三功每增減一寸各加減三分功減至五寸止下雲圈海眼版同

雲圈徑一尺四寸二功五分每增減一寸各加減二分功

海眼版水地間海魚等徑一尺五寸二功每增減一寸各加減一分四氂功

雜華方三寸透突平彫三分功角華減功之半角蟬又減三分之一

華版

透突間龍鳳之類同廣五寸以下每廣一寸一功如兩面彫功如倍其剔地減長六分之一廣六寸至九寸者減長五分之一廣一尺以上者減長三分之一華牌帶同

卷搭彫雲龍同如兩卷造每功加一分功下海石榴華兩卷三卷造准此長一尺八寸廣六寸至九寸者即長三尺五寸廣一尺以上者即長七尺二寸

海石榴長一尺廣六寸至九寸者即長二尺二寸廣一尺以上者即長四尺五寸

牡丹（芍藥同）長一尺四寸（廣六寸至九寸者即長二尺八寸廣一尺以上者即長五尺五寸）

平彫長二尺五寸（廣六寸至九寸者即長六尺廣一尺以上者即長一十尺如長生蕙華間羊鹿鴛鴦之類各加長三分之一）

鉤闌檻面（實雲頭兩面彫造如鑿撲每功加一分功其彫華樣者同華版功如一面彫者減功之半）

雲栱長一尺七分功（每增減一寸各加減七氂功）

鵝項長二尺五寸七分五氂功（每增減一寸各加減三氂功）

地霞長二尺一功三分（每增減一寸各加減六氂五毫功如用華盆即同華版功）

矮柱長一尺六寸四分八氂功（每增減一寸各加減三氂功）

㔩万字版每方一尺二分功（如鉤片減功五分之一）

椽頭盤子（鉤闌尋杖頭同）剔地雲鳳或雜華以徑三寸為率七

分五氂功每增減一寸各加減二分五氂功如雲龍造功加二分之一

垂魚鑿撲實彫雲頭造惹草同每長五尺四功每增減一尺各加減八分功如間雲鶴之類加功四分之一

惹草每長四尺二功每增減一尺各加減五分功如間雲鶴之類加功三分之一

搏枓蓮華帶枝梗長一尺二寸一功二分每增減一寸各加減一分功如不帶枝梗減功三分之一

手把飛魚長一尺一功二分每增減一寸各加減一分二氂功

伏兔荷葉長八寸四分功每增減一寸各加減五氂功如蓮華造加功三分之一

叉子

雲頭兩面彫造雙雲頭每八條一功單雲頭加數二分之一若彫一面減功之半

鋜脚壼門版實彫結帶（透突華同）華每一十一盝一功

毬文格子挑白每長四尺廣二尺五寸以毬文徑五寸為率計七分功（如毬文徑每增減一寸各加減五釐功其格子長廣不同者以積尺加減）

旋作

殿堂等雜用名件

椽頭盤子徑五寸每一十五枚（每增減五分各加減一枚）

榰角梁寶餅每徑五寸（每增減五分各加減一分功）

蓮華柱頂徑二寸每三十二枚（每增減五分各加減三枚）

木浮漚徑三寸每二十枚（每增減五分各加減二枚）

鉤闌上葱臺釘高五寸每一十六枚（每增減五分各加減二枚）

蓋葱臺釘筩子高六寸每一十二枚（每增減三分各加減一枚）

右各一功

柱頭仰覆蓮胡桃子（二段造）徑八寸七分功（每增一寸加一分功）

（若三段造每功加二分功）

照壁寶牀等所用名件

注子高七寸一功（每增一寸加二分功）

香爐徑七寸（每增一寸加一分功下酒杯盤荷葉同）

鼓子高三寸（鼓上釘鐶等在内每增一寸加一分功）

注盌徑六寸（每增一寸加一分五氂功）

右各八分功

酒杯盤七分功

荷葉徑六寸

鼓坐徑三寸五分每增一寸加五氂功

右各五分功

酒杯徑三寸蓮子同

卷荷長五寸

杖鼓長三寸

右各三分功如長徑各增一寸各加五氂功其蓮子外貼子造若剔空旋靨貼蓮子加二分功

披蓮徑二寸八分二分五氂功每增減一寸各加減三氂功

蓮苔蘤高三寸並同上

佛道帳等名件

火珠徑二寸每一十五枚每增減二分各加減一枚至三寸六分以上每徑增減一分同

滴當子徑一寸每四十枚每增減一分各加減三枚至一寸五分以上每增減一分各加減一枚

瓦頭子長二寸徑一寸每四十枚每徑增減一分各加減四枚加至一寸五分止

瓦錢子徑一寸每八十枚每增減一分各加減五枚

寶柱子長一尺五寸徑一寸二分如長一尺二寸者同徑每一十五條每長增減一寸各加減一條如長五寸徑二寸每三十條每長增減一寸各加減二條

貼絡門盤浮漚徑五分每二百枚每增減一分各加減一十五枚

平棊錢子徑一寸一百一十枚（每增減一分各加減八枚加至一寸二分止）

角鈴以大鈴高二寸為率每一鈞（每增減五分各加減一分功）

櫨料徑二寸每四十枚（每增減一分各加減一枚）

右各一功

虛柱頭蓮華幷頭瓣每一副胎錢子徑五寸八功（每增減一寸各加減一分五氂功）

鋸作

解割功

椆檀櫪木每五十尺

榆槐木雜硬材每五十五尺（雜硬材謂海棗龍菁之類）

白松木每七十尺

柟柏木雜軟材每七十五尺雜軟材謂香椿椵木之類

榆黄松水松黄心木每八十尺

杉桐木每一百尺

右各一功每二人為一功或內有盤截不計若一條長二丈以上枝撐高遠或舊材內有夾釘脚者並加本功一分功

竹作

織簟每方一尺

細棊文素簟七分功劈篾刮削拖摘收廣一分五釐如刮篾收廣三分者其功減半織華加八分功織龍鳳又加二分五釐功

麤簟（劈篾青白，收廣四分）二分五氂功（假棊文造減五氂功，如刮篾收廣二分，其功加倍）

織雀眼網每長一丈廣五尺

間龍鳳人物雜華刮篾造三功四分五氂六毫（事造貼釘在內，如係小木釘貼，即減一分功，下同）

渾青刮篾造一功九分二氂

青白造一功六分

笍索每一束（長二百尺，廣一寸五分，厚四分）

渾青造一功一分

青白造九分功

障日篛每長一丈六分功（如織簟造，別計織簟功）

每織方一丈

笆七分功（樓閣兩層以上處加二分功）

編道九分功（如縛棚閣兩層以上加二分功）

竹栅八分功

夾截每方一丈三分功（劈竹篾在内）

搭盖涼棚每方一丈二尺三功五分（如打笆造別計打笆功）

營造法式卷第二十四

營造法式卷第二十五

通直郎管修蓋皇弟外第專一提舉修蓋班直諸軍營房等臣李誡奉

聖旨編修

諸作功限二

瓦作　泥作

彩畫作　塼作

窰作

瓦作

斫事甋瓦口以一尺二寸甋瓦一尺四寸㼧瓦爲率打造同

瑠璃

攛窠每九十口每增減一等各加減二十口至一尺以下每減一等各加三十口

解撟（打造大當溝同）每一百四十口（每增減一等各加減三十口至一尺以下每減一等各加四十口）

青棍素白

攛窠每一百口（每增減一等各加減二十口至尺以下每減一等各加三十口）

解撟每一百七十口（每增減一等各加減三十五口至一尺以下每減一等各加四十五口）

右各一功

打造甋㼧瓦口

瑠璃㼧瓦

線道每一百二十口（每增減一等各加減二十五口加至一尺四寸止至一尺以下每減一等各加三十五口𤼵畫者加三分之一青棍素白瓦同）

條子瓦比線道加一倍（瑒畫者加四分之一青棍素白瓦同）

素棍素白

瓶瓦大當溝每一百八十口（每增減一等各加減三十口至一尺以下）

（每減一等各加三十五口）

瓪瓦

線道每一百八十口（每增減一等各加減三十口加至一尺四寸止）

條子瓦每三百口（每增減一等各加減六分之一加至一尺四寸止）

小當溝每四百三十枚（每增減一等各加減三十枚）

右各一功

結瓦每方一丈（如尖斜高峻比直行每功加五分）

瓶瓪瓦

瑠璃以一尺二寸為率二功二分每增減一等各加減一分功

青棍素白比瑠璃其功減三分之一

散瓪大當溝四分功小當溝減三分之一功

壘脊每長一丈曲脊加長二倍

瑠璃六層

青棍素白用大當溝一十層用小當溝者加一層

右各一功

安卓

火珠每坐以徑二尺為率二功五分每增減一等各加減五分功

每一隻

瑠璃

龍尾每高一尺八分功青棍素白者減二分功

鴟尾每高一尺五分功青棍素白者減一分功

獸頭以高二尺五寸為率七分五氂功每增減一等各加減五厘功減至一分止

套獸以口徑一尺為率二分五氂功每增減二寸各加減六氂功

嬪伽以高一尺二寸為率一分五氂功每增減二寸各加減三氂功

閥閲高五尺一功每增減一尺各加減二分功

蹲獸以高六寸為率每一十五枚每增減二寸各加減三枚

滴當子以高八寸為率每三十五枚每增減二寸各加減五枚

右各一功

繫大箔每三百領鋪箔減三分之一

抹棧及笆箔每三百尺

開鷺領版每九十尺安釘在内

織泥籃子每一十枚

右各一功

泥作

每方一丈殿宇樓閣之類有轉角合用托匙處於本作每功上加五分功高二丈以上每丈每功各加一分二氂功加至四丈止供作並不加即高不滿七尺不須棚閣者每功減三分功貼補同

紅石灰黃青白石灰同五分五氂功收光五遍合和斫事麻擣在内如仰泥縛棚閣者每兩椽加七氂五毫功加至一十椽上下並同

破灰

細泥

右各三分功（收光在内。如仰泥縛棚閣者，每兩椽各加一氂功。其細泥作畫壁并灰襯二分五氂功。）

麤泥二分五氂功（如仰泥縛棚閣者，每兩椽加二氂功。其畫壁披蓋麻篾并搭乍中泥，若麻灰細泥下作襯，一分五氂功。如仰泥縛棚閣，每兩椽各加五毫功。）

沙泥畫壁

劈篾被篾共二分功

披麻一分功

下沙收壓一十遍共一功七分（栱眼壁同）

壘石山（泥假山同）五功

壁隱假山一功

盆山每方五尺三功（每增減一尺，各加減六分功）

用坯

殿宇牆（廳堂門樓牆并補壘柱窠同）每七百口（廊屋散舍牆加一百口）

貼壘脫落牆壁每四百五十口（搠接壘牆頭射垛加五十口）

壘燒錢鑪每四百口

側劄照壁（窗坐門頰之類同）每三百五十口

壘砌竈（茶鑪同）每一百五十口（用塼同其泥飾各紐計積尺别計功）

右各一功

織泥籃子每一十枚一功

彩畫作

五彩間金

描畫裝染四尺四寸（平棊華子之類係彫造者即各減數之半）

上顏色彫華版一尺八寸

五彩遍装亭子廊屋散舍之類五尺五寸殿宇樓閣各減數五分之一

一如装畫暈錦即各減數十分之一若描白地枝條華即各加數十分之一或装四出六出錦者同

右各一功

上粉貼金出褫每一尺一功五分

青綠碾玉紅或搶金碾玉同亭子廊屋散舍之類一十二尺殿宇樓閣各減數六分之一

青綠間紅三暈稜間亭子廊屋散舍之類二十尺殿宇樓閣減數四分之一

青綠二暈稜間亭子廊屋散舍之類二十五尺殿宇樓閣各減

數五分之一

解緑畫松青緑緑道廳堂亭子廊屋散舍之類四十五尺若殿宇樓閣減數九分之一如間紅三暈即各減十分之二

解緑赤白廊屋散舍華架之類一百四十尺殿宇即減數七分之二若樓閣亭子廳堂門樓及內中屋各減廊屋數七分之一若間結華或卓相各減十分之二

丹粉赤白廊屋散舍諸營廳堂及鼓樓華架之類一百六十尺殿宇樓閣減數四分之一即亭子廳堂門樓及皇城內屋減八分之一

刷土黃白緑道廊屋散舍之類一百八十尺廳堂門樓涼棚減數六分之一若墨緑道即減十分之一

土朱刷間黃丹或土黃刷帶護縫牙子抹綠同版壁平闇門窗叉子鉤闌棵籠之類一百八十尺若護縫牙子解染青綠者減數三分之一

合朱刷

格子九十尺抹合綠方眼同如合綠刷毬文即減數六分之一若合朱畫松難子壺門解壓青綠即減數之半如抹合綠於障水版上刷青地描染戲獸雲子之類即減數九分之一若朱紅染難子壺門牙子解染青綠即減數三分之一如土朱刷間黃丹即加數六分之一

平闇軟門版壁之類難子壺門牙頭護縫解染青綠一百二十尺通刷素綠同若抹綠牙頭護縫解染青華即減數四分之一如朱紅染牙頭護縫等解染青綠即減數之半

檻面鉤闌抹綠同一百八尺万字鉤片版難子上解染青綠或障水版上描染戲

獸雲子之類即減數三分之一朱紅染同

叉子雲頭望柱頭五彩或碾玉裝造五十五尺抹綠者加數五分之一若朱紅染者即減數五分之一

棵籠子間刷素綠牙子難子等解壓青綠六十五尺

烏頭綽楔門牙頭護縫難子壓染青綠欞子抹綠一百尺若高廣一丈以上即減數四分之一若土朱刷間黃丹者加數二分之一

抹合綠窗難子刷黃丹頰串地栿刷土朱一百尺

華表柱并裝染柱頭鶴子日月版須縛棚閣者減數五分之一

刷土朱通造一百二十五尺

綠笋通造一百尺

用桐油每一斤煎合在內

右各一功

塼作

斫事

方塼

二尺一十三口每減一寸加二口

一尺七寸二十口每減一寸加五口

一尺二寸五十口

壓闌塼二十口

右各一功鋪砌功並以斫事塼數加之二尺以下加五分一尺七寸加六分一尺五寸以下各倍加一尺二寸加八分壓闌塼加六分其添補功即以鋪砌之數減半

條塼長一尺三寸四十口趄面塼加一分一功壘砌功以斫事塼數加一

倍趄面塼同其添補者即減刜壘塼八分之五若砌高四尺以上者減塼四分之一如補換華頭以斫事之數減半

麤壘條塼謂不斫事者長一尺三寸二百口每減一寸加一倍一功其添補者即減刜壘塼數長一尺三寸者減四分之一長一尺二寸各減半若壘高四尺以上各減塼五分之一長一尺二寸者減四分之一

事造剜鑿並用一尺三寸塼

地面鬬八階基城門坐塼側頭須弥臺坐之類同龍鳳華樣人物壼門寶缾之類

方塼一口間窠毬文加一口半

條塼五口

右各一功

透空氣眼

方塼每一口

神子一功七分

龍鳳華盆一功三分

條塼壼門三枚半（每一枚用塼四口）一功

刷染塼甋基階之類每二百五十尺一功（須縛棚閣者減五分之一）

甃壘井每用塼二百口一功

淘井每一眼徑四尺至五尺二功（每增一尺加一功至九尺以上每增一尺加二功）

窰作

造坯

方塼

二尺一十口（每減一寸加二口）

一尺五寸二十七口（每減一寸加六口塼碇與一尺三寸方塼同）

一尺二寸七十六口（盤龍鳳雜華同）

條塼

長一尺三寸八十二口（牛頭塼同其趄面塼加十分之一）

長一尺二寸一百八十七口（趄條并走趄塼同）

壓闌塼二十七口

右各一功（般取土末和泥事褫攏曝排垛在内）

甋瓦長一尺四寸九十五口（每減二寸加三十口其長一尺以下者減一十口）

瓪瓦

長一尺六寸九十口每減二寸加六十口其長一尺四寸展樣比長一尺四寸瓦減二十口

長一尺一百三十六口每減二寸加一十二

右各一功其瓦坯并華頭所用膠土即別計

黏甋瓦華頭長一尺四寸四十五口每減二寸加五口其一尺以下者即倍加

撥甋瓦重脣長一尺六寸八十口每減二寸加八口其一尺二寸以下者即倍加

黏鎮子塼系五十八口

右各一功

造鴟獸等每一隻

鴟尾每高一尺二功龍尾功加三分之一

獸頭

高三尺五寸二功八分功（每減一寸減八氂功）

高二尺八分功（每減一寸減一分功）

高一尺二寸一分六氂八毫功（每減一寸減四毫功）

套獸口徑一尺二寸七分二氂功（每減二寸減一分三氂功）

蹲獸高一尺四寸二分五氂功（每減二寸減二氂功）

嬪伽高一尺四寸四分六氂功（每減二寸減六氂功）

角珠每高一尺八分功

火珠徑八寸二功（每增一寸加八分功至一尺以上更於所加八分功外遞加一分功）

（謂如徑一尺加九分功一尺一寸加一功之類）

閥閱每高一尺八分功

行龍飛鳳走獸之類長一尺四寸五分功

用茶土掍甋瓦長一尺四寸八十口一功長一尺六寸瓪瓦同華頭重脣在內餘準此每減二寸加四十口

裝素白塼瓦坯青掍瓦同如滑石掍其功在內大窰計燒變所用芟草數每七百八十束曝窰三分之一為一窰以坯十分為率須於往來一里外至二里般六分共三十六功遞轉在內曝窰三分之一若般取六分以上每一分加三功至四十二功止曝窰每一分加一功至一十五功止即四分之外及不滿一里者每一分減三功減至二十四功止曝窰每一分減一功減至七功止

燒變大窰每一窰

燒變一十八功
曝窑三分之一出窑功同

出窑一十五功

燒變瑠璃瓦等每一窑七功
合和用藥般裝出窑在内

擣羅洛河石末每六斤一十兩一功

炒黑錫每一料一十五功

壘窑每一坐

大窑三十二功

曝窑一十五功三分

營造法式卷第二十五

營造法式卷第二十六

通直郎管脩蓋皇弟外第專一提舉修蓋班直諸軍營房等臣李誡奉

聖旨編修

諸作料例一

石作　大木作 小木作附

竹作　瓦作

石作

蠟面每長一丈廣一尺 碑身鼇坐同

黃蠟五錢

木炭三斤 一段通及一丈以上者減一斤

細墨五錢

安砌每長三尺廣二尺礦五灰五斤贔屓碑一坐三十斤笏頭碣一十斤

每段

熟鐵鼓卯二枚上下大頭各廣二寸長一寸腰長四寸厚六分每一枚重一斤

鐵葉每鋪石二重隔一尺用一段每段廣三寸五分厚三分如並四造長七尺並三長五尺

灌鼓卯縫每一枚用白錫三斤如用黑錫加一斤

大木作小木作附

用方木

大料模方長八十尺至六十尺廣三尺五寸至二尺五寸厚二尺五寸至二尺充十二架椽至八架椽栿

廣厚方長六十尺至五十尺廣三尺至二尺厚二尺至一尺八寸充八架椽栿幷檐栿綽幕大檐額

長方長四十尺至三十尺廣二尺至一尺五寸厚一尺五寸至一尺二寸充出跳六架椽至四架椽栿

松方長二丈八尺至二丈三尺廣二尺至一尺四寸厚一尺二寸至九寸充四架椽三架椽栿大角梁檐額壓槽方高一丈五尺以上版門及裏栿版佛道帳所用枓槽壓厦版其名件廣厚非小松方以下可充者同

朴柱長三十尺徑三尺五寸至二尺五寸充五間八
架椽以上殿柱
松柱長二丈八尺至二丈三尺徑二尺至一尺五寸
就料剪截充七間八架椽以上殿副階柱
或五間三間八架椽至六架椽殿身柱或
七間至三間八架椽至六架椽廳堂柱
就全條料及剪截解割用下項
小松方長二丈五尺至二丈二尺廣一尺三寸至
一尺二寸厚九寸至八寸
常使方長二丈七尺至一丈六尺廣一尺二寸至八
寸厚七寸至四寸

官樣方長二丈至一丈六尺廣一尺二寸至九寸
厚七寸至四寸
截頭方長二丈至一丈八尺廣一尺三寸至一尺
一寸厚九寸至七寸五分
材子方長一丈八尺至一丈六尺廣一尺二寸至
一尺厚八寸至六寸
方八方長一丈五尺至一丈三尺廣一尺一寸至
九寸厚六寸至四寸
常使方八方長一丈五尺至一丈三尺廣八寸至
六寸厚五寸至四寸
方八子方長一丈五尺至一丈二尺廣七寸至五

寸厚五寸至四寸

竹作

色額等第

上等每徑一寸分作四片每片廣七分每徑加一分至一寸以上準此計之中等同其打笆用下等者只推竹造

漏三長二丈徑二寸一分係除梢實收數下並同

漏二長一丈九尺徑一寸九分

漏一長一丈八尺徑一寸七分

中等

大竿條長一丈六尺織簟減一尺次竿頭竹同徑一寸五分

次竿條長一丈五尺徑一寸三分

頭竹長一丈二尺徑一寸二分

次頭竹長一丈一尺徑一寸

下等

笪竹長一丈徑八分

大管長九尺徑六分

小管長八尺徑四分

織細棊文素簟（織華或龍鳳造同）每方一尺徑一寸二分作一條（襯簟在內）

織麤簟（假棊文簟同）每方二尺徑一寸二分竹一條八分

織雀眼網（每長一丈廣五尺）以徑一寸二分竹

渾青造一十一條（內一條作貼，如用木貼，即不用。下同）

青白造六條

笍索每一束（長二百尺廣一寸五分厚四分）以徑一寸三分竹

渾青疊四造一十九條

青白造一十三條

障目篛每三片各長一丈廣二尺

徑一寸三分竹二十一條（劈篾在內）

蘆蕟八領（壓縫在內如織簟造不用）

每方一丈

打笆以徑一寸三分竹為率用竹三十條造（一十二條作經一十八條作緯鉤頭攙壓在內其竹若甋瓦結瓦六椽以上用上等四椽及瓪瓦六椽以上用中等甋瓦兩椽瓪瓦四椽以下用下等若闕本等以別等竹比折充）

編道以徑一寸五分竹為率用二十三條造梘并竹釘在內闘以別色充若照壁中縫及高不滿五尺或栱辟山斜泥道以次竿或頭竹次竹比折

竹柵以徑八分竹一百八十三條造四十條作徑一百四十三條編造如高不滿一丈以大管竹或小管竹比折充

夾截

中箔五領攙壓在內

徑一寸二分竹一十條牓篾在內

搭蓋涼棚每方一丈二尺

中箔三領半

徑一寸三分竹四十八條三寸二條作椽四條走水四條裹脊三條壓縫五條牓篾青白用

蘆蓌九領如打笆造不用

瓦作

用純石灰謂礦灰下同

結瓦每一口

甋瓦一尺二寸二斤即澆灰結瓦用五分之一每增減一等各加減八兩至一尺以下各減所減之半下至壘脊條子瓦同其一尺二寸瓪瓦準一尺甋瓦法

仰瓪瓦一尺四寸三斤每增減一等各加減一斤

點節甋瓦一尺二寸一兩每增減一等各加減四錢

壘脊以一尺四寸瓪瓦結瓦為率

大當溝以甋瓦一口造每二枚七斤八兩每增減一等各加減四分之一線道同

線道以甋瓦一口造二片每一尺兩壁共二斤

條子瓦以甋瓦一口造四片每一尺兩壁共一斤每增減一等各加減五分之一

泥脊白道每長一丈一斤四兩

用墨煤染脊每層長一丈四錢

用泥壘脊九層為率每長一丈

麥䴬一十八斤每增減二層各加減四斤

紫土八擔每一擔重六十斤餘應用土至同每增減二層各加減一擔

小當溝每瓪瓦一口造二枚仍取條子瓦二片

鷰頷或牙子版每合角處用鐵葉一段殿宇長一尺廣六寸餘長六寸廣四寸

結瓦以瓪瓦長每口攙壓四分收長六分其解橋剪截不得過三分

合溜處尖斜瓦者並計整口

布瓦隴每一行依下項

甋瓦（以仰瓪瓦為計）

長一尺六寸每一尺

長一尺四寸每八寸

長一尺二寸每七寸

長一尺每五寸八分

長八寸每五寸

長六寸每四寸八分

瓪瓦

長一尺四寸每九寸

長一尺二寸每七寸五分

結宽每方一丈

中箔每重二領竿 壓占在內殿宇樓閣五間以上用五重三間四重廳堂三重餘並二重

土四十擔 係甋瓪結宽以一尺四寸瓪瓦為率下麰麰同每增一等加一十擔每減一等減五擔其散瓪瓦各減半

麥䴬二十斤 每增一等加一斤每減一等減八兩散瓪瓦各減半如純灰結宽不用其麥麴同

麥麴一十斤 每增一等加八兩每減一等減四兩散瓪瓦不用

泥籃二枚 散瓪瓦一枚用徑一寸三分竹一條織造三枚

繫箔常使麻一錢五分

抹柴棧或版笆箔每方一丈 如繩灰於版幷笆箔上結宽者不用

土二十擔

麥麫一十斤

安卓

鴟尾每一隻以高三尺為率龍尾同

鐵脚子四枚各長五寸每高增一尺長加一寸

鉄束一枚長八寸每高增一尺長加二寸其求子大頭廣二寸小頭廣一寸二分為定法

搶鐵三十二片長視身三分之一每高增一尺加八片大頭廣二寸小頭廣一寸為定法

拒鵲子二十四枚上作五叉子每高增一尺加三枚各長五寸每高增一尺加六分

安拒鵲等石灰八斤坐鴟尾及龍尾同每增減一尺各加減一斤

墨煤四两龍尾三两每增減一尺各加減一两三錢龍尾加減一两其瑠璃者不用

鞠六道各長一尺曲在内為定法龍尾同每增一尺添八道龍尾添六道其高不及三尺者不用

栢椿二條龍尾同高不及三尺者減一條長視高徑三寸五分三尺以下徑三寸

龍尾

鉄索二條兩頭各帶獨脚屈膝其高不及三尺者不用

一條長視高一倍外加三尺

一條長四尺每增一尺加五寸

火珠每一坐以徑二寸為率

栢椿一條長八尺每增減一等各加減六寸其徑以三寸五分為定法

石灰一十五斤每增減一等各加減二斤

墨煤三兩每增減一等各加減五錢

獸頭每一隻

鐵鈎一條高三尺五寸以上鈎長五尺高一尺八寸至二尺鈎長三尺高一尺四寸至一尺六寸鈎長二尺五寸高一尺二寸以下鈎長二尺

繫顋鉄索一條長七尺兩頭各帶直脚屈膝獸高一尺八寸以下並不用

滴當子每一枚以高五寸為率石灰五兩每增減一等各加減一兩

嬪伽每一隻以高一尺四寸為率石灰三斤八兩每增減一等各加減一八兩至一尺以下減四兩

蹲獸每一隻以高六寸為率石灰二斤每增減一等各加減八兩

石灰每三十斤用麻擣一斤

出光瑠璃瓦每方一丈用常使麻八两

营造法式卷第二十六

營造法式卷第二十七

通直郎管修蓋皇弟外第專一提舉修蓋班直諸軍營房等臣李誡奉

聖旨編脩

諸作料例二

泥作　彩畫作

塼作　窑作

泥作

每方一丈

紅石灰乾厚一分三釐下至破灰同

石灰三十斤非殿閣等加四斤若用礦灰減五分之一下同

赤土二十三斤

土朱一十斤（非殿閣等減四斤）

黃石灰

石灰四十七斤四兩

黃土一十五斤一十二兩

青石灰

石灰三十二斤四兩

軟石炭三十二斤四兩（如無軟石炭即倍加石灰之數每石灰一十斤用麤墨一斤或墨煤十一兩）

白石灰

石灰六十三斤

破灰

石灰二十斤

白蔑土一擔半

麥麩一十八斤

細泥

麥麩一十五斤（作灰襯同其施之於城壁者倍用下麥䴷準此）

土三擔

麤泥（中泥同）

麥䴷八斤（搭絡及中泥作襯並減半）

土七擔

沙泥畫壁

沙土膠土白蔑土各擔半

麻擣九斤拱眼壁同每斤洗淨者收一十二兩

麤麻一斤

徑一寸三分竹三條

壘石山

石灰四十五斤

麤墨三斤

泥假山

長一尺二寸廣六寸厚二寸塼三十口

柴五十斤曲堰者

徑一寸七分竹一條

常使麻皮二斤

中箔一領

石灰九十斤

麤墨九斤

麥麸四十斤

麦麵二十斤

膠土一十擔

壁隐假山

石灰三十斤

粗墨三斤

盆山每方五尺

石灰三十斤每增減一尺各加減六斤

麤墨二斤

每坐

立竈（用石灰或泥並依泥飾料例紐計下至茶鑪子準此）

突每高一丈二尺方六寸坯四十口（方加至一尺二寸倍用其坯係長一尺二寸廣六寸厚二寸下應用塼坯並同）

壘竈身每一斗坯八十口（每增一斗加十口）

釜竈（以一石為率）

突依立竈法（每增一石腔口直徑加一寸至十石止）

壘腔口坑子罨煙塼五十口（每增一石加一十口）

坐甑

生鐵竈門（依大小用鑊竈同）

生鐵版二片各長一尺七寸每增一石加一寸廣二寸厚五分

坯四十八口每增一石加四口

礦石灰七斤每增一石加一斤

鑊竈以口徑三尺為準

突依釜竈法斜高二尺五寸曲長一丈七尺駝勢在內自方一尺五寸並二壘砌為定法

塼一百口每徑加一尺加三十口

生鐵版二片各長二尺每徑長加一尺加三寸廣二寸五分厚八分

生鐵柱子一條長二尺五寸徑三寸仰合蓮造若徑不滿五尺不用

茶鑪子以高一尺五寸為率

塼杖用生鐵或熟鉄造八條各長八寸方三分

坯二十口每加一寸加一口

壘坯墻

用坯每一千口徑一寸三分竹三條造泥籃在内

闇柱每一條長一丈一尺徑一尺二寸為卒墻頭在外中箔一領

石灰每一十五斤用麻擣一斤若用礦灰加八兩其和紅黃青灰即以所用土朱之類斤數在石灰之内

泥籃每六椽屋一間三枚以徑一寸三分竹一條織造

彩画作

應刷染木植每面方一尺各使下項拱眼壁各減五分之一彫木華版加五分之一即描華之類準折計之

定粉五錢三分

墨煤二錢二分八釐五毫

土朱一錢七分四釐四毫殿宇樓閣加三分廊屋散舍減二分

白土八錢石灰同

土黄二錢六分六釐殿宇樓閣加二分

黄丹四錢四分殿宇樓閣加二分廊屋散舍減一分

雌黄六錢四分合雌黄紅粉同

合青華四錢四分四釐合緑華同

合深青四錢合深緑及常使朱紅心子朱紅紫檀並用

合朱五錢生青緑華深朱紅同

生大青七錢生大緑浮淘青梓州熟大青緑二青緑並同

生二綠六錢生二青同

常使紫粉五錢四分

藤黄三錢

槐華二錢六分

中綿胭脂四片若合色以蘇木五錢二分白礬一錢三分煎合充

描畫細墨一分

熟桐油一錢六分若在闇處不見風日者加十分之一

應合和顏色每斤各使下項

合色

綠華青華減定粉一兩仍不用槐華白礬

定粉一十三兩

青黛三两

槐華一两

白礬一錢

朱

黄丹一十两

常使紫粉六两

緑

雌黄八两

淀八两

紅粉

心子朱紅四两

定粉一十二两

紫檀

常使紫粉一十五两五錢

細墨五錢

草色

緑華 青華減槐華白礬

淀一十二两

定粉四两

槐花一两

白礬一錢

深緑 深青即減槐花白礬

淀一斤
槐華一兩
白礬一錢
綠
淀一十四兩
石灰二兩
槐花二兩
白礬二錢
紅粉
黃丹八兩
定粉八兩

襯金粉

定粉一斤

土朱八錢（顆塊者）

應使金箔每面方一尺使襯粉四兩顆塊土朱一錢每粉三十斤仍用生白絹一尺（濾粉）木炭一十斤（熁粉）綿半兩（揾金）

應煎合桐油每一斤

松脂定粉黃丹各四錢

木札二斤

應使桐油每一斤用亂絲四錢

塼作

應鋪壘安砌皆隨高廣指定合用塼等第以積尺計之若階基慢道之類並二或並三砌應用尺三條塼細壘者外壁斫磨塼每一十行裏壁粗塼八行填後其隅減塼甋及樓閣高寫或行數不及者並依此增減計定

應卷輂河渠並隨圜用塼每廣二寸計一口覆背卷準此其繞背每廣六寸用一口

應安砌所須礦灰以方一尺五寸塼用一十三兩每增減一寸各加減三兩其條塼減方塼之半壘闌於二尺方塼之數減十分之四

應以墨煤刷塼甋基階之類每方一百尺用八兩

應以灰刷塼墻之類每方一百尺用一十五斤

應墨煤刷塼甋基階之類每方一百尺并灰刷塼墻之

類計灰一百五十斤各用苕帚一枚

應甃壘并所用盝版長隨逐（每片廣八寸厚二寸）每一片

常使麻皮一斤

蘆蓙一領

徑一寸五分竹二條

窰作

燒造用芟草

塼每一十口

方塼

方二尺八束（每束重二十斤餘芟草稱束者並同每減一寸減六分）

方一尺二寸二束六分（盤龍鳳華并塼碇同）

條塼

長一尺三寸一束九分（牛頭塼同其趄面即減十分之一）

長一尺二寸九分（走趄并趄條塼同）

壓闌長二尺一寸八束

瓦

素白每一百口

甋瓦

長一尺四寸六束七分（每減二寸減一束四分）

長六寸一束八分（每減二寸減七分）

瓪瓦

長一尺六寸八束每減二寸減二束

長一尺三束每減二寸減五分

青掍瓦以素白所用數加一倍

諸事件謂鴟獸嬪伽火珠之類本作內餘稱事件者準此每一功一束其龍尾所

用茇草同鴟尾

瑠璃瓦并事件並隨藥料每窯計之謂曝窯大料分三窯折

大料同一百束折大料八十五束中料分二窯小

料同一百一十束小料一百束

掍造鴟尾龍尾同每一隻以高一尺為率用麻擣二斤八

兩

青掍瓦

滑石棍

坯數

大料以長一尺四寸甋瓦一尺六寸瓪瓦各六百口華頭重脣在內下同

中料以長一尺二寸甋瓦一尺四寸瓪瓦各八百口

小料以甋瓦一千四百口長一尺一千三百口六寸并四寸各五十口瓪瓦一千三百口長一尺二寸一千二百口八寸并六寸各五十口

柴藥數

大料滑石末三百兩羊糞三䈆中料減三分之一小料減半

濃油一十二斤，柏柴一百二十斤，松柴、麻籸各四十斤（中料減四分之一，小料減半）。

茶土棍長一尺四寸甋瓦，一尺六寸㼧瓦，每一口一兩（每減二寸減五分）。

造瑠璃瓦幷事件

藥料每一大料用黄丹二百四十三斤（折大料二百二十五斤，中料二百二十二斤，小料二百九斤四兩）。每黄丹三斤用銅末三兩，洛河石末一斤。

用藥每一口（鴟獸事件及條子綫道之類，以用藥處通計尺寸折大料）：

大料長一尺四寸甋瓦七兩二錢三分六氂（長一尺六寸㼧瓦減五分）

中料長一尺二寸甋瓦六兩六錢一分六毫六絲六忽長一尺四寸瓪瓦減五分

小料長一尺甋瓦六兩一錢二分四氂三毫三絲二忽長一尺二寸瓪瓦減五分

藥料所用黃丹闕用黑錫炒造其錫以黃丹十分加一分即所加之數斤以下不計每黑錫一斤用密駝僧二分九氂硫黃八分八氂盆硝二錢五分八氂柴二斤一十一兩炒成收黃丹十分之數

營造法式卷第二十八

通直郎管　修蓋皇弟外第專一提舉修蓋班直諸軍營房等臣李誡奉

聖旨編脩

諸作用釘料例

用釘料例　用釘數

通用釘料例

諸作用膠料例

諸作等第

諸作用釘料例

用釘料例

大木作

椽釘長加椽徑五分（有餘分者從整寸謂如五寸椽用七寸釘之類下同）

角梁釘長加材厚一倍（柱礩同）

飛子釘長隨材厚

大小連檐釘長隨飛子之厚（如不用飛子者長減椽徑之半）

白版釘長加版厚一倍（平闇遮椽版同）

搏風版釘長加版厚兩倍

横抹版釘長加版厚五分（隔減并襻同）

小木作

凡用釘並隨版木之厚如厚三寸以上或用簇釘者其長加厚七分（若厚二寸以下者長加厚一倍或縫內用兩入釘者加至二寸止）

彫木作

凡用釘並隨版木之厚如厚二寸以上者長加厚五分至五寸止若厚一寸五分以下者長加厚一倍或縫內用兩入釘者加至五寸止

竹作

壓笆釘長四寸

雀眼網釘長二寸

瓦作

甋瓦上滴當子釘如高八寸者釘長一尺若高六寸者釘長八寸高一尺二寸及一尺四寸嬪伽并長一尺二寸甋瓦同或高三寸及四寸者釘長六寸高一尺嬪伽并六寸華頭

（甋瓦同並用本作葱臺長釘）

套獸長一尺者釘長四寸如長六寸以上者釘長三寸（月版及釘箔同）若長四寸以上者釘長二寸（燕頷版牙子同）

泥作

沙壁內麻華釘長五寸（造泥假山釘同）

塼作

井盝版釘長三寸

用釘數

大木作

連檐隨飛子椽頭每一條（營房隅閒同）

大角梁每一條（續角梁二枚子角梁三枚）

托槫每一條

生頭每長一尺槫風版同

槫風版每長一尺五寸

橫抹每長二尺

右各一枚

飛子每一條襻槫同

遮椽版每長三尺雙使難子每長五寸一枚

白版每方一尺

槫枓每一隻

隔減每一出入角襻每條同

右各二枚

椽每一條上架三枚下架一枚

平闇版每一片

柱櫍每一隻

右各四枚

小木作

門道立卧柣每一條平棊華露籬棖帳經藏猴面等榥之類同帳上透柱卧榥隅縫用井亭大連檐隨椽隅間同

烏頭門上如意牙頭每長五寸難子貼絡牙脚牌帶簽面并楅破子窓填心水槽底版胡梯促踏版帳上山華貼及楅角脊瓦口轉輪經藏鈿面版之類同帳及經藏簽面版等隅榥用帳上合角并山華貼牙脚帳頭楅用二枚

鉤窓檻面搏肘每長七寸

烏頭門幷格子簽子桯每長一尺格子等搏肘版引檐不用門簪雞栖平棊梁抹瓣方幷亭等搏風版地棚地面版帳經藏仰托榥帳上混肚方牙脚帳壓青牙子壁藏枓槽版簽面之類同其裏栿隨水路兩邊各用

破子窗簽子桯每長一尺五寸

簽平棊桯每長二尺帳上搏同

藻井背版每廣二寸兩邊各用

水槽底版罨頭每廣三寸

帳上明金版每廣四寸帳經藏厦瓦版隨椽隔間用

隨榀簽門版每廣五寸帳幷經藏坐面隨榥背版井亭厦瓦版隨椽隔間用其山版用二枚

平棊背版每廣六寸簽角蟬版兩邊各用

帳上山華蕉葉每廣八寸牙脚帳隨榥釘頂版同

帳上坐面版隨棍每廣一尺

鋪作每枓一隻

帳并經藏車槽等澁子澁腰華版每瓣壁藏坐壼門牙頭同車槽坐腰面等澁背版隔瓣用明金版隔瓣用二枚

右各一枚

烏頭門搶柱每一條獨扇門等伏兔手把承拐楅用門簪雞栖立牌牙子平棊護縫鬭四瓣方帳上椿子車槽等處卧棍方子壁帳馬銜塡心轉輪經藏輞頰子之類同

護縫每長一尺井亭等脊角梁帳上仰陽隔枓貼之類同

右各二枚

七尺以下門楅每一條垂魚釘槫頭版引擔跳椽勾闌華托柱义子馬銜井亭槫脊帳并經藏腰檐抹角栿曲剜椽子之類同

露籬上屋版隨山子版每一縫

右各三枚

七尺至一丈九尺門楅每一條四枚平棊楅小𣏢棊枓槽版橫鈐立旌版門等伏兔槫柱日月版帳上角梁隨間栿牙脚帳格榥經藏井口榥之類同

二丈以上門楅每一條五枚隨圜橋子上促踏版之類同

鬭四并井亭子上枓槽版每一條帳帶猴面榥山華蕉葉鑰匙頭之類同

帳上腰檐鼓坐山華蕉葉枓槽版每一間

右各六枚

截間格子槫柱每一條上面八枚下面四枚

鬭八上枓槽版每片一十枚

小鬭四鬭八𣏢棊上并鉤闌門窻鴈翅版帳并壁藏天

宮樓閣之類隨宜計數

彫木作

寳牀每長五寸（脚并事件每件三枚）

雲盆每長廣五寸

右各一枚

角神安脚每一隻（膝窠四枚帯五枚安釘每身六枚）

扛坐神（力士同）每一身

華版每一片（如通長造者每一尺一枚其華頭係貼釘者每朶一枚若二寸以上加一枚）

虛柱每一條釘卯

右各二枚

混作真人童子之類高二尺以上每一身（二尺以下二枚）

柱頭人物之類，径四寸以上每一件如三寸以下一枚

寶藏神臂膊每一隻腿脚四枚，襜二枚，帶五枚，每一身安釘六枚

鶴子腿每一隻每翅四枚，尾每段一枚；如施於華表柱頭者，加脚釘每隻四枚

龍鳳之類接搭造每一縫纏柱者加一枚；如金身作浮動者，每長一尺又加二枚，每長增五寸加一枚

應貼絡每一件以一尺為率，每增減五寸各加減一枚，減至二枚止

椽頭盤子径六寸至一尺每一箇径五寸以下三枚

右各三枚

竹作

雀眼網貼每長二尺一枚

䉂竹笆每方一丈三枚

瓦作

樀當子嬪伽甋瓦華頭同每一隻

鷰頷或牙子版每長二尺

右各一枚

月版每叚每廣八寸二枚

套獸每一隻三枚

結瓦鋪箔係轉角處者每方一丈四枚

泥作

沙泥畫壁披麻每方一丈五枚

造泥假山每方一丈三十枚

塼作

井盤版每一片三枚

通用釘料例

每一枚

葱臺頭釘長一尺二寸盖下方五分重一十一兩長一尺一寸盖下方四分八厘重一十兩一分長一尺盖下方四分六釐重八兩五錢

猴頭釘長九寸盖下方四分重五兩三錢長八寸盖下方三分八釐重四兩八錢

卷葢釘長七寸盖下方三分五厘重三兩長六寸盖下方三分重二兩長五寸盖下方二分五厘重一兩四錢長四寸盖下方二分重七錢

圜盖釘長五寸盖下方二分三釐重一兩二錢長三寸五分盖下方一分八厘重六錢五分長三寸盖下方一分六厘重三錢五分

枴盖釘長二寸五分盖下方一分四釐重二錢二分五釐長二寸盖下方一分二釐重一錢五分

長一寸三分蓋下方一分重一錢長一寸蓋下方八釐重五分

葱臺長釘長一尺頭長四寸脚長六寸重三兩六分長八寸頭長三寸脚長五寸重二兩三錢五分長六寸頭長二寸脚長四寸重一兩一錢

兩入釘長五寸中心方二分二釐重六錢七分長四寸中心方二分重四錢三分長三寸中心方一分八釐重二錢七分長二寸中心方一分五釐重一錢二分長一寸五分中心方一分重八分

卷葉釘長八分重一分每一百枚重一兩

諸作用膠料例

小木作彫木作同

每方一尺入細生活十分中三分用鰾每膠一斤用木札二斤煎下準此

縫二兩

卯一两五錢

瓦作

應使墨煤每一斤用一两

泥作

應使墨煤每一十一两用七錢

綵画作

應顔色每一斤用下項櫳窨在内

土朱七两

黄丹五两

墨煤四两

雌黄三两土黄淀常使朱紅大青緑梓州孰大青緑二青緑定粉深朱紅常使紫粉同

石灰二两白土生二青绿青绿華同

合色

朱

緑

右各四两

緑華青華同二两五錢

紅粉

紫檀

右各二两

草色

緑四两

㴱綠（㴱青同）三两

綠華（青華同）

紅粉

右各二两五錢

襯金粉三两（用鏢）

煎合桐油每一斤用四錢

塼作

應使墨煤每一斤用八两

諸作等第

石作

鐫刻混作剔地起突及壓地隱起華或平鈒華（混作謂螭頭或

鉤闌之類

右爲上等

柱碇素覆盆階基望柱門砧流盃之類應素造者同

地面踏道地栿同

碑身笏頭及坐同

露明斧刃卷輂水窗

水槽井口井蓋同

右爲中等

鉤闌下螭子石闇柱碇同

卷輂水窗拽後底版山棚促脚同

右爲下等

大木作

鋪作枓栱角梁昂杪月梁同

絞割展拽地架

右為上等

鋪作所用槫柱栿額之類并安椽

枓口跳絞泥道栱或安側項方及用杷頭栱者同所用枓栱華駝峯楷子大連檐飛子之類同

右爲中等

枓口跳以下所用槫柱栿額之類并安椽

凡平闇內所用草架栿之類謂不事造者其枓口跳以下所用素駝峯楷子小連檐之類同

右為下等

小木作

版門牙縫透栓壘肘造

格子門闌檻鈎窻同

毬文格子眼四直方格眼出線自一混四攛尖以上造者同

桯出線造

鬭八藻井小鬭八藻井同

叉子內霞子望柱地栿衮砧隨本等造下同

櫺子馬啣同海石榴頭其身瓣內單混面上出心線以上造

串瓣內單混出線以上造

重臺鉤闌井亭子并胡梯同

牌帶貼絡彫華

佛道帳牙脚九脊壁帳轉輪經藏壁藏同

右爲上等

烏頭門軟門及版門牙縫同

破子窓井屋子同

格子門平棊及闌檻鉤窻同

格子方絞眼平出線或不出線造

桯方直破瓣攛尖素通混或壓邊線造同

栱眼壁版裹栿版五尺以上垂魚惹草同

照壁版合版造障日版同

擗簾竿六混以上造

叉子

櫺子雲頭方直出心線或出邊線壓白造

串側面出心線或壓白造

單鉤闌撮項蜀柱雲栱造素牌及棵籠子六瓣或八瓣造同

右爲中等

版門直縫造版櫺窓睒電牕同

截間版帳照壁障日版牙頭護縫造并屏風骨子及横鈐立旌之類同

版引檐地棚并五尺以下垂魚惹草同

擗簾竿通混破瓣造

叉子拒馬叉子同

櫺子踏瓣雲頭或方直笏頭造

串破瓣造托根或曲棖同

單鉤闌枓子蜀柱青蜓頭造棵籠子四瓣造同

右為下等

凡安卓上等門窻之類為中等中等以下並為下等

其門并版辟格子以方一丈為率於計定造作功限內以一功二分作下等每增減一尺各加減一分功烏頭門比版門合得下等功限加倍破子牎以六尺為率於計定功限內以五分功作下等每增減一尺各加減五厘功

彫木作

混作

角神寶藏神神同

華牌浮動神仙飛仙昇龍飛鳳之類

柱頭或帶仰覆蓮荷臺坐造龍鳳獅子之類

帳上纏柱龍纏寶山或牙魚或間華并扛坐神力士龍尾嬪伽同

半混

雕插及貼絡寫生牡丹華龍鳳獅子之類寶牀事件同

牌頭帶舌同華版

椽頭盤子龍鳳或寫生華鉤闌尋杖頭同

檻面鉤闌同雲栱鵞項矮柱地霞華盆之類同中下等準此剔地起突二卷或

一卷造

平棊內盤子剔地雲子間起突彫華龍鳳之類海眼版水地間海魚等同

華版

海石榴或尖葉牡丹或寫生或寶相或蓮荷帳上欹門車槽猴面等華版及裹栿障水填心版格子版壁腰内所用華版之類同中等準此

剔地起突卷搭造透突起突同

透突窪葉間龍鳳獅子化生之類

長生草或雙頭穗草透突龍鳳獅子化生之類

右為上等

混作帳上鴟尾獸頭套獸蹲獸同

半混

貼絡鴛鴦羊鹿之類平棊内角蟬并華之類同

櫼面鉤闌同雲栱窪葉平彫

垂魚惹草間雲鶴之類立椽平把飛魚同

華版透突窪葉平彫長生草或雙頭蕙草透突平彫或

剔地間鴛鴦羊鹿之類

右為中等

半混

貼絡香草山子雲霞

檻面鉤闌同

雲栱寶雲頭

万字鉤片剔地

叉子雲頭或雙雲頭

鋜脚壼門版帳帶同造實結帶或透突華葉

垂魚惹草實雲頭

槫枓蓮花（伏兔蓮荷及帳上山華蕉葉版之類同）

毬文格子挑白

右爲下等

旋作

寶牀所用名件（搘角梁寶缾穗鈴同）

右爲上等

寶柱（蓮華柱頂虛柱蓮華并頭瓣同）

火珠（滴當子椽頭盤子仰覆蓮胡桃子葱臺釘并蓋釘筒子同）

右爲中等

櫨枓

門盤浮漚瓦頭子錢子之類同

右為下等

竹作

織細棊文簟間龍鳳或華樣

右為上等

織細棊文素簟

織雀眼網間龍鳳人物或華樣

右為中等

織麤簟假棊文簟同

織素雀眼網

織笆編道竹栅打篛笍索夾載盖棚同

右爲下等

瓦作

結瓦殿閣樓臺

安卓鴟獸事件

斫事琉璃瓦口

右爲上等

瓶瓪結瓦廳堂廊屋用大當溝散瓪結瓦攤釘行壠同

斫事大當溝開剜鷰頷牙子版同

右爲中等

散瓪瓦結瓦

斫事大當溝并線道條子瓦

抹栈笆箔泥染黑粉白道繫箔并織造泥籃同

右為下等

泥作

用紅灰黄青白灰同

沙泥画壁被蔑披麻同

壘造鍋鑊竈燒錢鑪茶鑪同

壘假山壁隐山子同

右為上等

用破灰泥

壘坯牆

右為中等

細泥粗泥幷搭作中泥作襯同

織造泥籃

右為下等

彩画作

五彩裝飾閒用金同

青緑碾玉

右為上等

青緑棱閒

解緑赤白及結華画松文同

柱頭脚及槫畫束錦

右為中等

丹粉赤白刷土黄丹

刷門窻版壁义子鉤闌之類同

右為下等

塼作

鐫華

壘砌象眼踏道須弥華臺坐同

右爲上等

壘砌平階地面之類謂用斫磨塼者

斫事方條塼

右爲中等

壘砌麤臺階之類謂用不斫磨磚者

卷輂河渠之類

右為下等

窰作

鴟獸行龍飛鳳走獸之類同

火珠角珠滴當子之類同

右為上等

瓦坯黏較并造華頭撥重脣同

造琉璃瓦之類

燒變磚瓦之類

右為中等

塼坯

裝窰壘𡏖窰同

右爲下等

營造法式卷第二十八

營造法式卷第二十九

通直郎管修蓋皇弟外第專一提舉修蓋班直諸軍營房等臣李誡奉

聖旨編修

總例圖樣

圜方方圜圖

壕寨制度圖樣

景表版等第一

水平真尺第二

石作制度圖樣

柱礎角石等第一

踏道螭首第二

殿內鬪八第三

鉤闌門砧第四

流盃渠第五

總例圖樣

圜方方圜圖

圜方圖

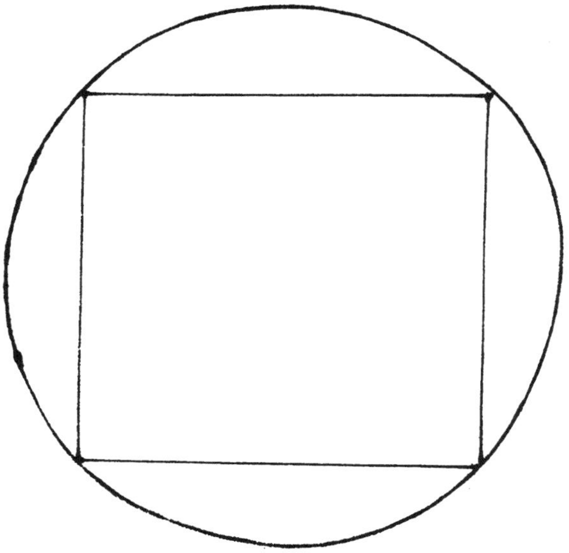

方圜圖

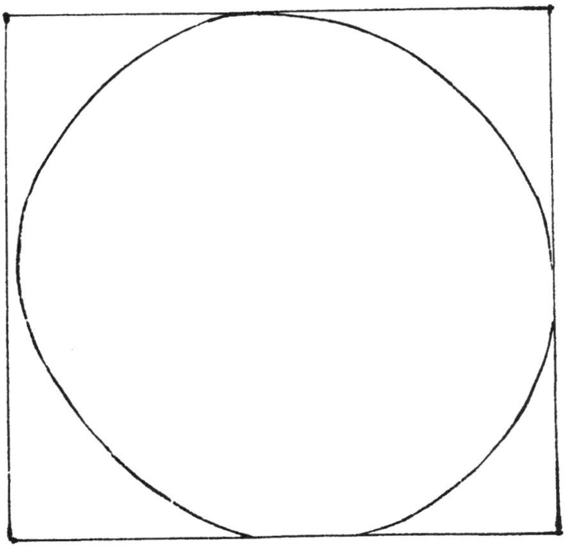

壕寨制度圖樣

景表版等第一

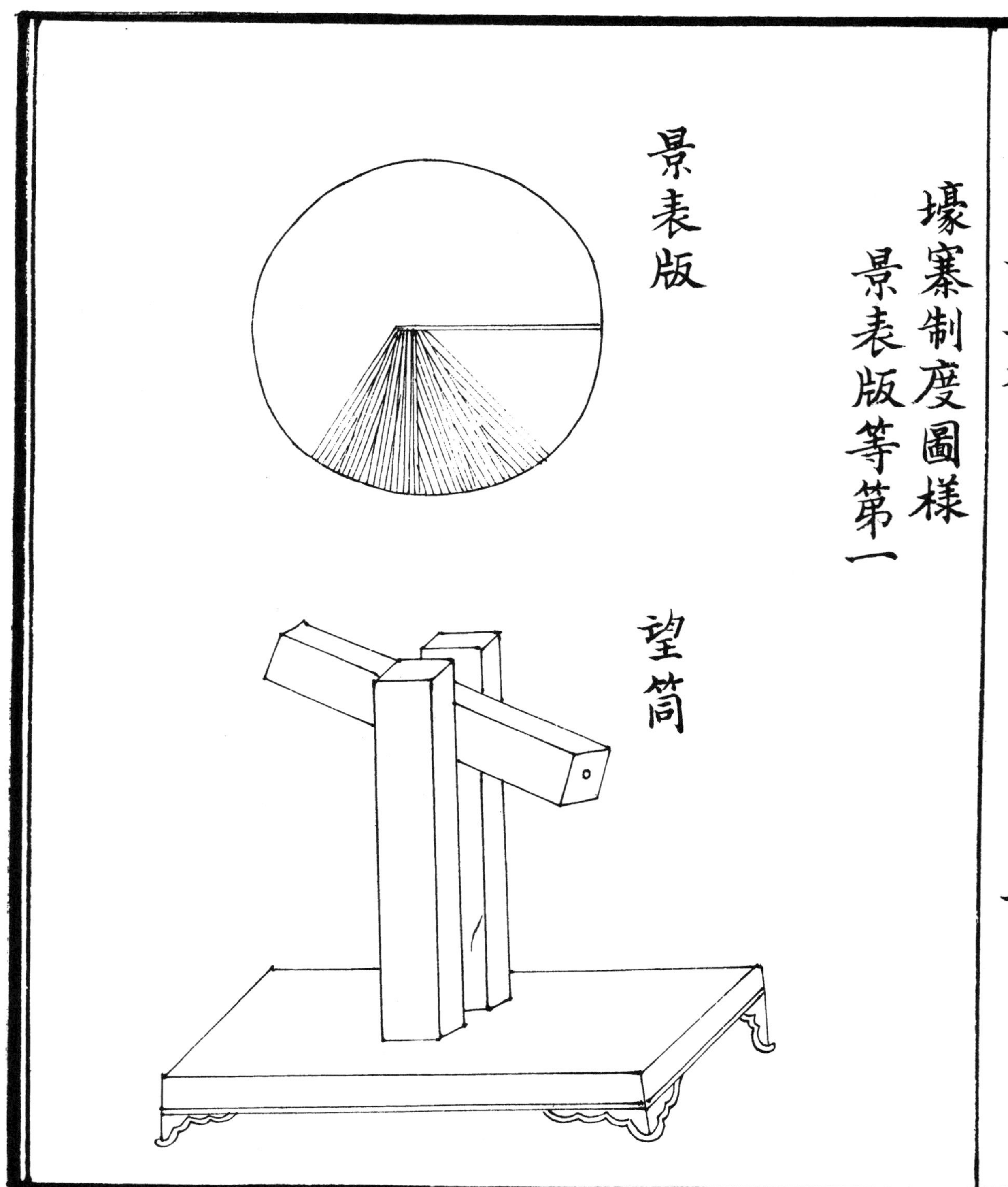

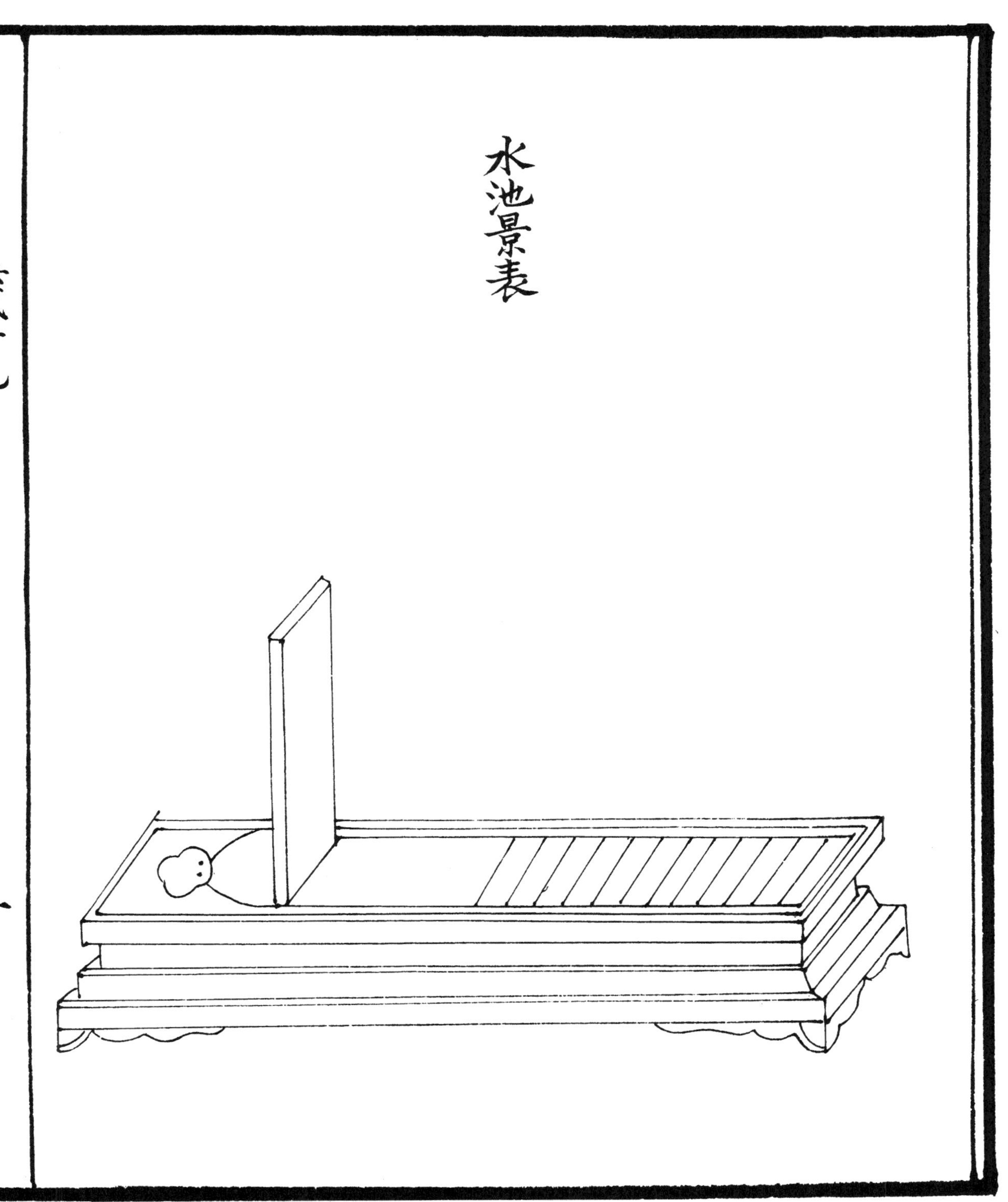
水池景表

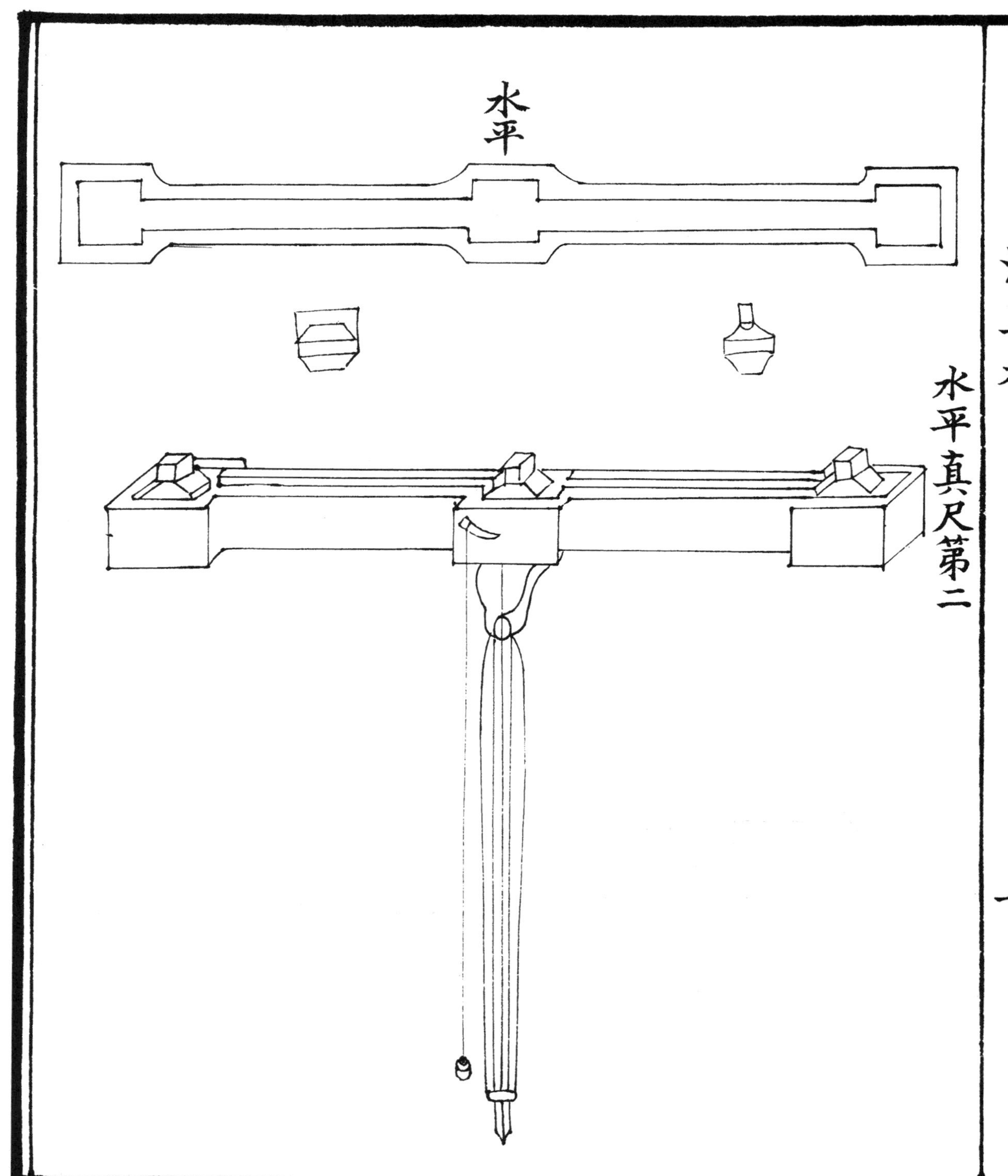
水平
水平真尺第二

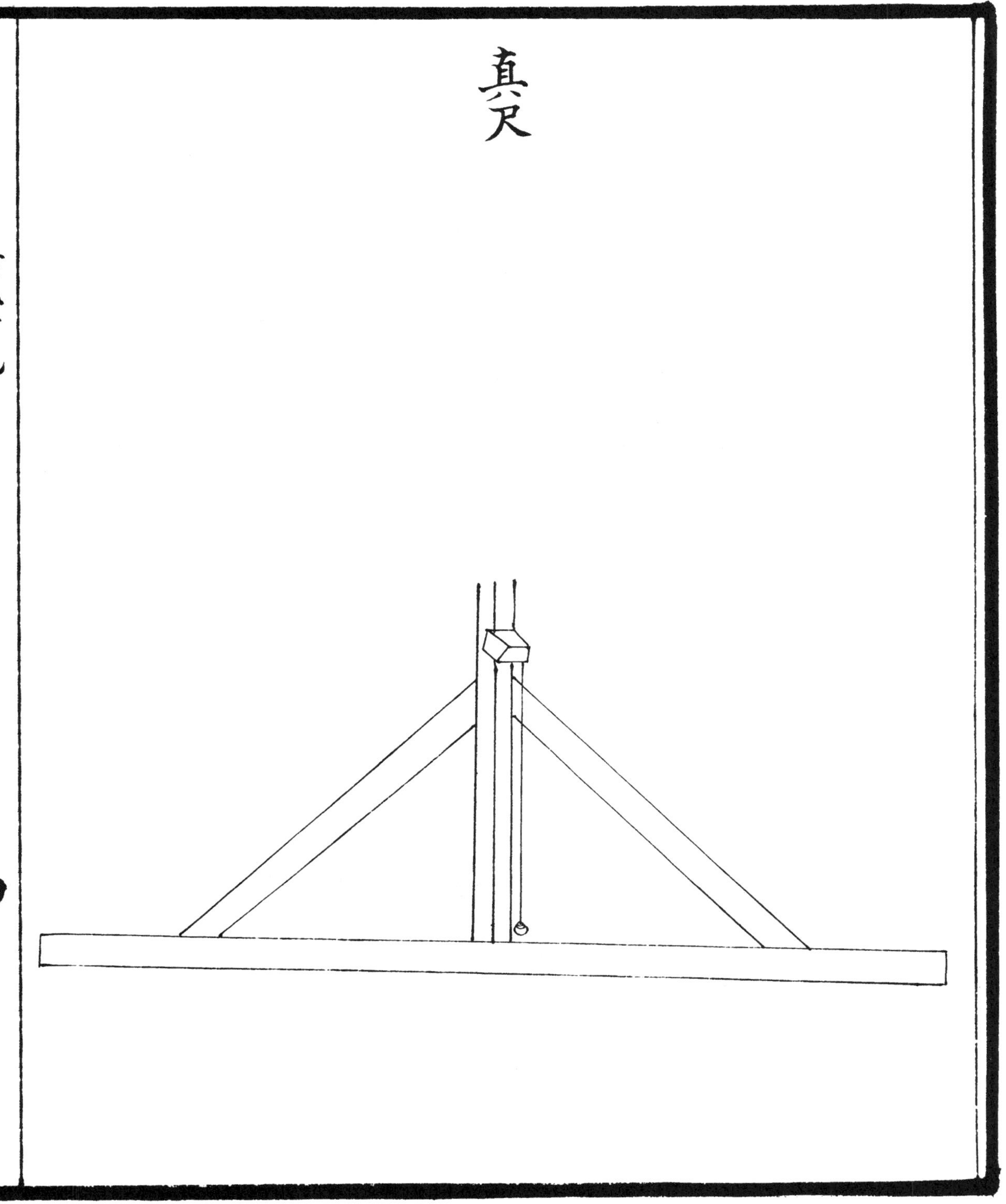
真尺

石作制度圖樣

柱礎角石等第一

柱礎

剔地隱起海石榴華

龍水

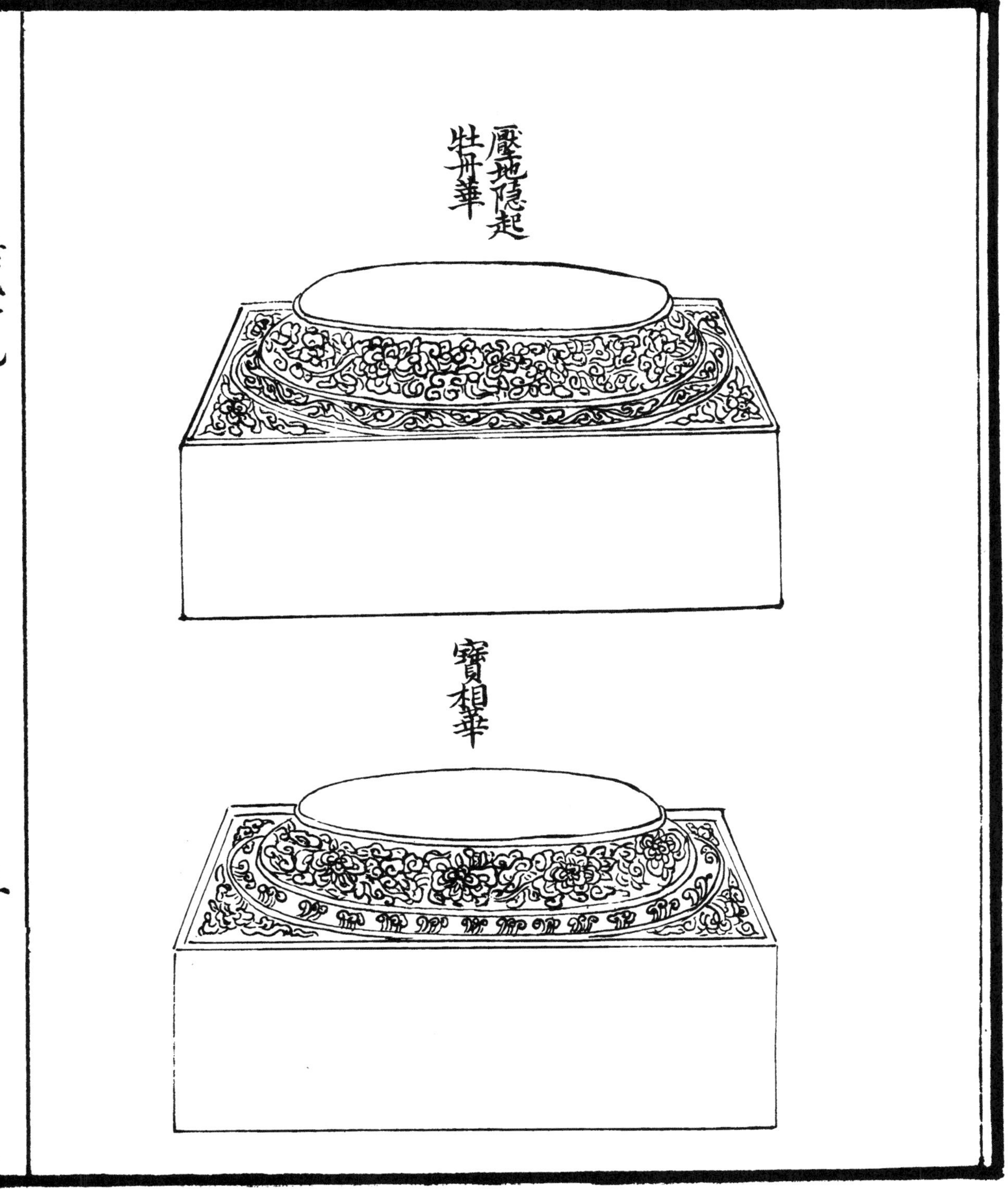
壓地隱起
牡丹華
寶相華

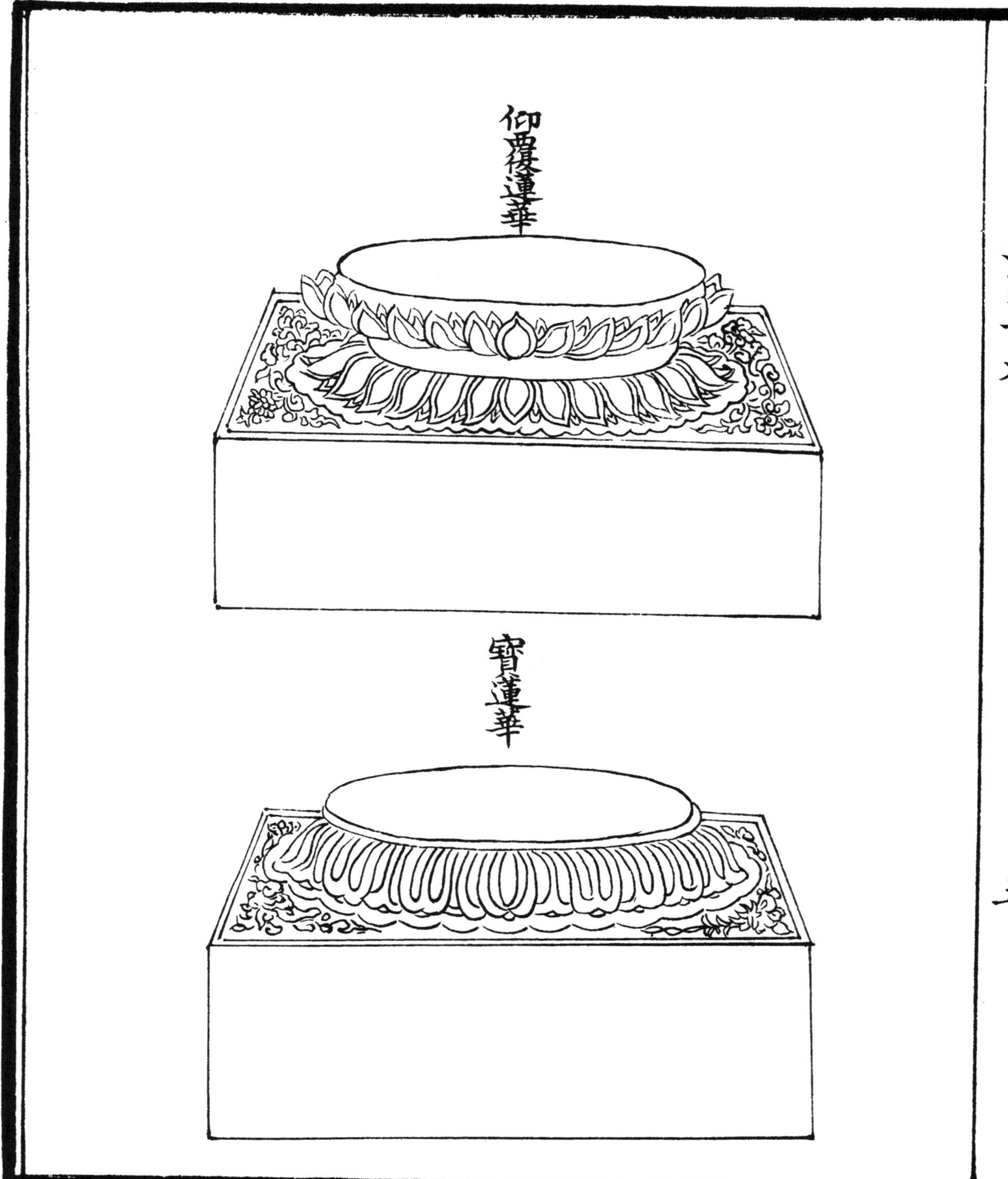
仰覆蓮華
寶蓮華

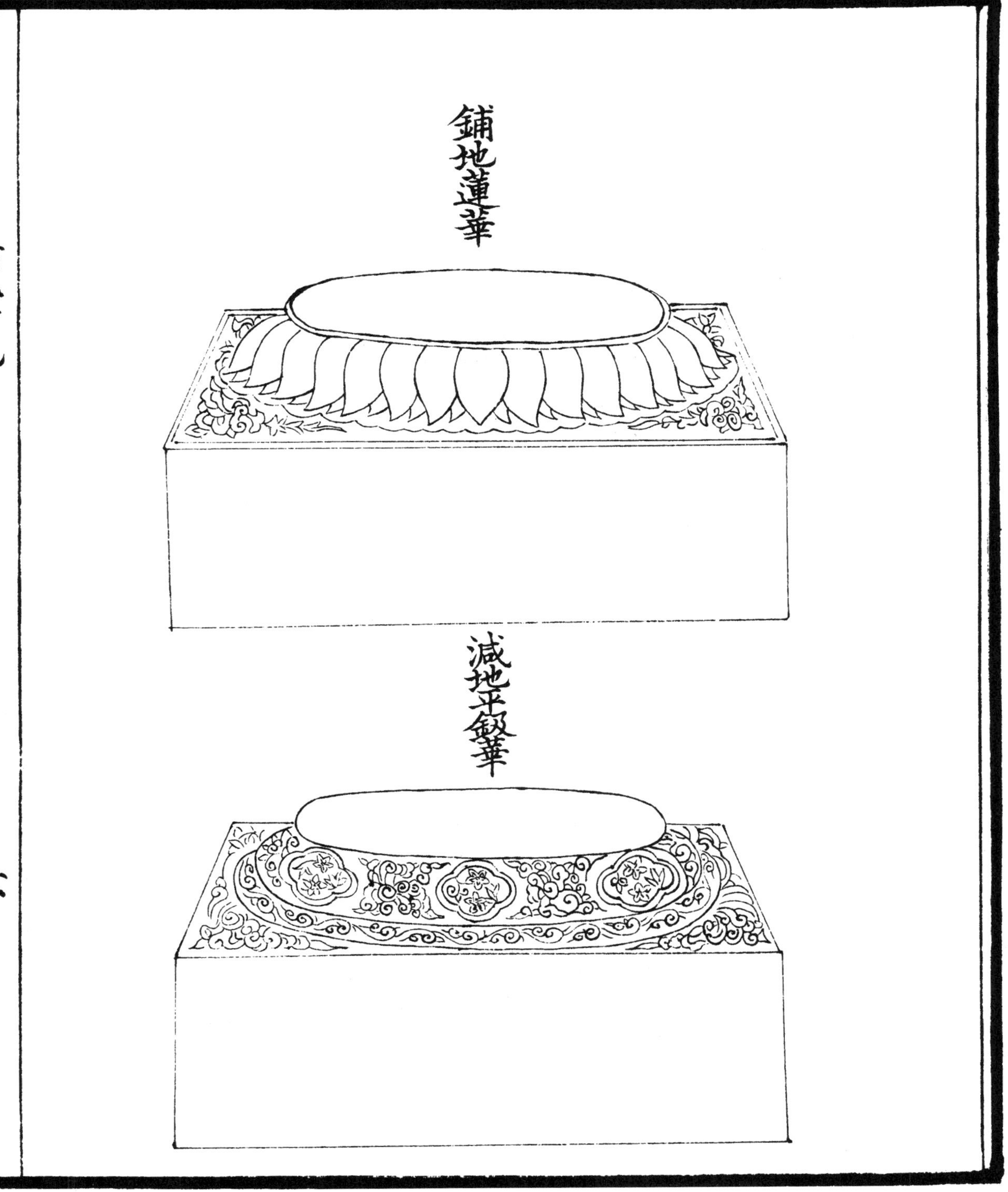
鋪地蓮華
減地平鈒華

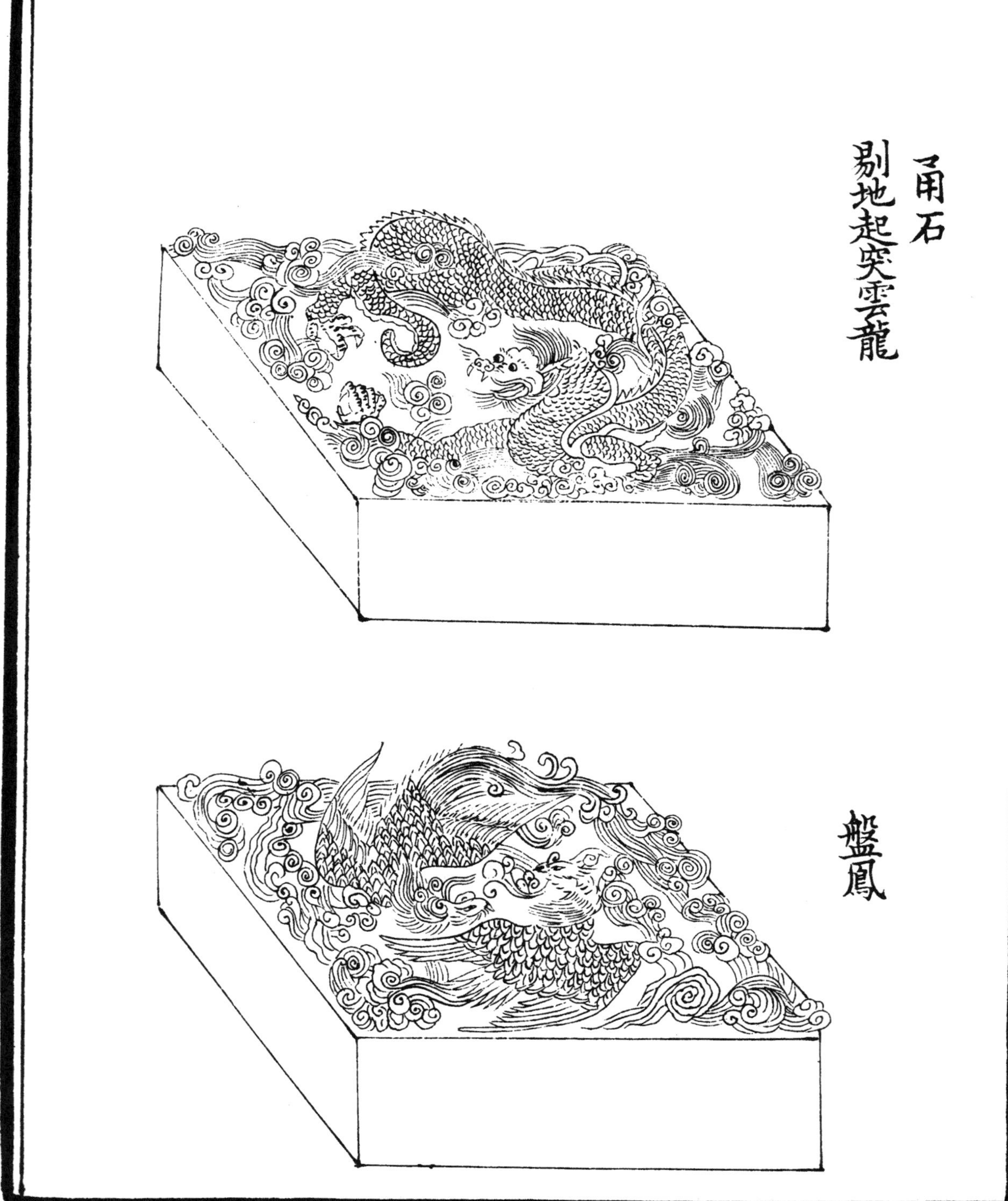
角石
剔地起突雲龍
盤鳳

剔地起突師子

壓地隱起海石榴華

階基疊澁坐角柱

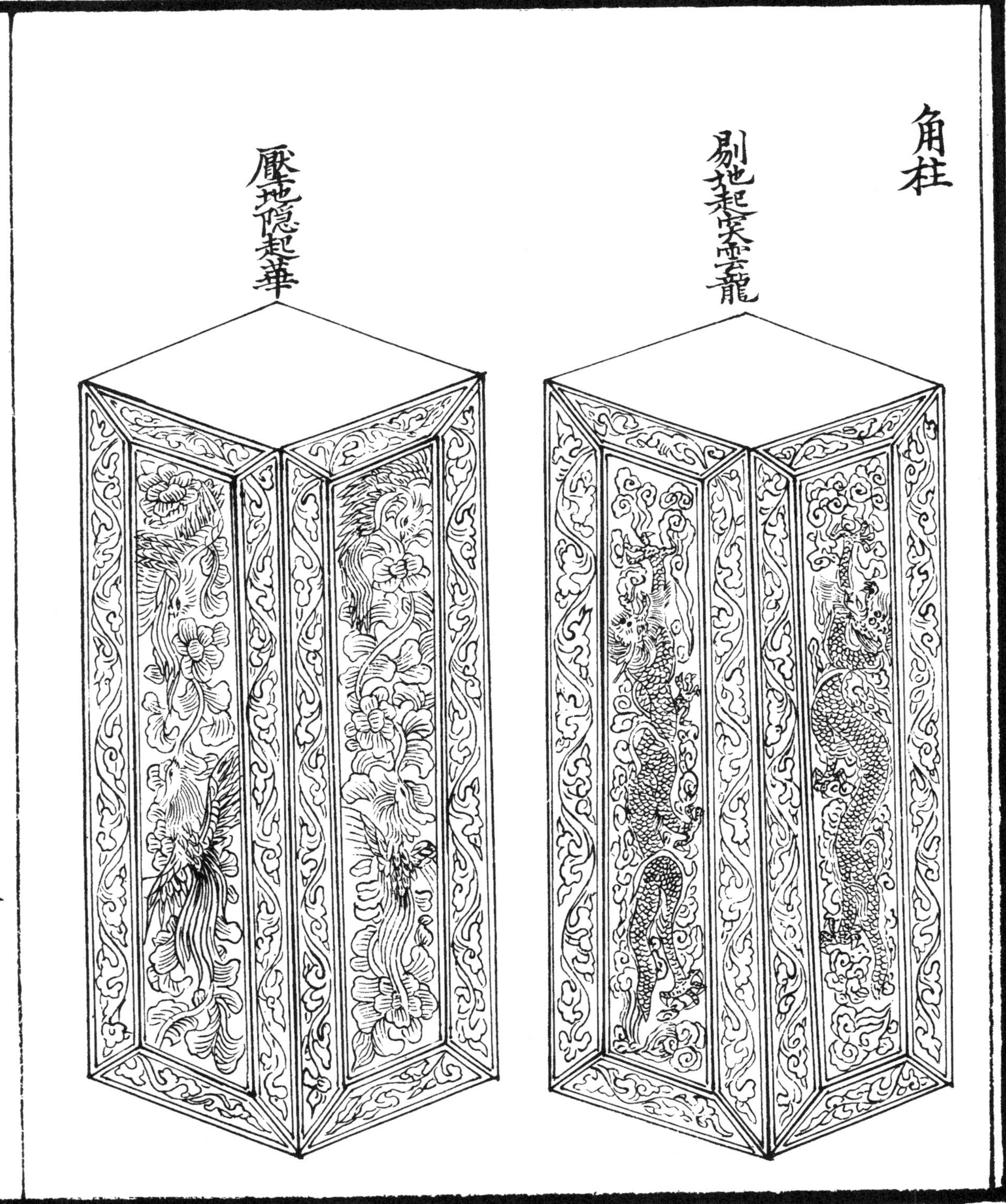
角柱
剔地起突雲龍
壓地隱起華

壓闌石

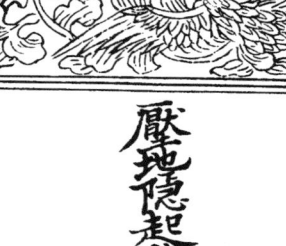

踏道螭首第二

踏道

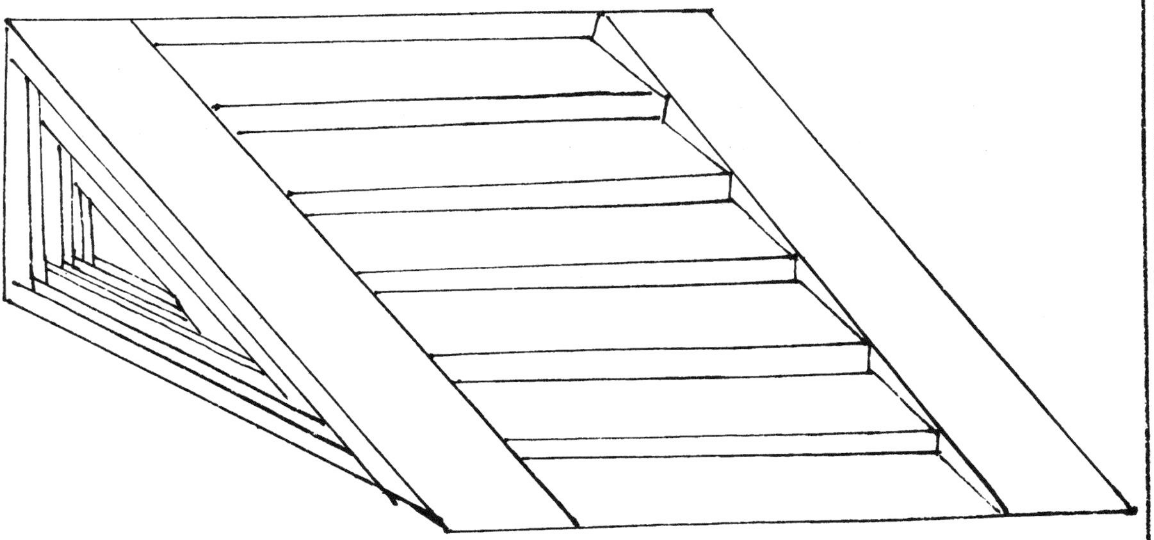

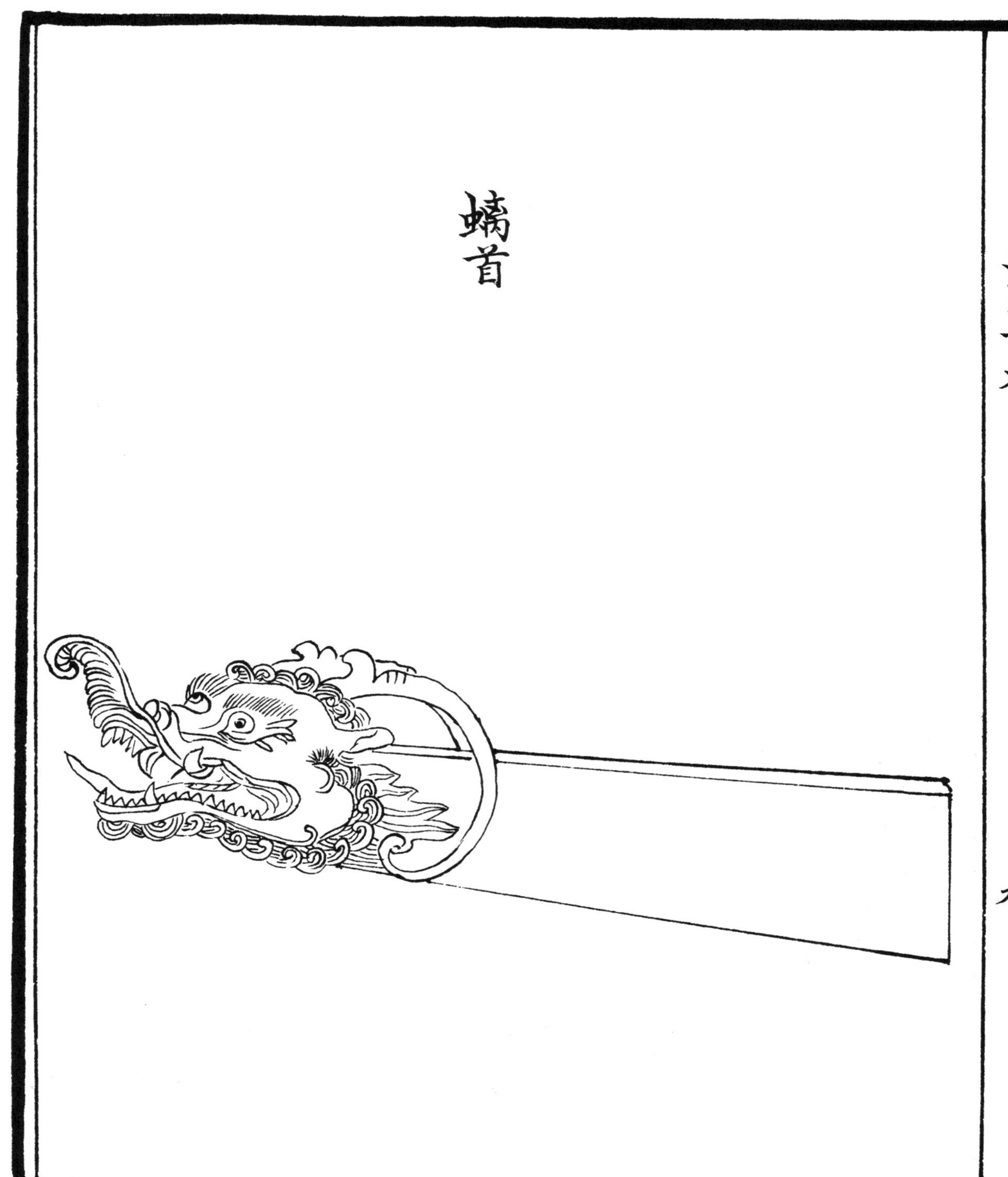
螭首

法式二十九

十

殿堂內地面心鬭八

殿內鬭八第三

鉤闌門砧第四

重臺鉤闌

單鉤闌

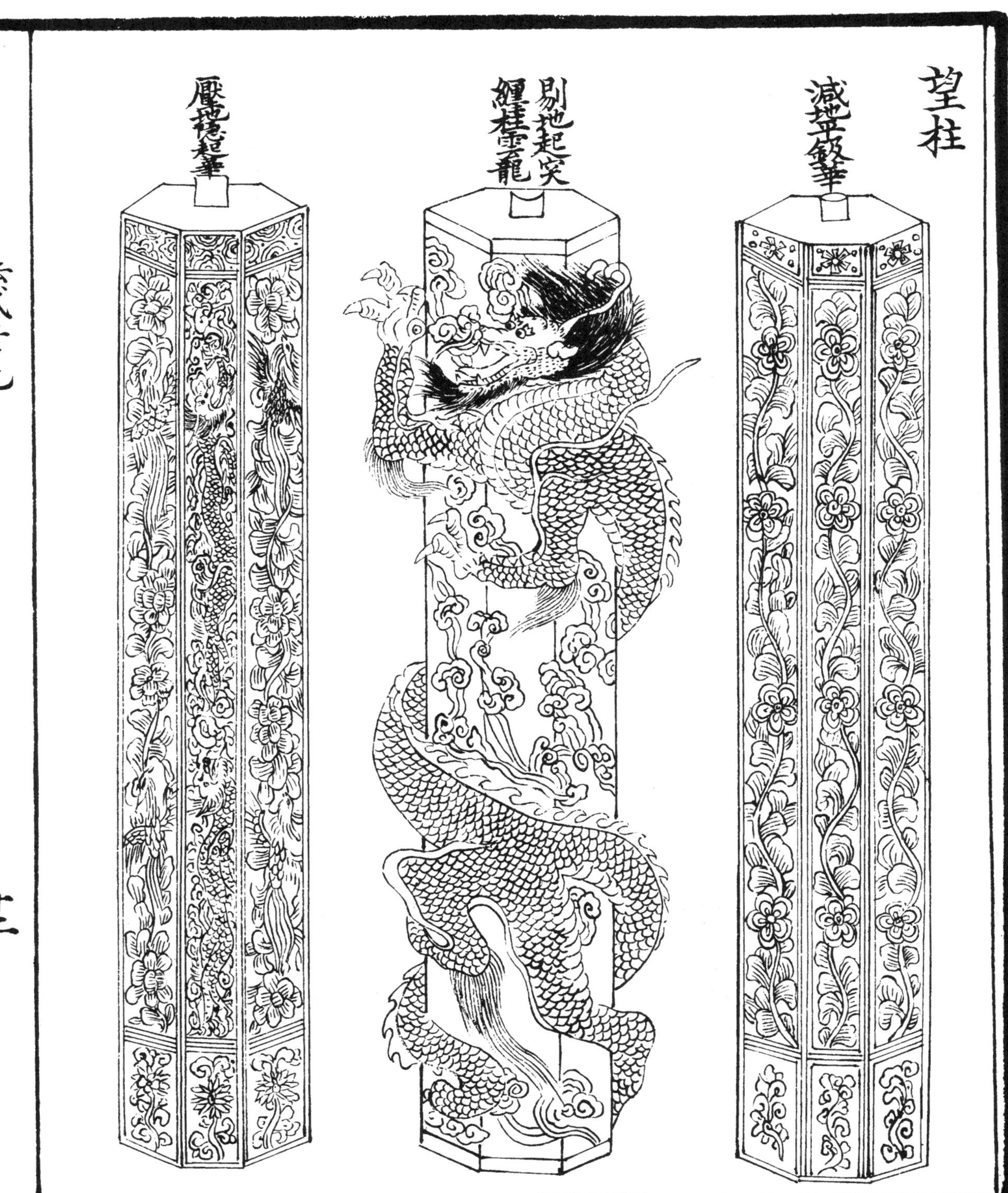
望柱
減地平鈒華
剔地起突
纏柱雲龍
壓地隱起華

望柱頭師子

望柱下坐

門砧

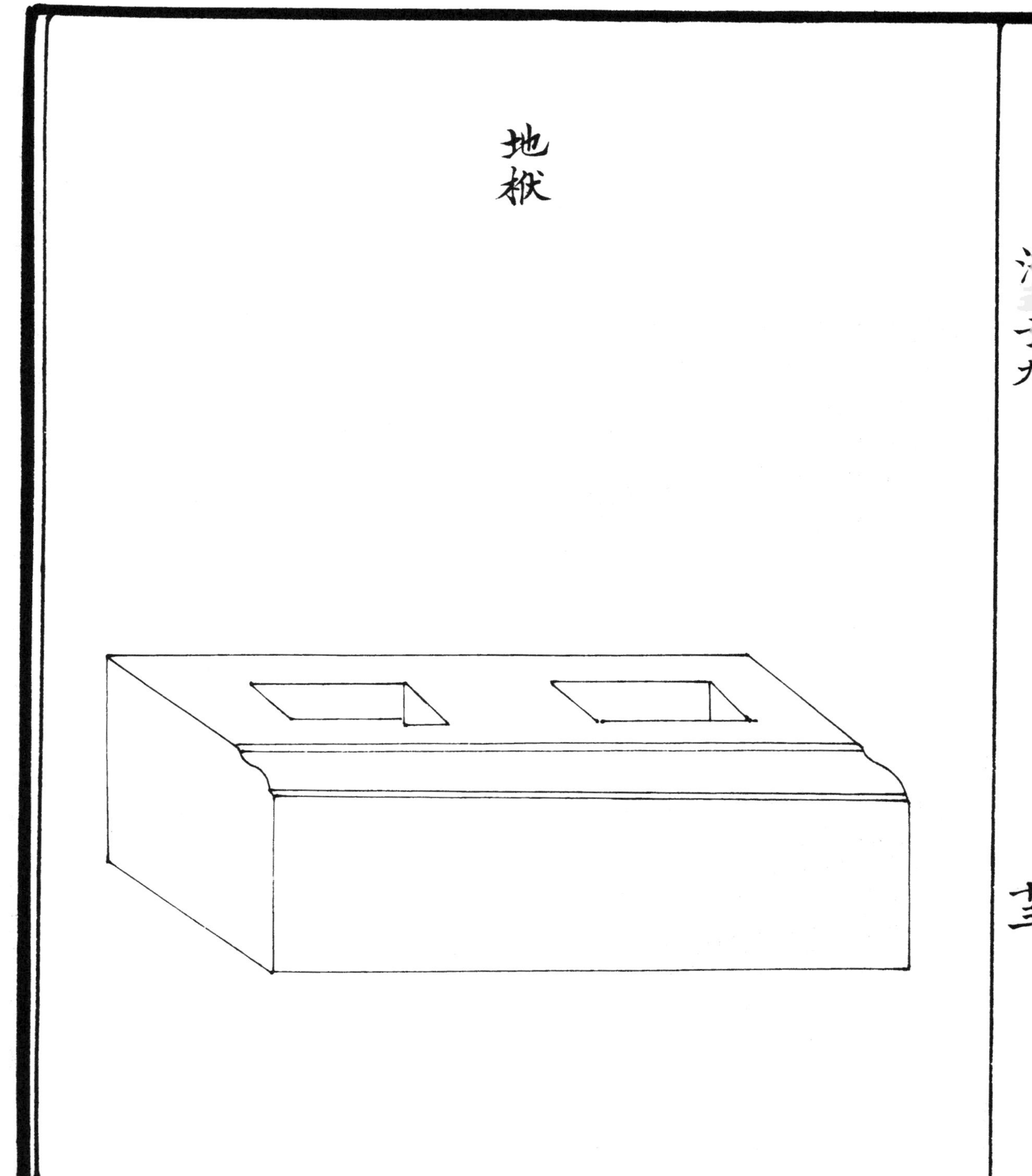
地栿

流盃渠第五

國字流盃渠

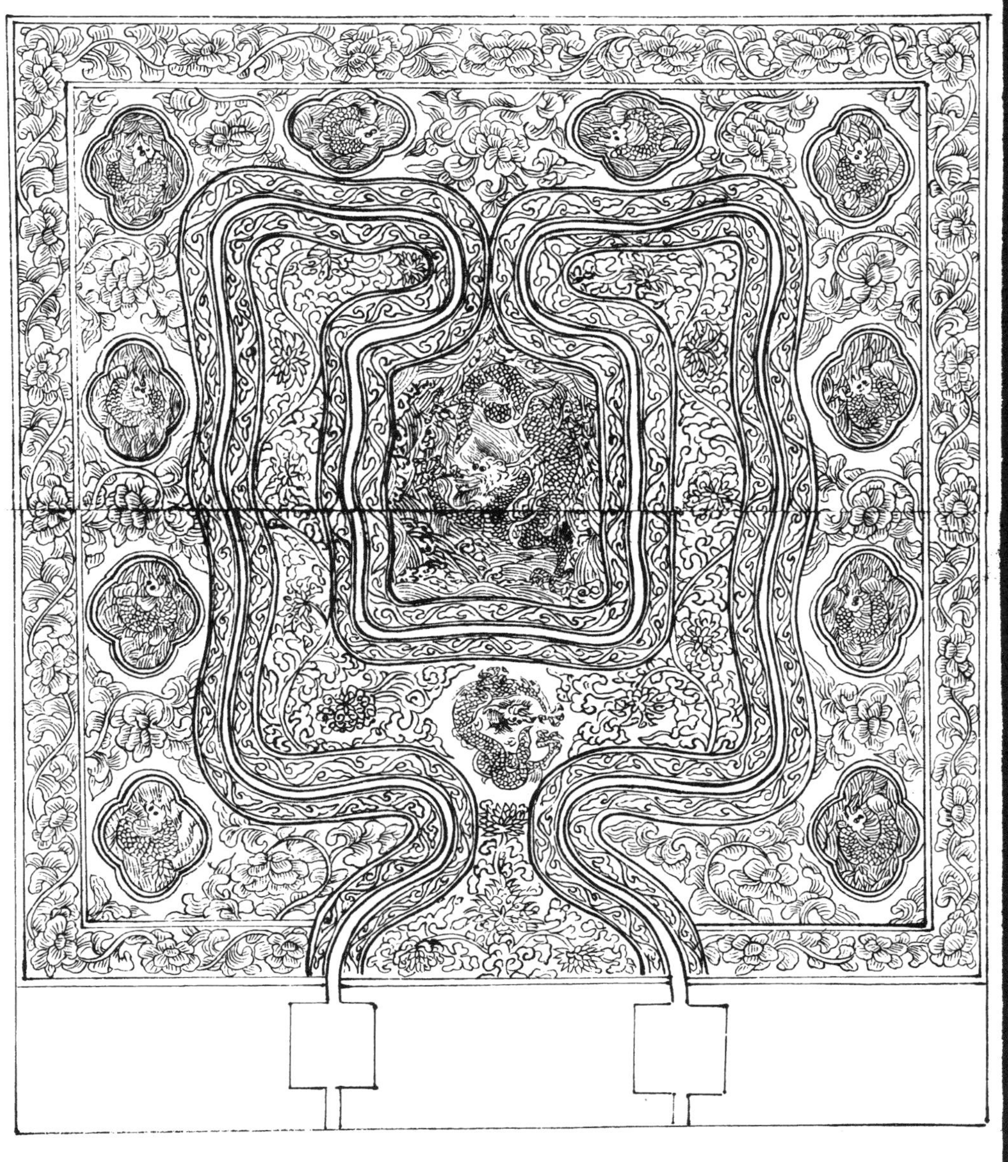

法式三十九

十四

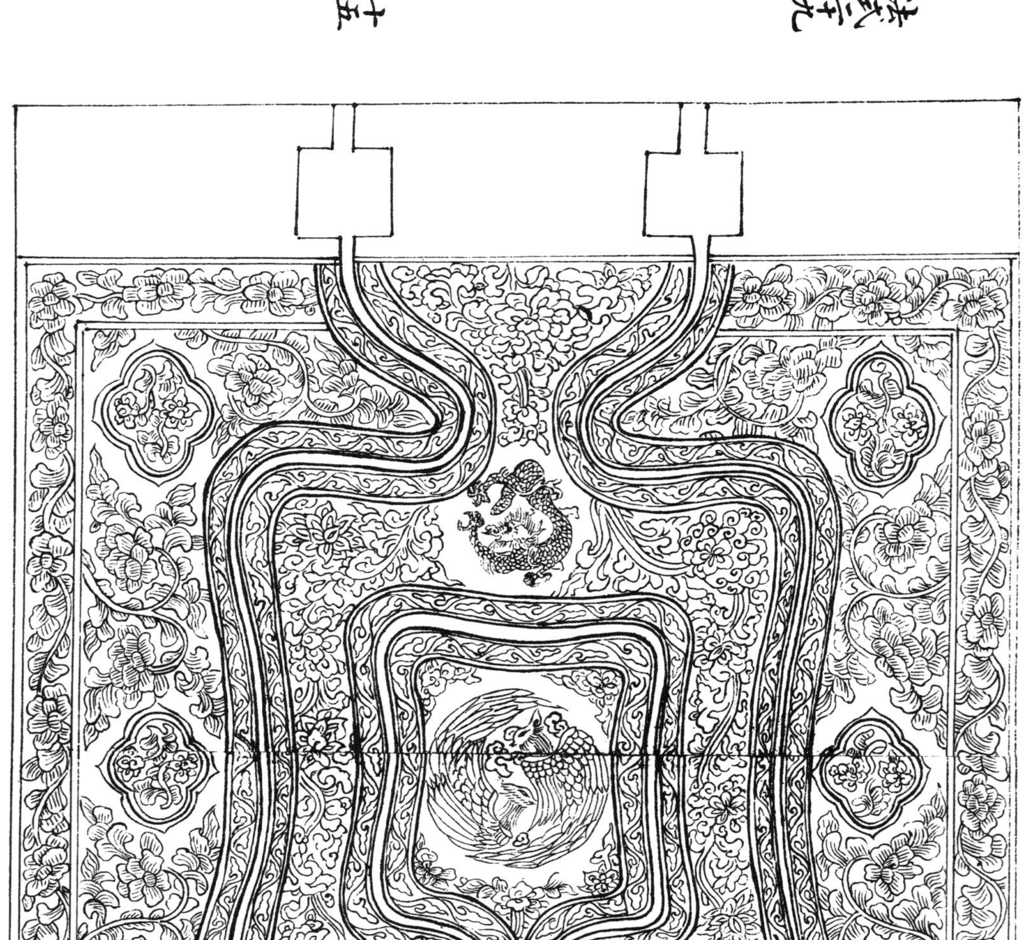

風字流盃渠

營造法式卷第二十九

營造法式卷第三十

通直郎管修蓋皇弟外第專一提舉修蓋班直諸軍營房等臣李誡奉

聖旨編修

大木作制度圖樣上

栱枓等卷殺第一

梁柱等卷殺第二

下昂上昂出跳分數第三

舉折屋舍分數第四

絞割鋪作栱昂枓等所用卯口第五

梁額等卯口第六

合柱鼓卯第七

榑縫襻間第八

鋪作轉角正樣第九

栱枓等卷殺第一

華栱

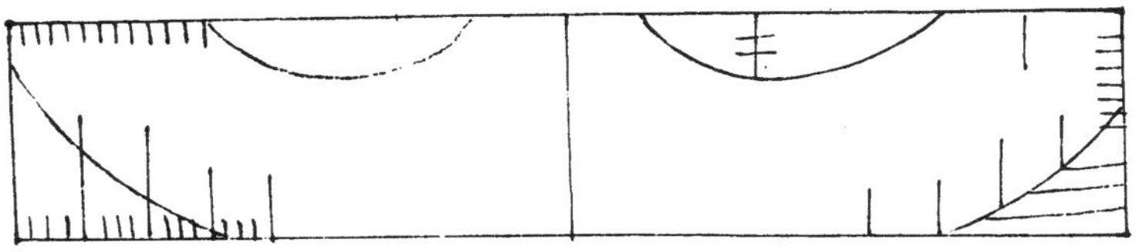

泥道栱

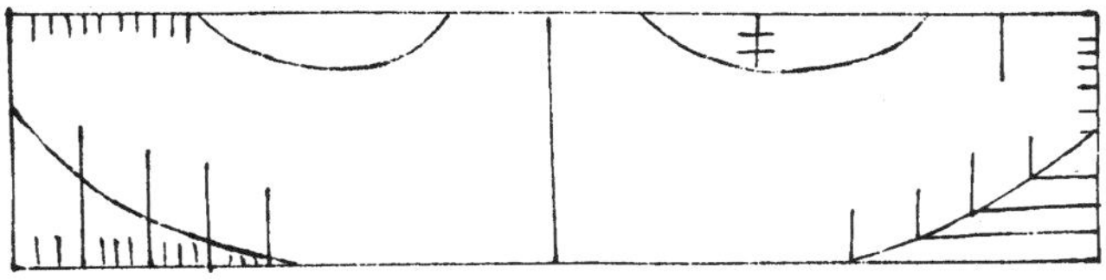

慢栱

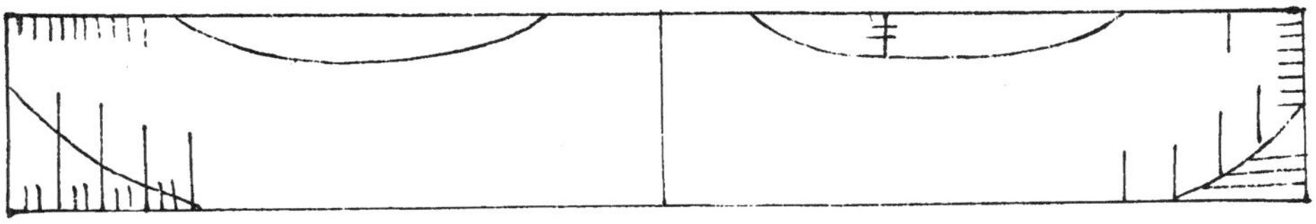

瓜子栱

令栱

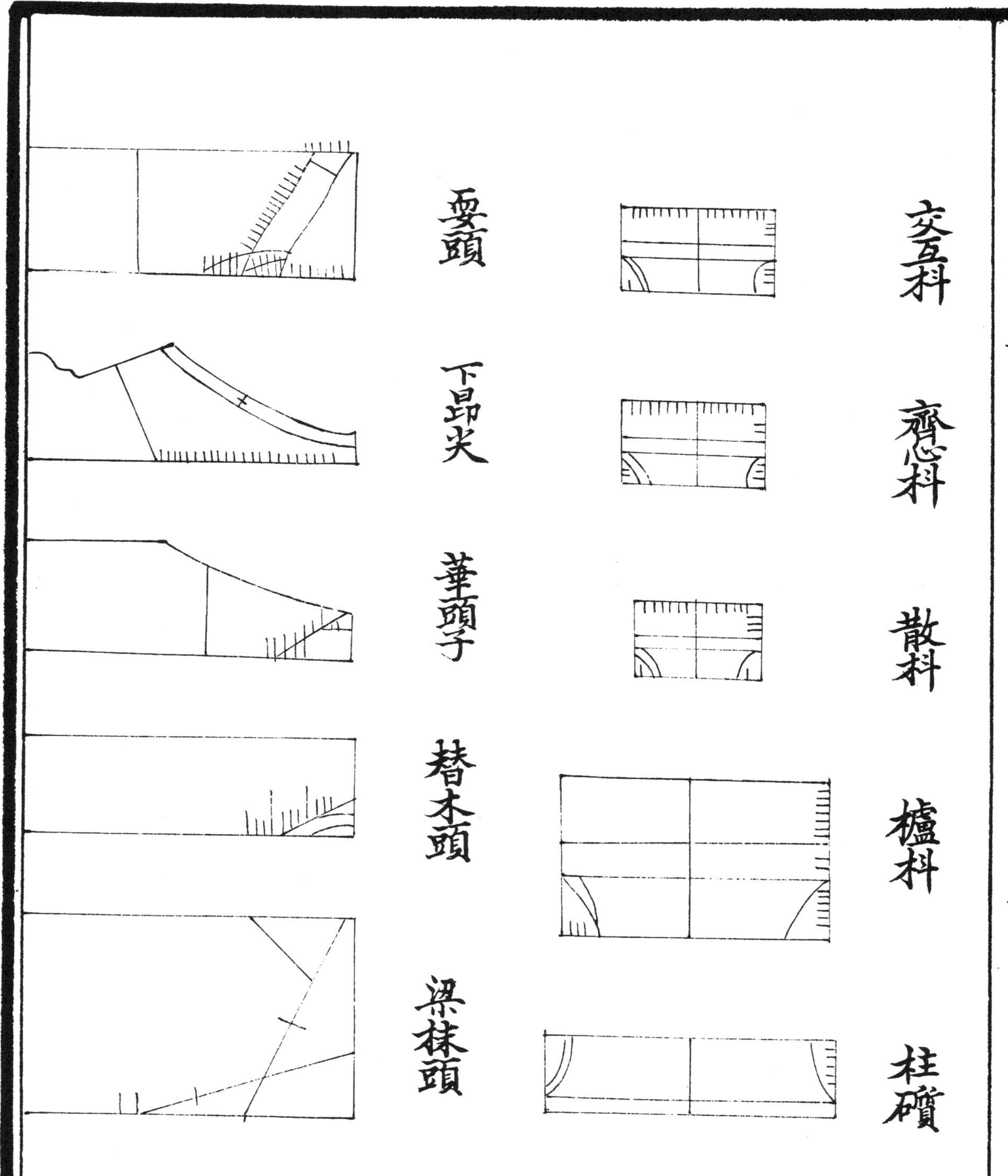
交互枓
齊心枓
散枓
櫨枓
柱櫍
耍頭
下昂尖
華頭子
替木頭
梁抹頭

梁柱等卷殺第二

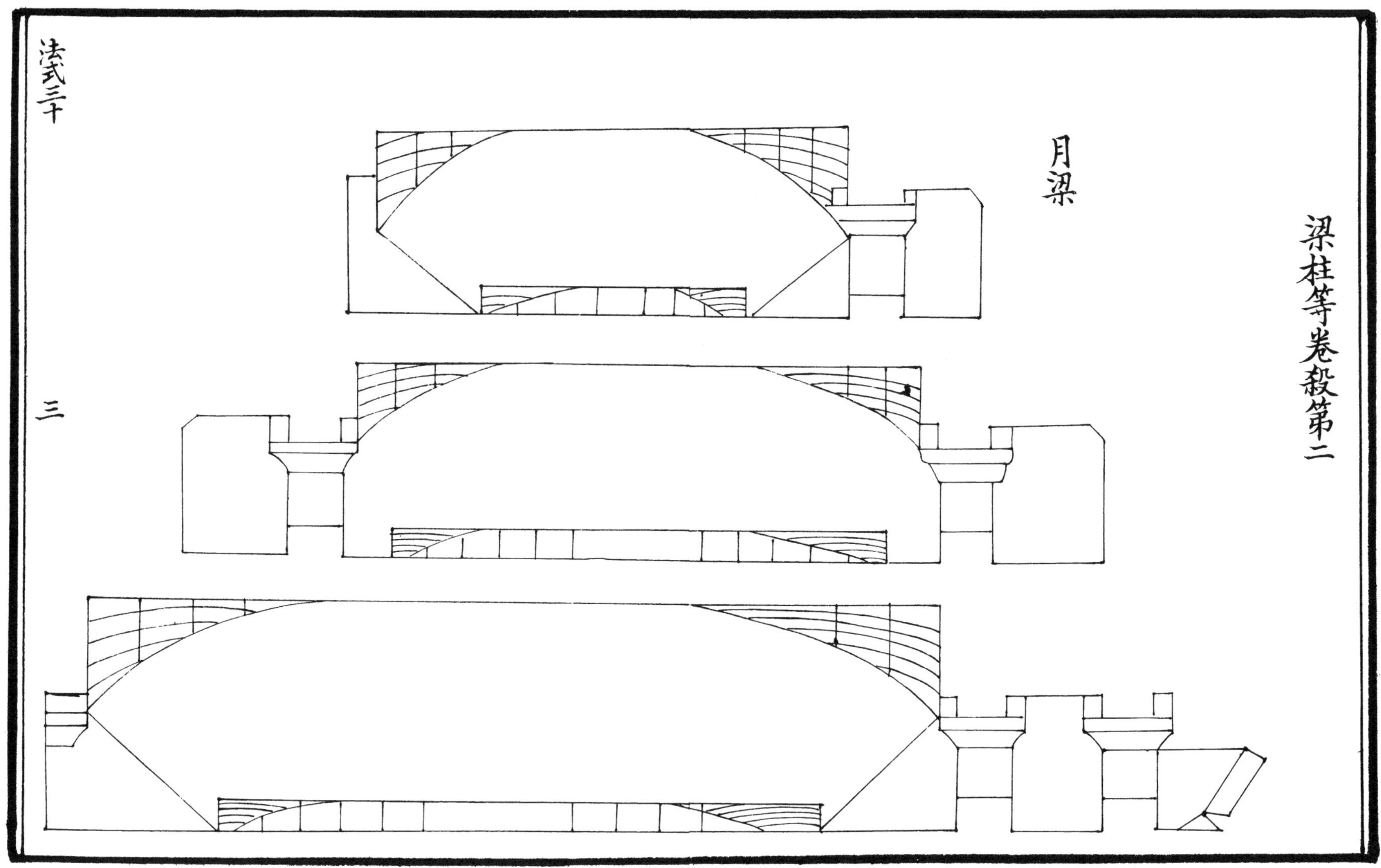

額肚并柱樣

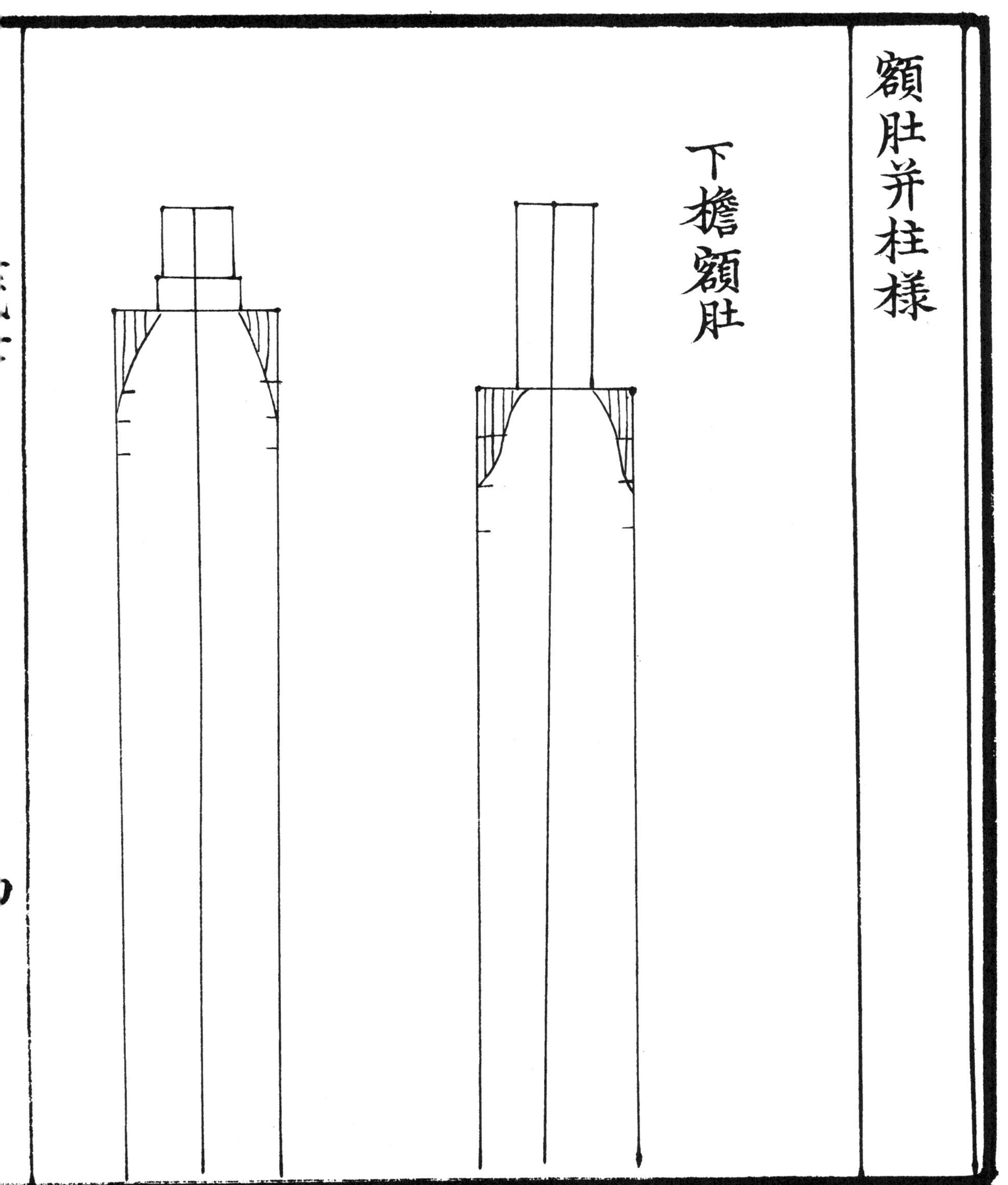

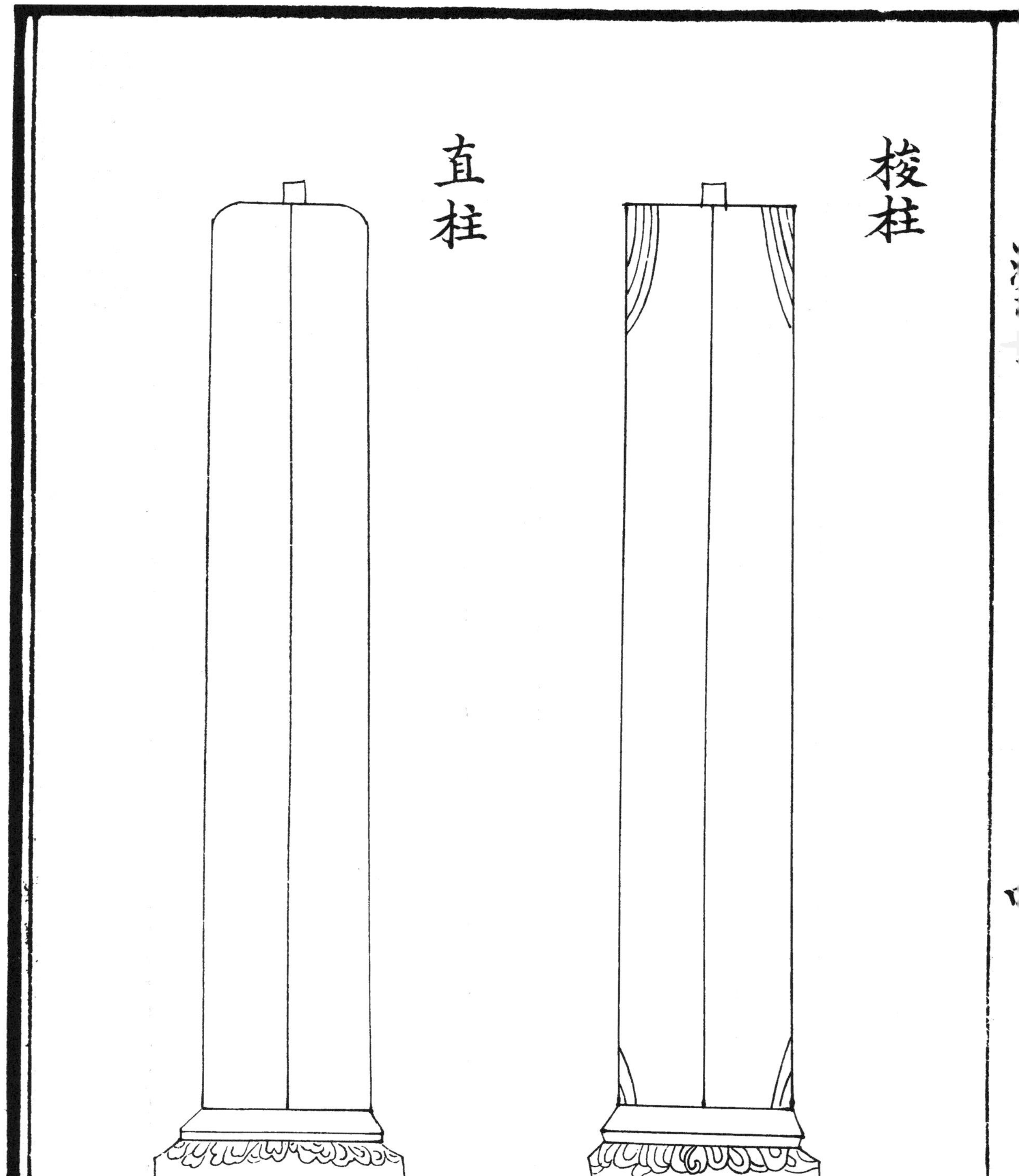
直柱
梭柱

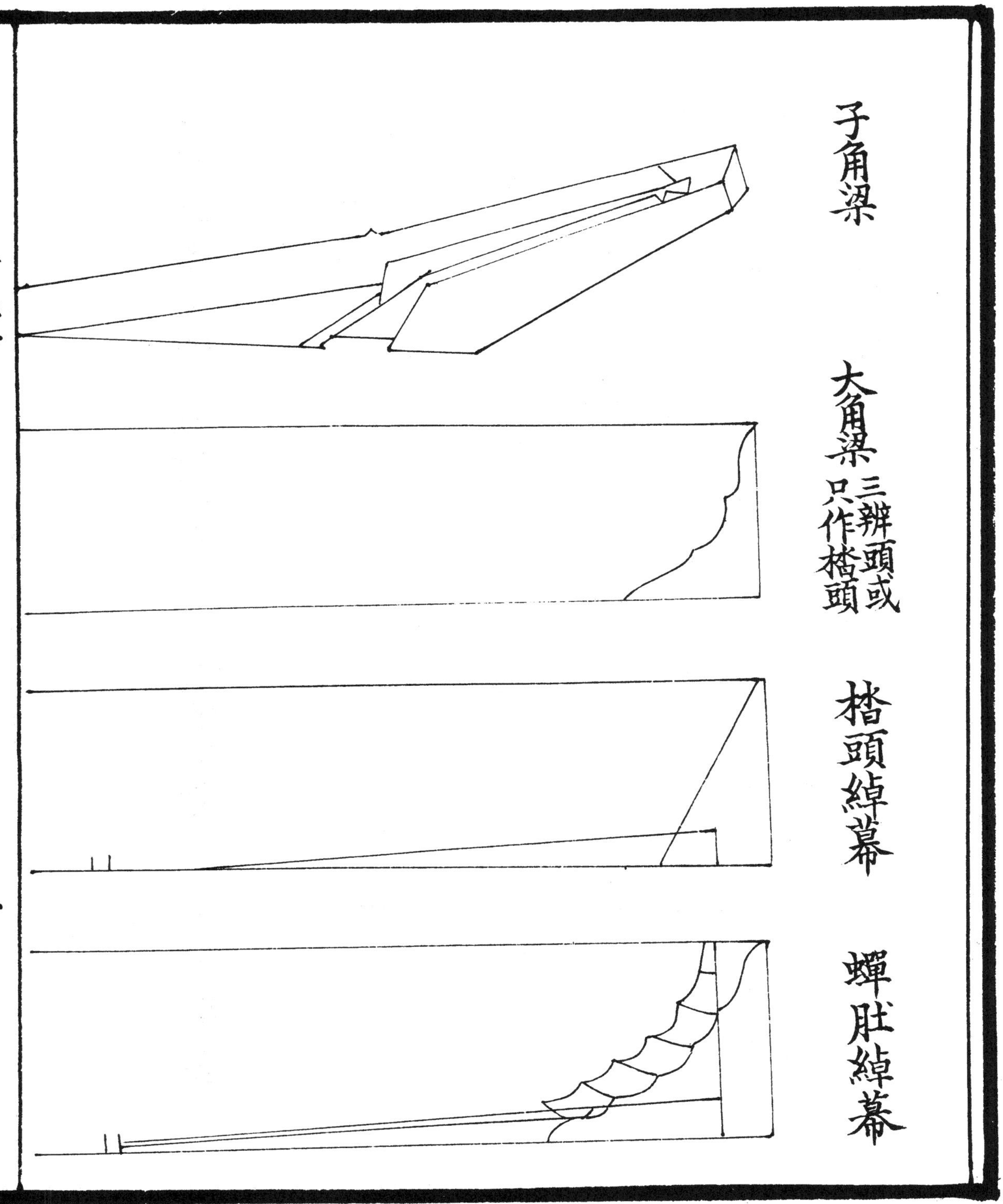
子角梁
大角梁
三辦頭或
只作楷頭
楷頭綽幕
蟬肚綽幕

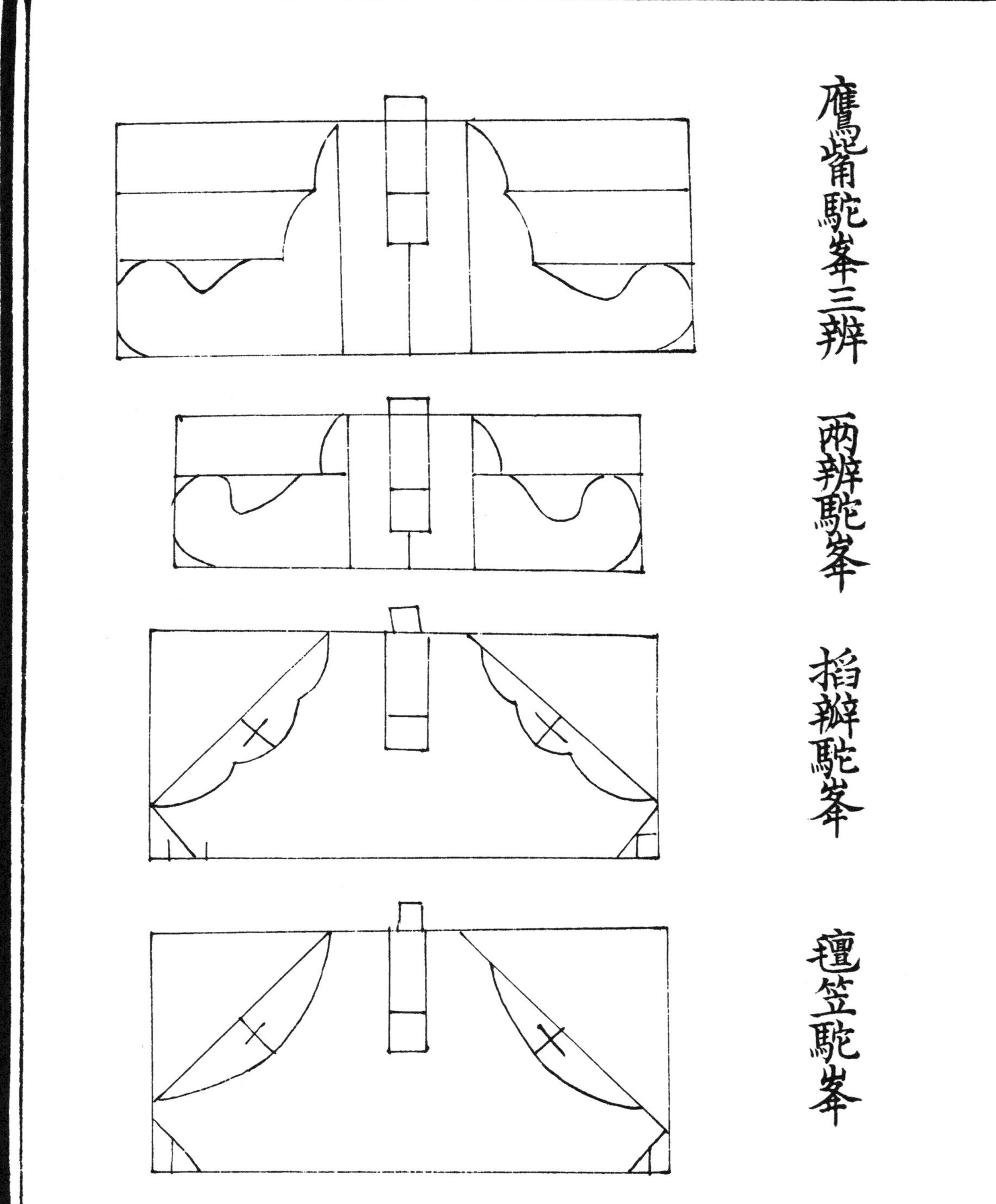
鷹嘴駝峯三辧
兩辧駝峯
搯辧駝峯
氊笠駝峯

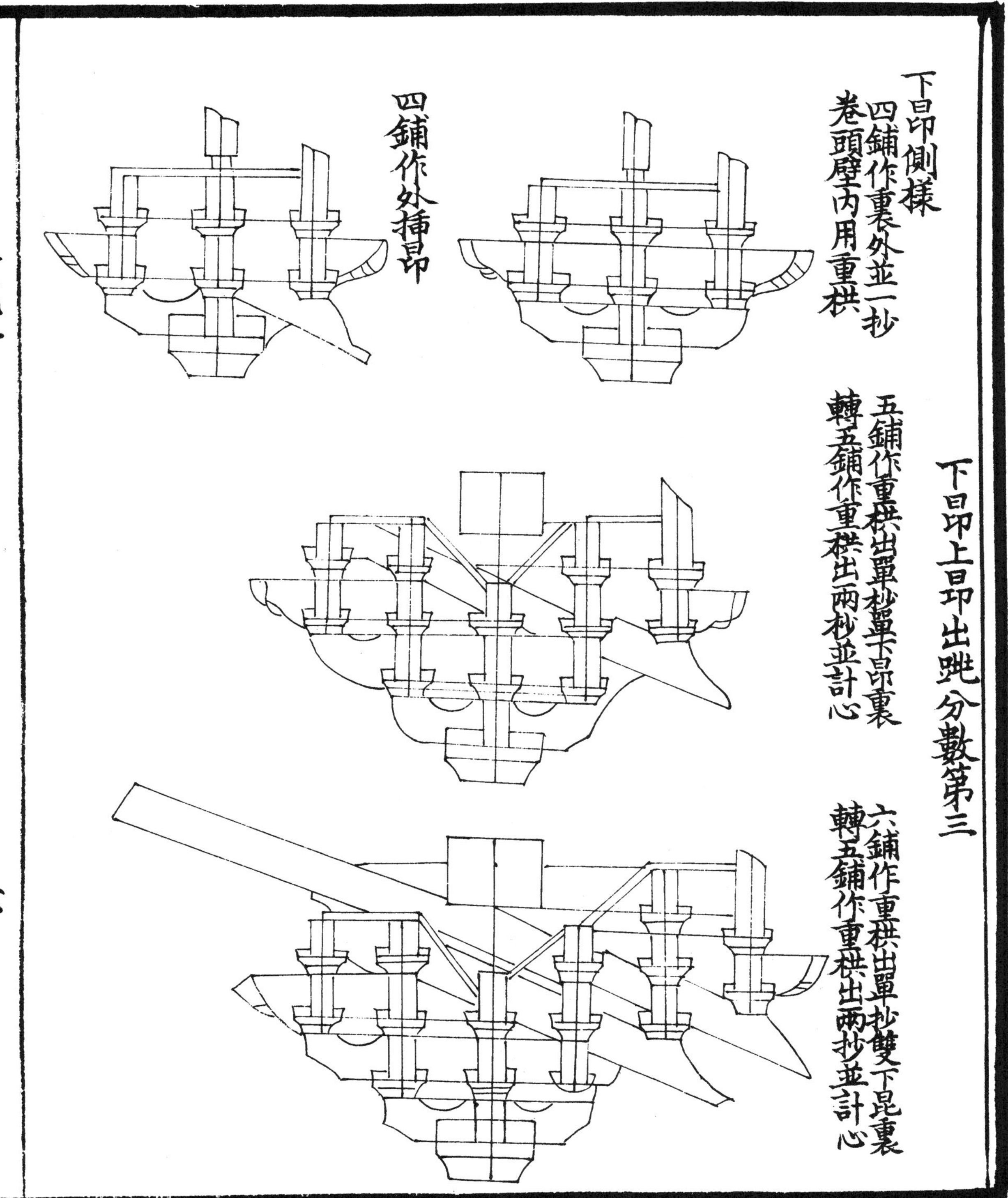
下昂上昂出跳分數第三
下昂側樣
四鋪作裏外並一杪
卷頭壁內用重栱
四鋪作外插昂
五鋪作重栱出單杪單下昂裏
轉五鋪作重栱出兩杪並計心
六鋪作重栱出單杪雙下昂裏
轉五鋪作重栱出兩杪並計心

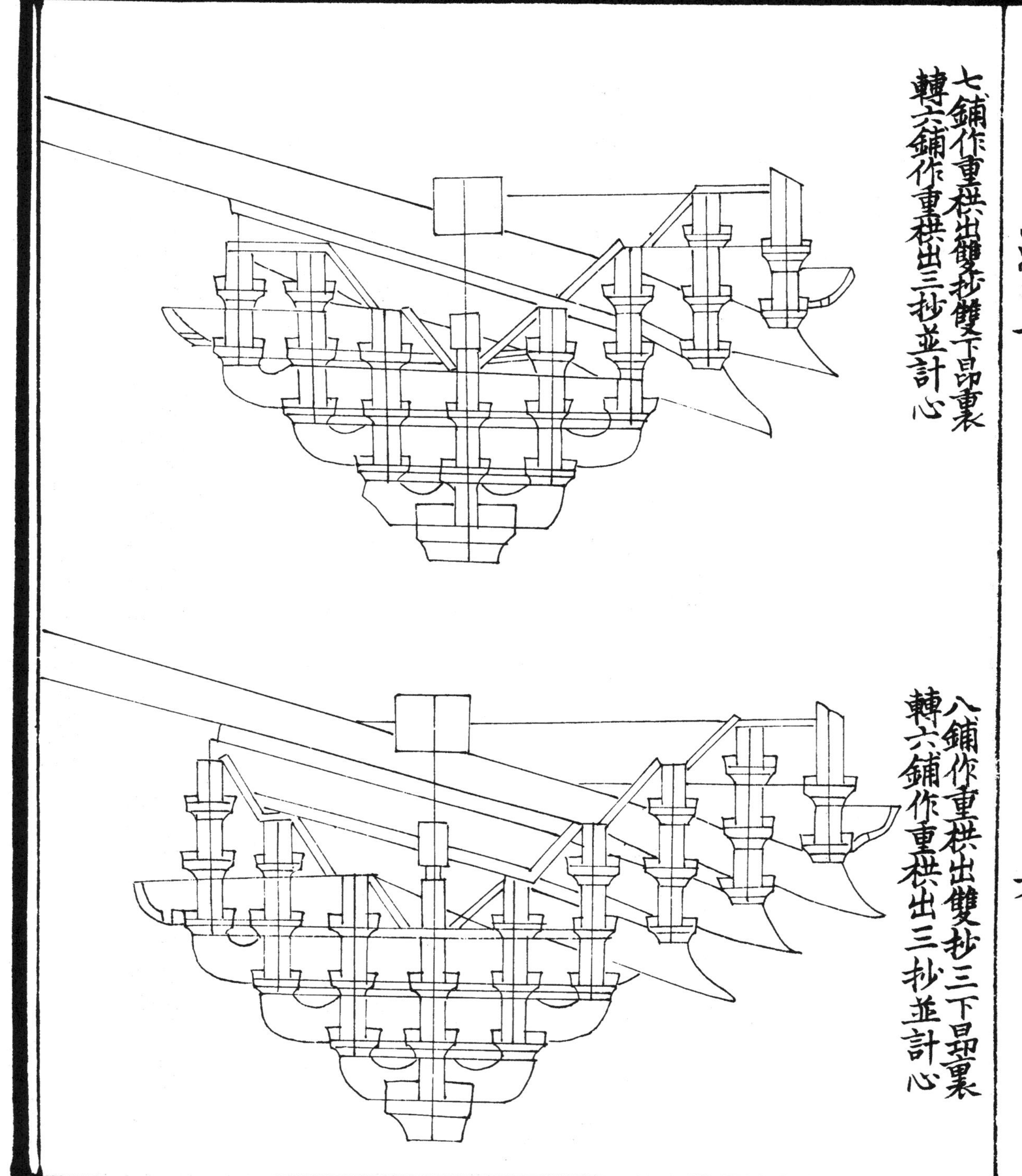

七鋪作重栱出雙抄雙下昂裏轉六鋪作重栱出三抄並計心

八鋪作重栱出雙抄三下昂裏轉六鋪作重栱出三抄並計心

上昂側樣

五鋪作重栱出上昂並計心

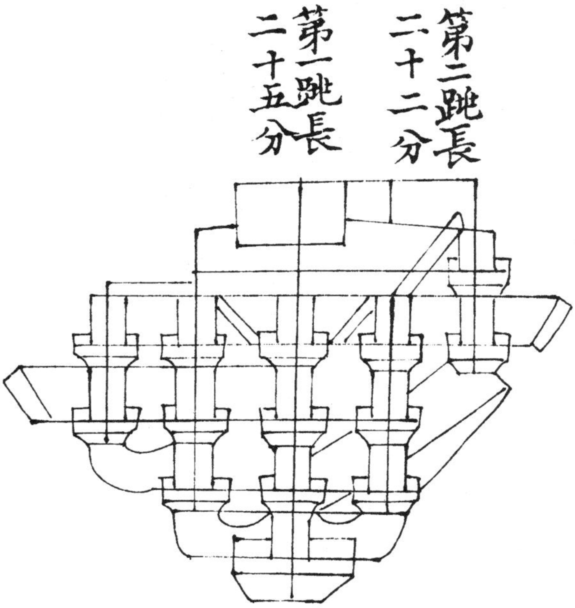

第二跳長二十二分

第一跳長二十五分

六鋪作重栱出上昂偷心跳內當中施騎枓栱

第二第三跳並長二十八分

第一跳長二十七分

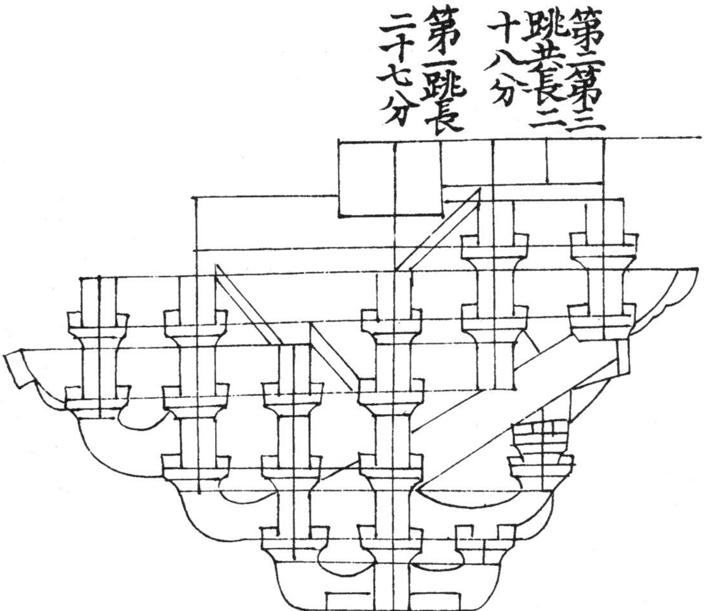

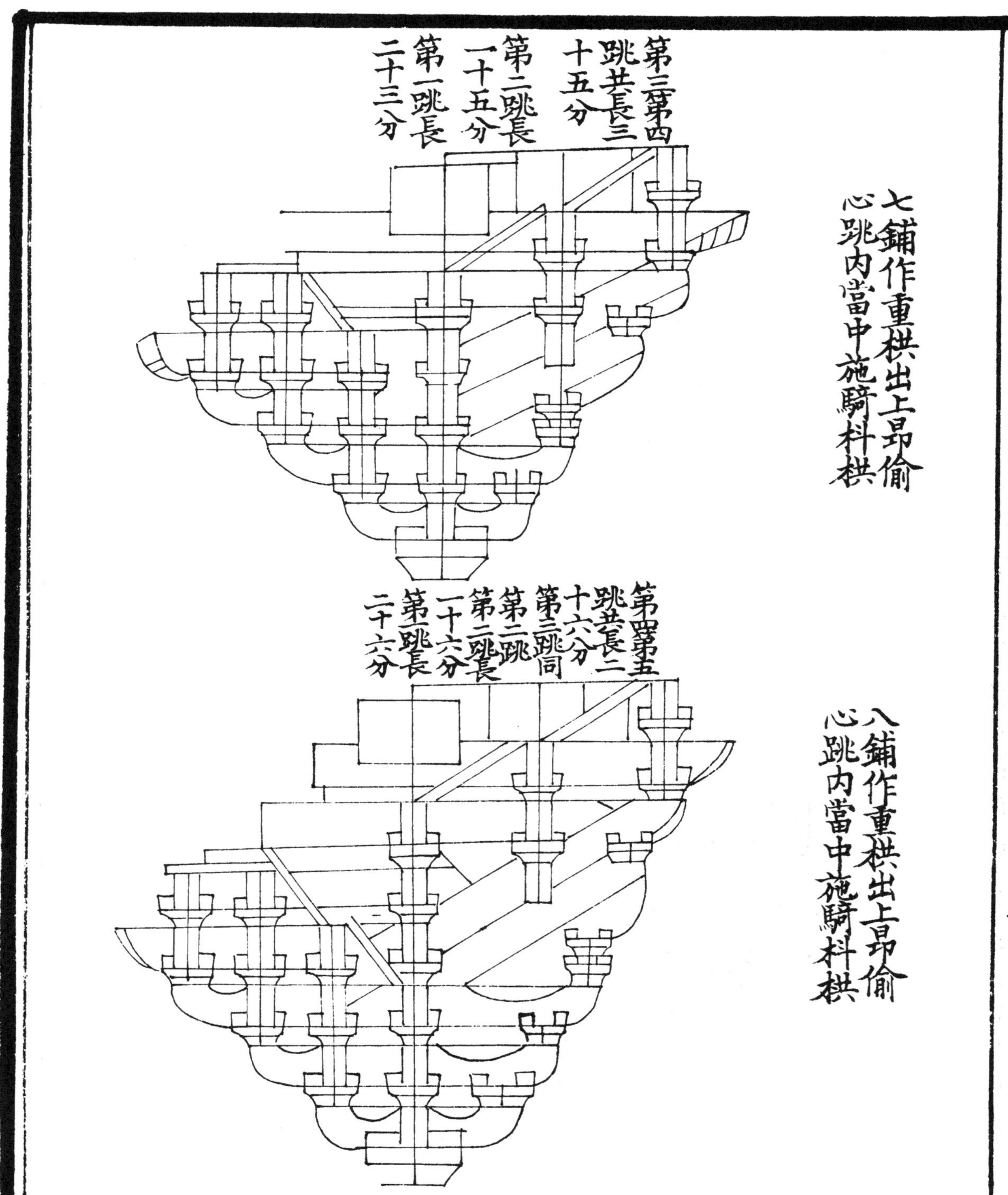

七鋪作重栱出上昂偷心跳內當中施騎枓栱

八鋪作重栱出上昂偷心跳內當中施騎枓栱

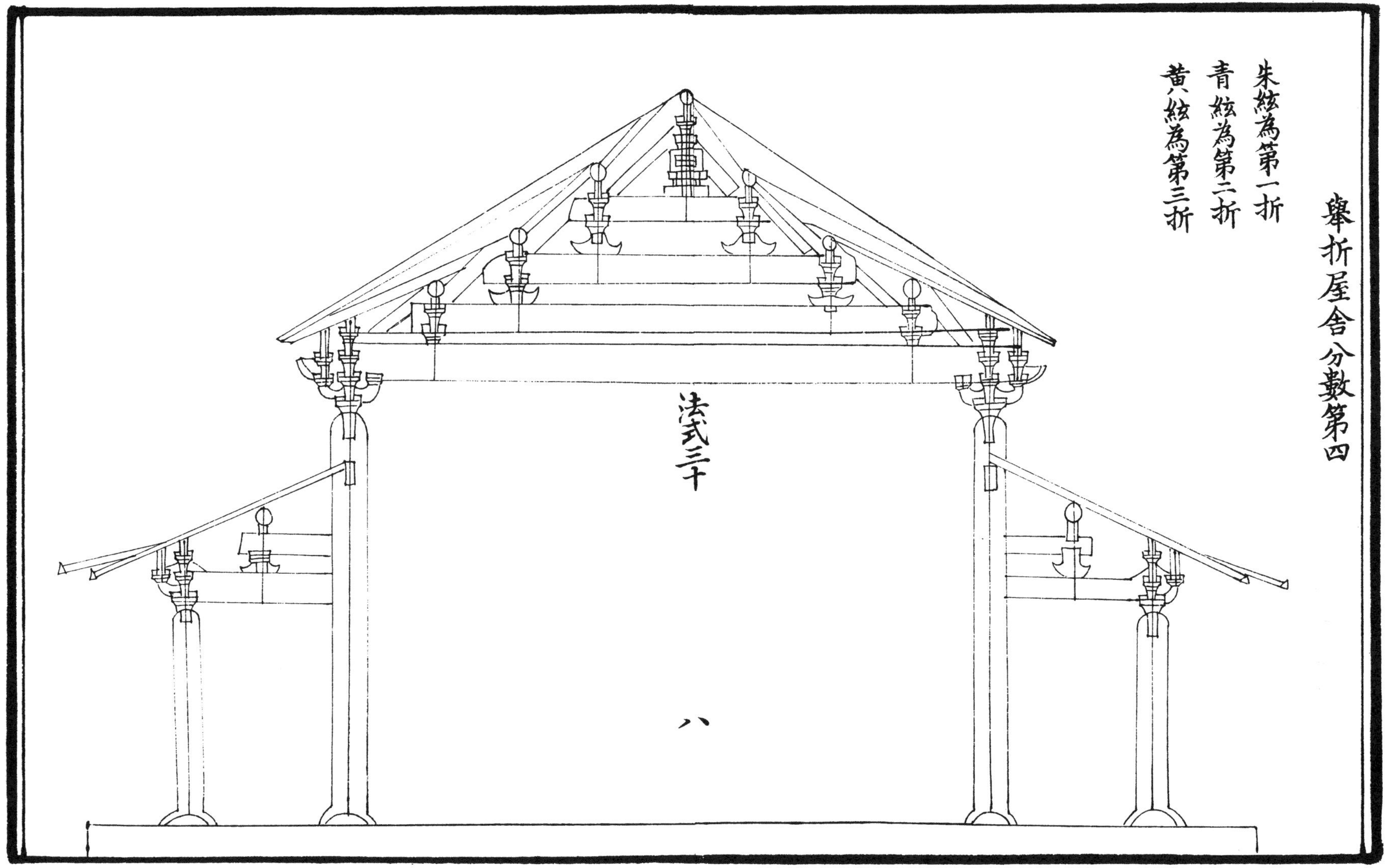
舉折屋舍分數第四
朱絃為第一折
青絃為第二折
黄絃為第三折
法式三十
八

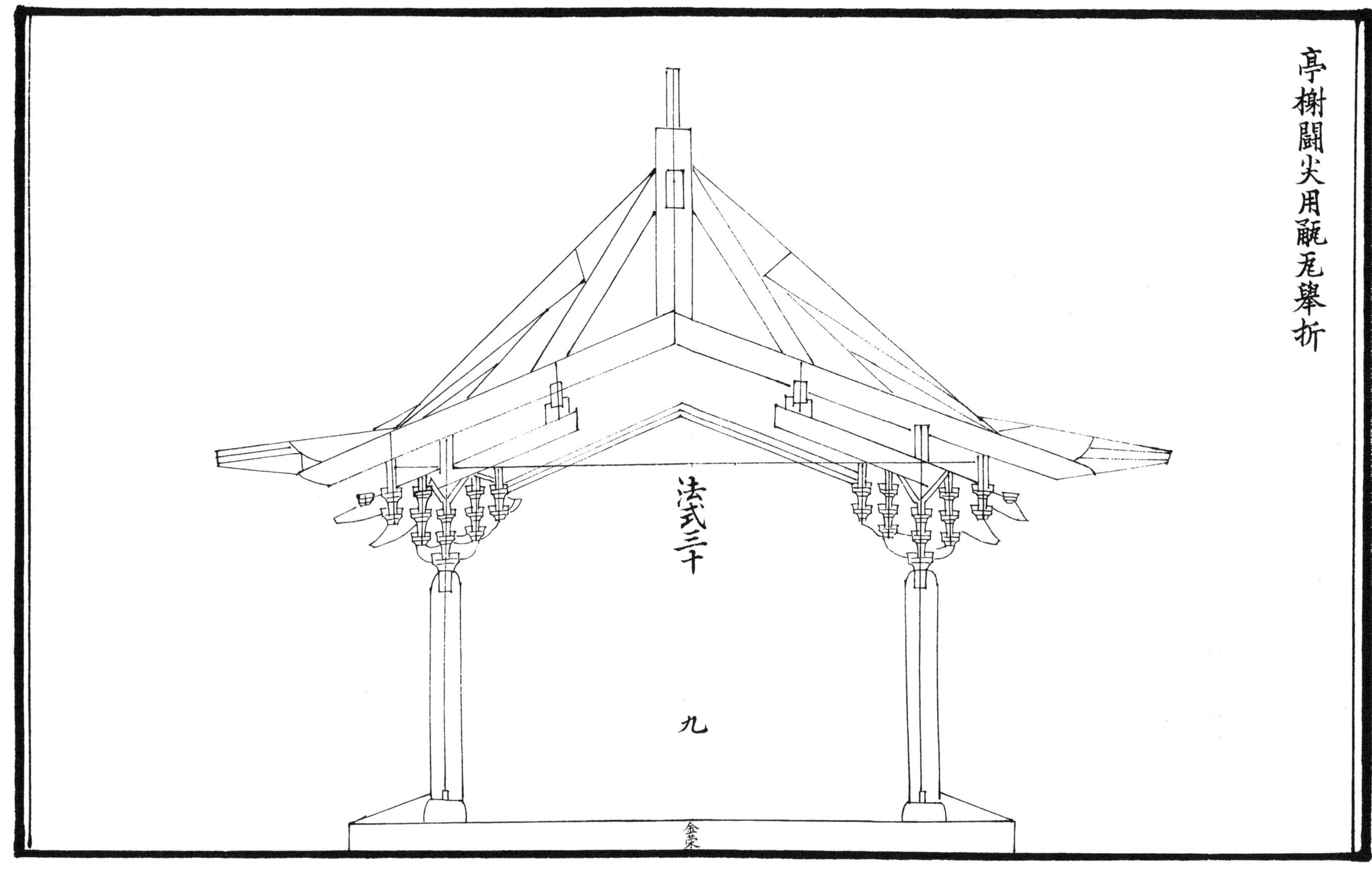
亭榭鬭尖用甋瓦舉折
法式三十
九
金棻

亭榭鬪尖用瓪瓦舉折

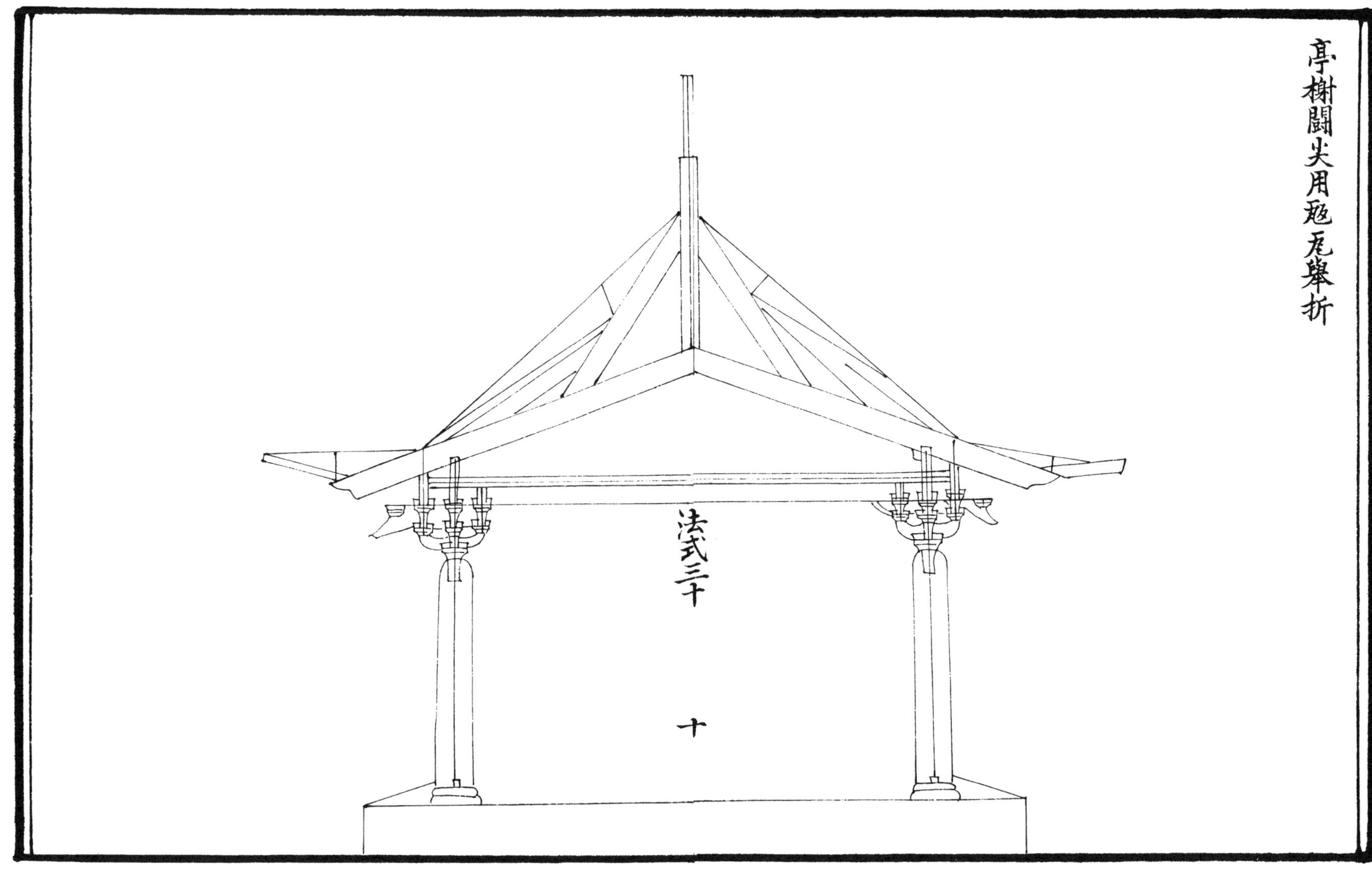

絞割鋪作栱昂枓等所用卯口第五 以五鋪作名件卯口為法其六鋪作以上並隨跳加長

華栱 足材

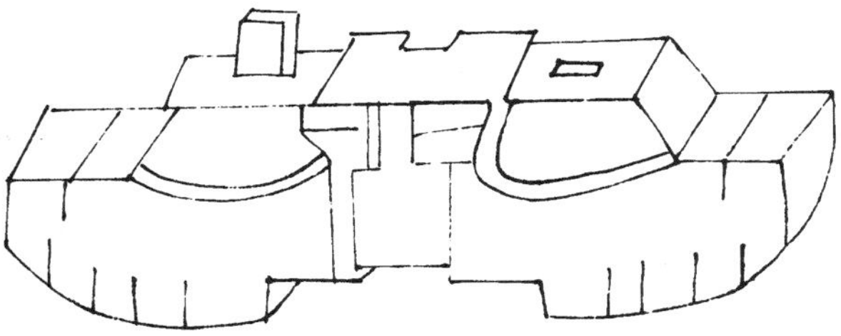

華栱 單材

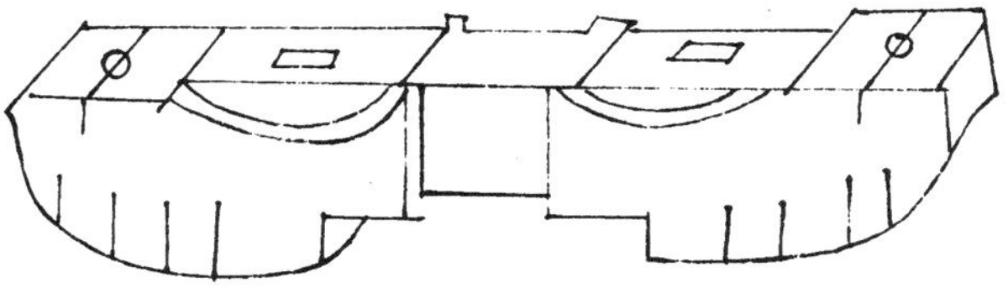

華栱第二跳 外作華頭子如第三跳以上隨跳加長

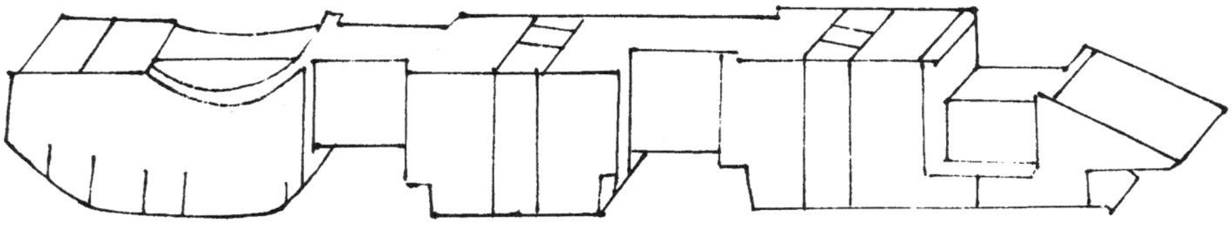

闇栔

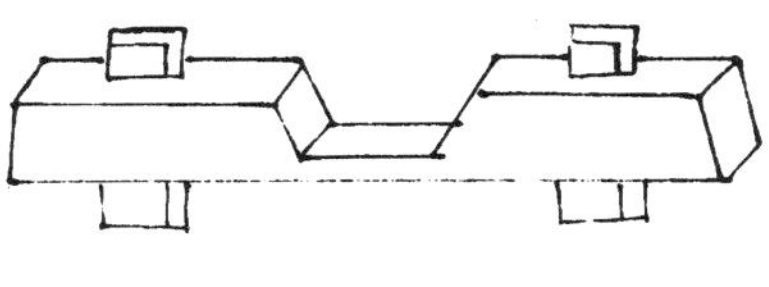

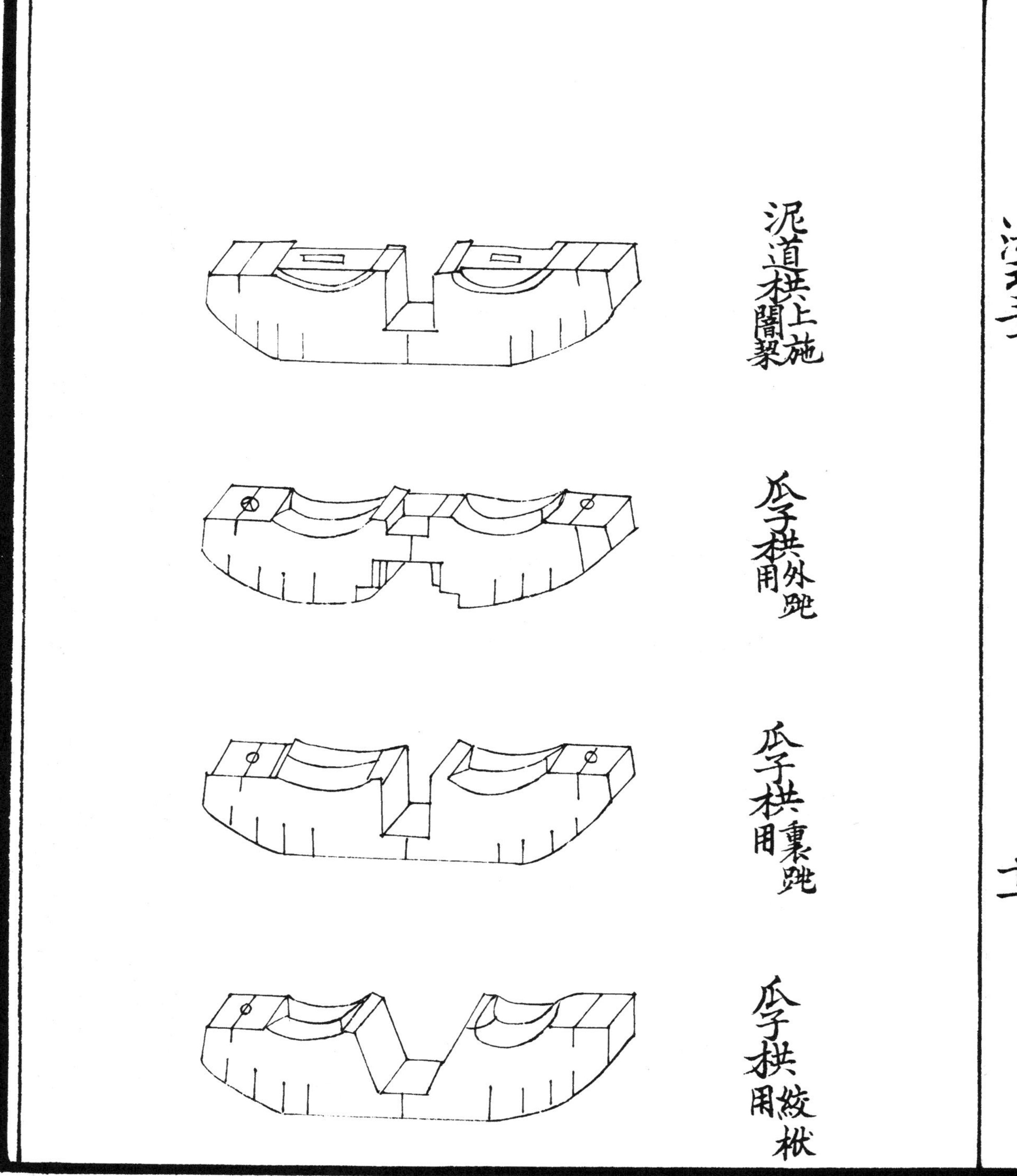
泥道栱上施闇栔
瓜子栱外跳用
瓜子栱裏跳用
瓜子栱絞栿用

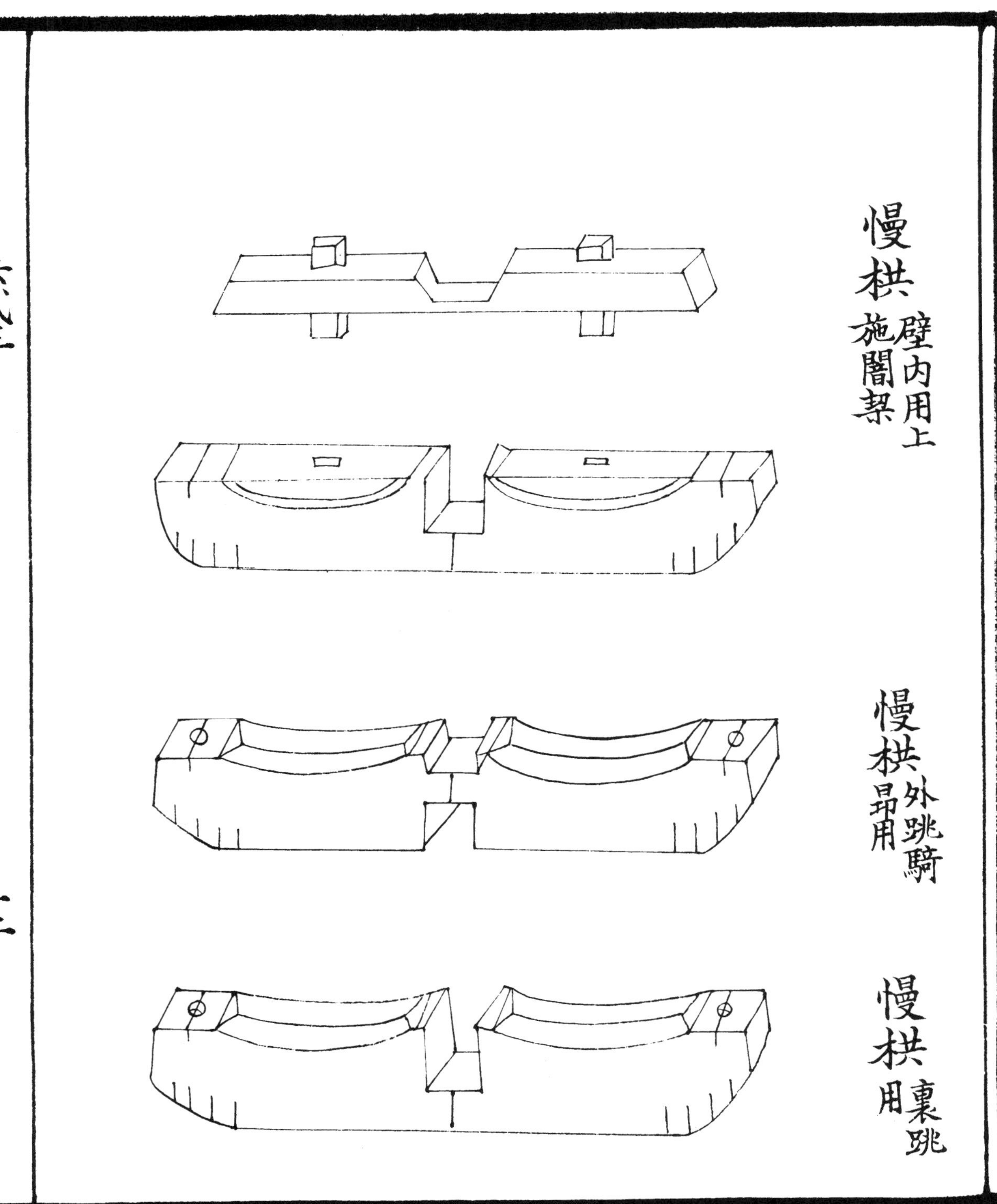
慢栱壁内用上施闇栔
慢栱外跳騎昂用
慢栱裏跳用

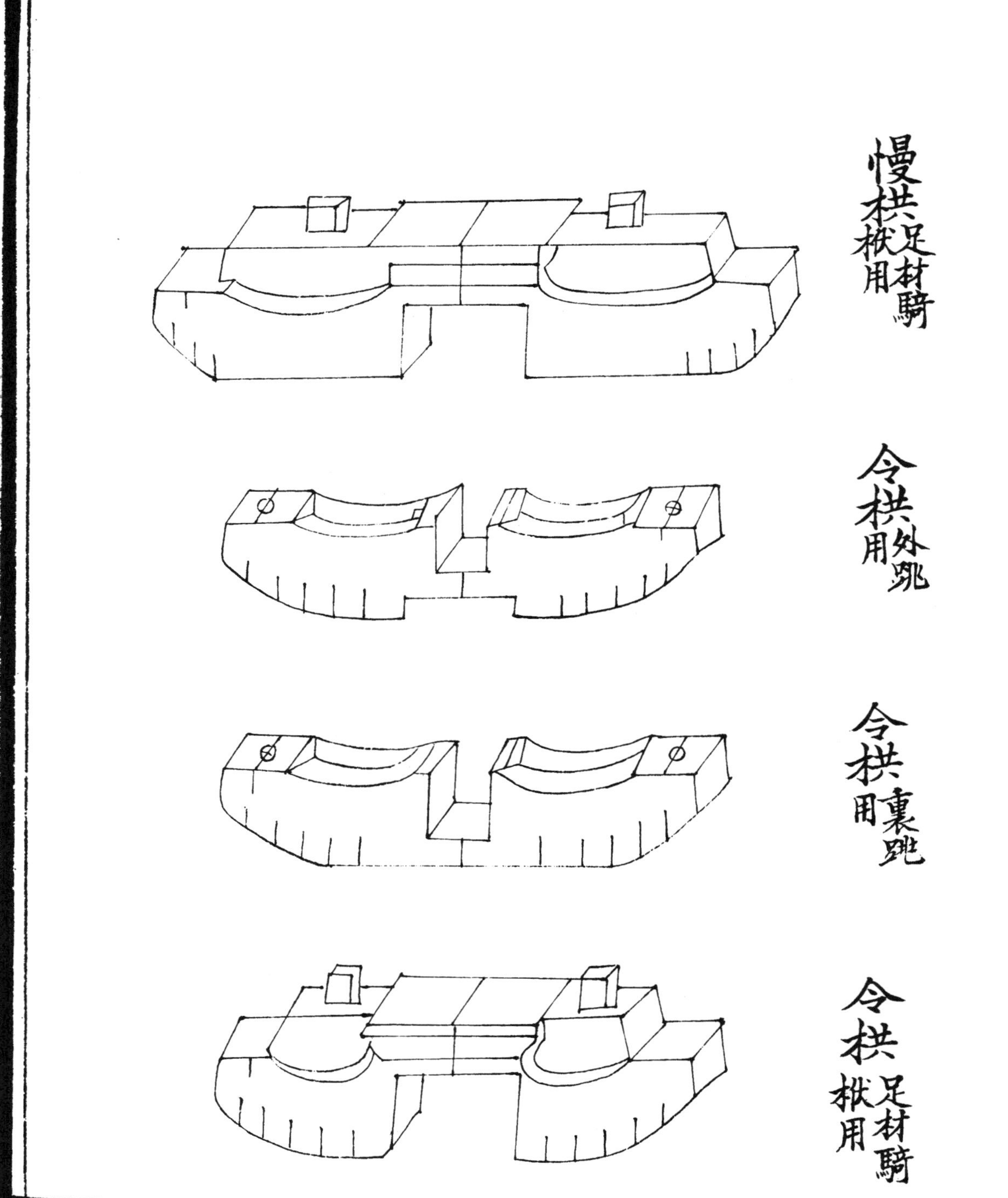
慢栱足材騎栿用
令栱外跳用
令栱裏跳用
令栱足材騎栿用

華栱與泥道栱相列（外跳用）

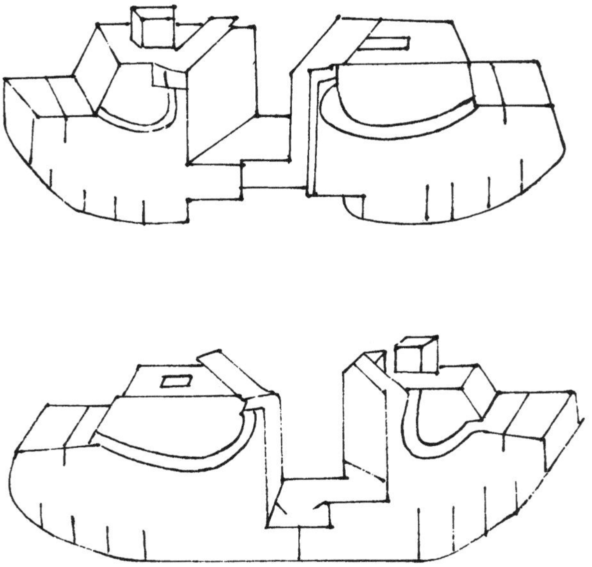

慢栱與華頭子相列（外跳用七鋪作以上隨跳加長）

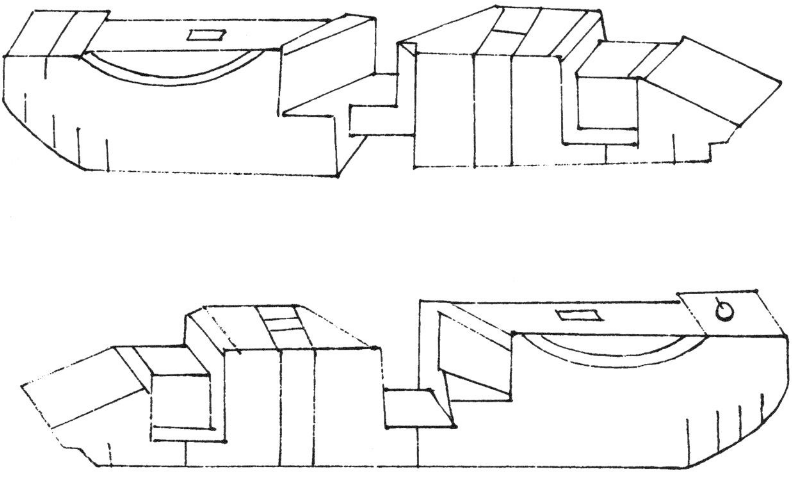

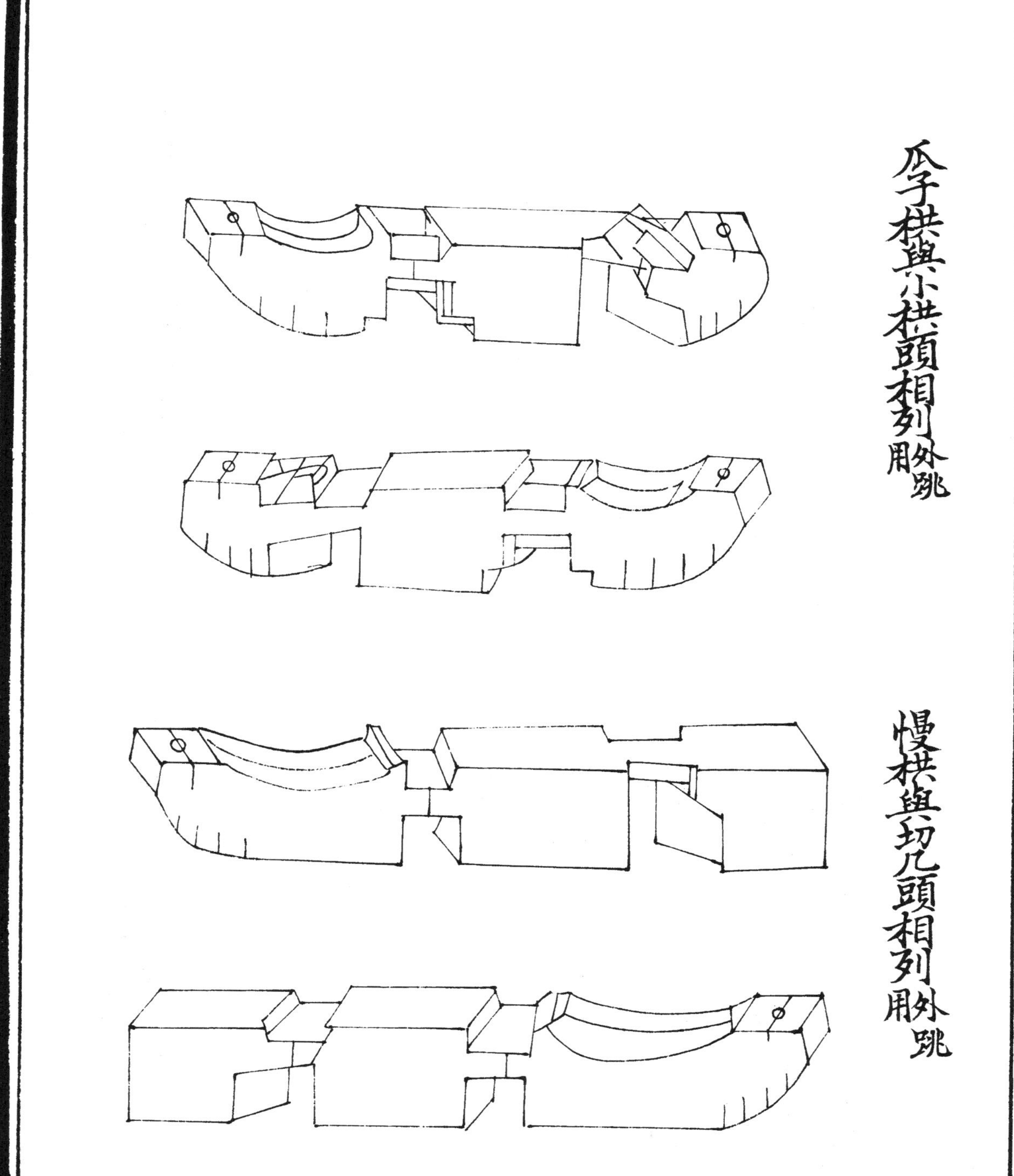
瓜子栱與小栱頭相列用外跳
慢栱與切几頭相列用外跳

瓜子栱與令栱相列外跳鴛鴦交首栱也六鋪作以上並用瓜子栱

慢栱與切几頭相列裏跳用

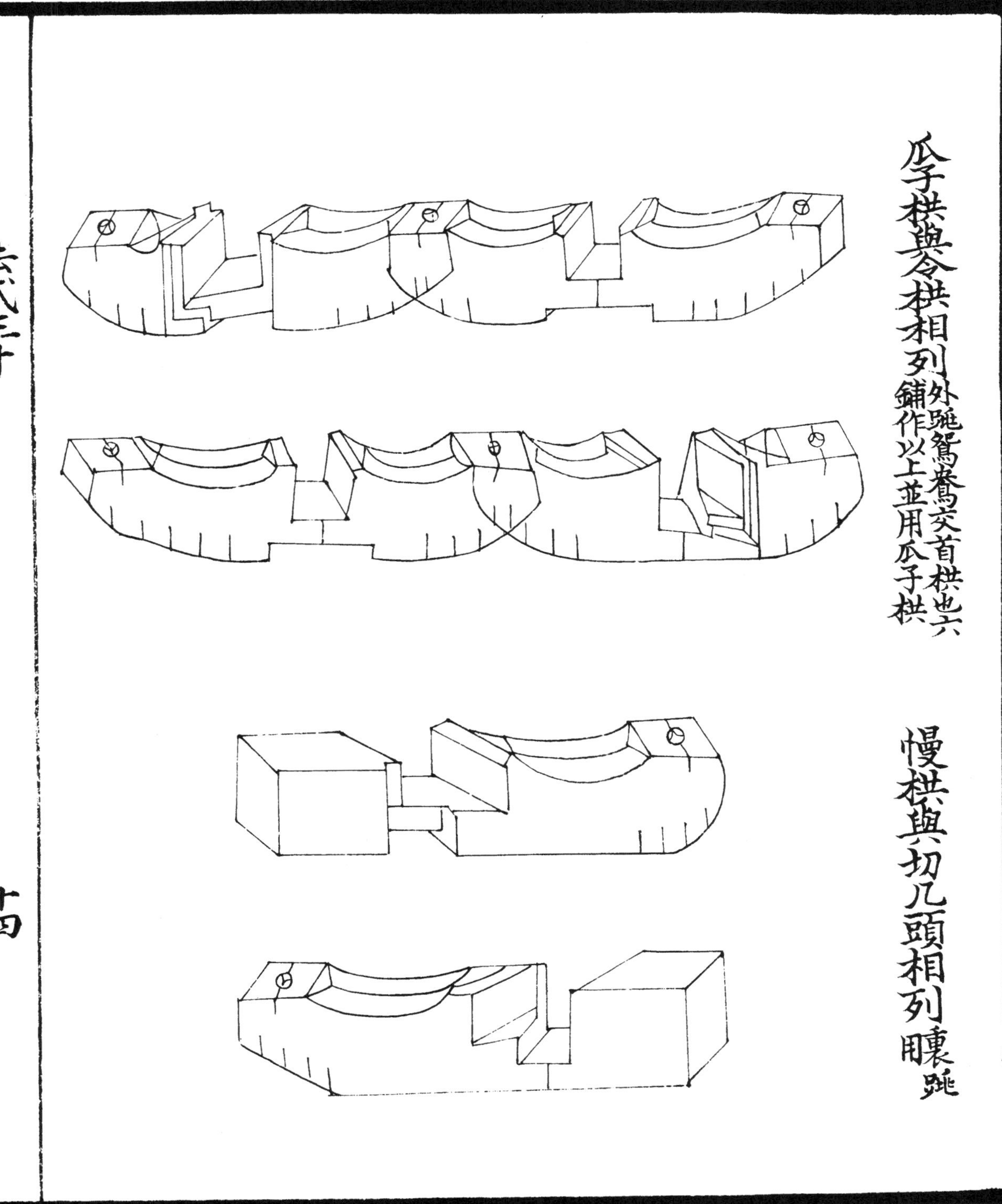

瓜子栱與小栱頭相列裏跳用

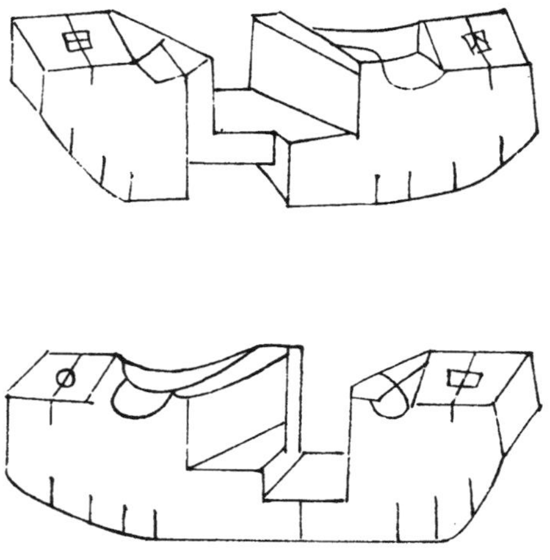

令栱與小栱頭相列裏跳用

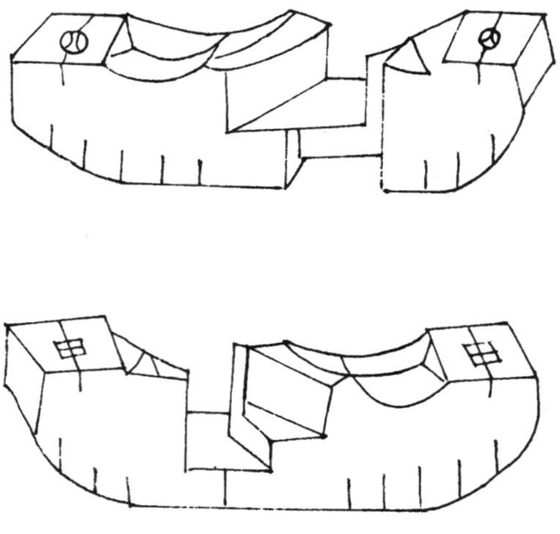

柱頭或補間鋪作內第二跳下昂第三跳以上隨跳加長

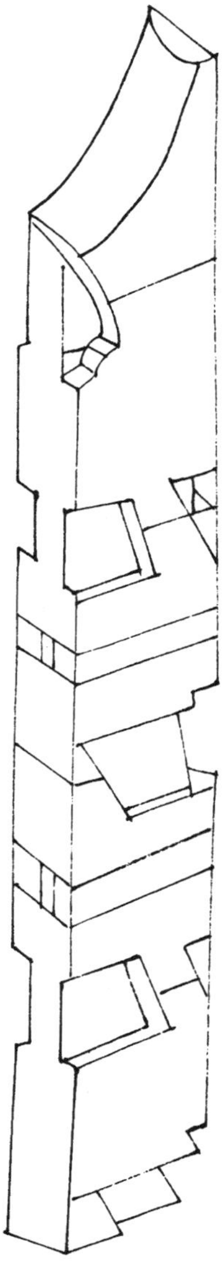

合角下昂 角內用六鋪作以上隨跳加長

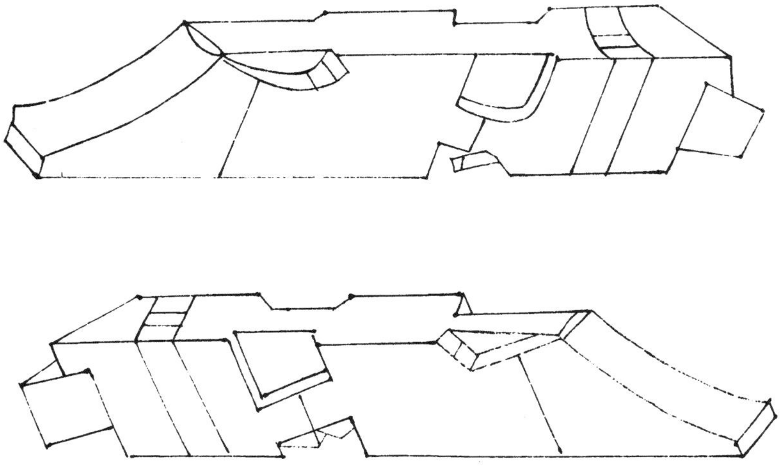

耍頭 外跳昂上用

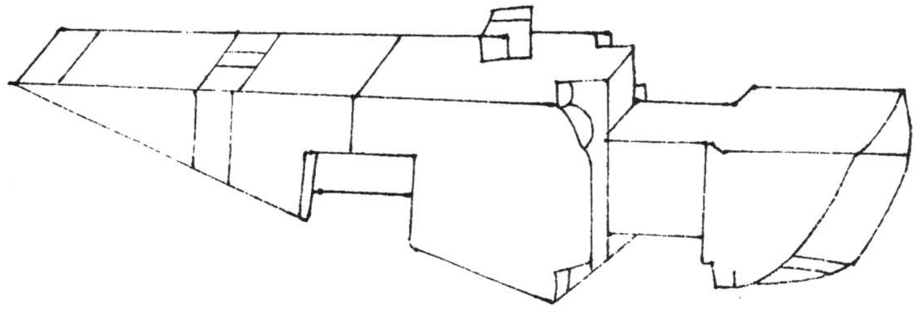

耍頭 裏跳上用七鋪作以上隨跳加長

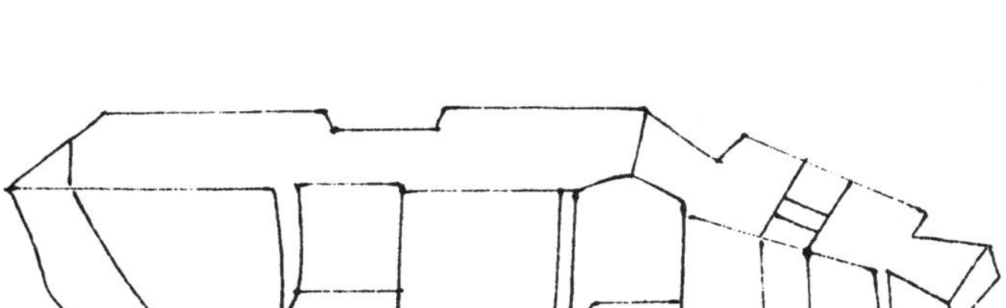

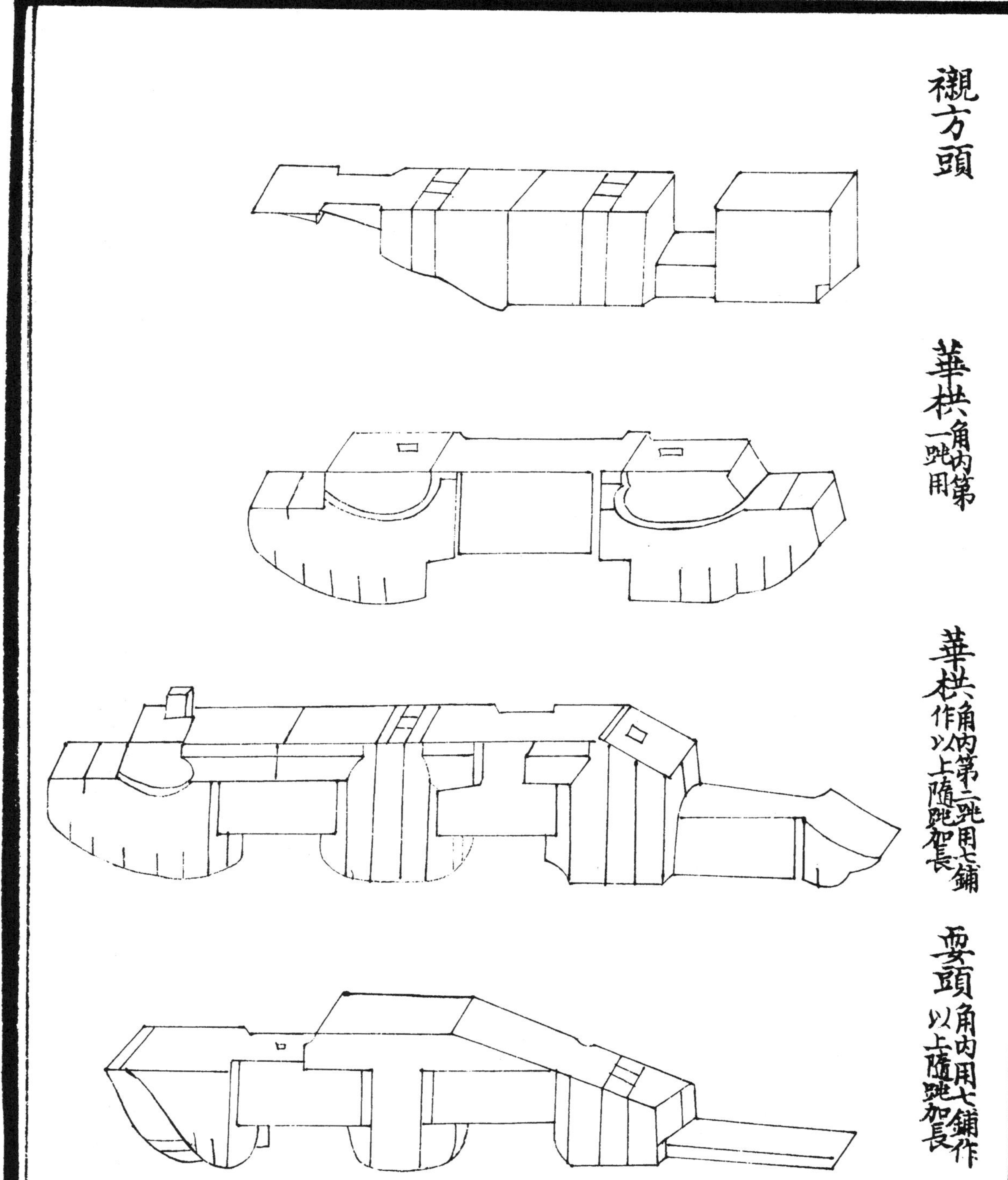
襯方頭
華栱角內第一跳用
華栱角內第二跳用七鋪作以上隨跳加長
耍頭角內用七鋪作以上隨跳加長

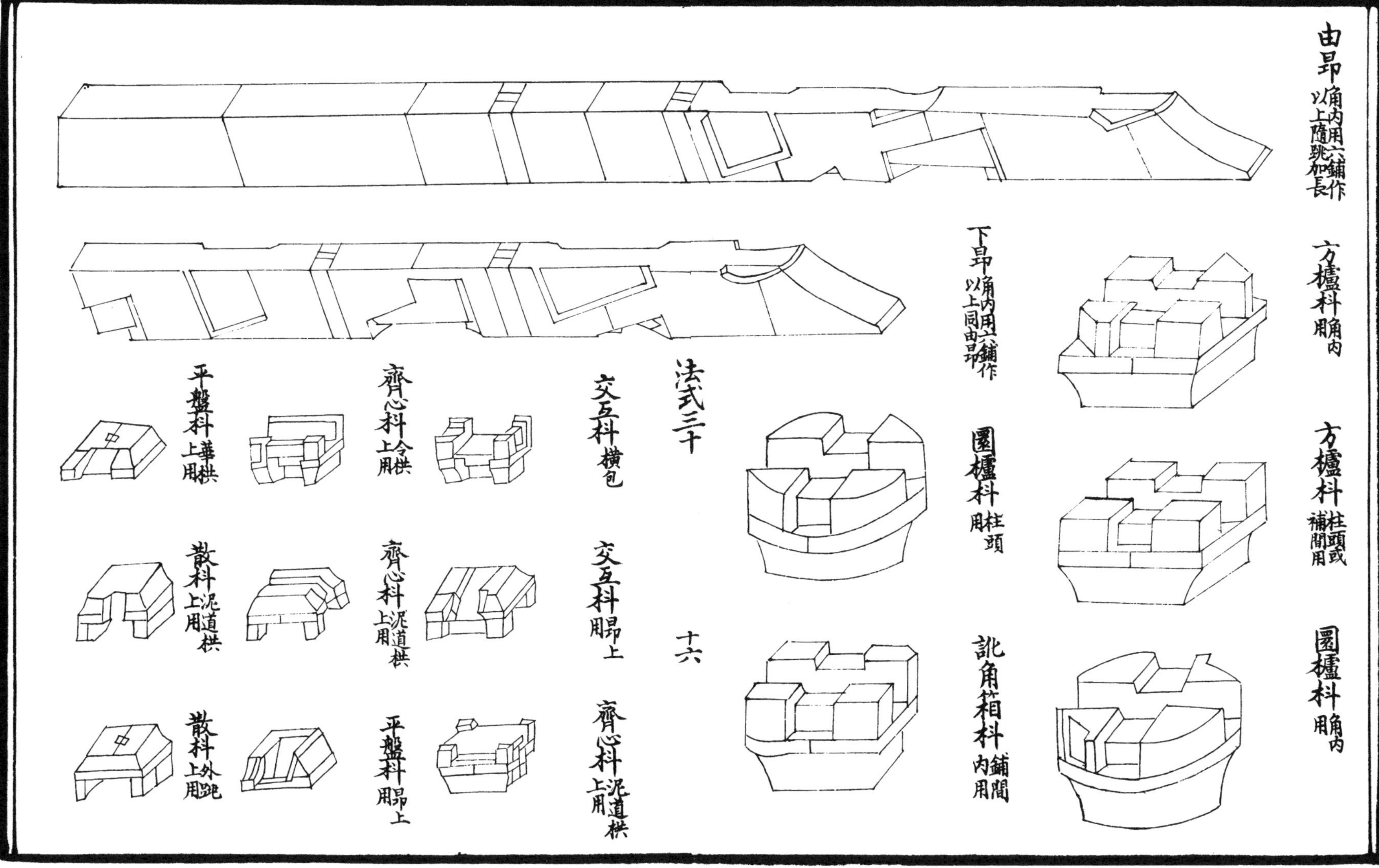
由昂 角內用六鋪作以上隨跳加長
方櫨枓 角內用
下昂 角內用五鋪作以上同由昂
方櫨枓 柱頭或補間用
圜櫨枓 柱頭用
圜櫨枓 角內用
訛角箱枓 鋪間內用
法式三十
十六
交互枓 構包
交互枓 昂上用
齊心枓 泥道栱上用
齊心枓 令栱上用
齊心枓 泥道栱上用
平盤枓 昂上用
平盤枓 華栱上用
散枓 泥道栱上用
散枓 外跳上用

梁額等卯口第六

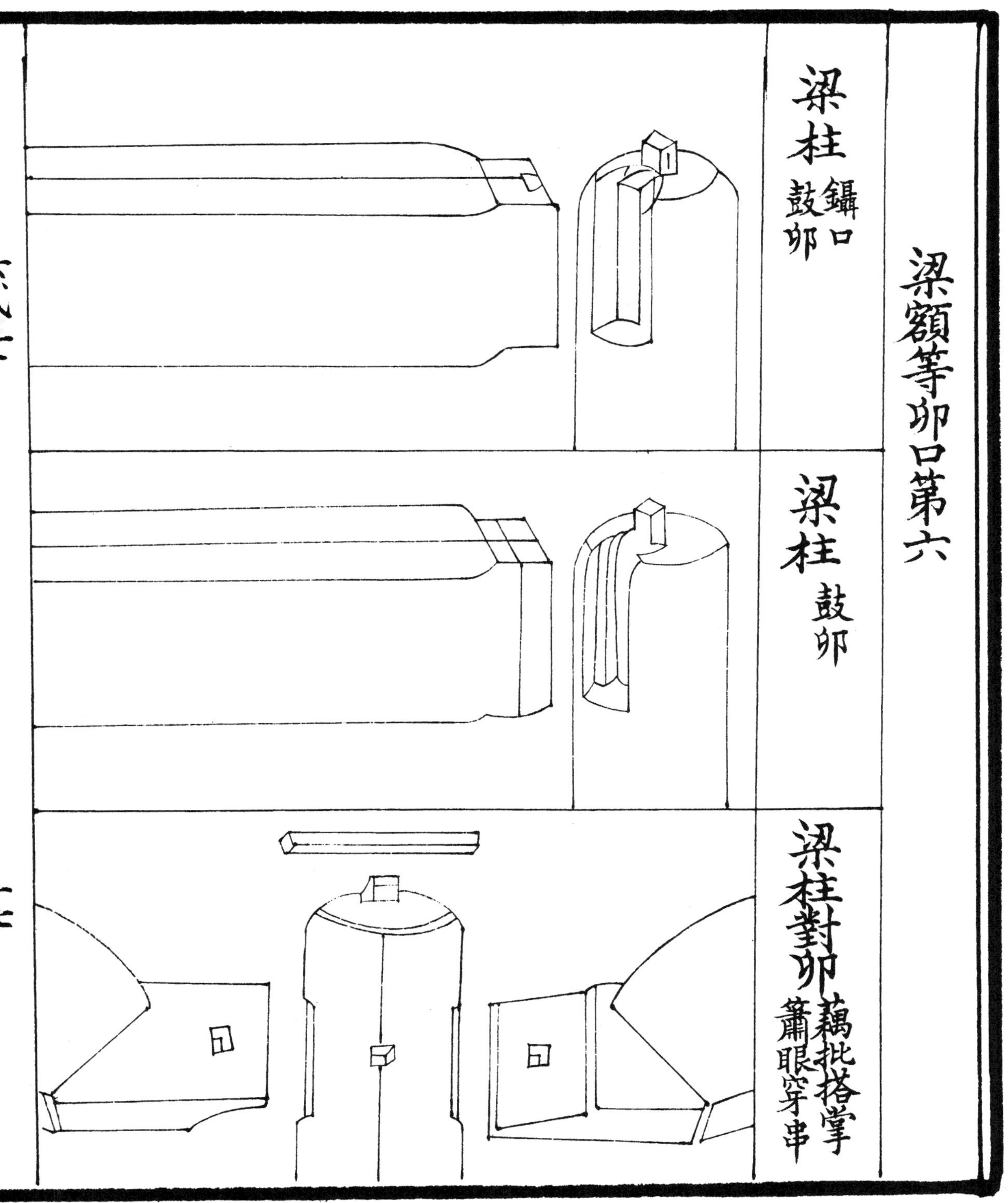
梁柱鑷口鼓卯
梁柱鼓卯
梁柱對卯藕批搭掌簫眼穿串

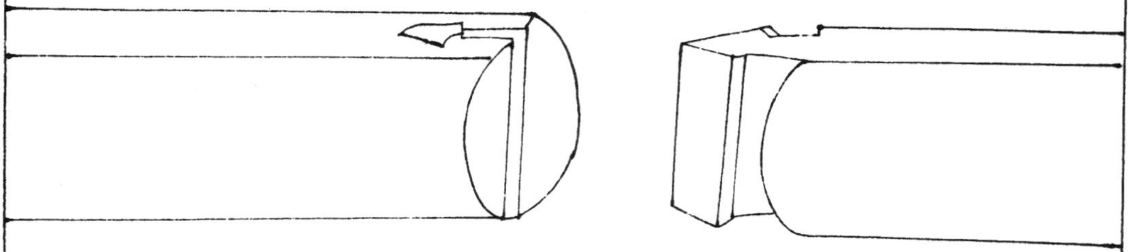

槫間縫螳蜋頭口

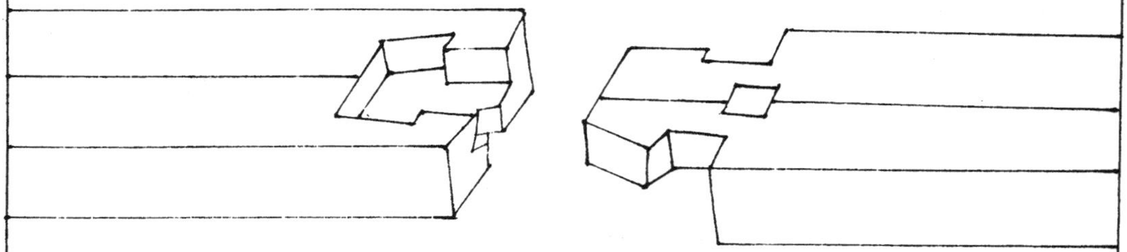

普拍方間縫螳蜋頭口

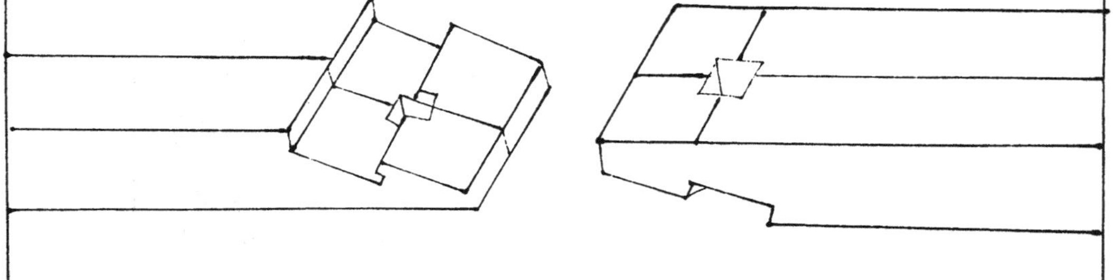

普拍方間縫勾頭搭掌

合柱鼓卯第七

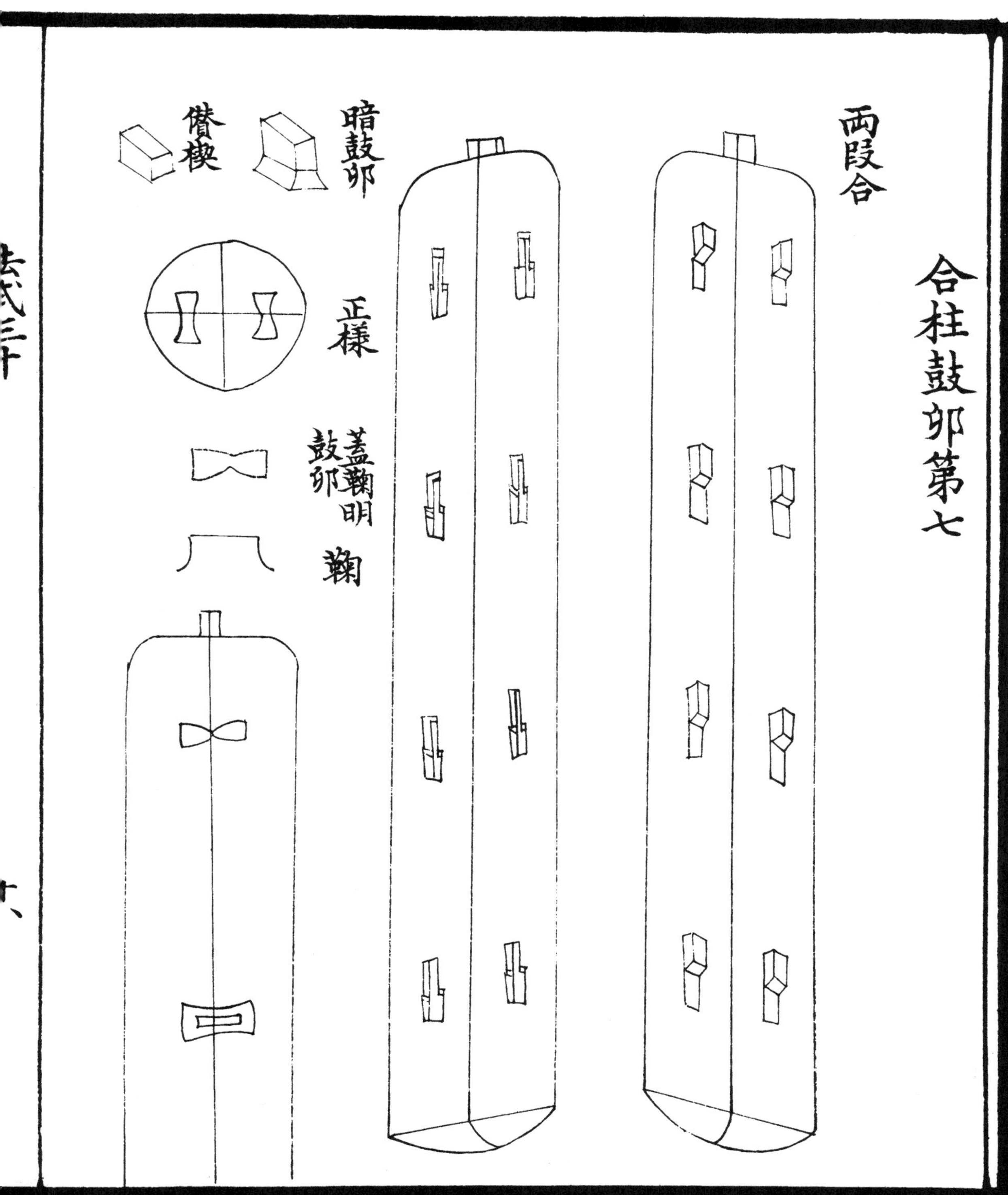

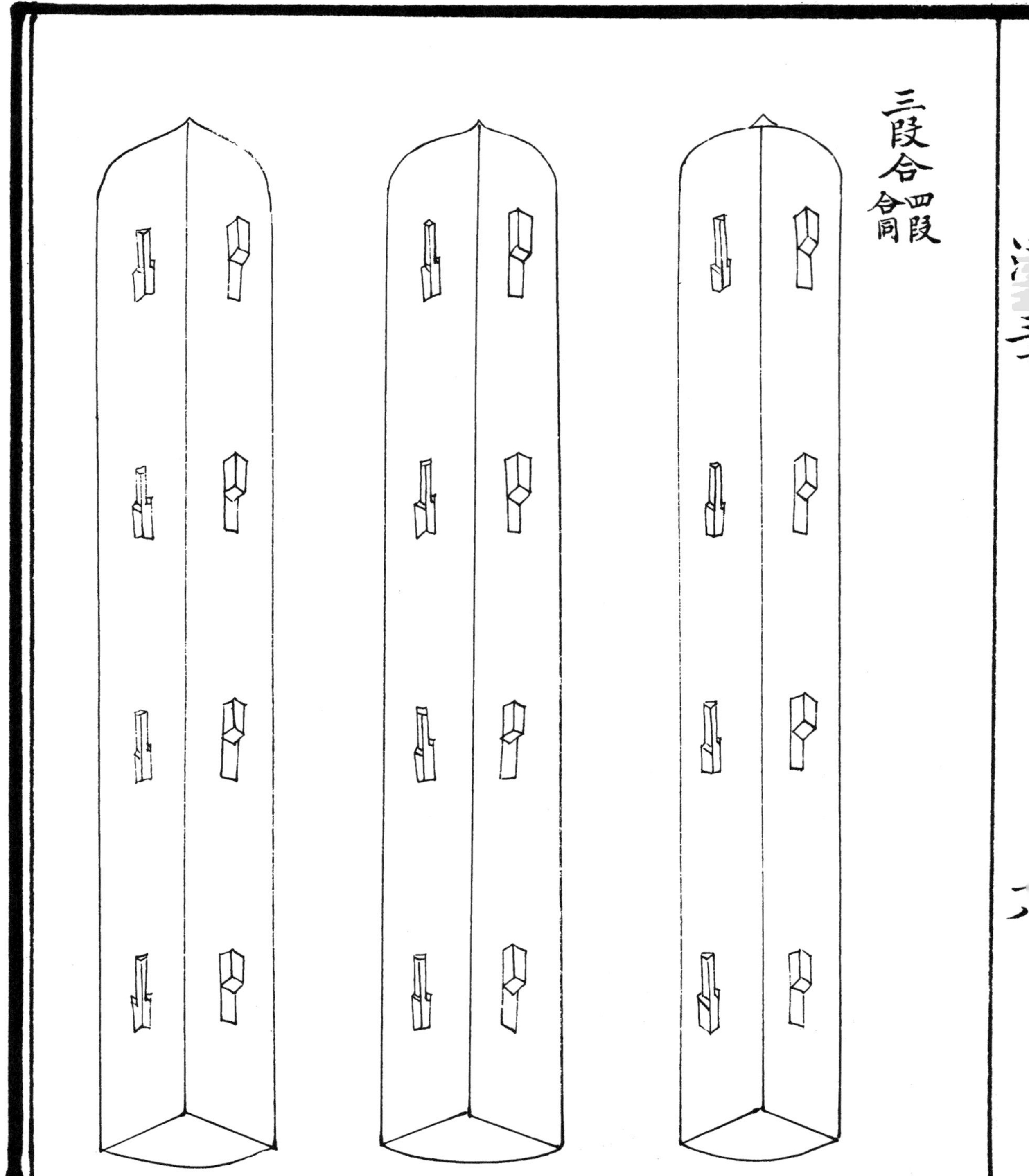
三段合
四段合同

槫縫襻間第八

鋪作轉角正樣第九

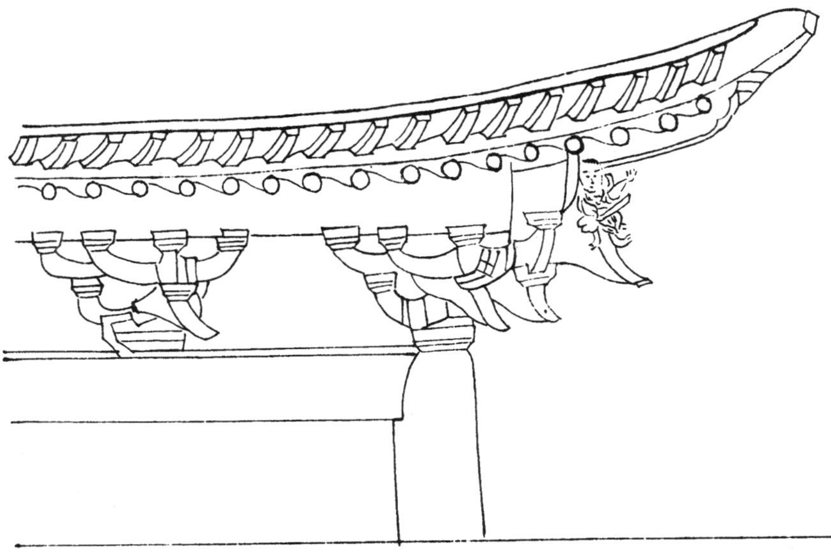

殿閣亭榭等轉角正樣四鋪作壁内重栱插下昂

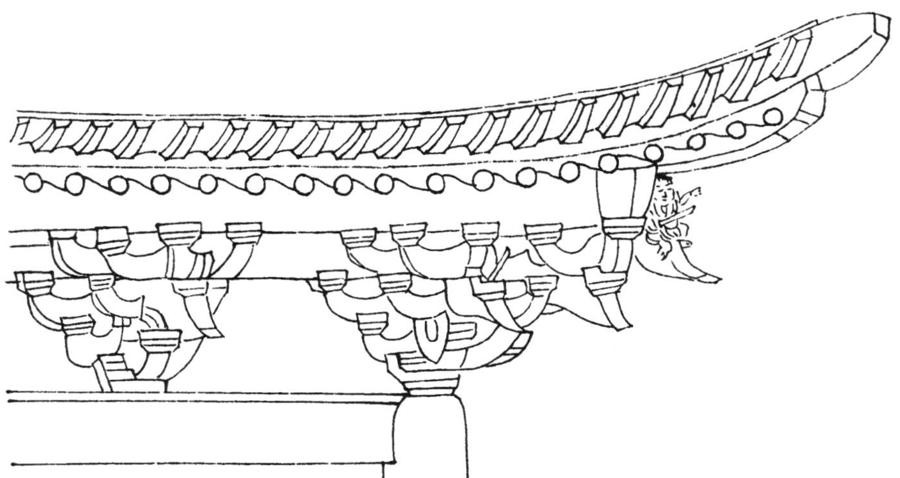

殿閣亭榭等轉角正樣五鋪作重栱出單抄單下昂逐跳計心

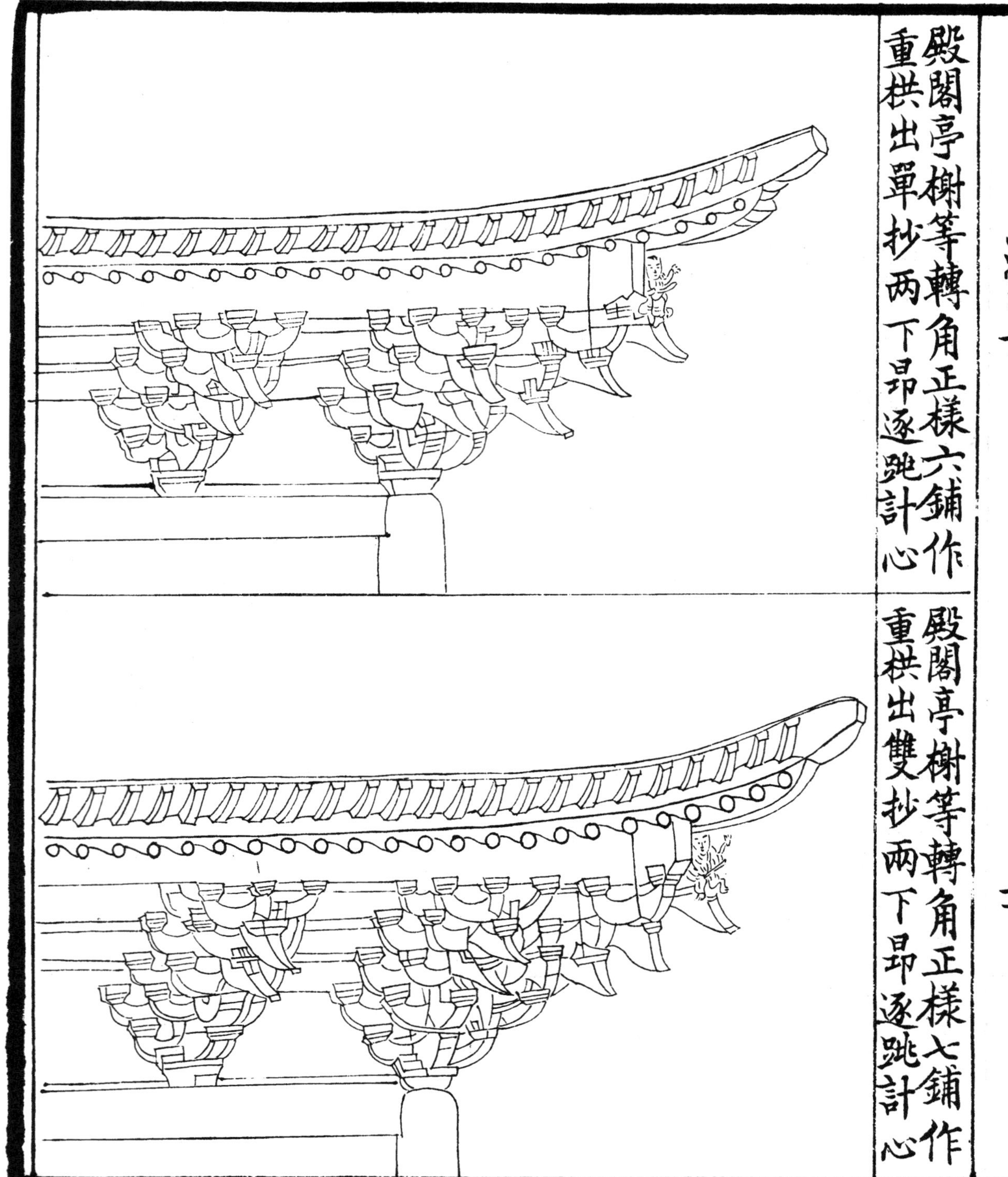

殿閣亭榭等轉角正樣六鋪作重栱出單抄兩下昂逐跳計心

殿閣亭榭等轉角正樣七鋪作重栱出雙抄兩下昂逐跳計心

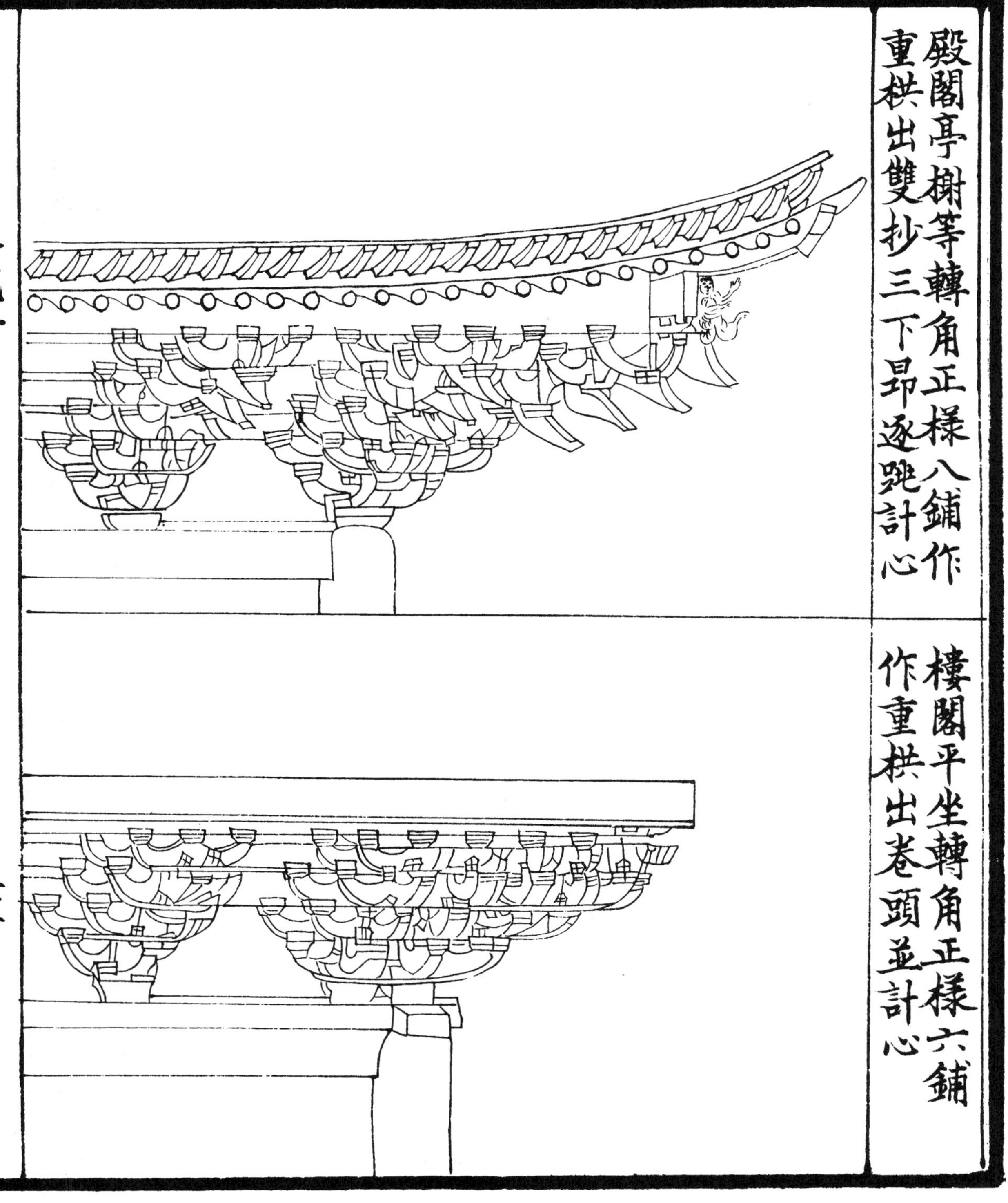

殿閣亭榭等轉角正樣八鋪作重栱出雙抄三下昂逐跳計心

樓閣平坐轉角正樣六鋪作重栱出卷頭並計心

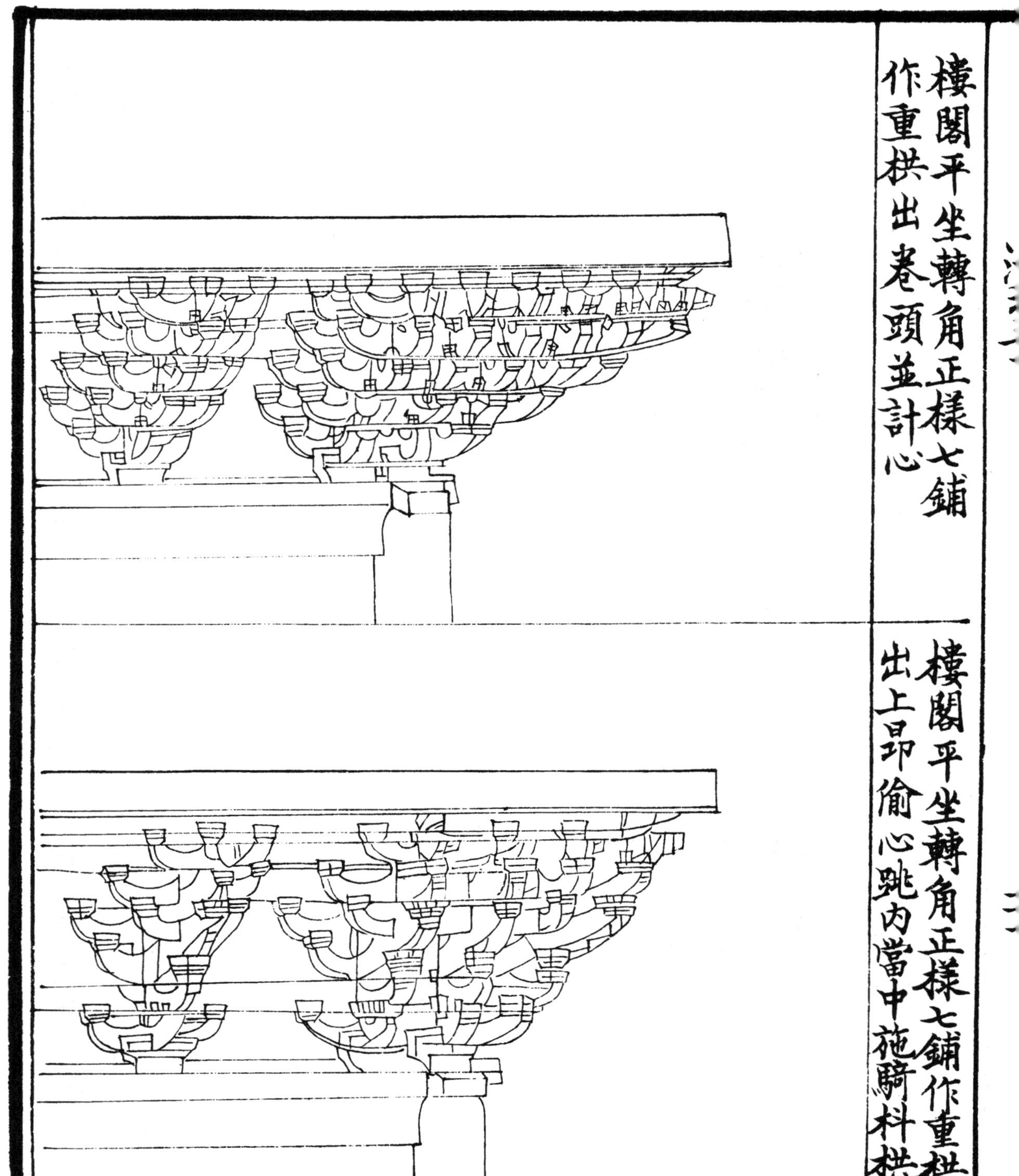

樓閣平坐轉角正樣七鋪作重栱出卷頭並計心

樓閣平坐轉角正樣七鋪作重栱出上昂偷心跳內當中施騎枓栱

營造法式卷第三十

營造法式卷第三十一

通直郎管　修蓋皇弟外第專一提舉修蓋班直諸軍營房等臣李誡奉

聖旨編修

大木作制度圖樣下

殿閣地盤分槽等第十

殿堂等八鋪作副階六鋪作雙槽斗底槽準此下雙槽同草架側樣第十一

殿堂等七鋪作副階五鋪作雙槽草架側樣第十二

殿堂等五鋪作副階四鋪作單槽草架側樣第十三

殿堂等六鋪作分心槽草架側樣第十四

廳堂等自十架椽至四架椽間縫内用梁柱第十五

殿閣地盤分槽第十

殿閣身地盤九間
身内分心斗底槽

殿閣地盤殿身七間副階周帀
各兩架椽身内金箱斗底槽

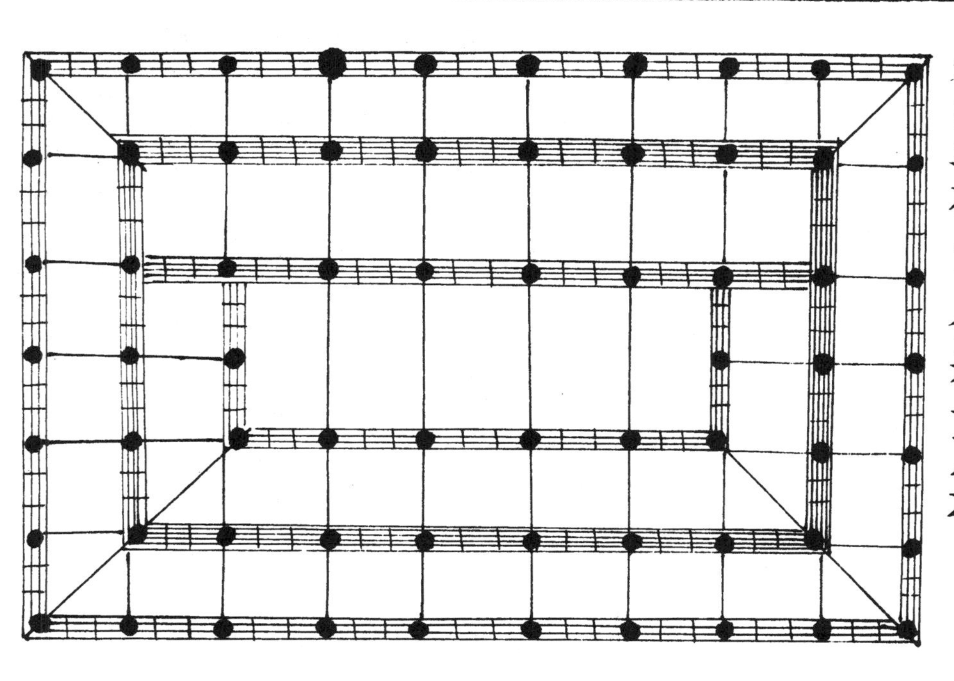

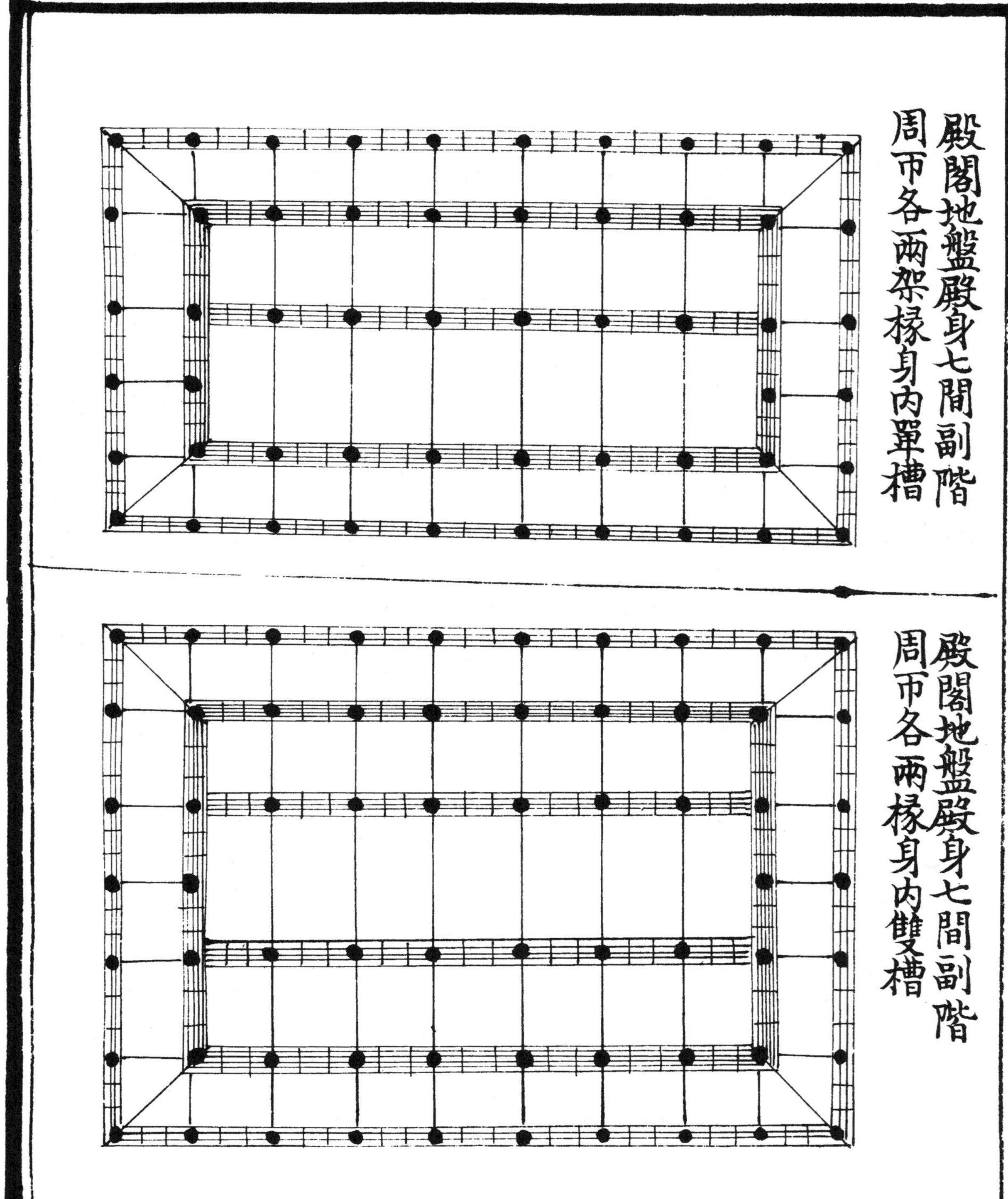
殿閣地盤殿身七間副階周帀各兩架椽身內單槽
殿閣地盤殿身七間副階周帀各兩椽身內雙槽

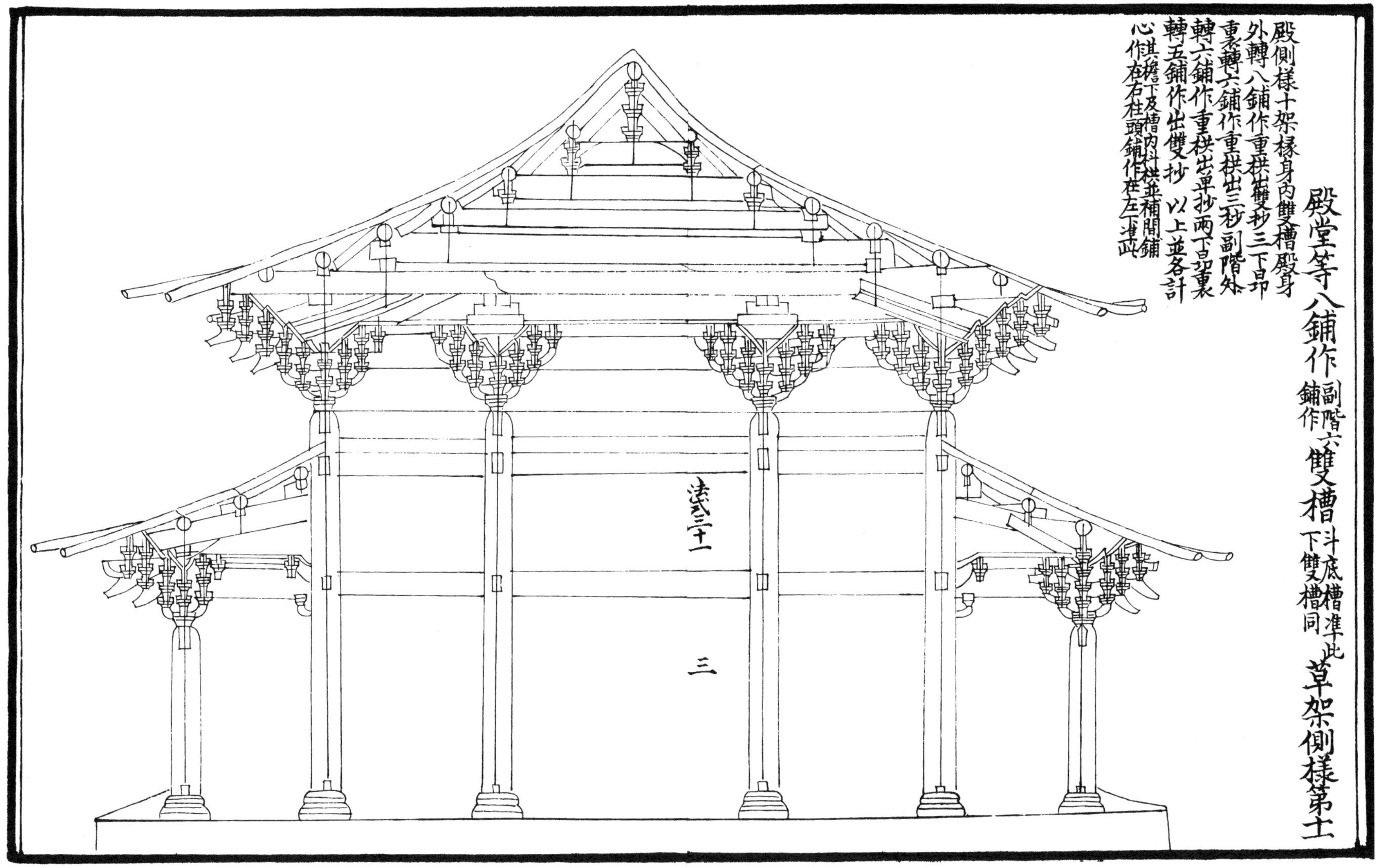
殿堂等八鋪作副階六鋪作雙槽斗底槽準此下雙槽同草架側樣第十一
殿側樣十架椽身內雙槽殿身
外轉八鋪作重栱出雙抄三下昂
裏轉六鋪作重栱出三抄副階外
轉六鋪作重栱出單抄兩下昂裏
轉五鋪作出雙抄 以上並各計
心其檐下及槽內斗栱並補間鋪
作在右柱頭鋪作在左準此
法式三十一
三

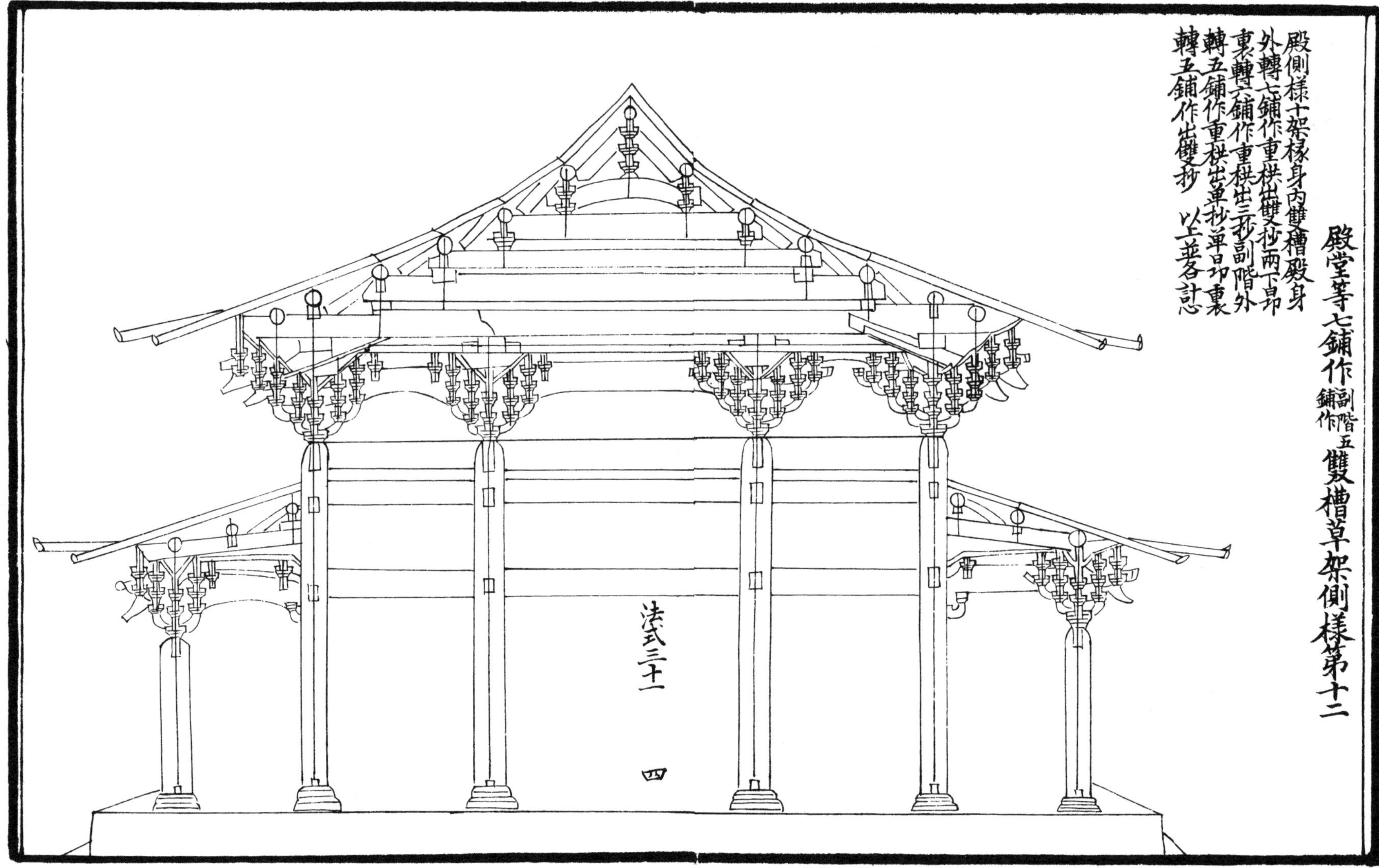
殿堂等七鋪作副階五鋪作雙槽草架側樣第十二
殿側樣十架椽身內雙槽殿身
外轉七鋪作重栱出雙抄兩下昂
裏轉六鋪作重栱出三抄副階外
轉五鋪作重栱出單抄單下昂裏
轉五鋪作出雙抄　以上並各計心
法式三十一
四

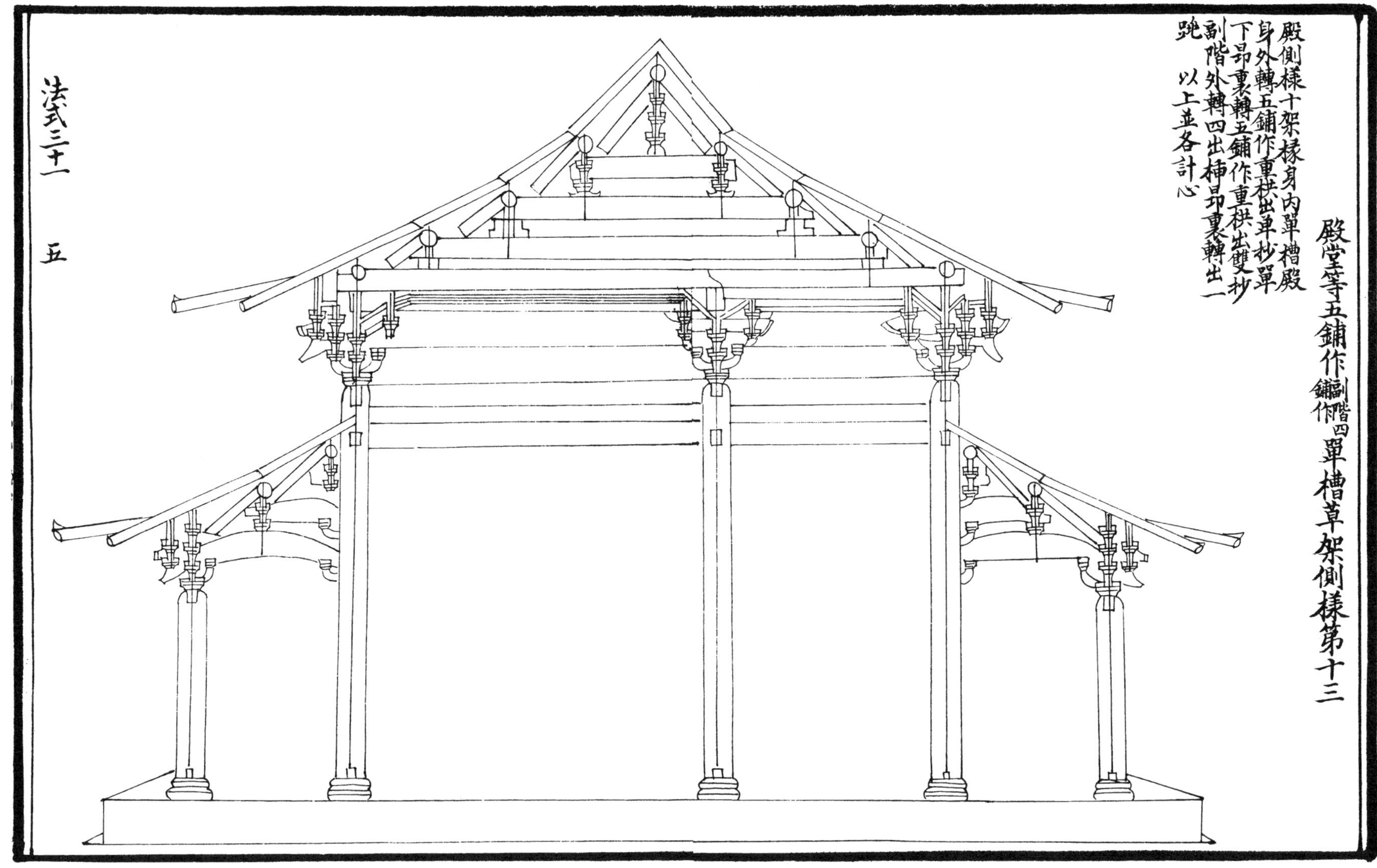

殿堂等五鋪作（副階四鋪作）單槽草架側樣第十三

殿側樣十架椽身内單槽殿身外轉五鋪作重栱出單抄單下昂裏轉五鋪作重栱出雙抄副階外轉四出插昂裏轉出一跳 以上並各計心

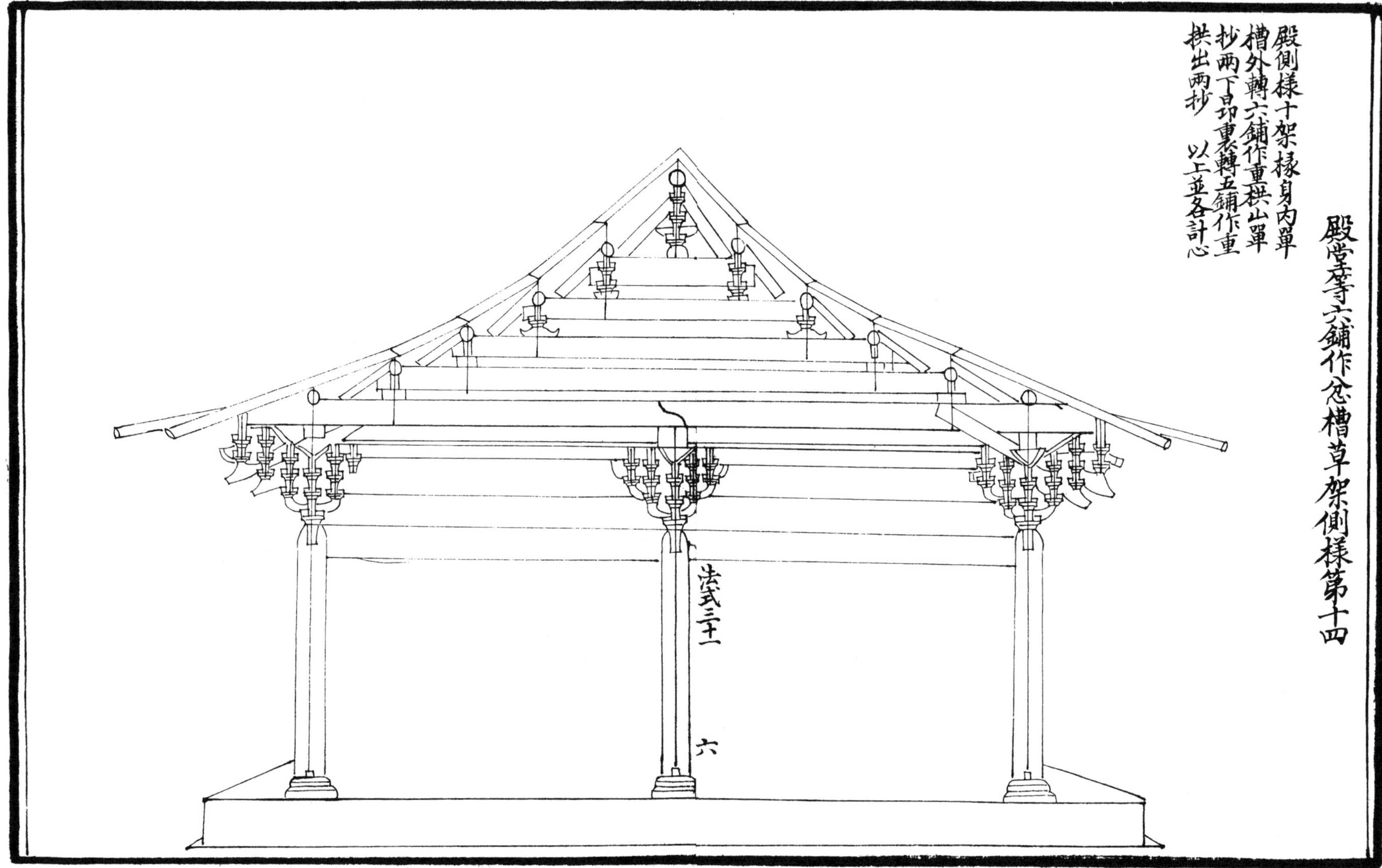

殿堂等六鋪作分心槽草架側樣第十四

殿側樣十架椽身內單槽外轉六鋪作重栱出單抄兩下昂裏轉五鋪作重栱出兩抄　以上並各計心

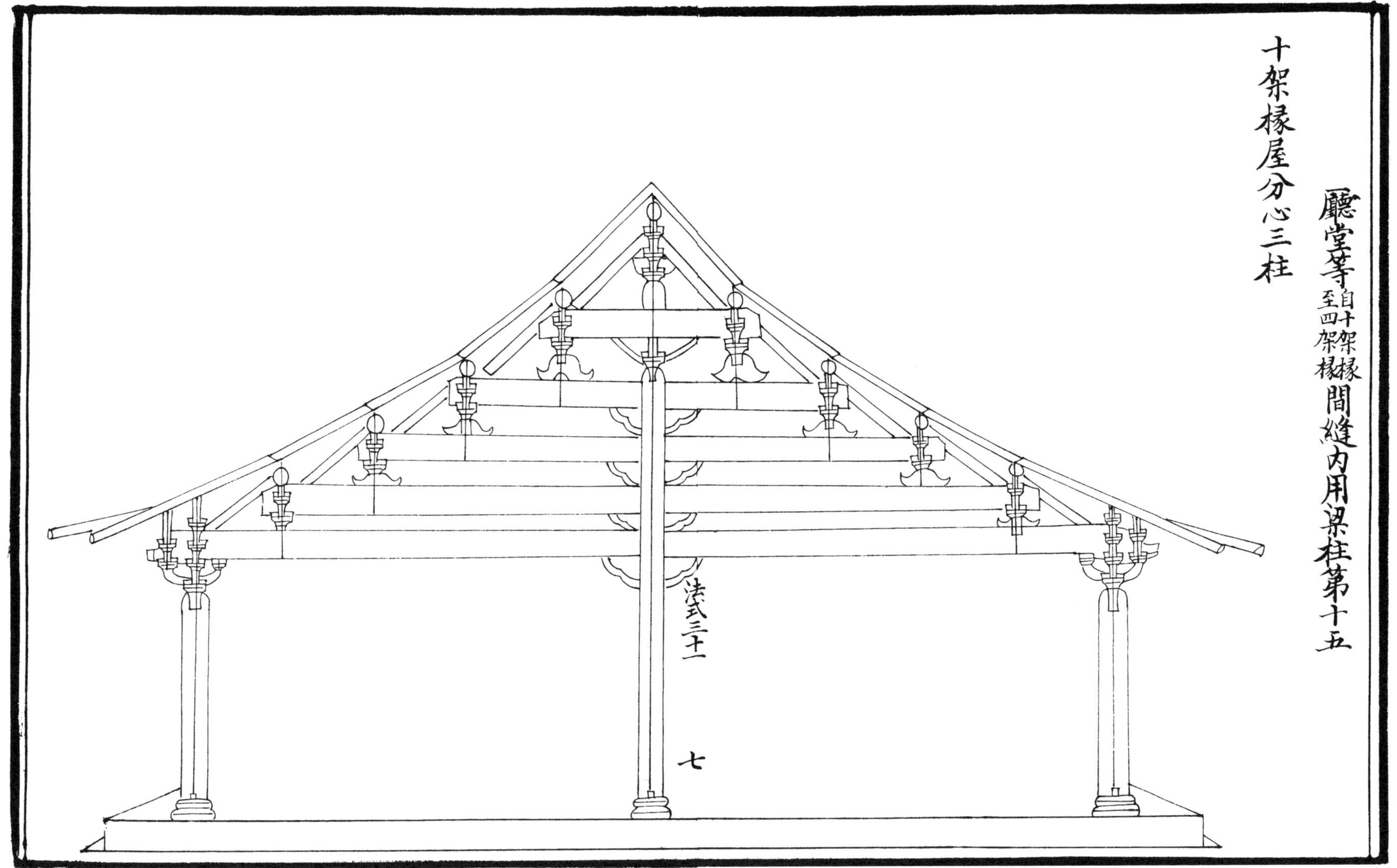

廳堂等自十架椽至四架椽間縫内用梁柱第十五
十架椽屋分心三柱
法式三十一
七

十架椽屋前後三椽栿用四柱

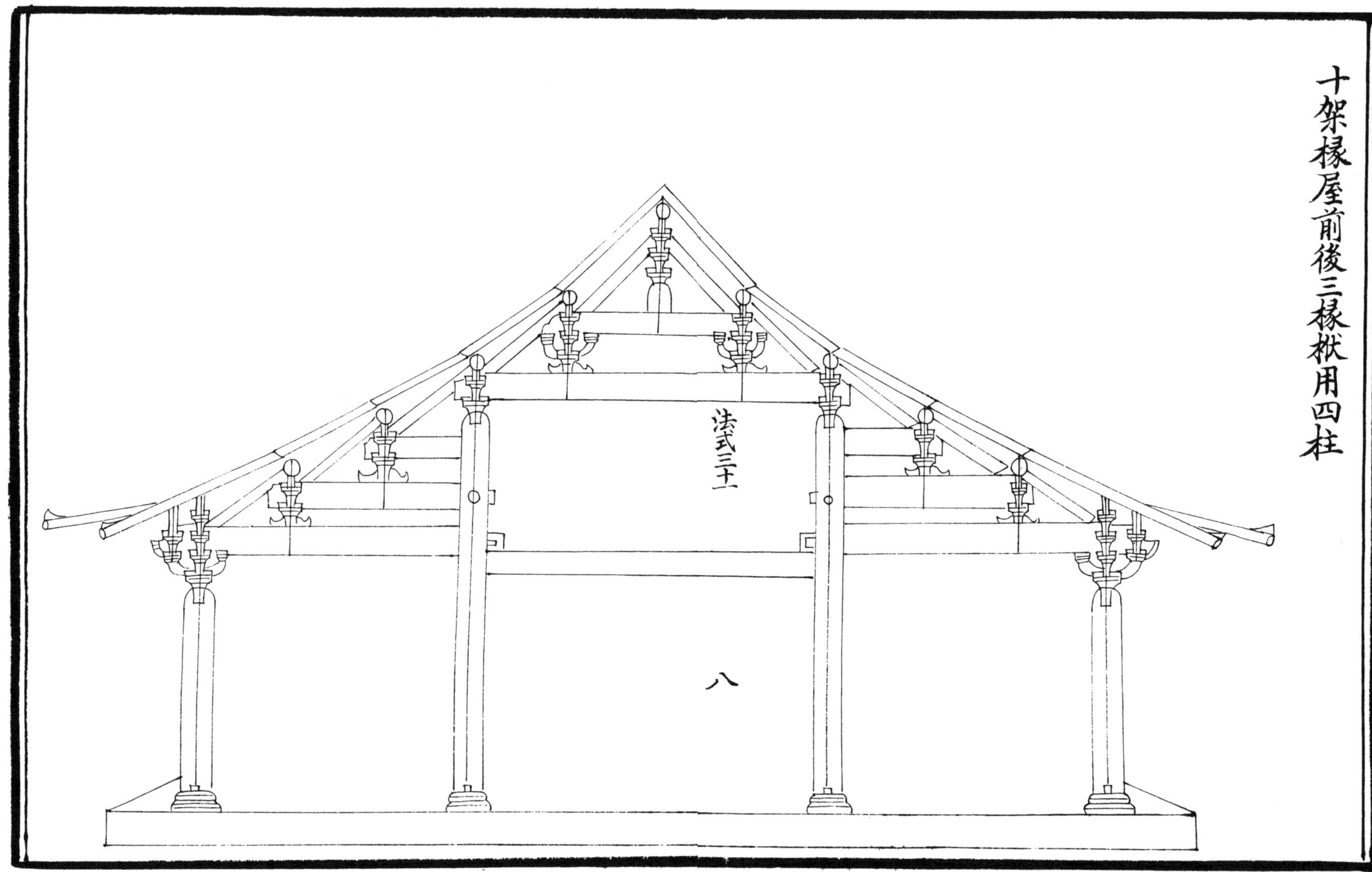

十架椽屋分心前後乳栿用五柱

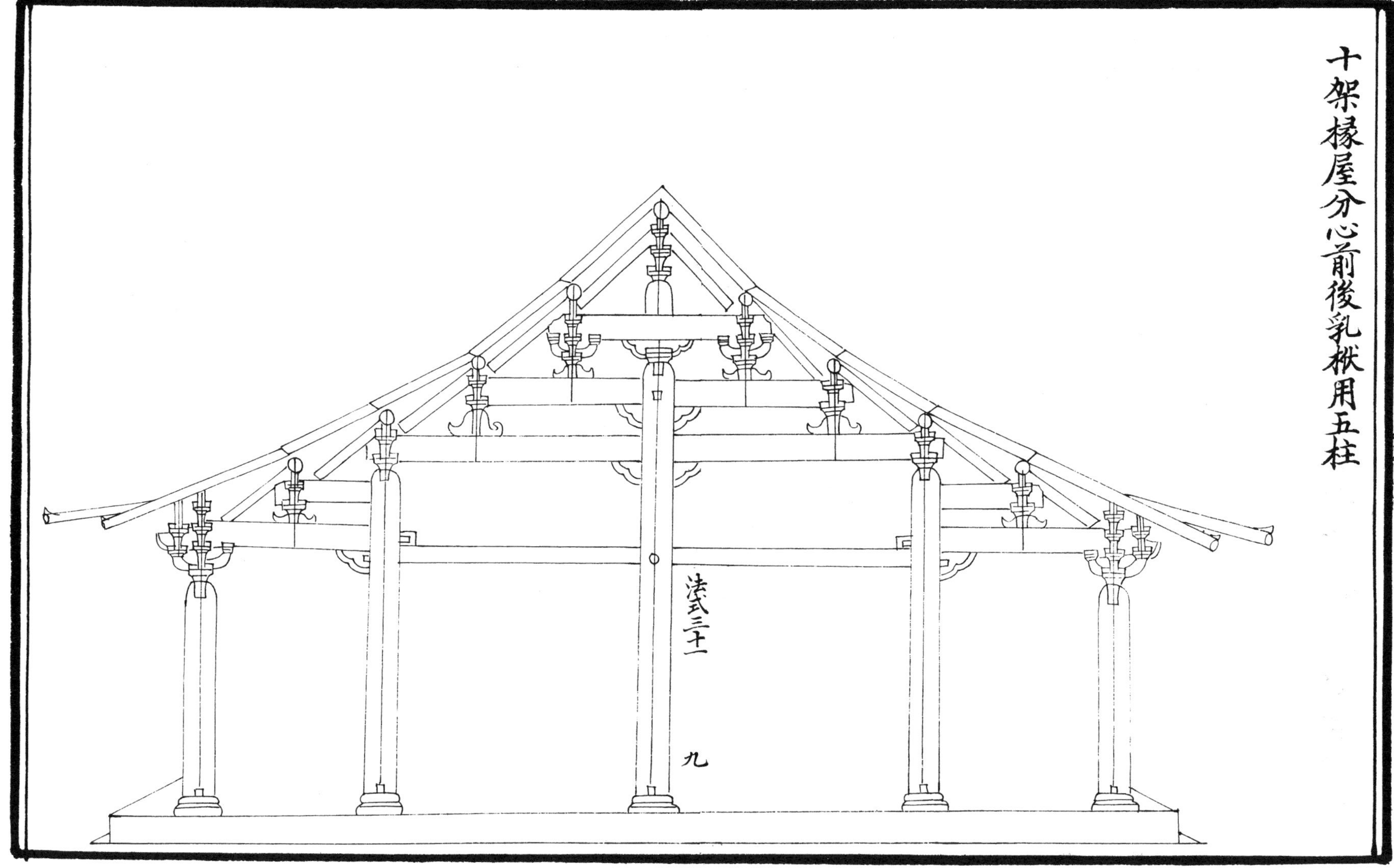

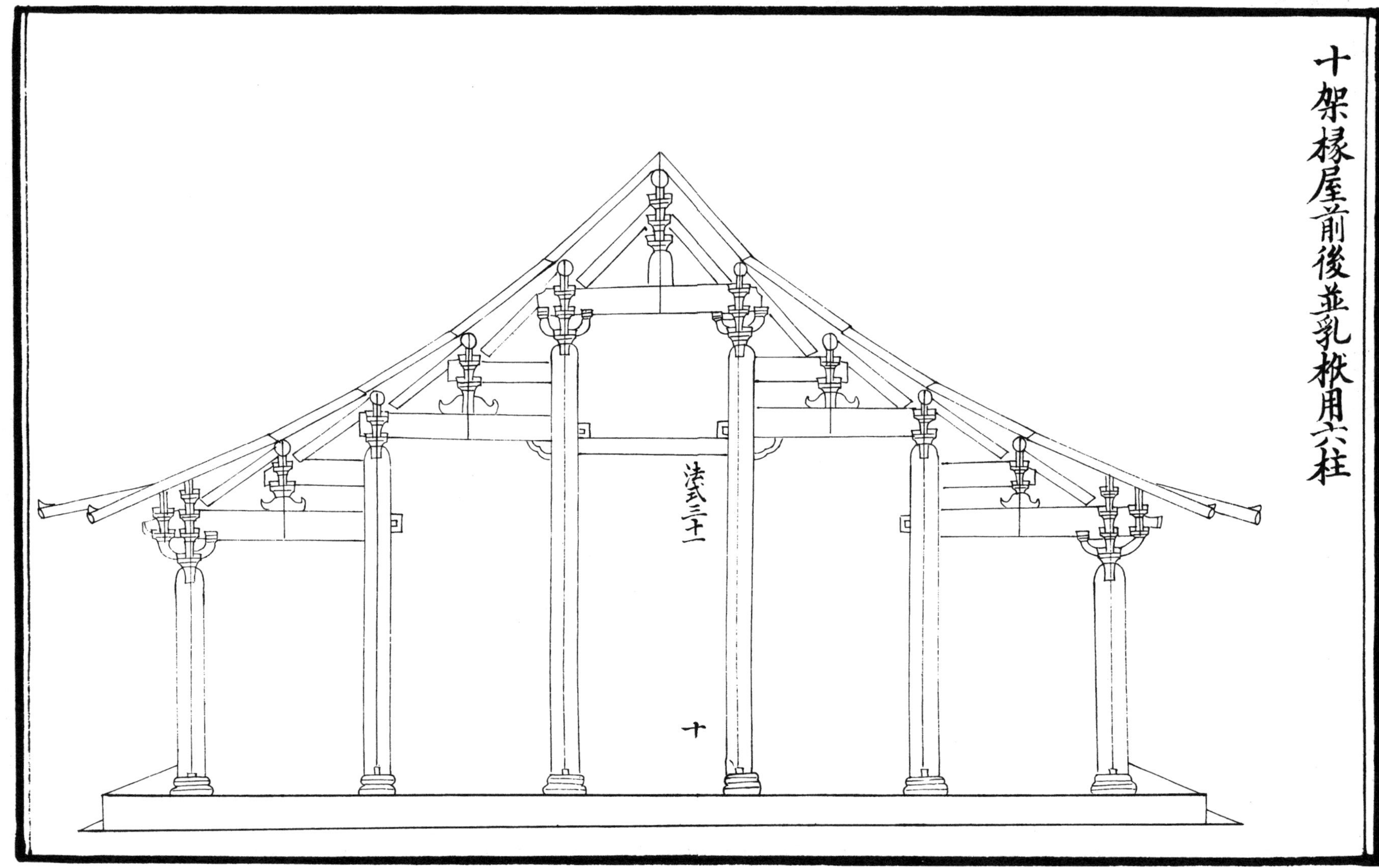
十架椽屋前後並乳栿用六柱
法式三十一
十

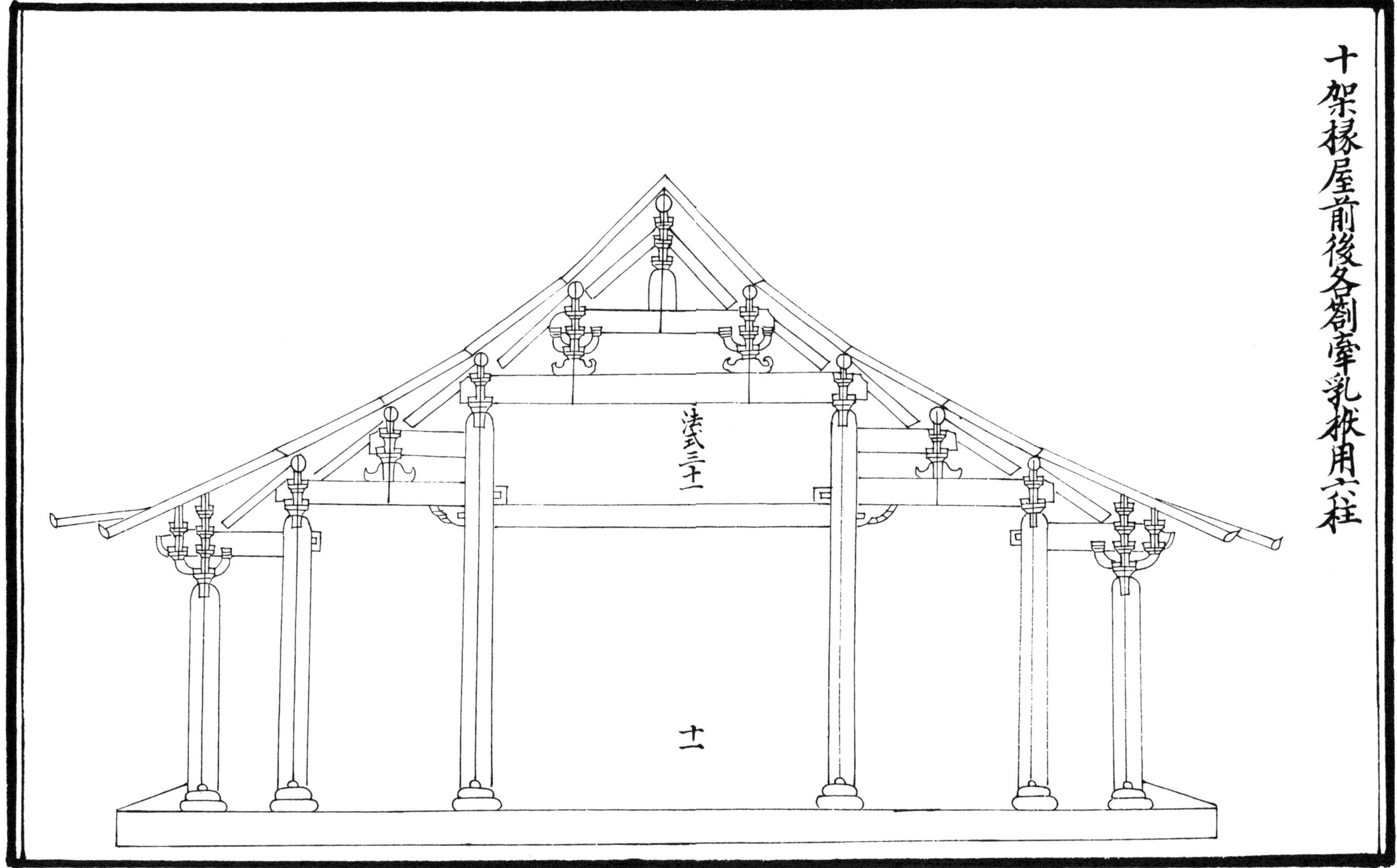

十架椽屋前後各劄牽乳栿用六柱

八架椽屋分心用三柱

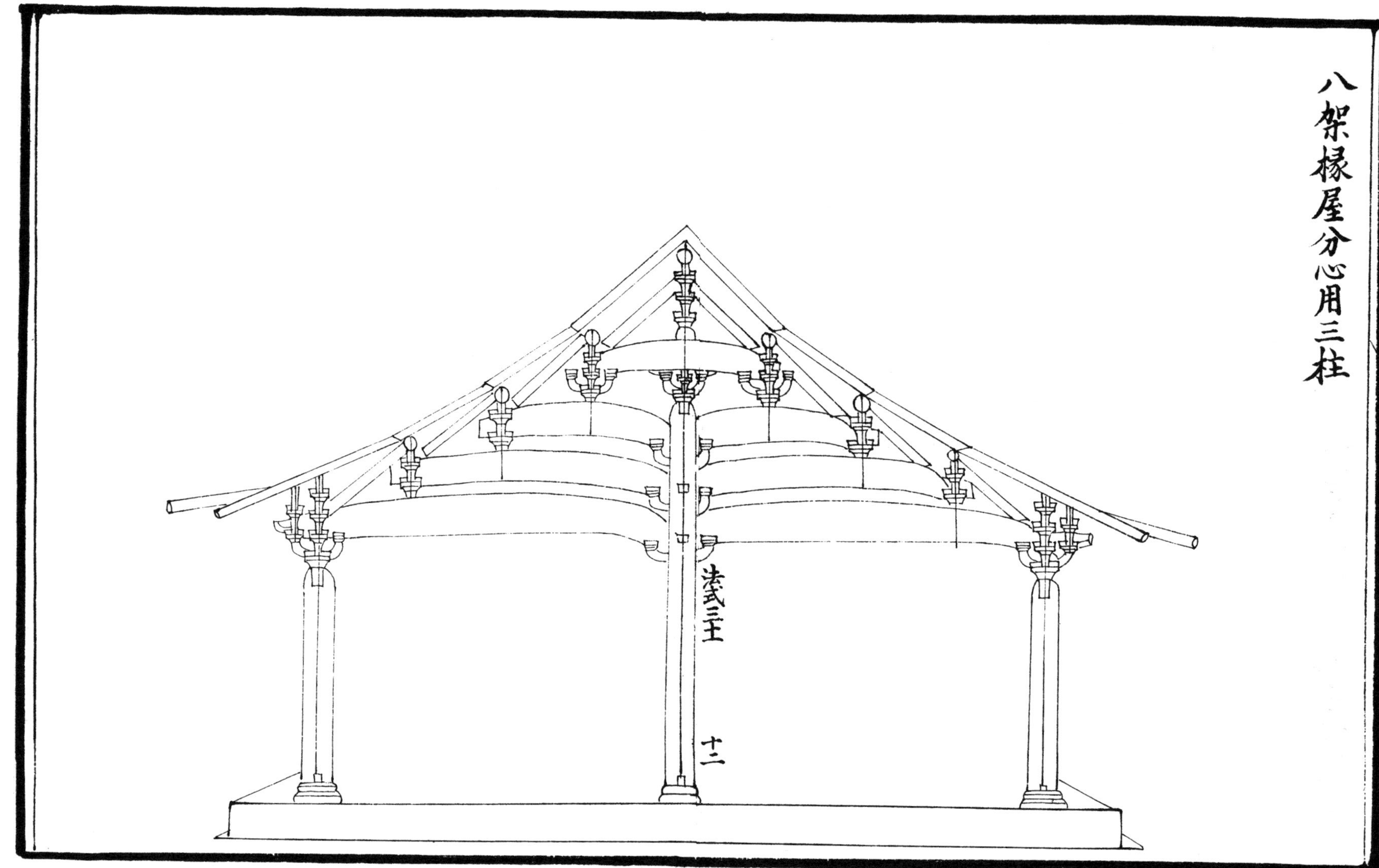

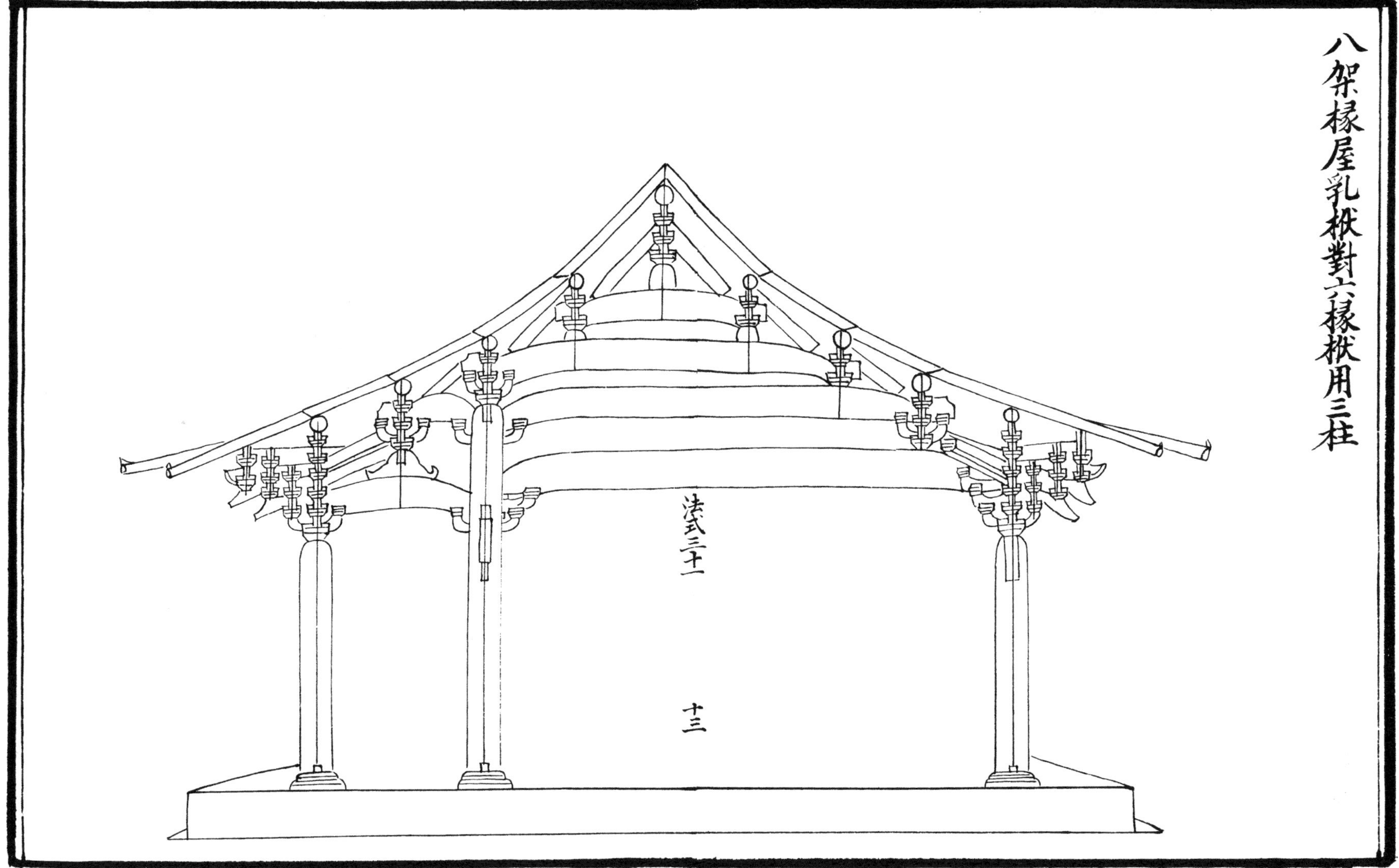
八架椽屋乳栿對六椽栿用三柱
法式三十一
十三

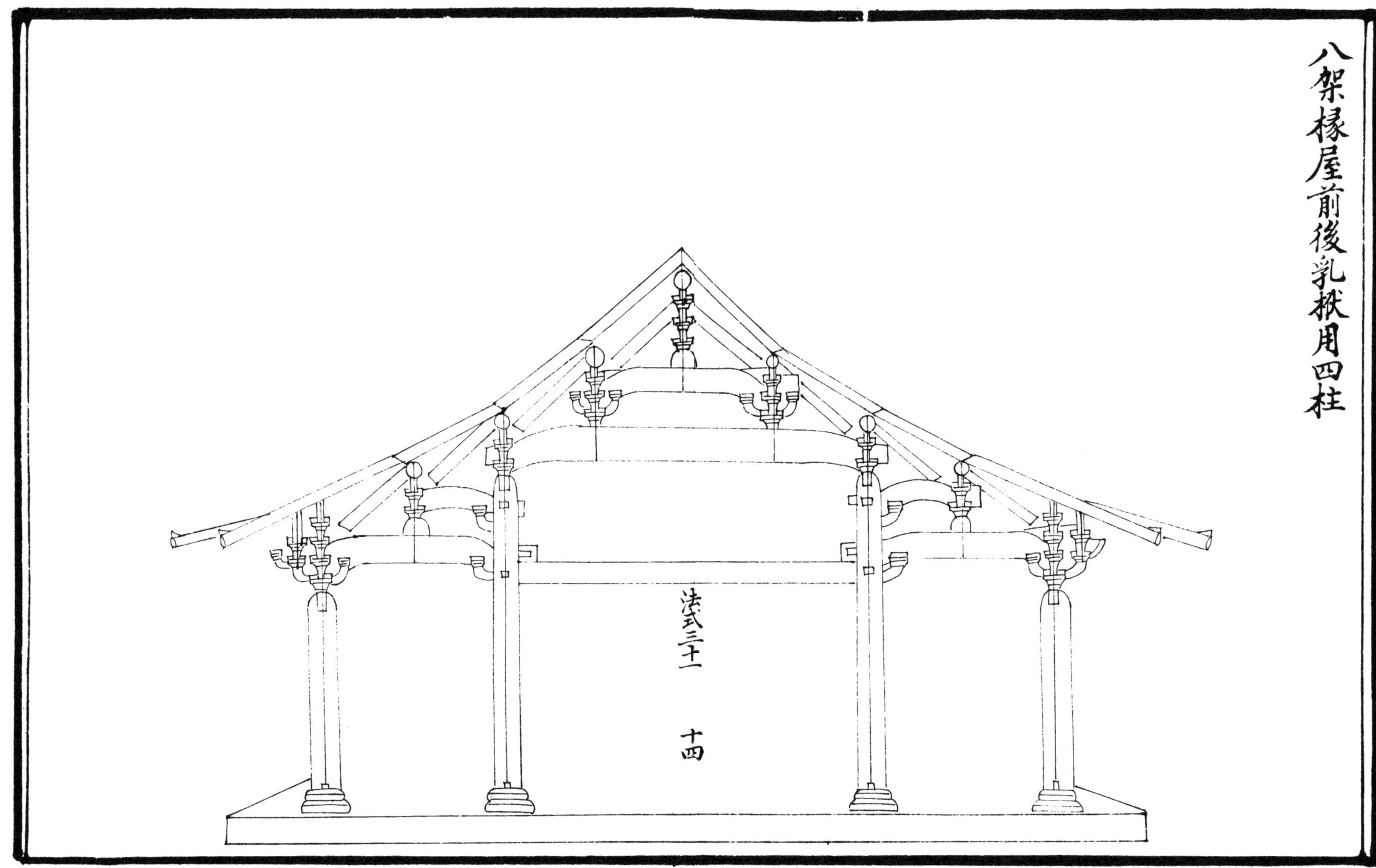
八架椽屋前後乳栿用四柱
法式三十一
十四

八架椽屋前後三椽栿用四柱

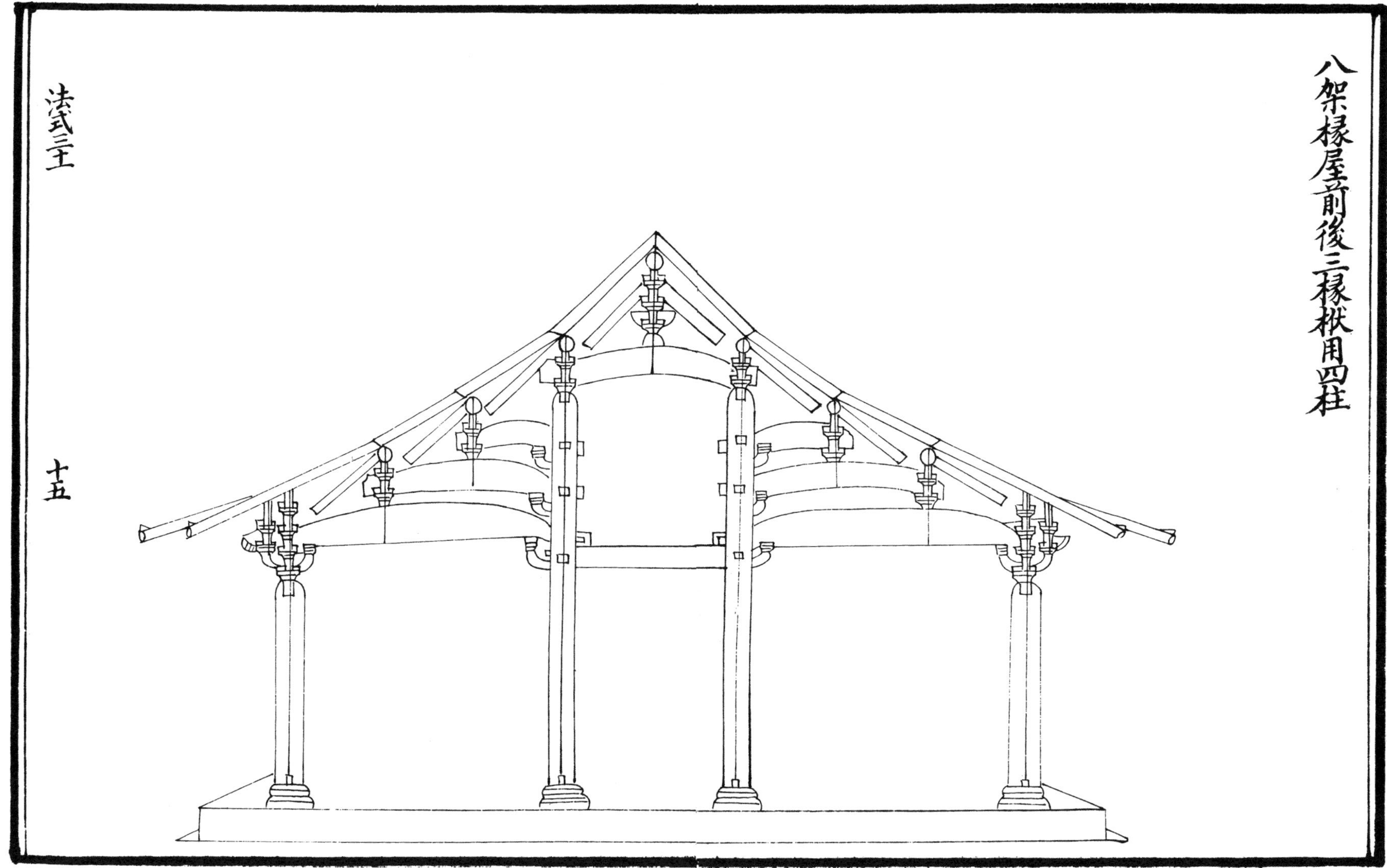

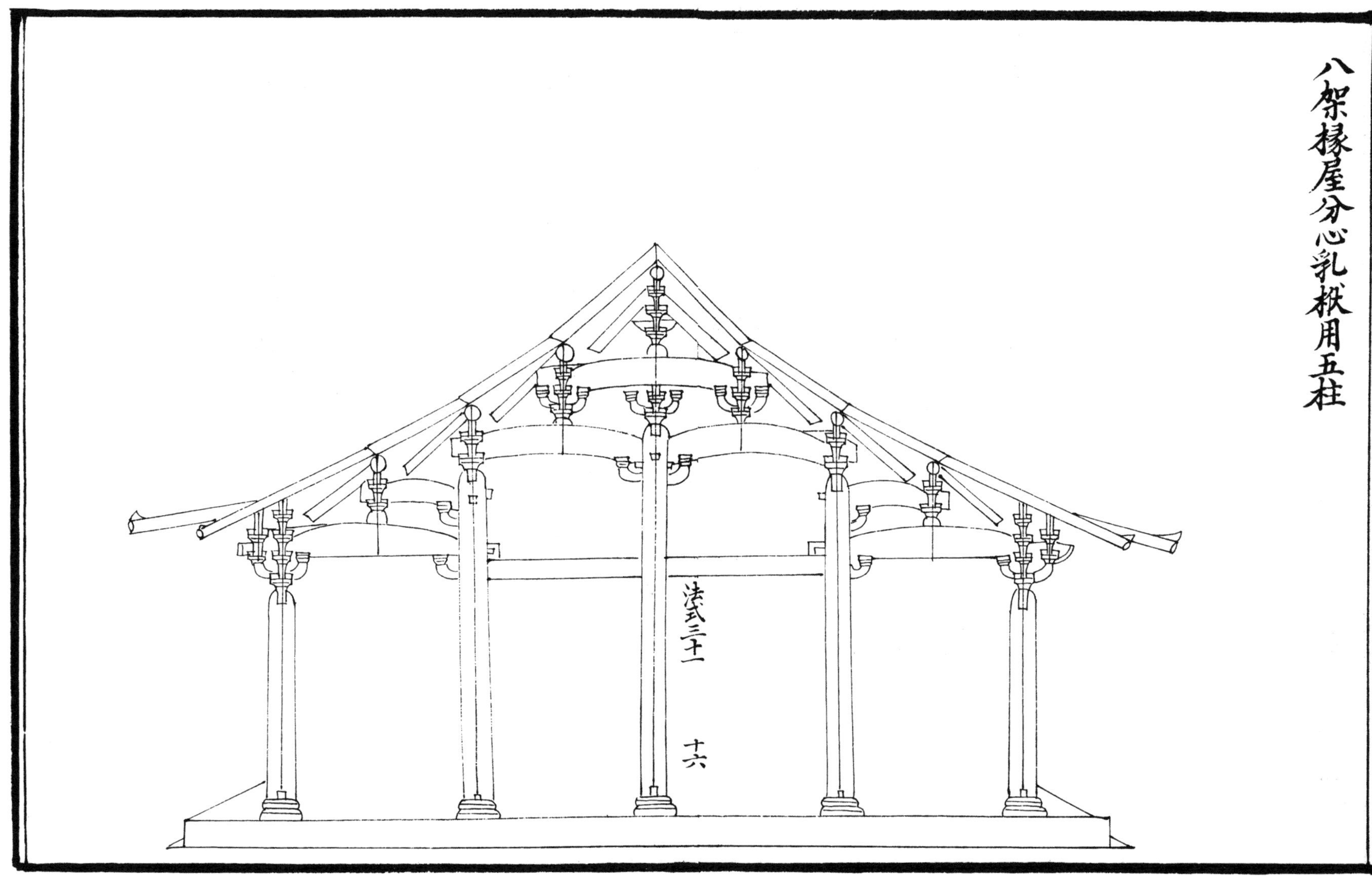
八架椽屋分心乳栿用五柱
法式三十一
十六

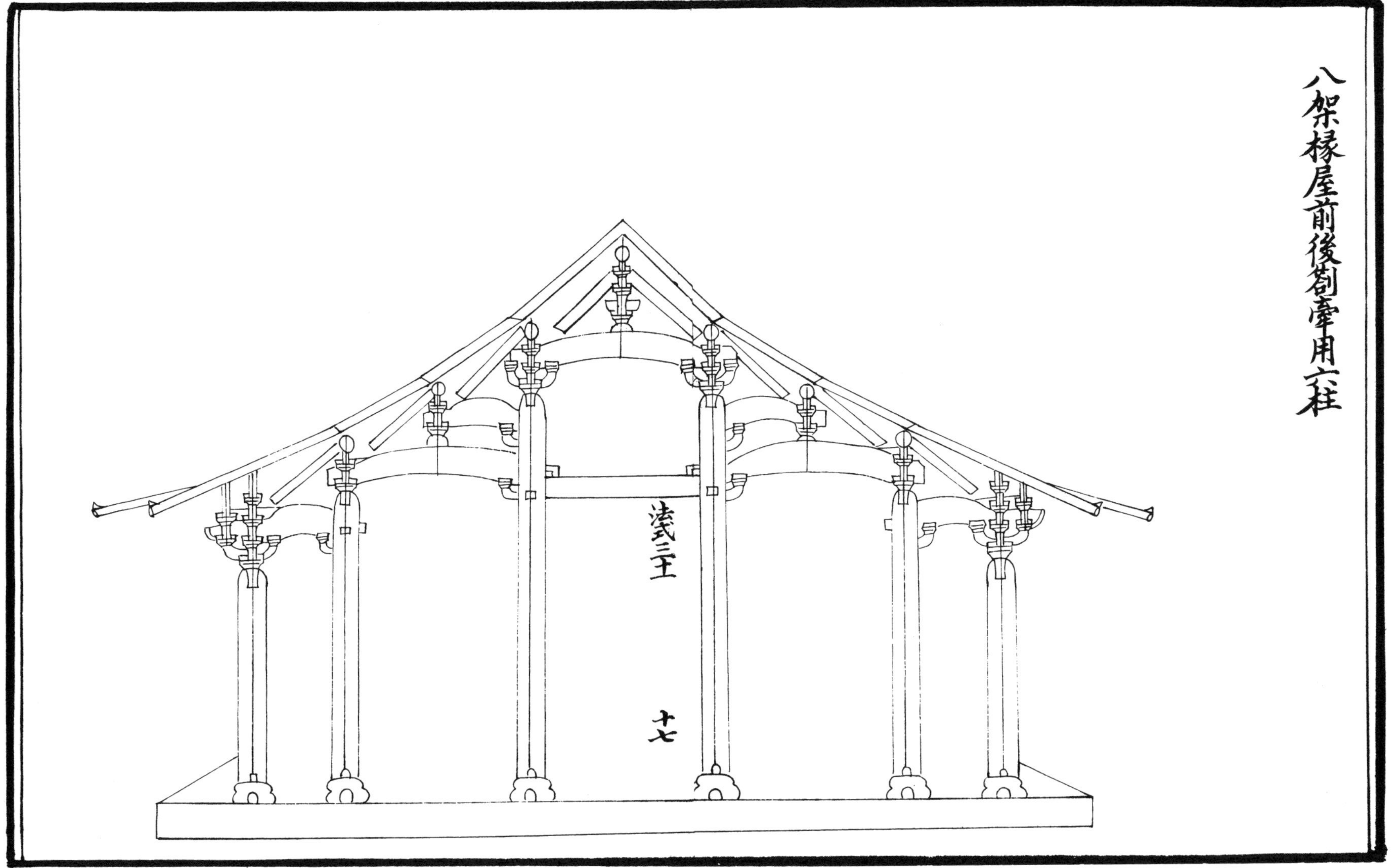
八架椽屋前後劄牽用六柱
法式三十一
十七

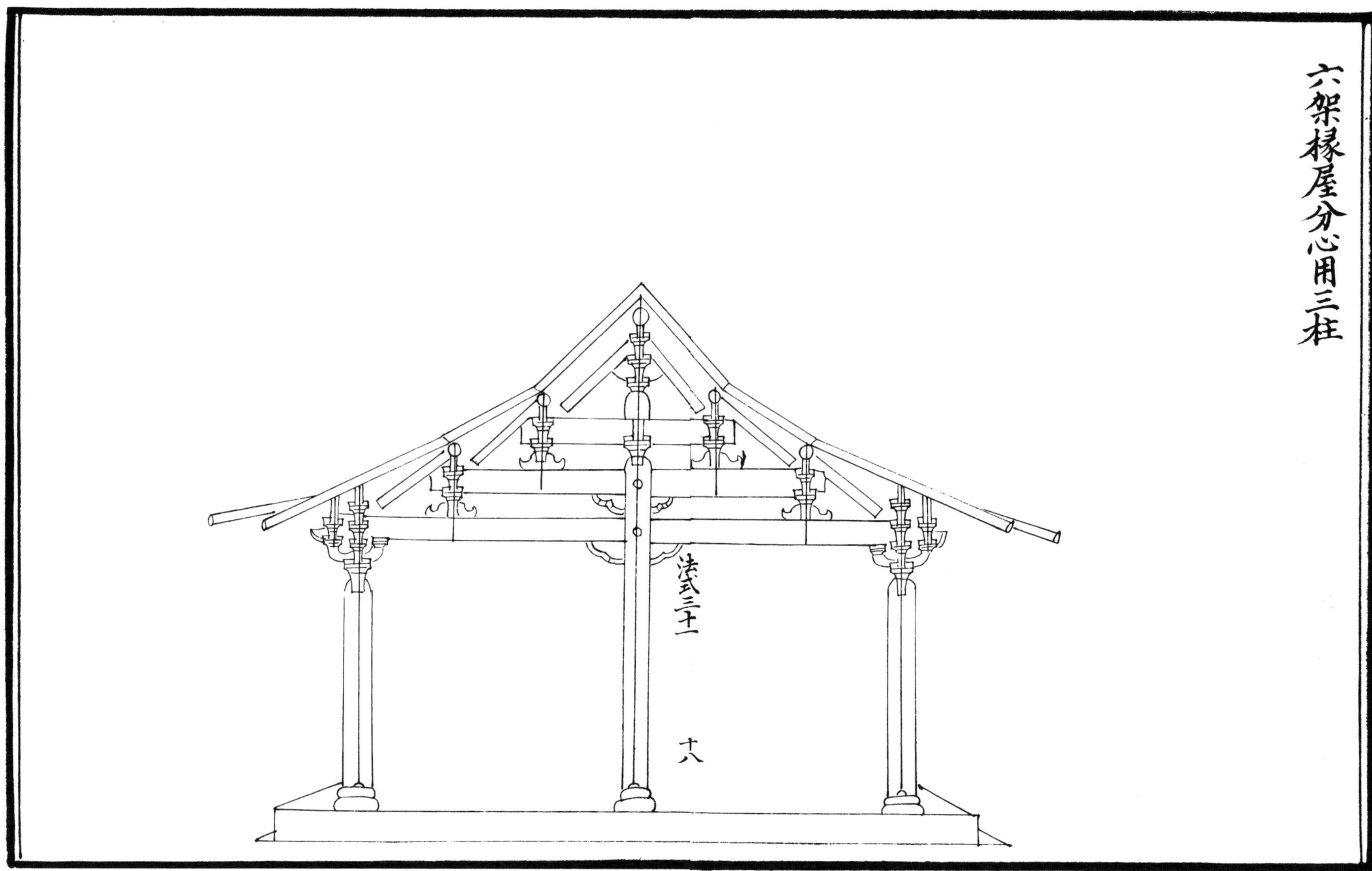
六架椽屋分心用三柱
法式三十一
十八

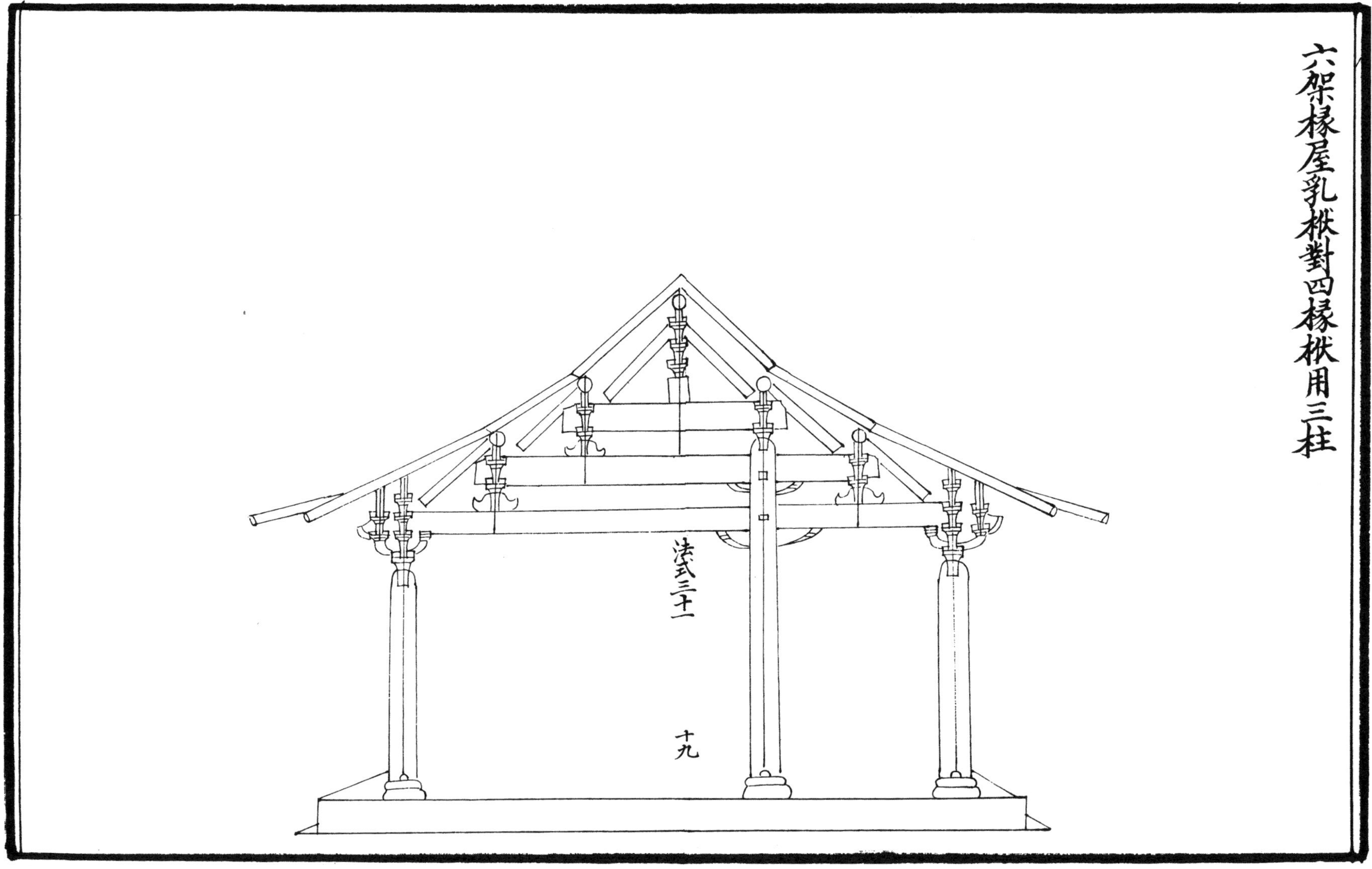
六架椽屋乳栿對四椽栿用三柱
法式三十一
十九

六架椽屋前後乳栿劄牽用四柱

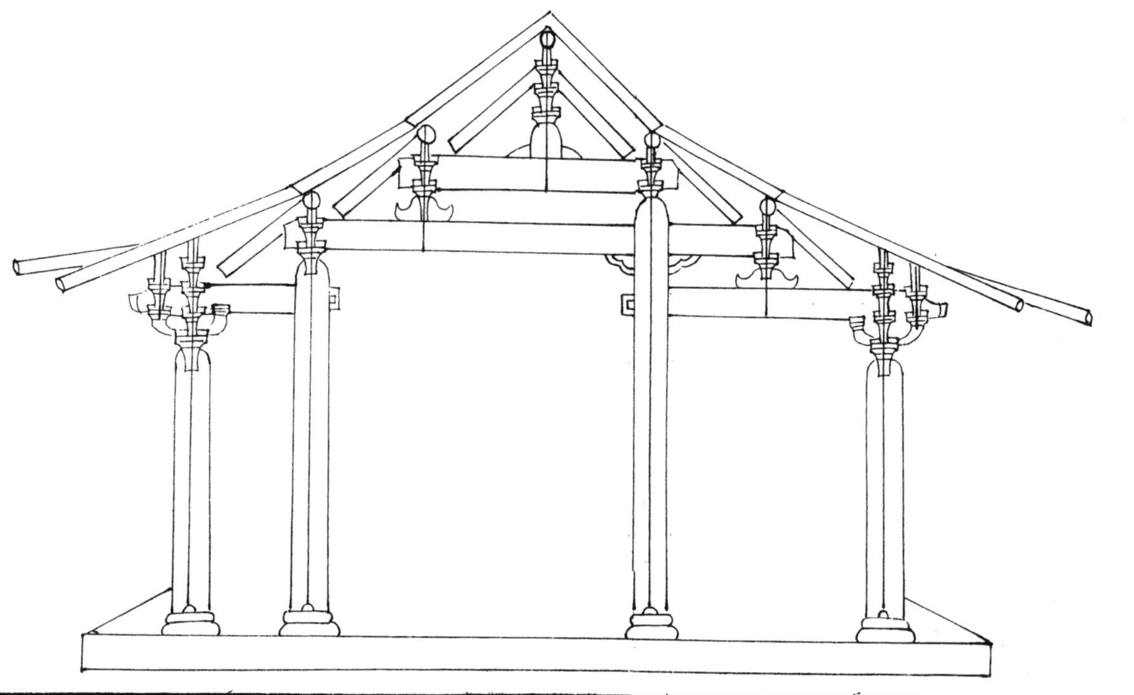

法式三十一　二十

六架椽屋前後乳栿劄牽用四柱

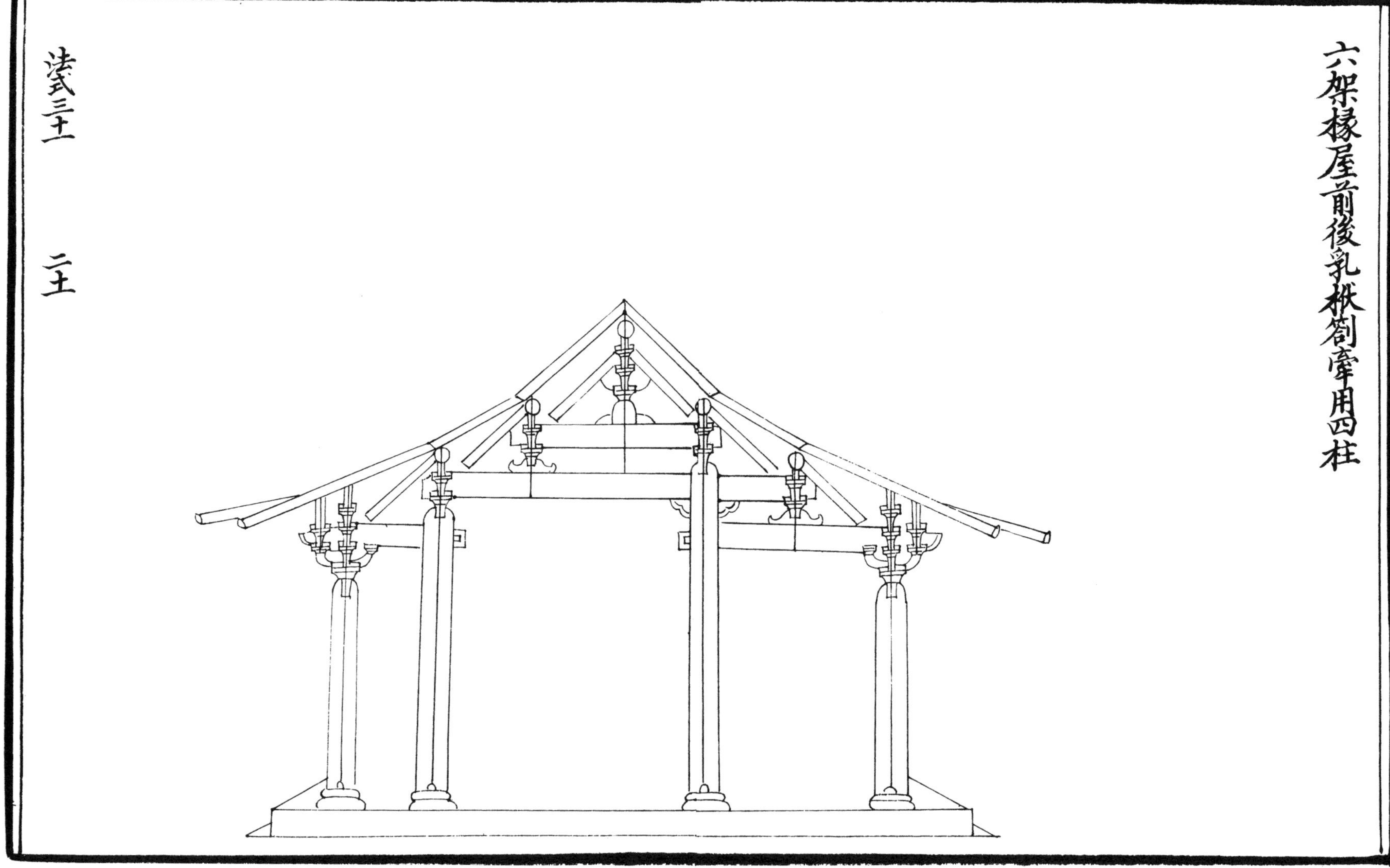

四架椽屋分心用三柱

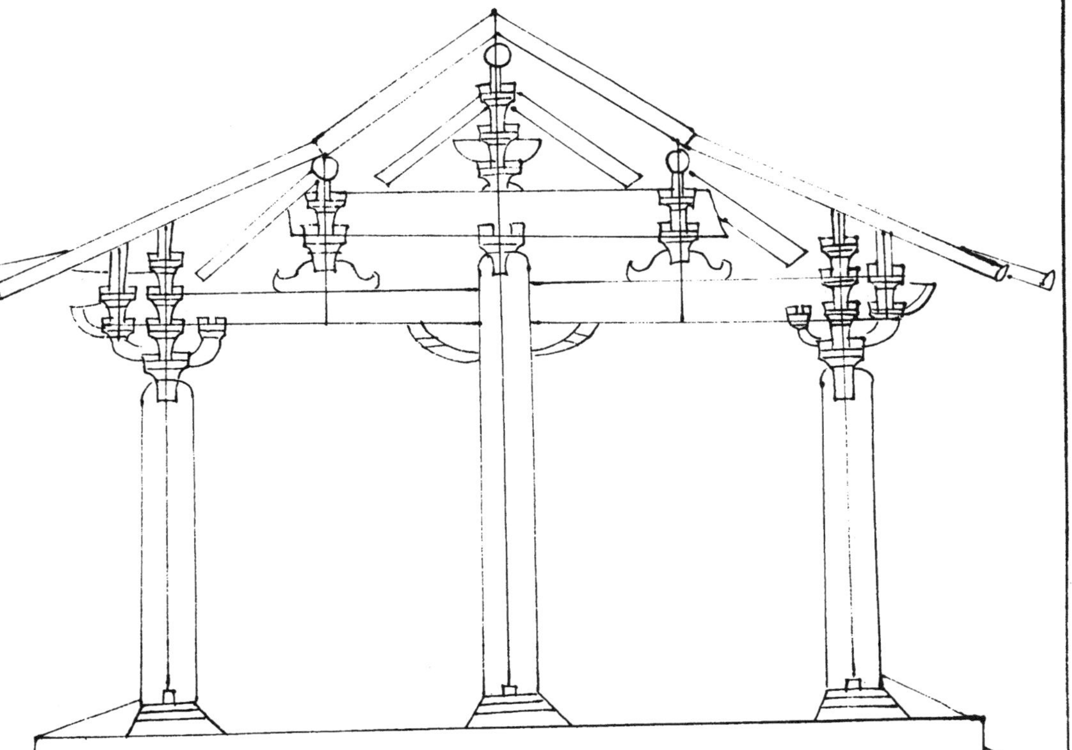

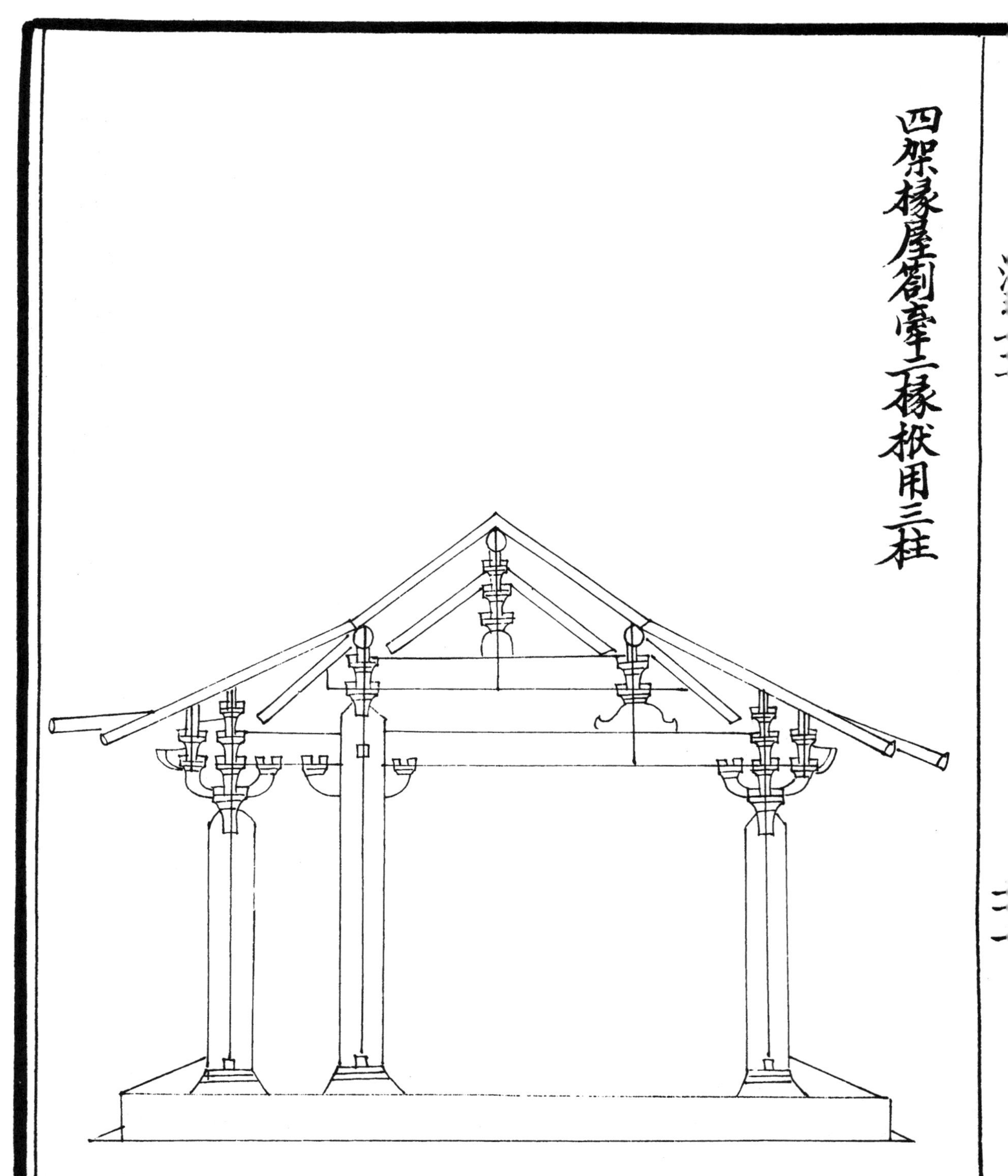

四架椽屋劄牽三椽栿用三柱

四架椽屋分心劄牽用四柱

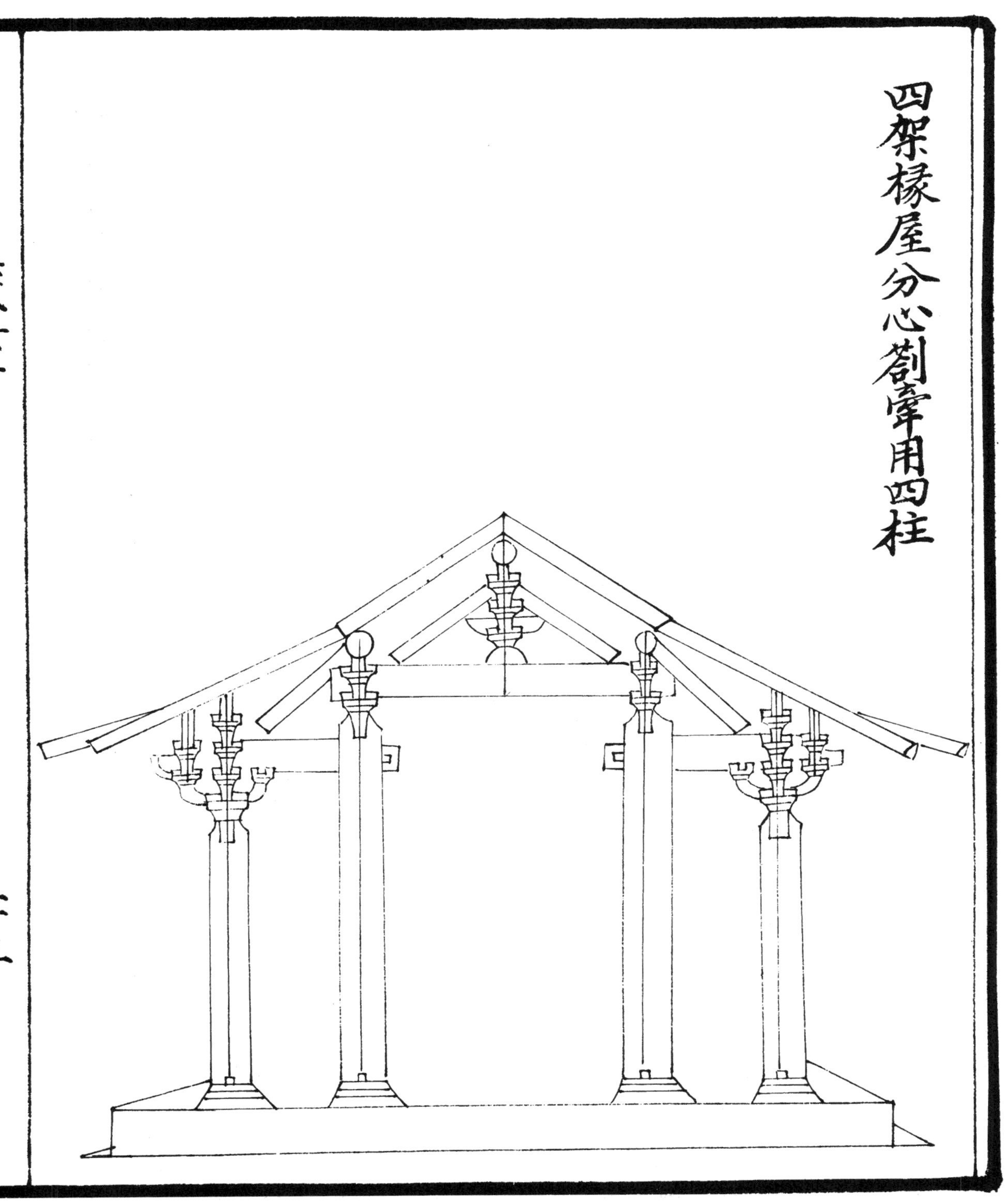

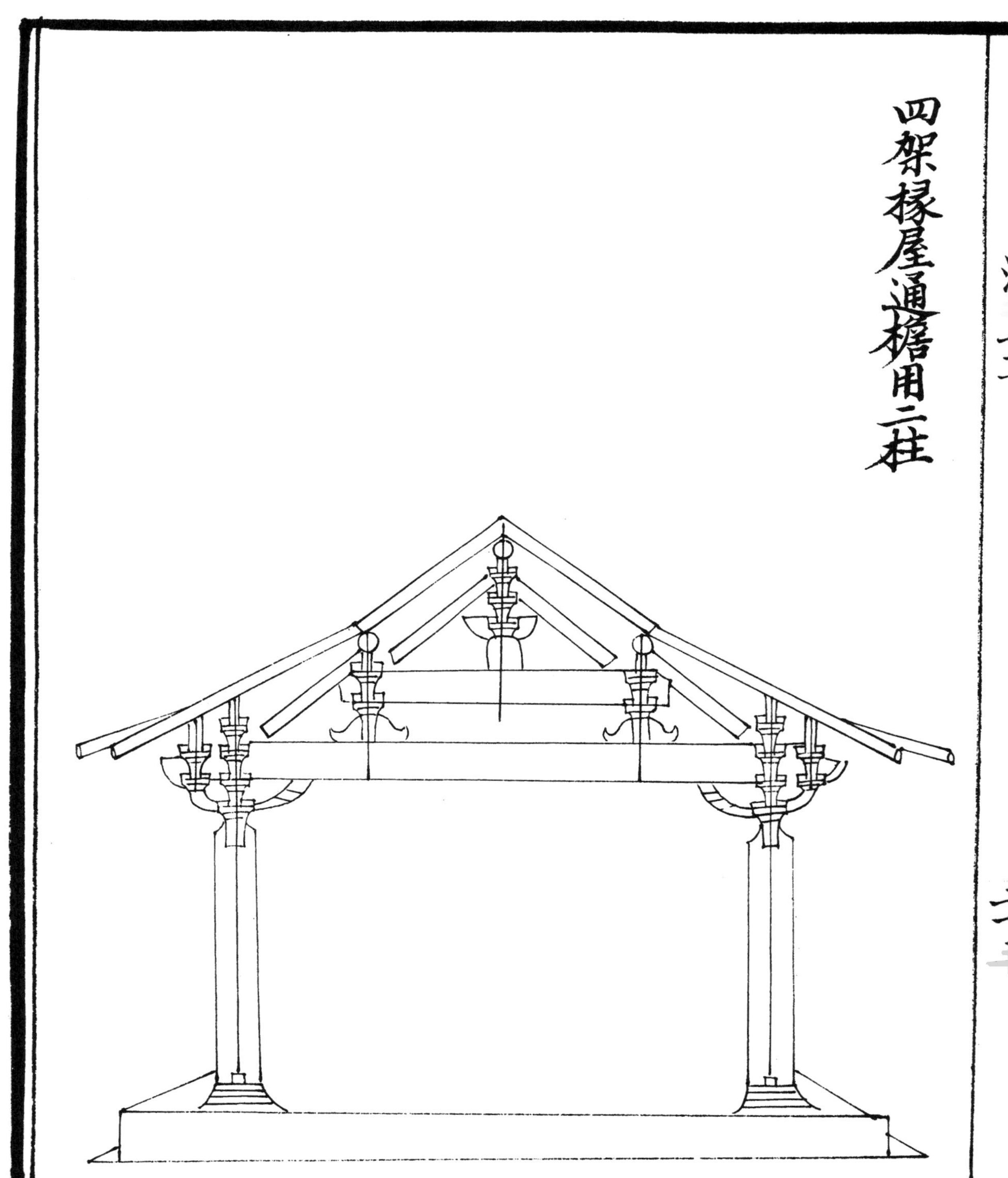
四架椽屋通檐用二柱

營造法式卷第三十一

營造法式卷第三十二

通直郎管修蓋皇弟外第專一提舉修蓋班直諸軍營房等臣李誡奉

聖旨編修

小木作制度圖樣

門窗格子門等第一 附垂魚

平棊鉤闌等第二

殿閣門亭等牌第三

佛道帳經藏第四

雕木作制度圖樣

混作第一

栱眼内彫插第二

格子門等腰華版第三

平棊華盤第四

雲栱等雜樣第五

小木作制度圖樣

門窗格子門等第一 垂魚附

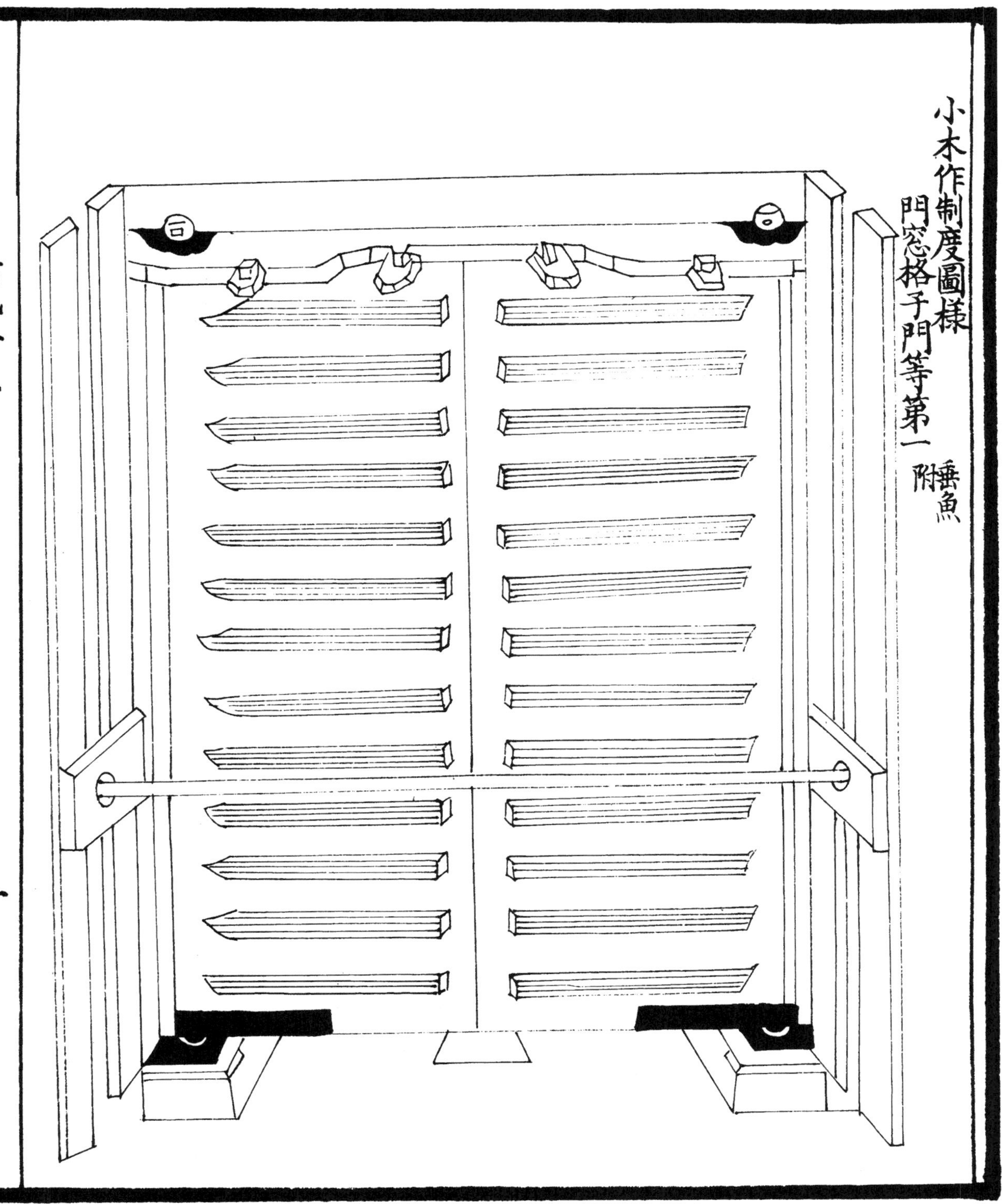

烏頭門

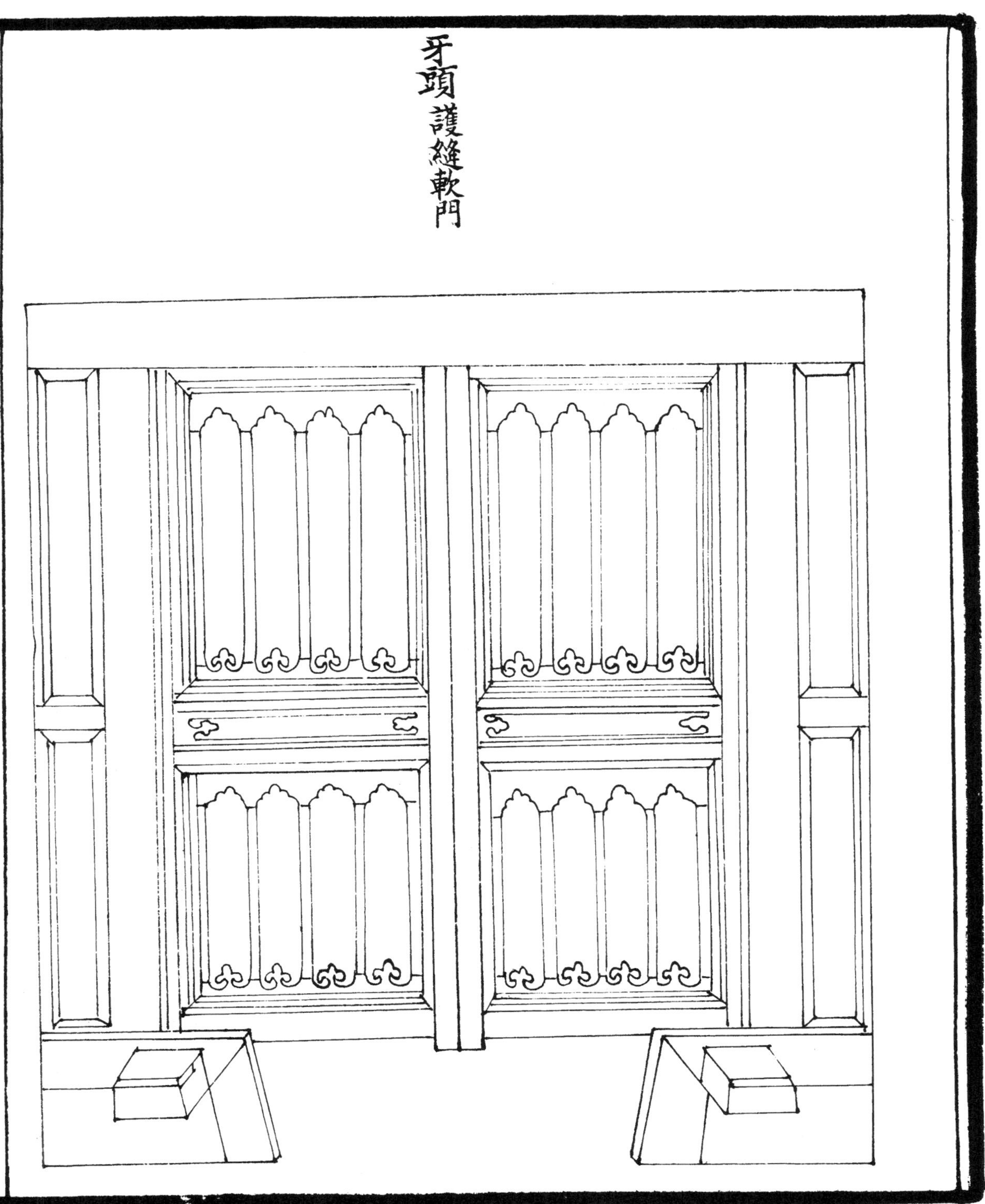

牙頭護縫軟門

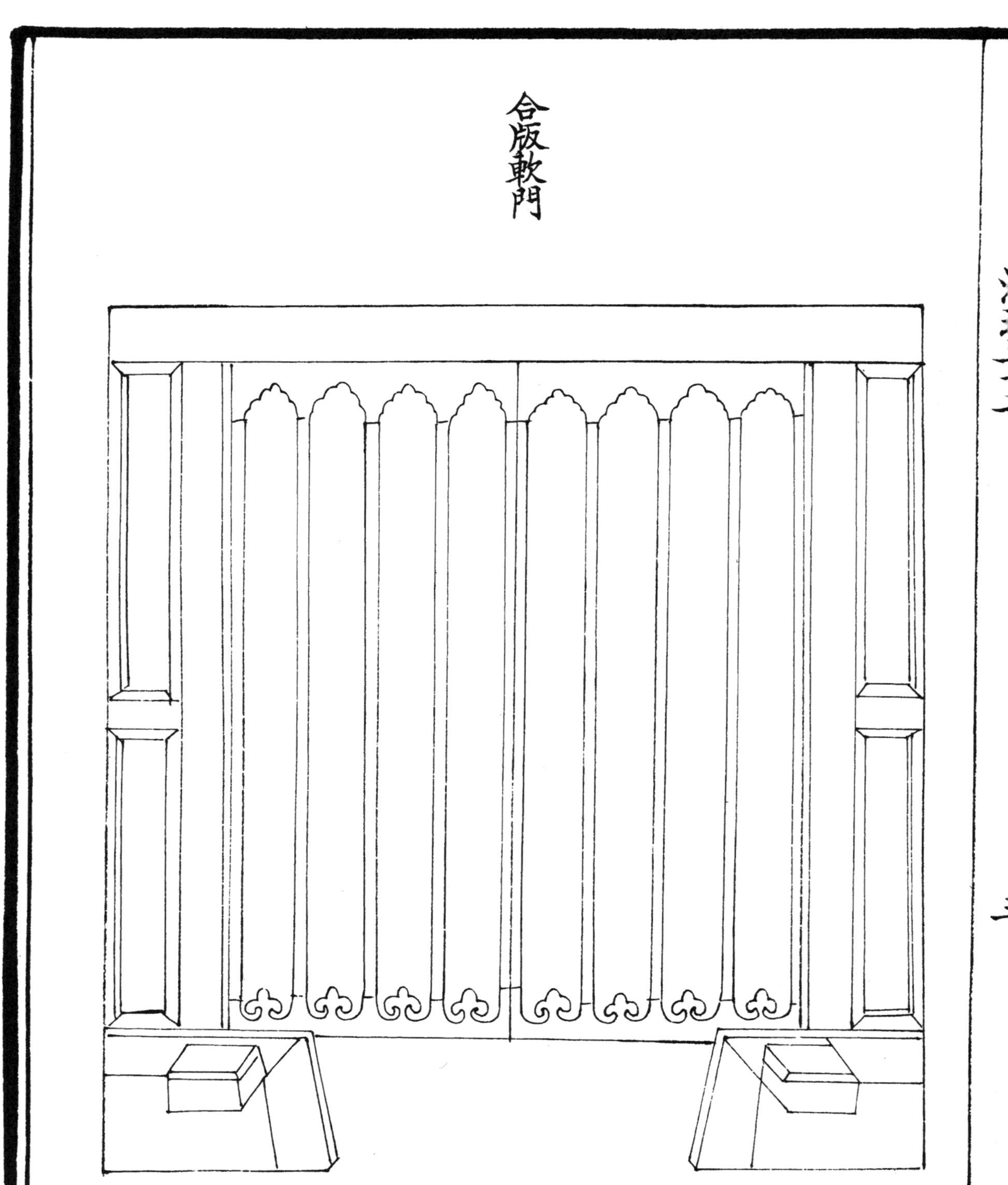
合版軟門

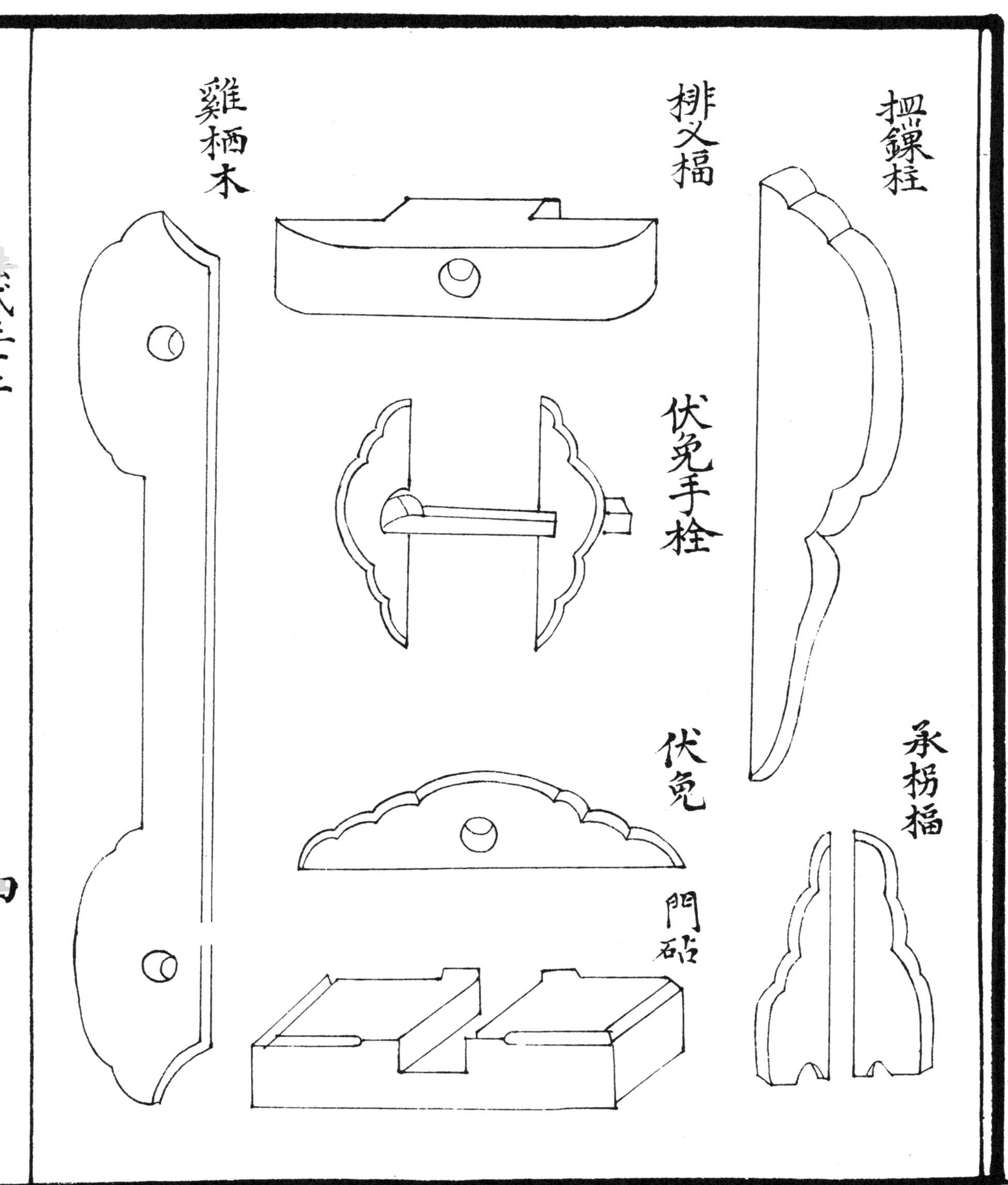

搯鏁柱
排叉楅
雞栖木
伏兔手栓
承拐楅
伏兔
門砧

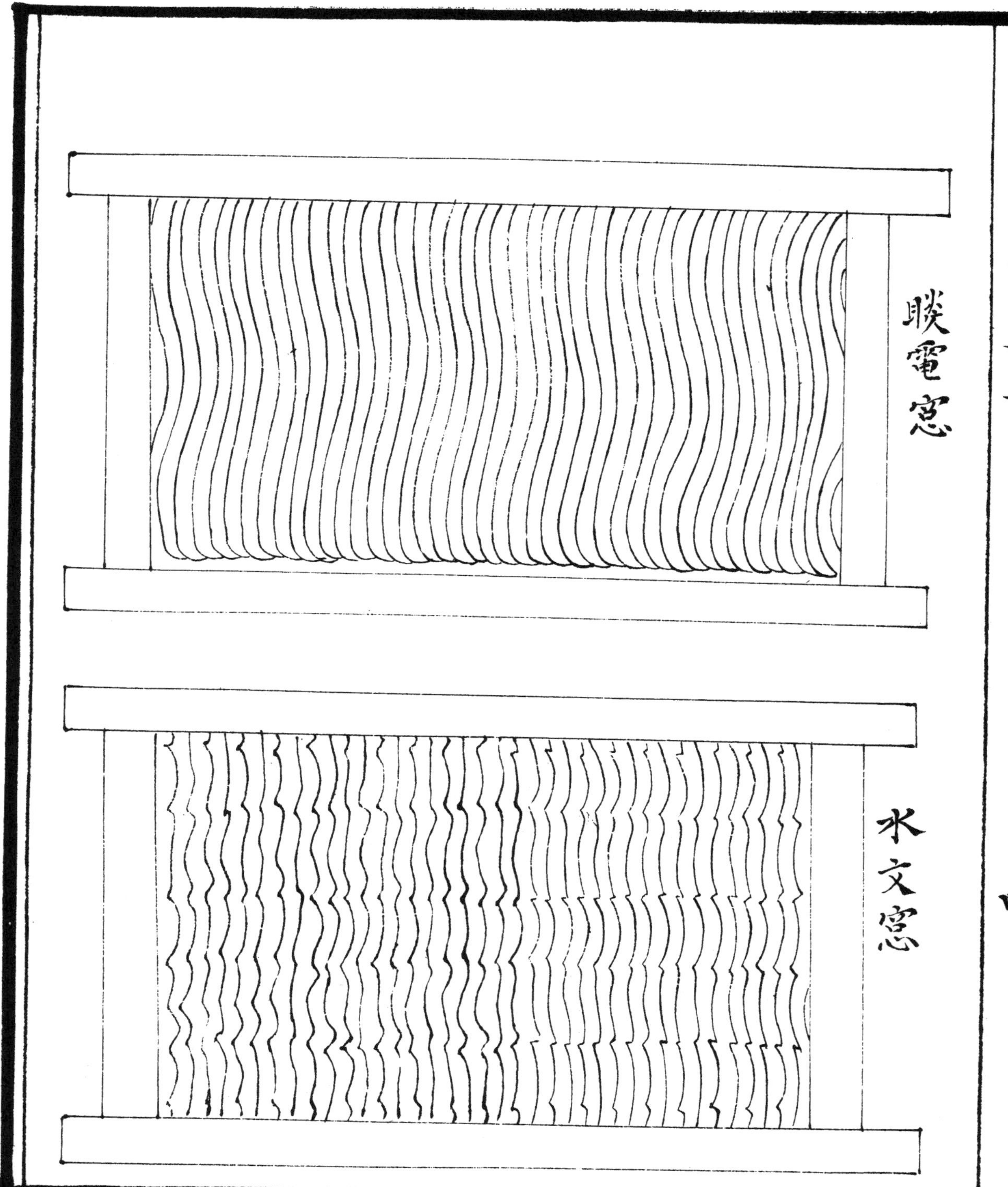
睒電窓
水文窓

白毬文格眼　四桯四混中心出雙線入混内出單線

四斜毬文上出條桱重格眼　四桯破瓣雙混平地出雙線

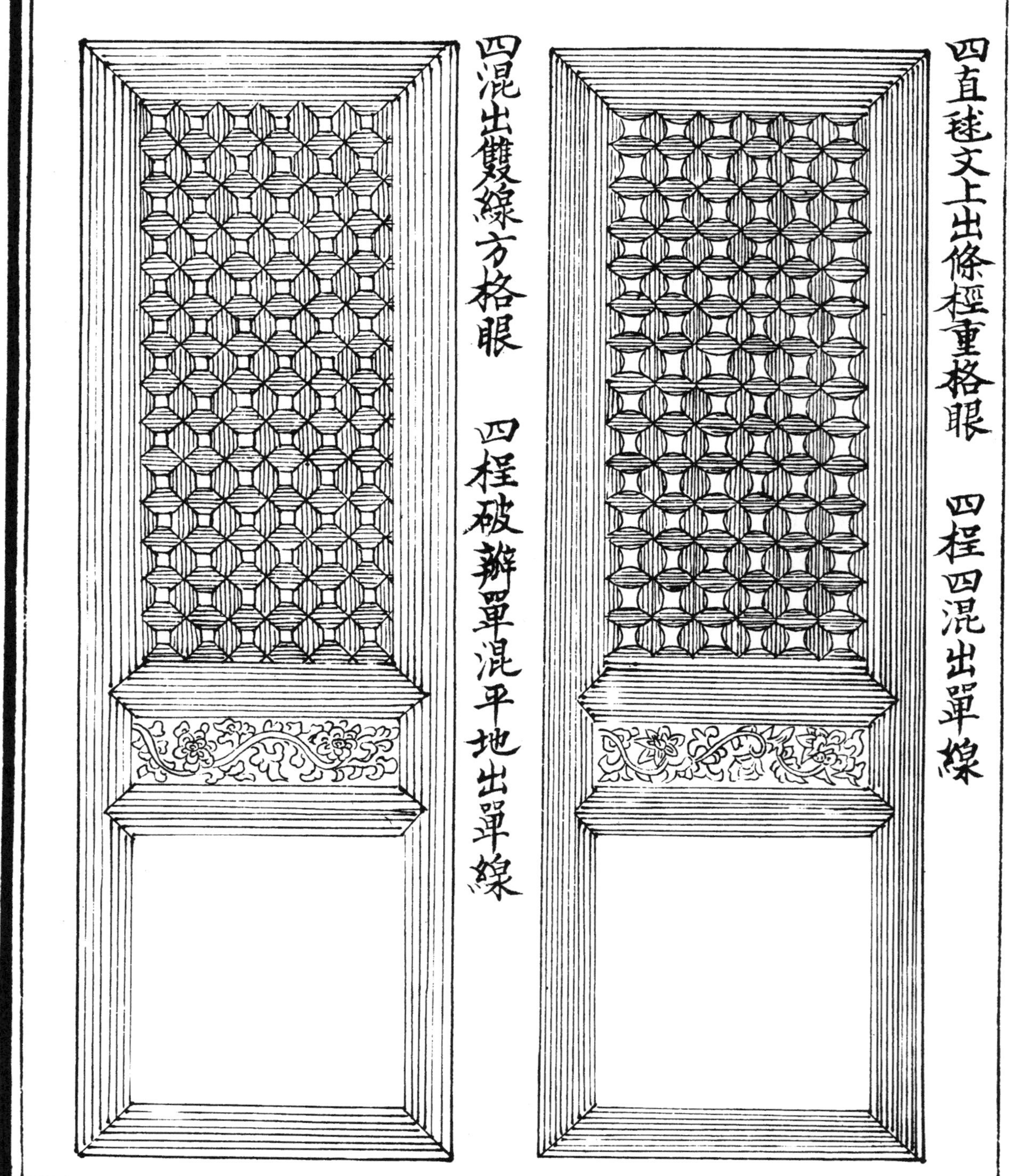
四直毬文上出條桱重格眼
四桯四混出單線
四混出雙線方格眼
四桯破瓣單混平地出單線

麗口絞瓣雙混方格眼　四桯通混出雙線

通混出雙線方格眼　四桯通混壓邊線

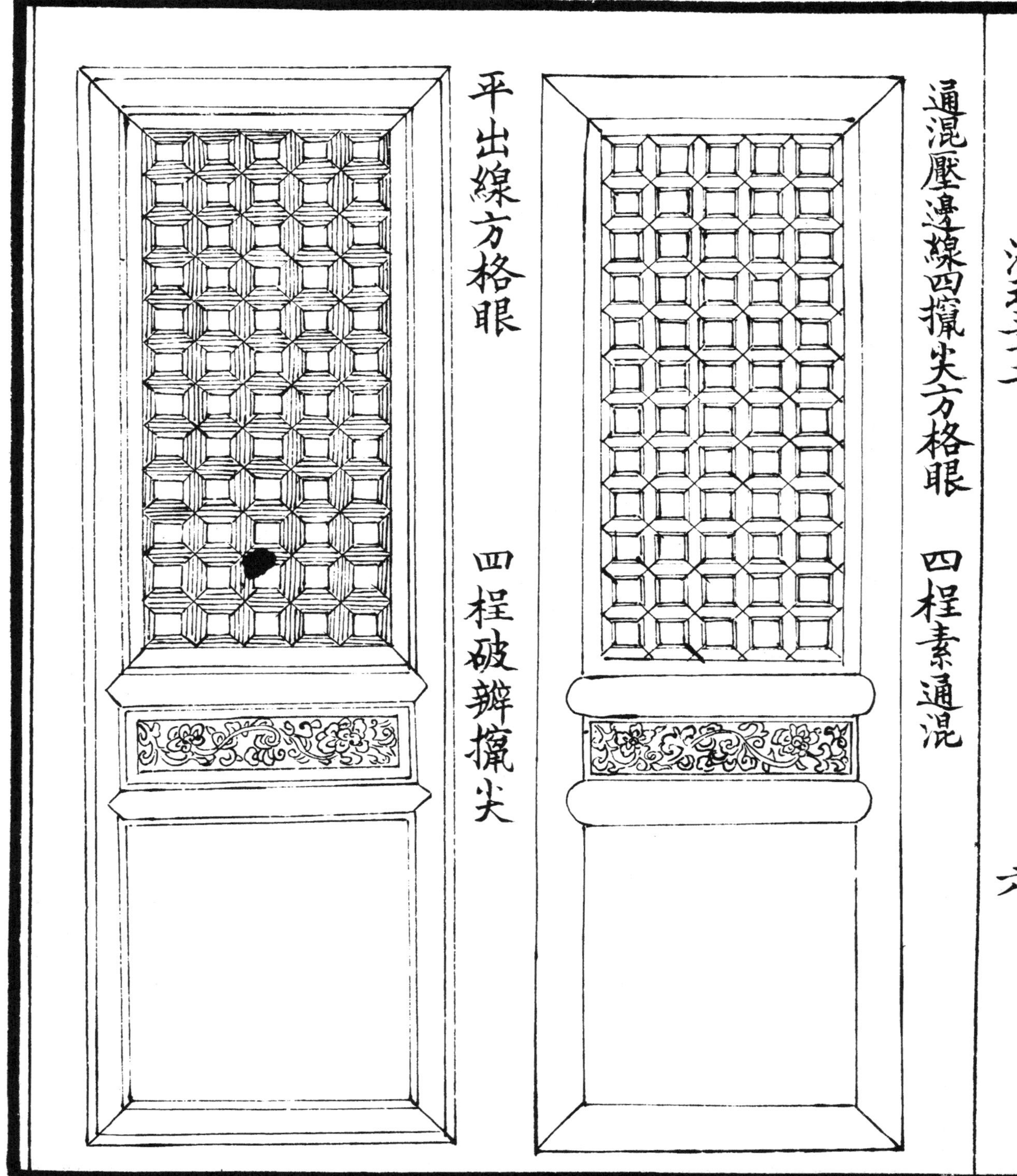
通混壓邊線四攛尖方格眼
四桯素通混
平出線方格眼
四桯破瓣攛尖

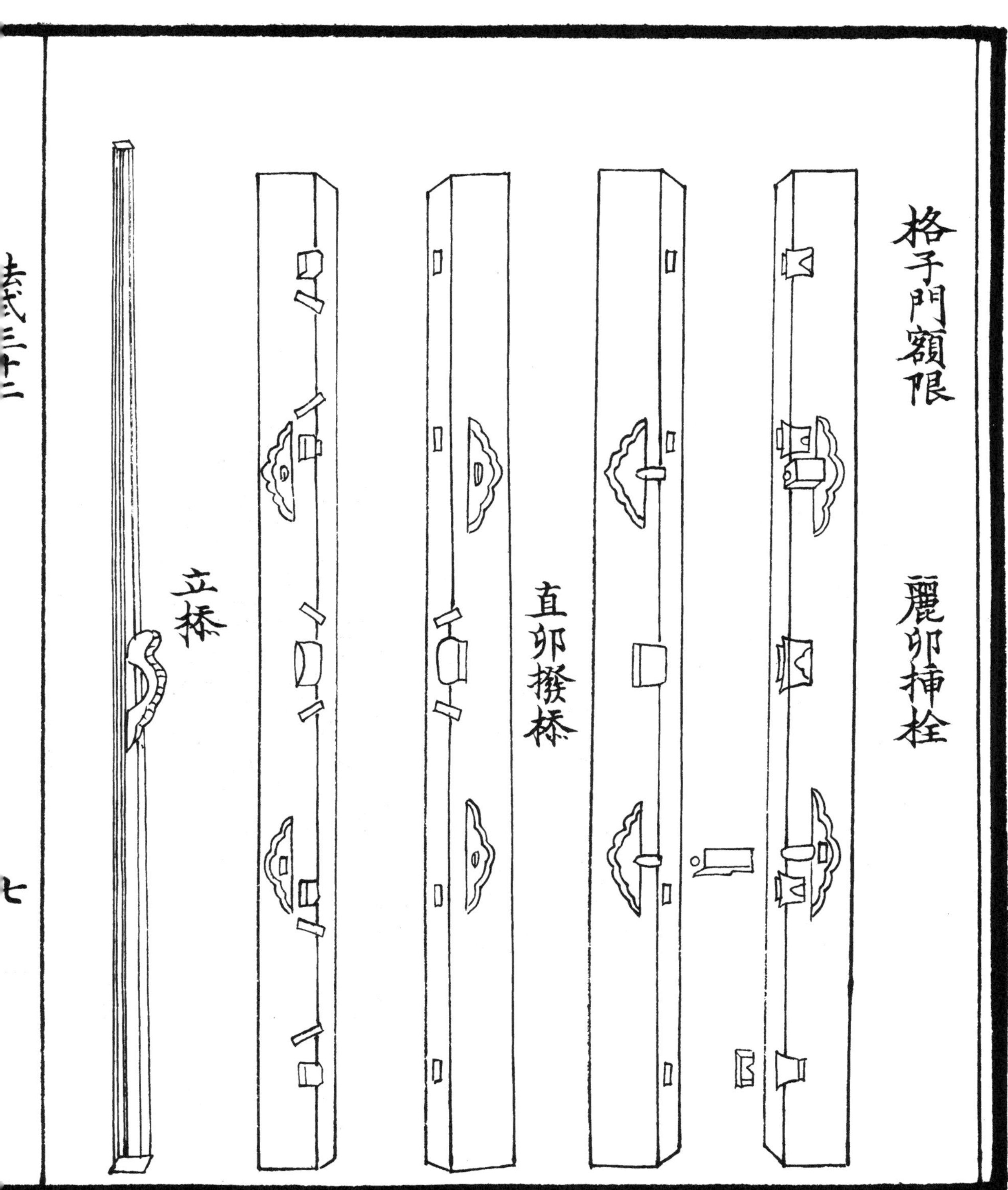
格子門額限
麗卯插栓
直卯撥栝
立栝

闌檻鉤窻

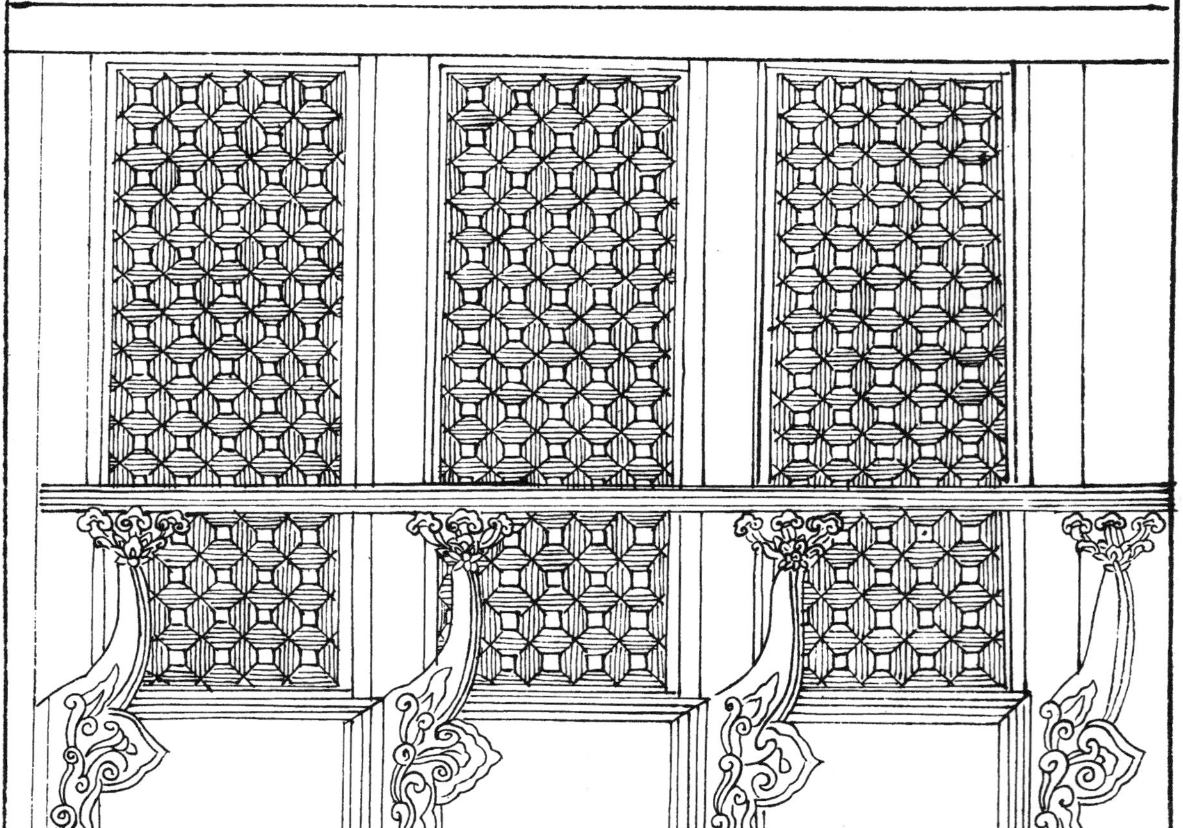

截間格子

四桯破瓣雙混平地出單線

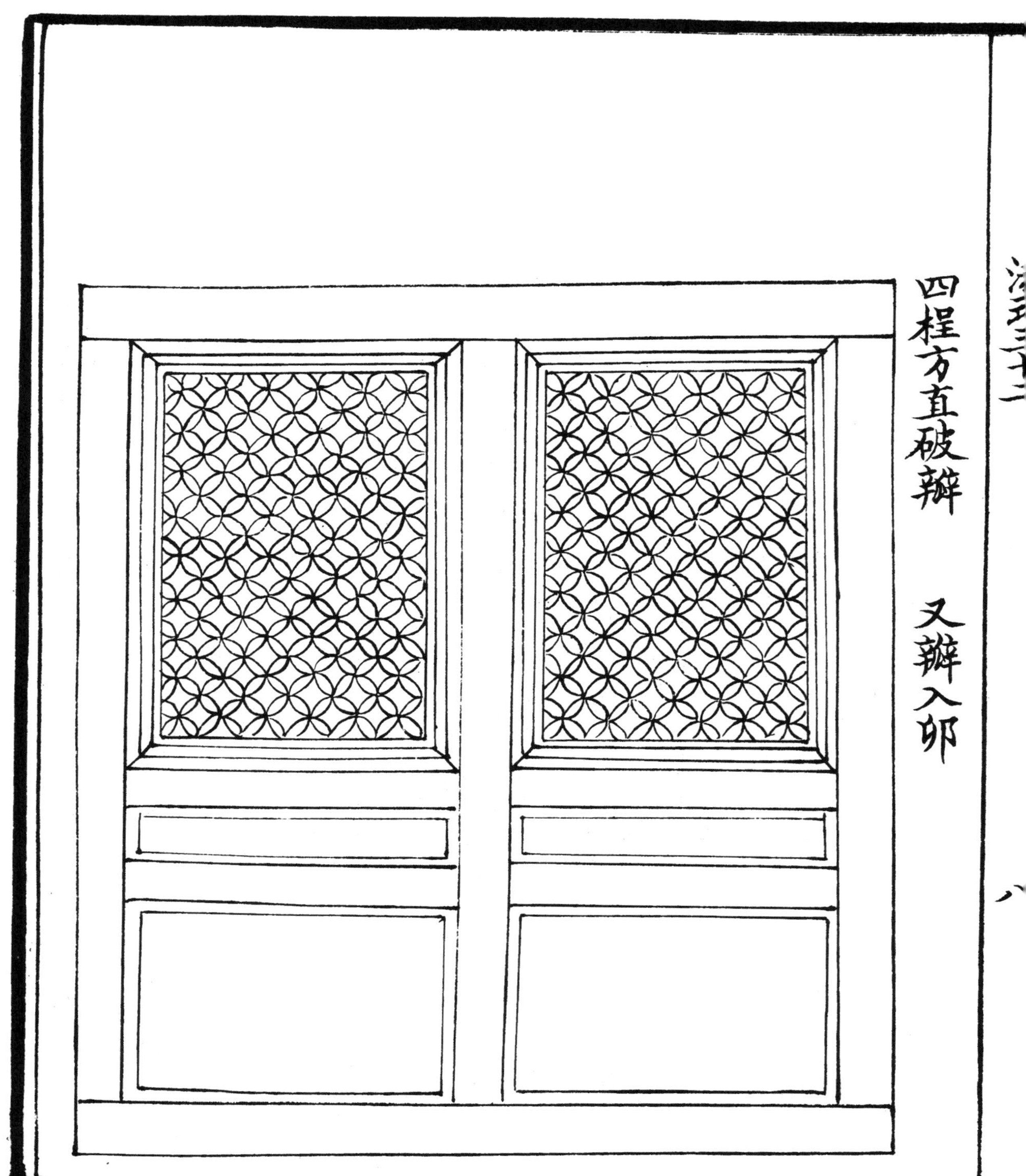

四程方直破瓣　又瓣入卯

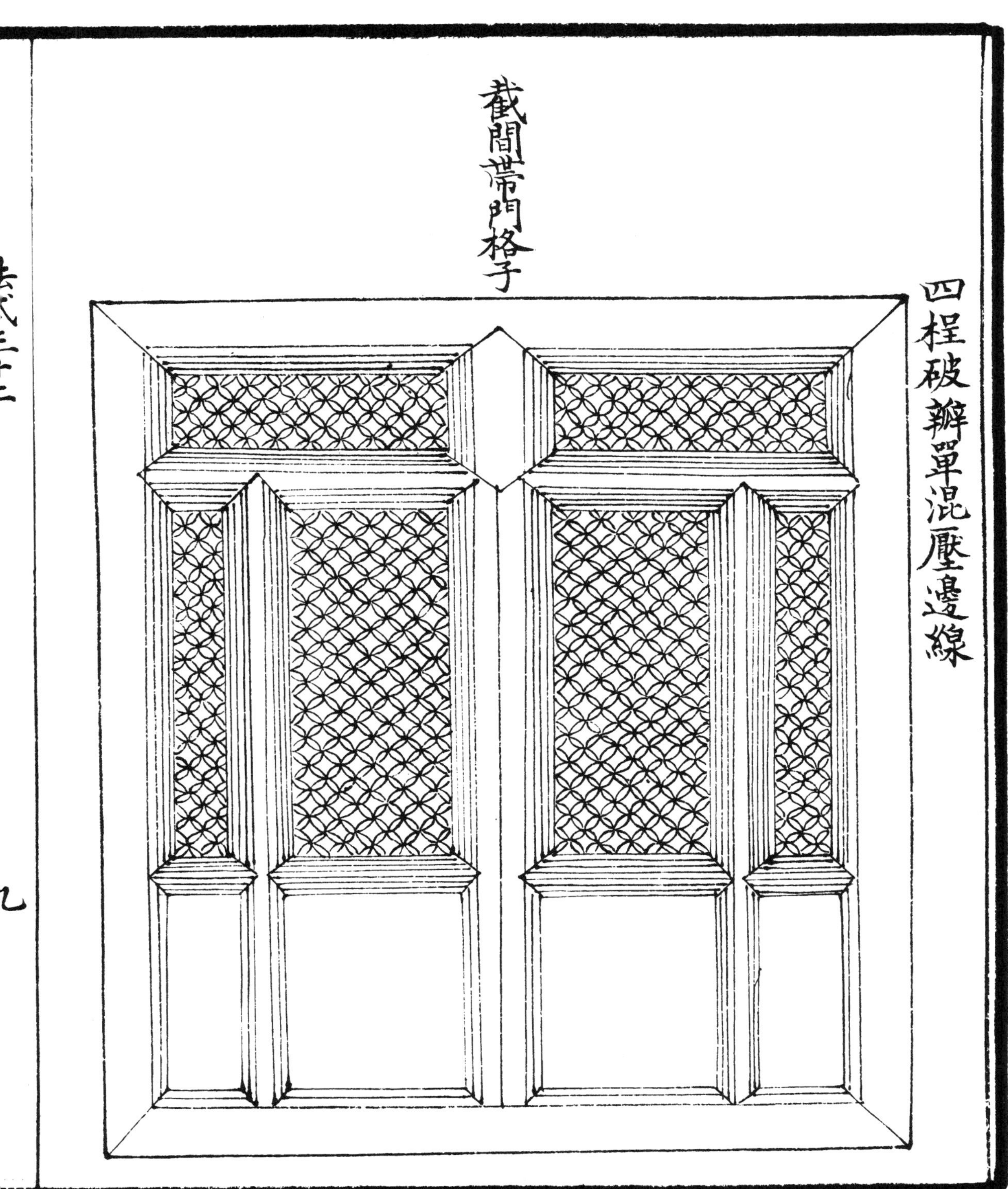
截間帶門格子
四桯破瓣單混壓邊線

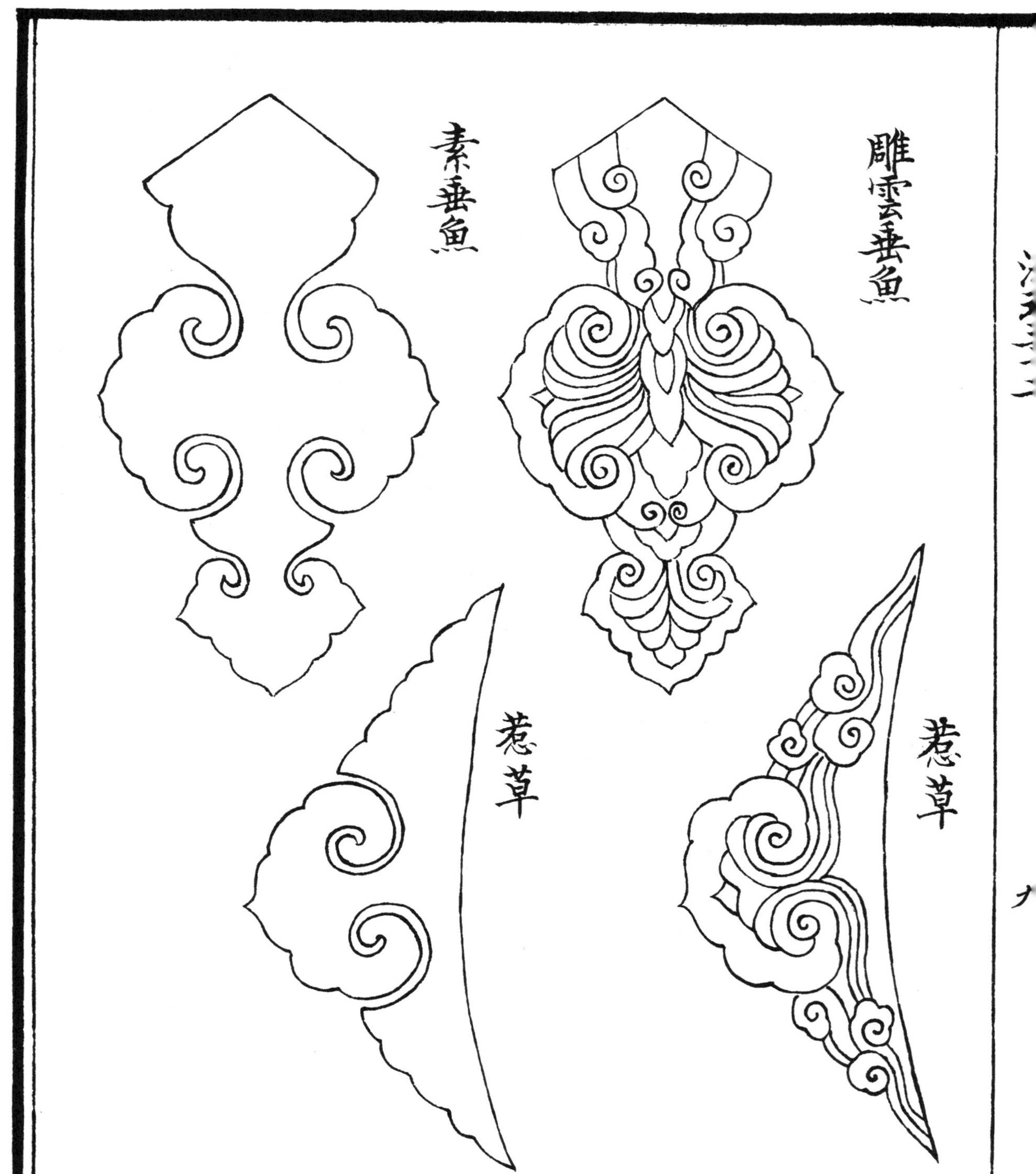
雕雲垂魚
素垂魚
惹草
惹草

平棊鈎闌等第二

盤毬

穿心斗八

疊勝

营造法式

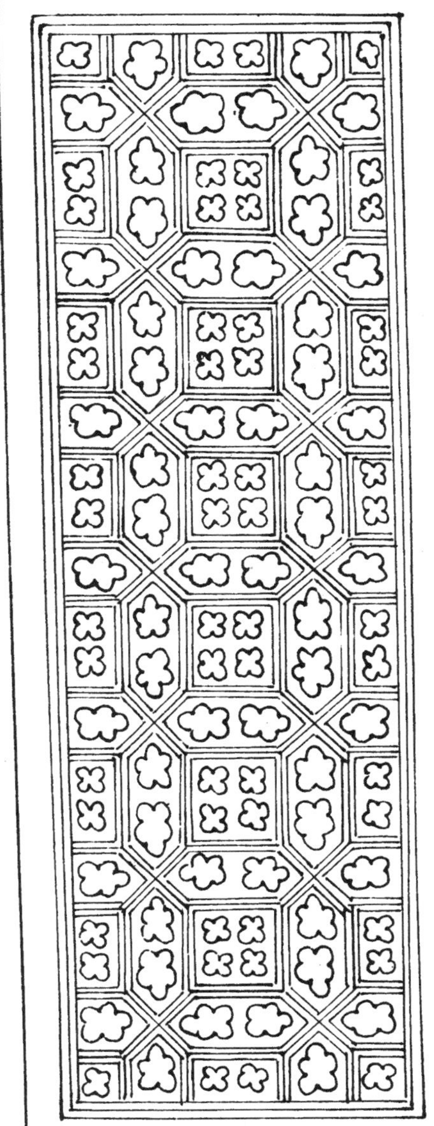

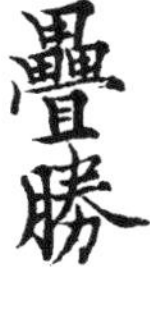

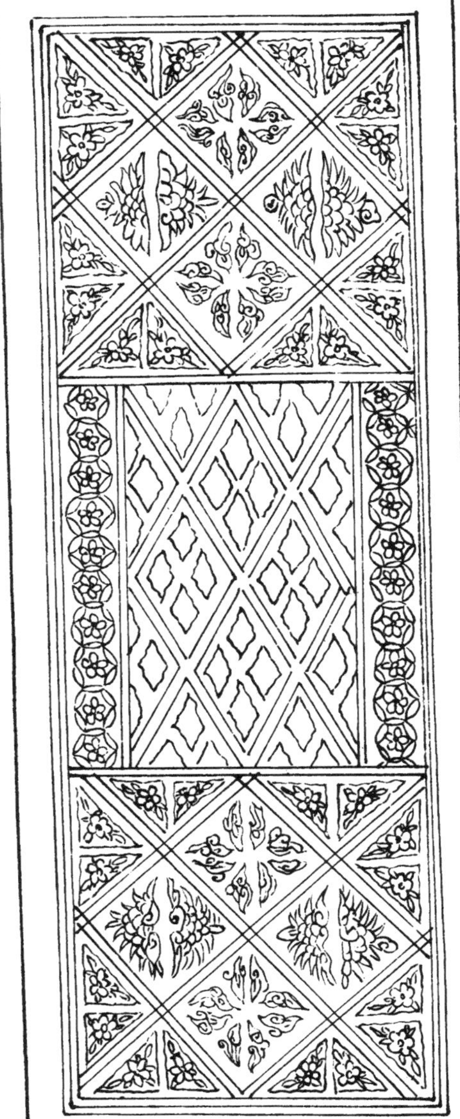

瑣子

簇六毬文

羅文

羅文疊勝

柿蒂

龜背

圖二十四

簇六填華毬文

簇六重毬文

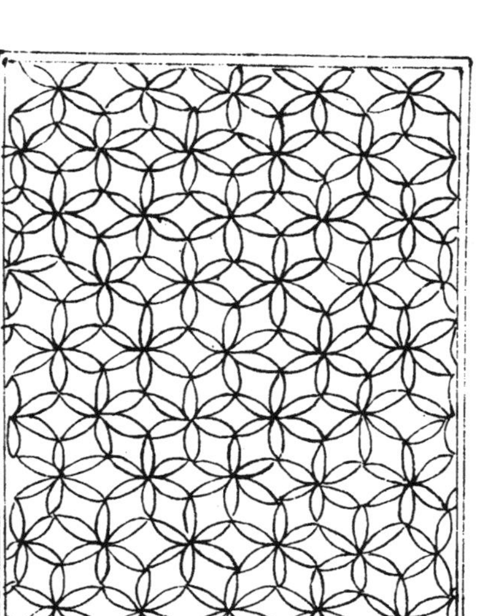

交圜華

簇六雪華

平釧毬文

柿蔕方勝

裏槽外轉角平棊

簇四毬文轉道　内方圜柿蔕相間

柿蔕轉道

填辦車釧毬文

鬬十八

鬬十二

重臺癭項鉤闌

單樶項鉤闌

櫺子雲頭身
内一混心出
單線壓邊線

櫺子海石榴頭身內同上

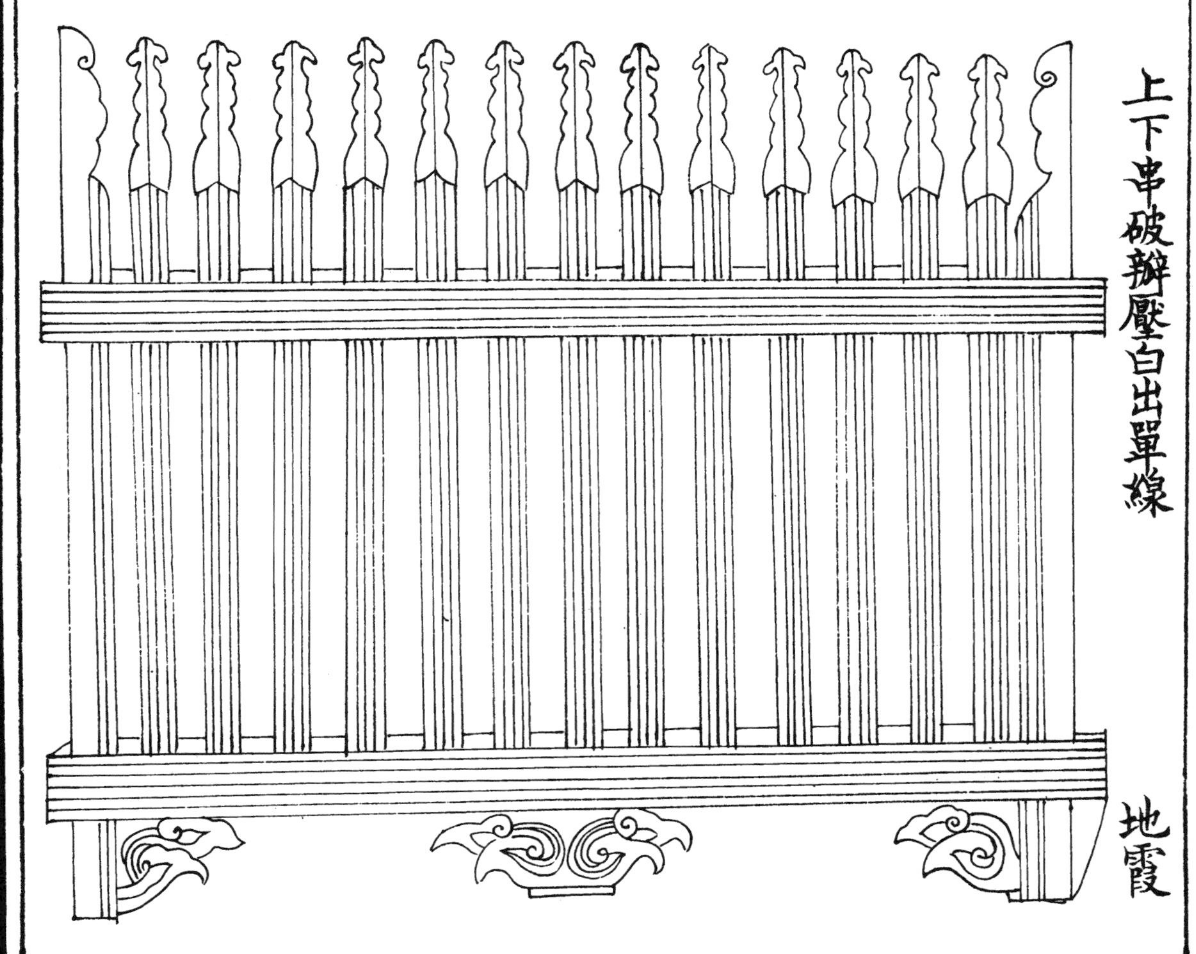

殿閣門亭等牌第三

華帶牌

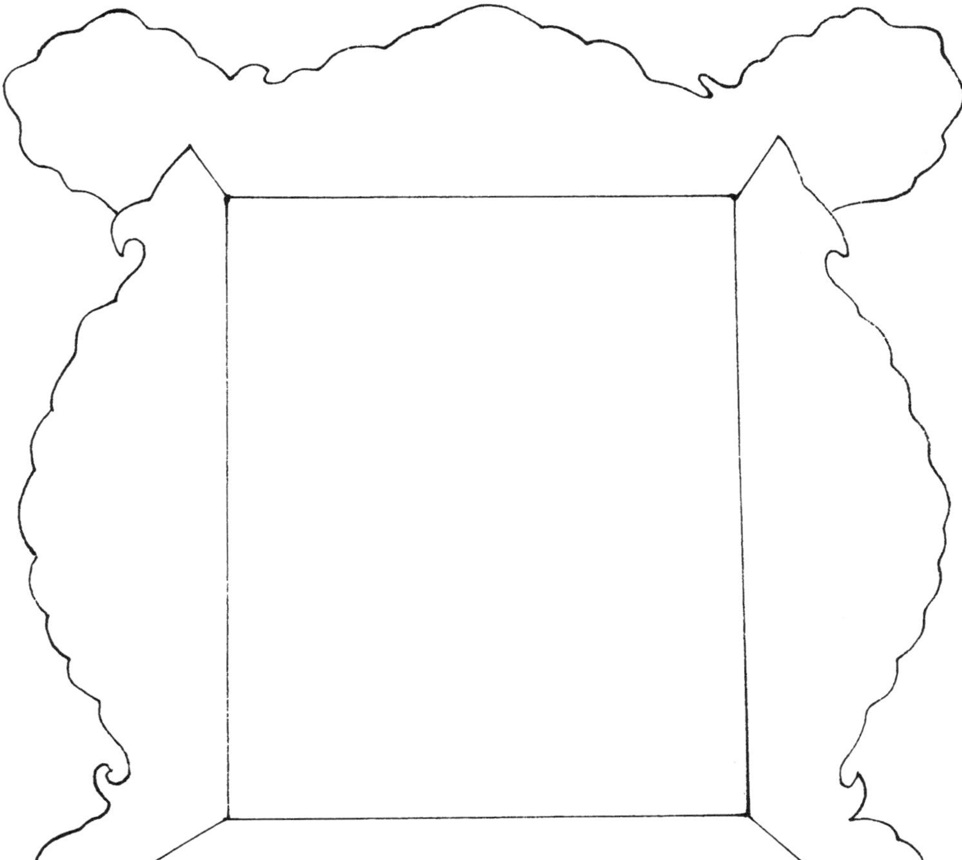

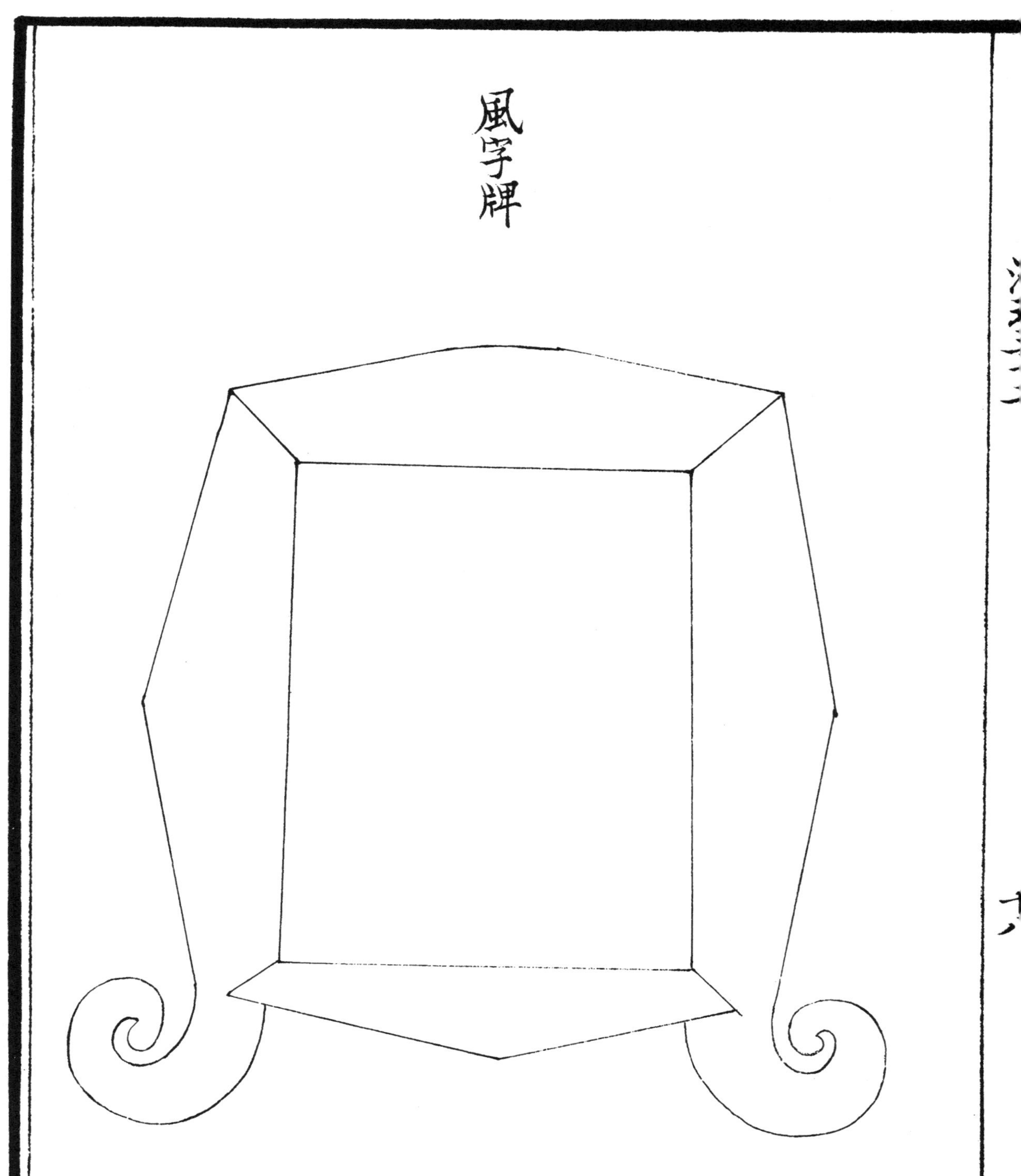
風字牌

佛道帳經藏第四
天宮樓閣佛道帳
法式三十二
十九

山華蕉葉
佛道帳
法式三十二
二十

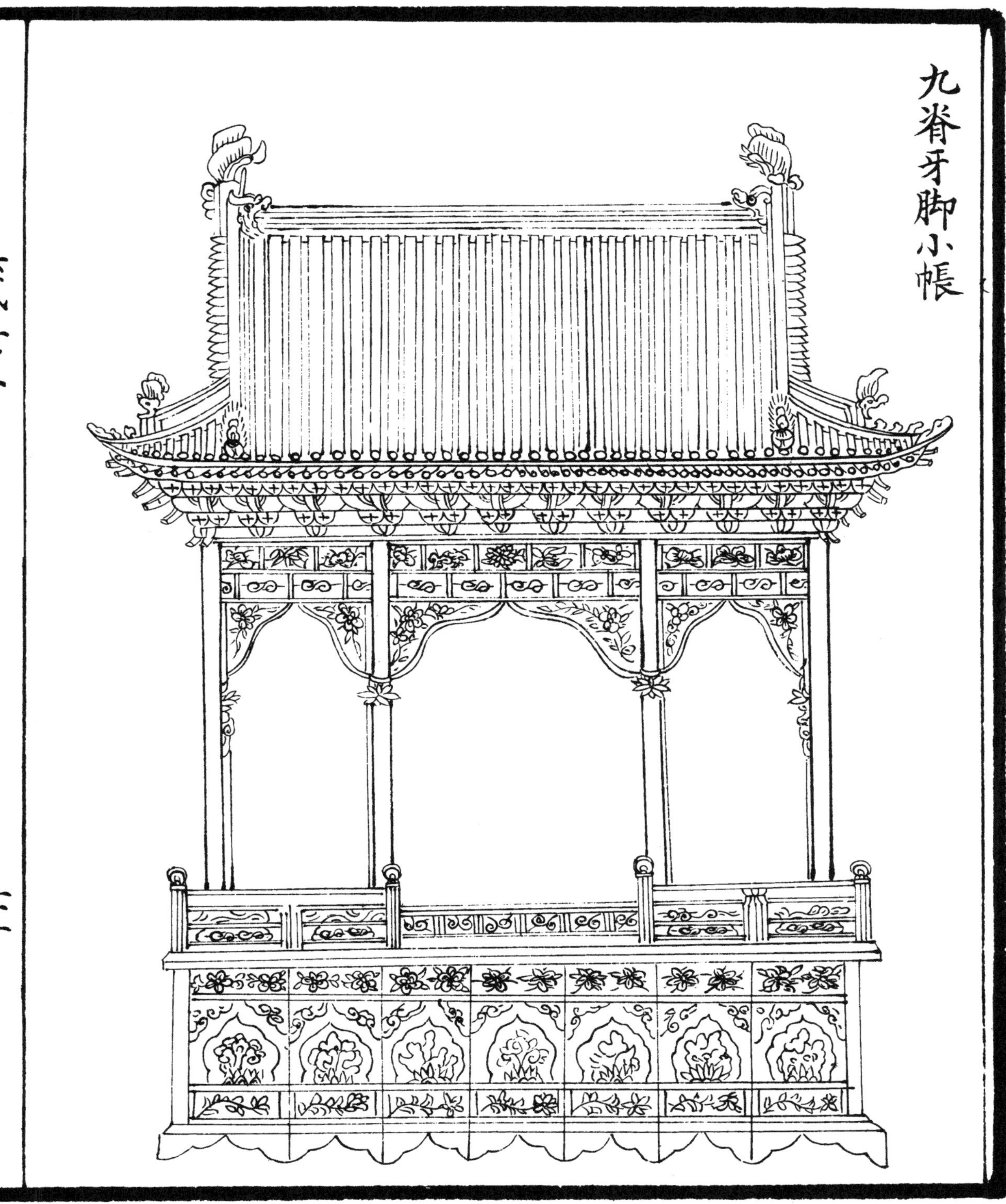

九脊牙脚小帳

轉輪經藏

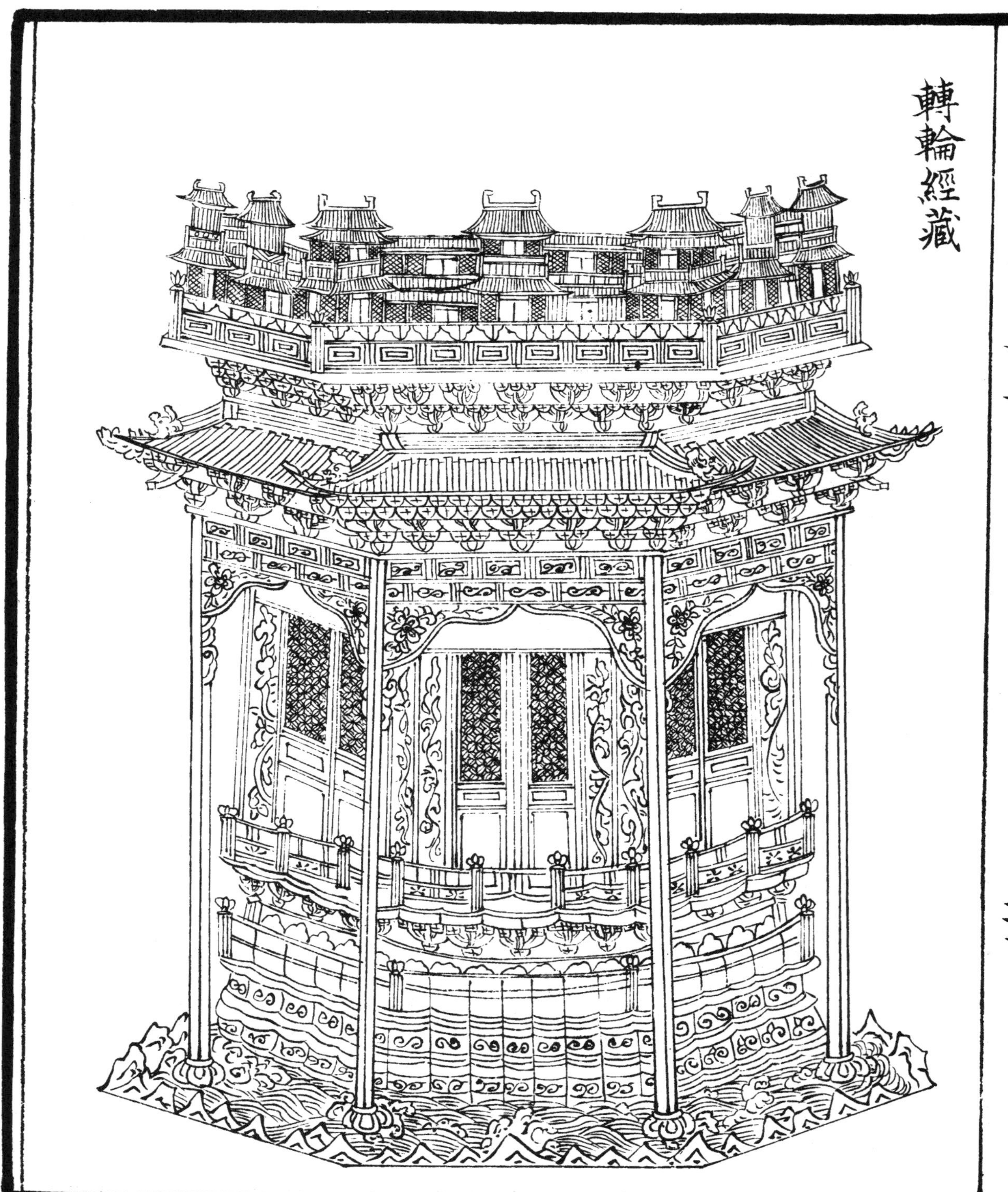

天宫壁藏
法式三十二
二十二

彫木作制度圖樣

混作第一

玉女

化生

菩薩

拂菻

柘支

坐龍

鳳

鴛鴦

師子

栱眼内影插第二

重栱眼壁内華盆

牡丹

單栱眼壁内華盆

拒霜華等雜華

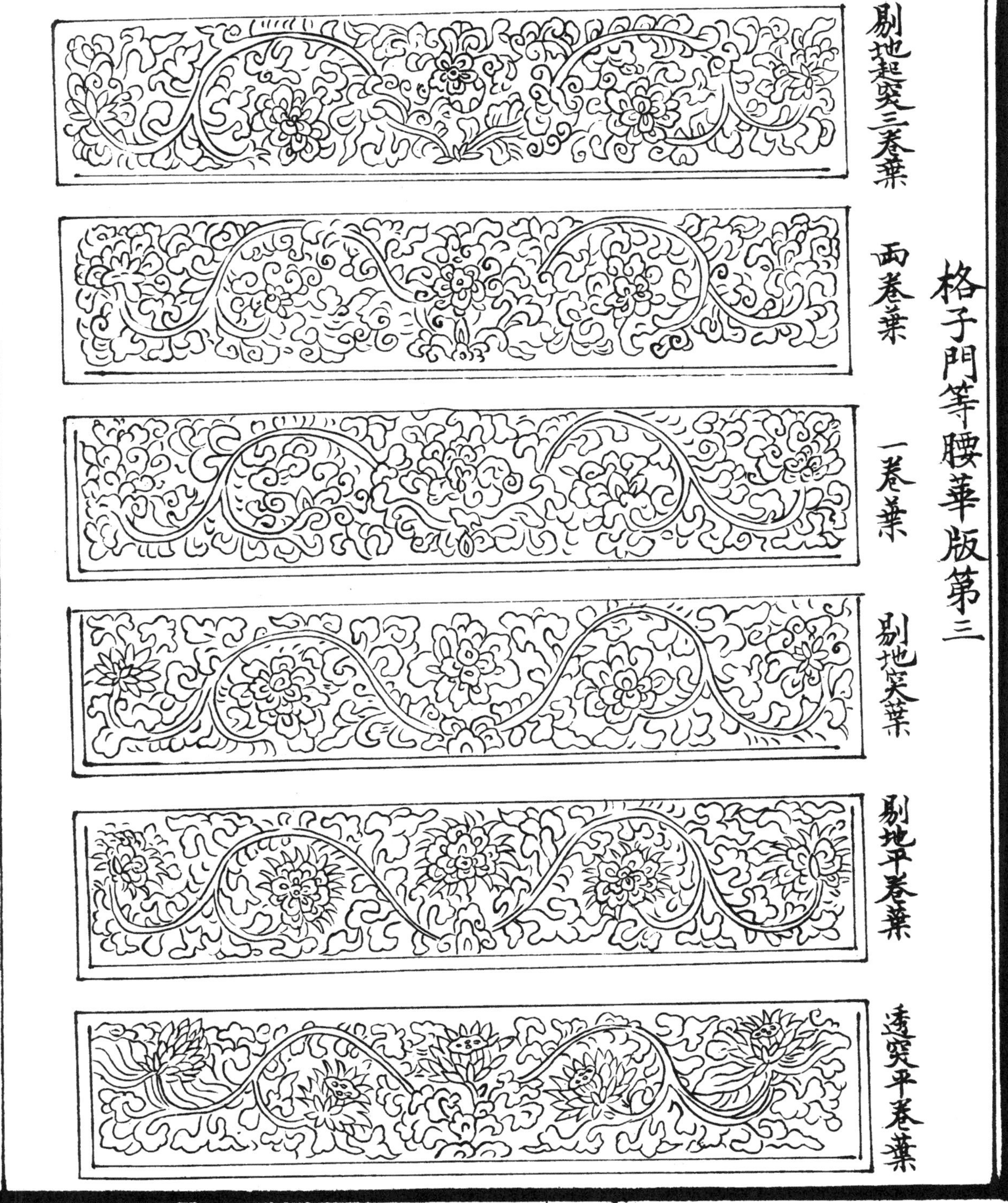
格子門等腰華版第三
剔地起突三卷葉
两卷葉
一卷葉
剔地突葉
剔地平卷葉
透突平卷葉

平棊華盤第四

雲栱等雜樣第五

單雲頭栱

雙雲頭栱

像生華雲栱

海石榴華雲栱

重臺地霞

單地霞

像生牡丹華地霞

像生蓮荷華地霞

混作纏柱龍

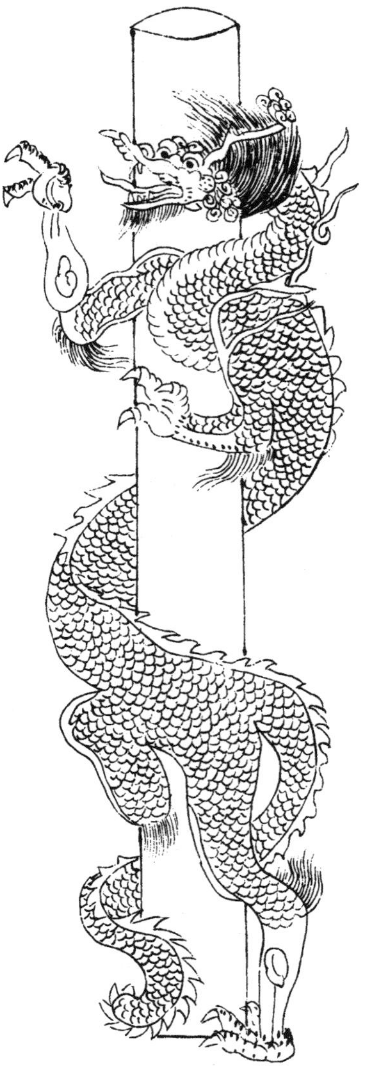

鈎闌華版

椽頭盤子

營造法式卷第三十二

營造法式卷第三十三

通直郎管修蓋皇弟外第專一提舉修蓋班直諸軍營房等臣李誡奉

聖旨編修

彩畫作制度圖樣上

五彩雜華第一

五彩瑣文第二

飛仙及飛走等第三

騎跨仙真第四

五彩額柱第五

五彩平棊第六

碾玉雜花第七

碾玉瑣文第八

碾玉額柱第九

碾玉平棊第十

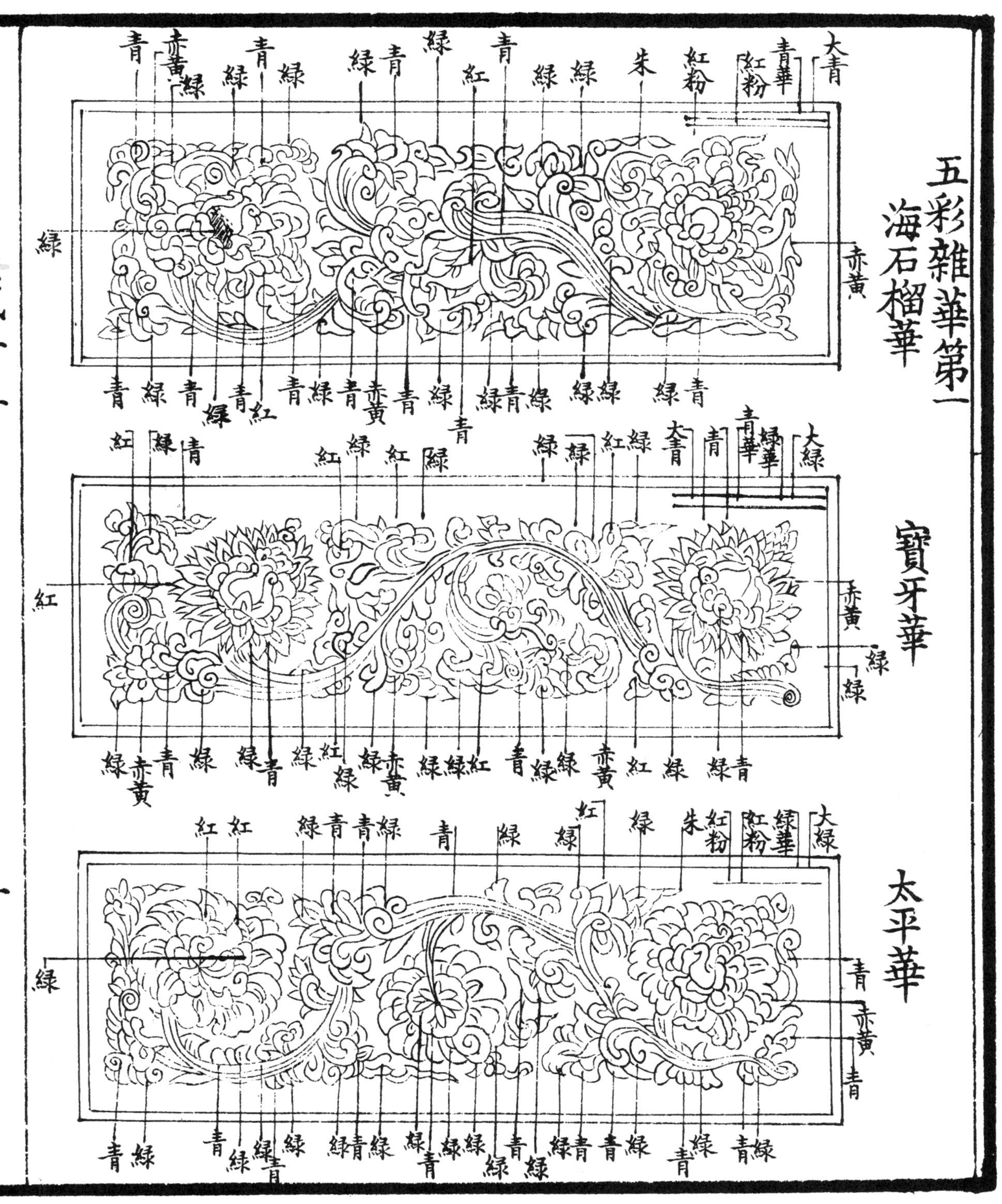
五彩雜華第一
海石榴華
寶牙華
太平華

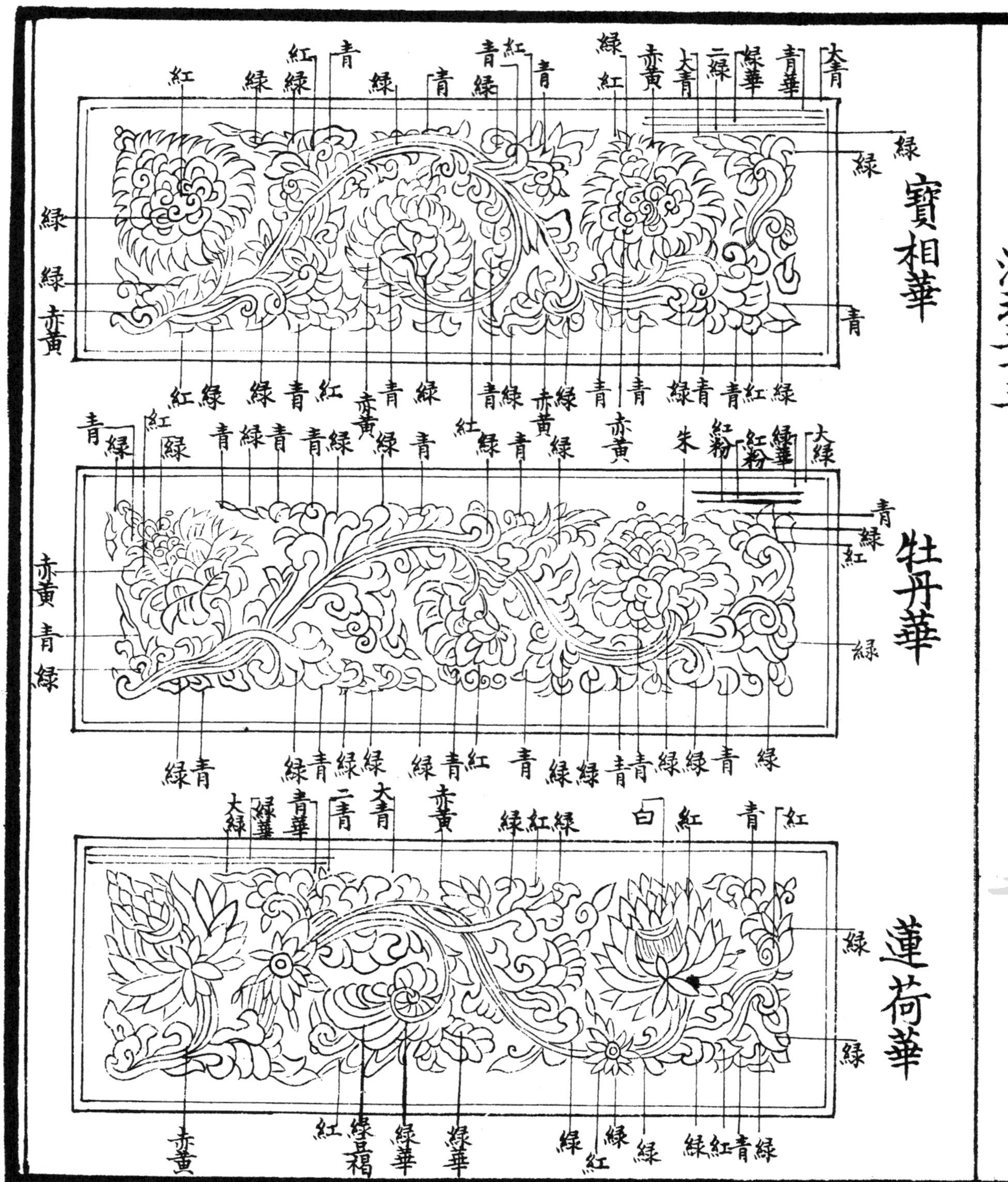

寳相華
牡丹華
蓮荷華

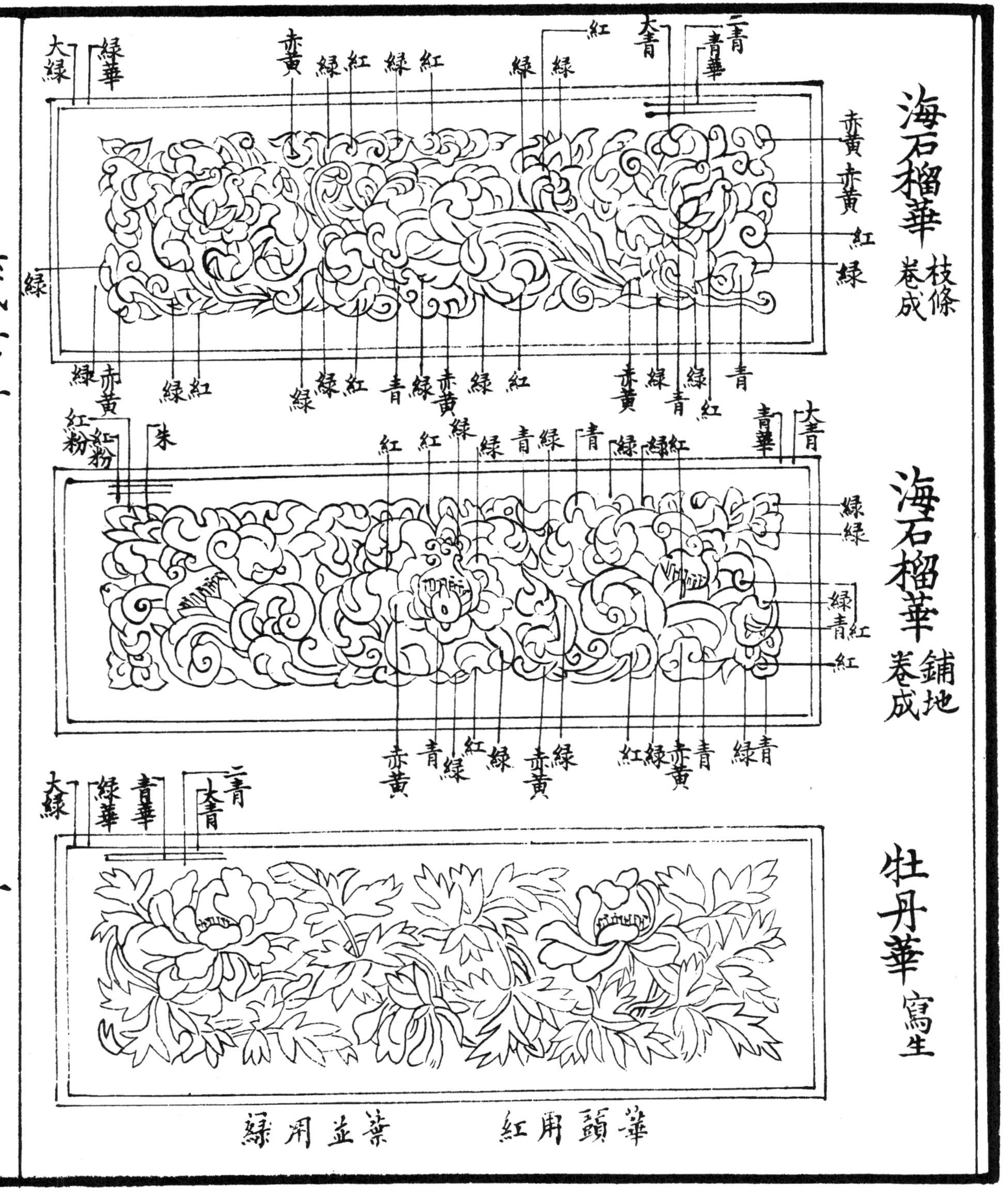
海石榴華 枝條卷成
海石榴華 鋪地卷成
牡丹華 寫生
華頭用紅
葉並用緑
大緑
緑華
赤黄
紅
緑
青
大青
二青
青華
赤黄
紅粉
朱

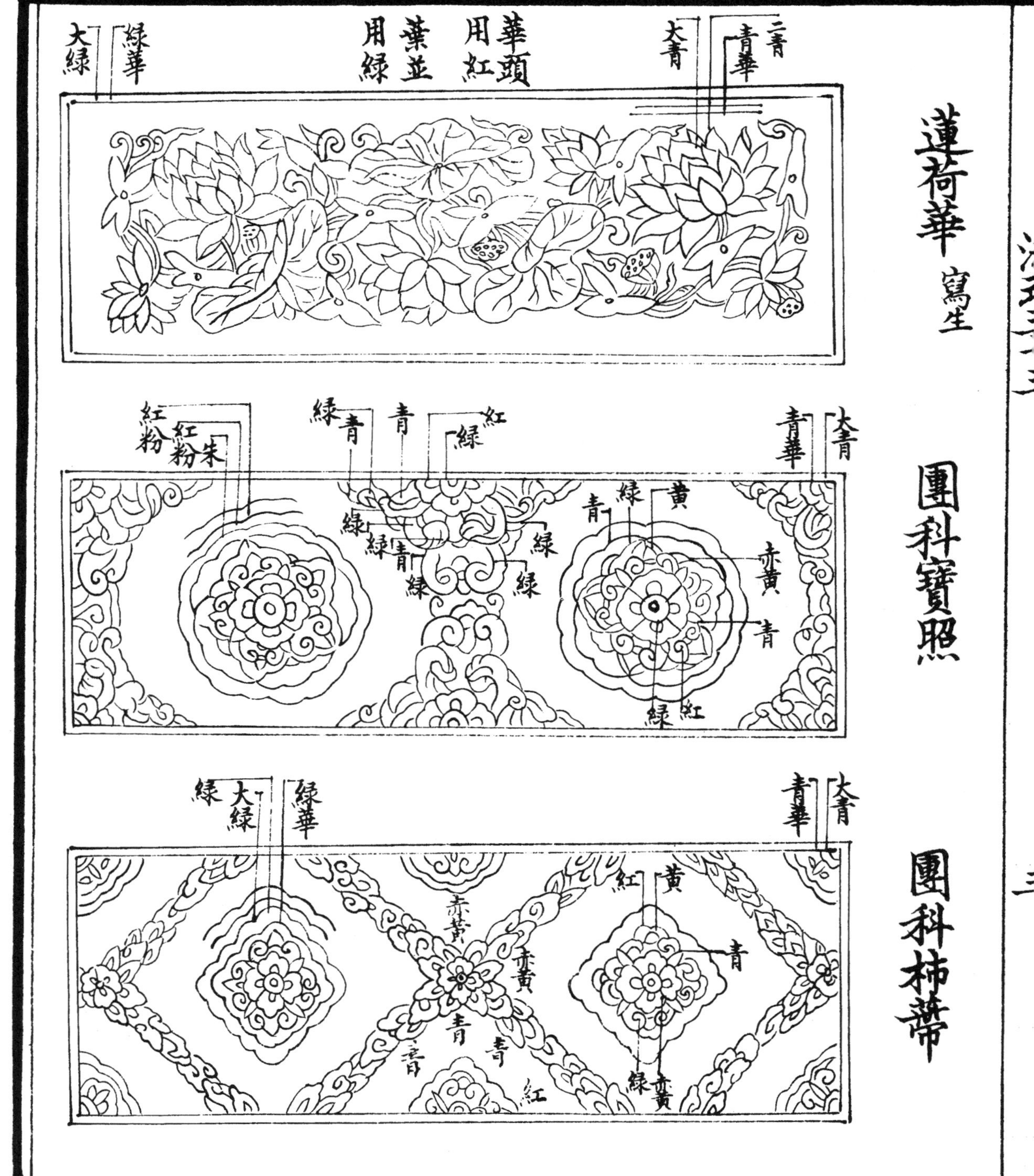
大緑
緑華
葉並用緑
華頭用紅
大青
青華
二青
蓮荷華 寫生
紅粉
紅粉朱
緑青
青
紅緑
青華
大青
緑
緑
青
緑
緑
緑
青
緑
黄
赤黄
青
緑
紅
團科寶照
緑
大緑
緑華
青華
大青
紅
黄
赤黄
青
赤黄
青
青
二青
紅
緑
赤黄
團科柿蔕

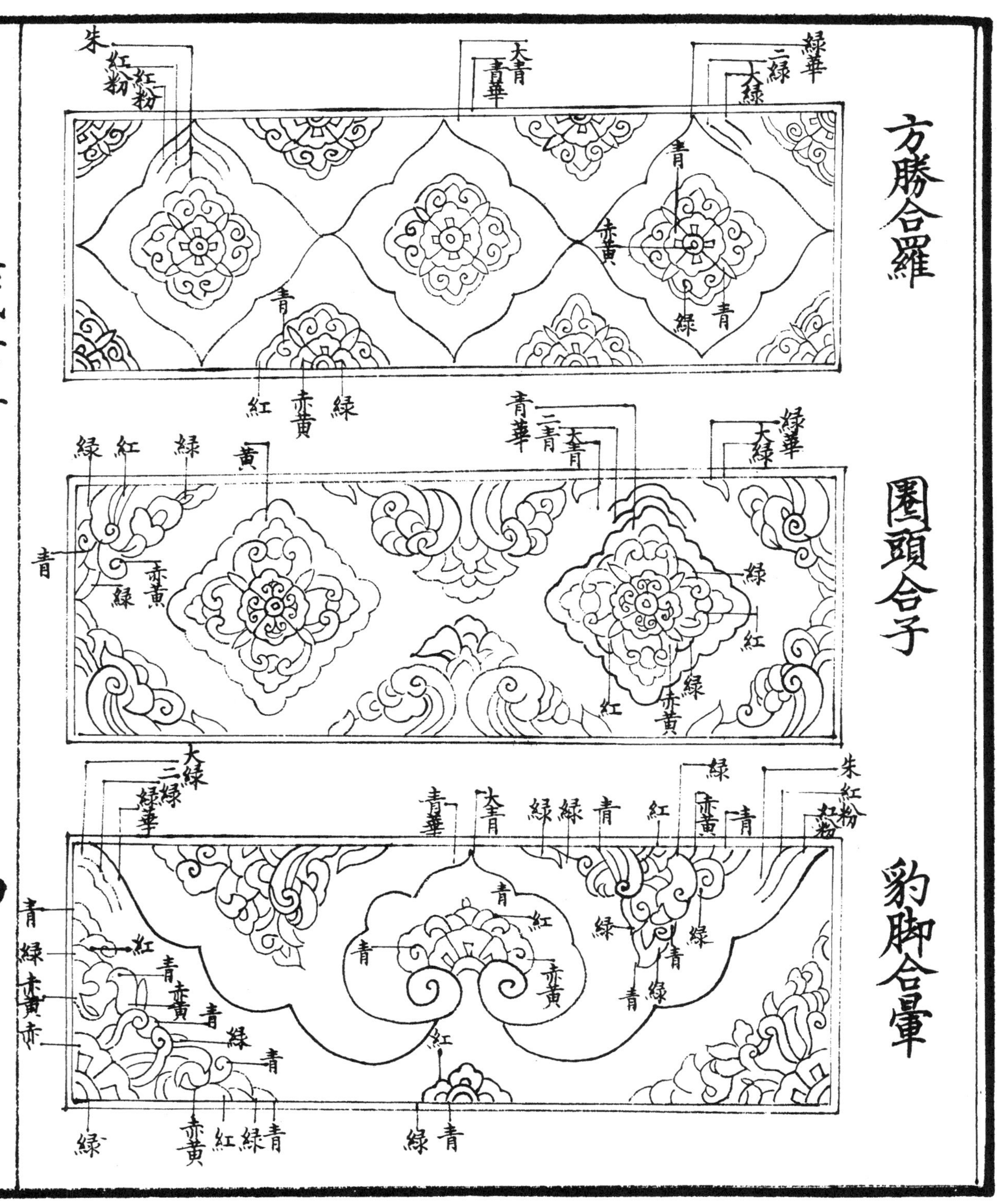
方勝合羅
圈頭合子
豹脚合暈

梭身合暈

連珠合暈

偏暈

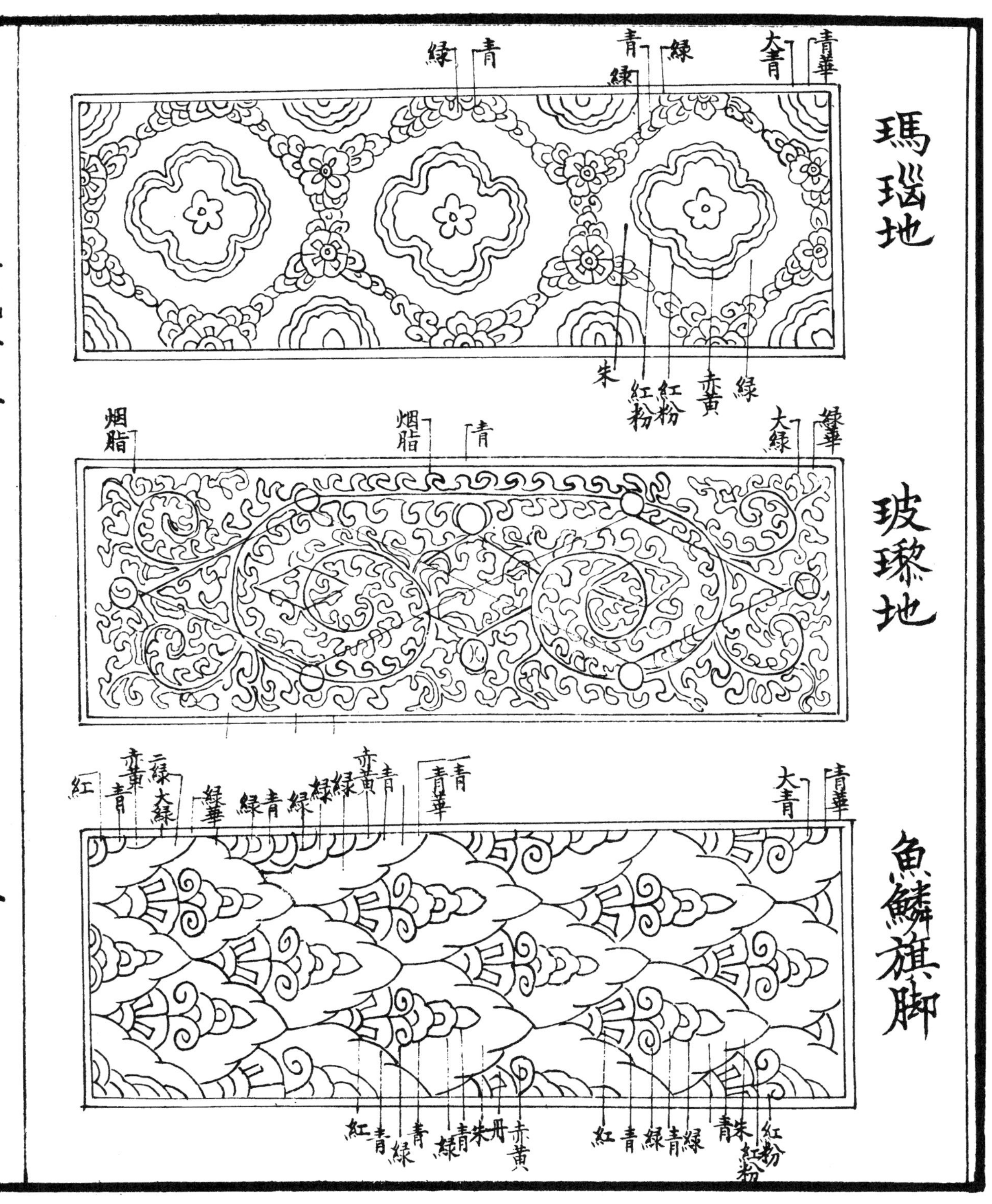
瑪瑙地
玻瓈地
魚鱗旗脚

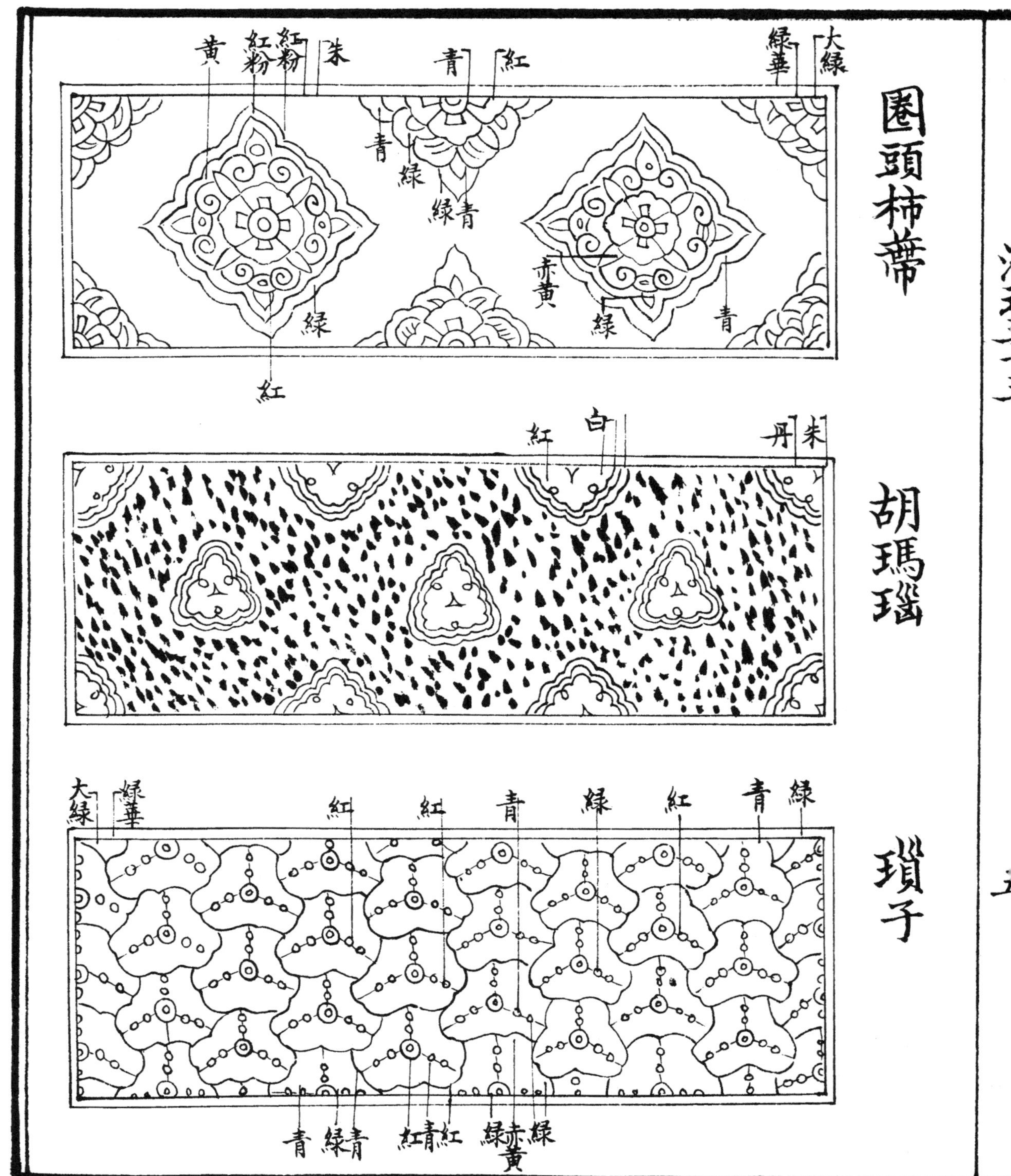
圈頭柿蔕
黄
紅粉
紅粉
朱
青
紅
緑華
大緑
青
緑
緑青
赤黄
緑
緑
青
紅
胡瑪瑙
紅
白
丹
朱
瑣子
大緑
緑華
紅
紅
青
緑
紅
青
緑
青
緑青
紅青紅
緑赤黄緑

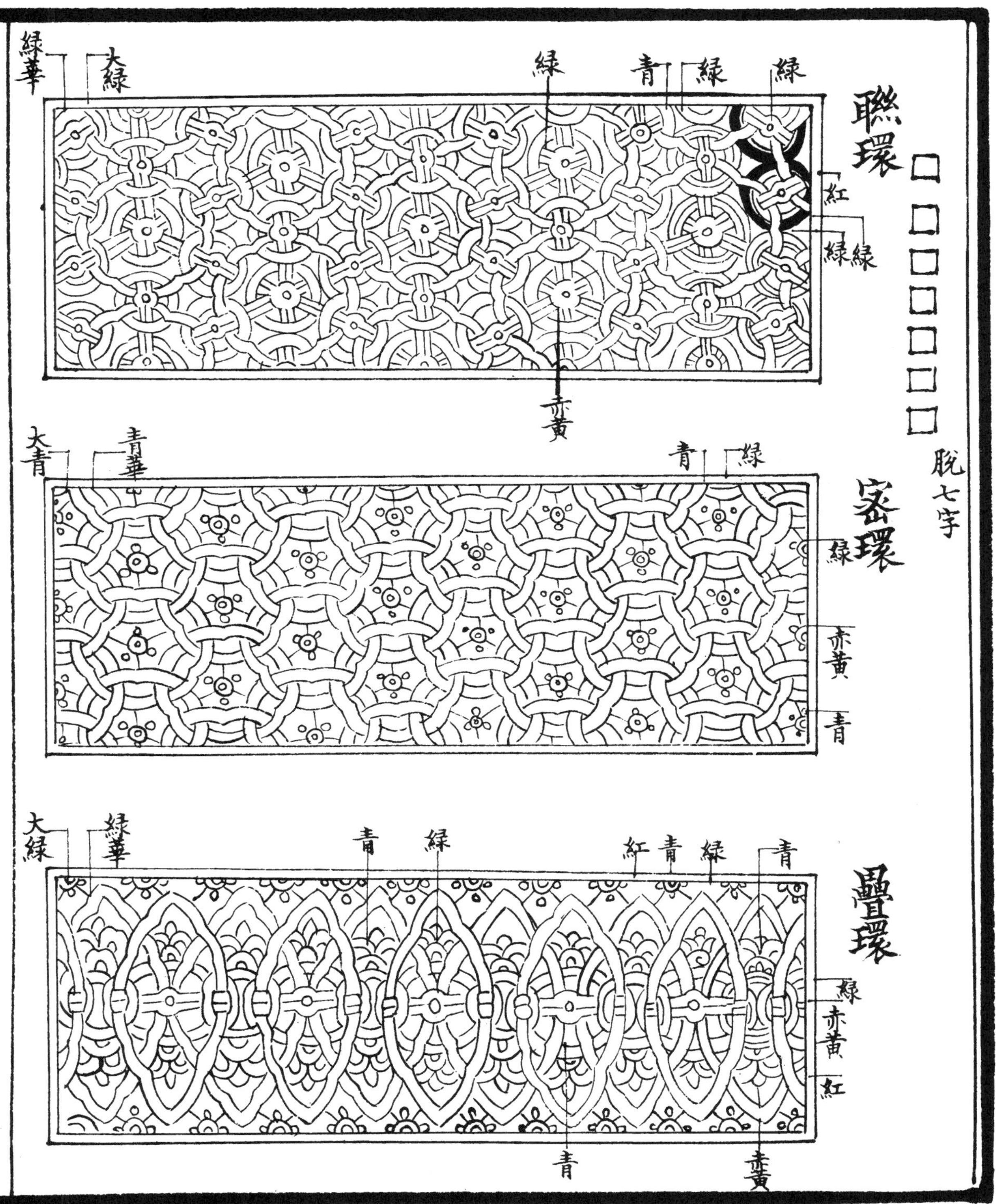

聯環
□□□□□□□
脫七字
綠華
大綠
綠
青
綠
綠
紅
綠綠
青
赤黃
密環
大青
青華
青
綠
綠
赤黃
青
疊環
大綠
綠華
青
綠
紅
青
綠
青
綠
赤黃
紅
青
赤黃

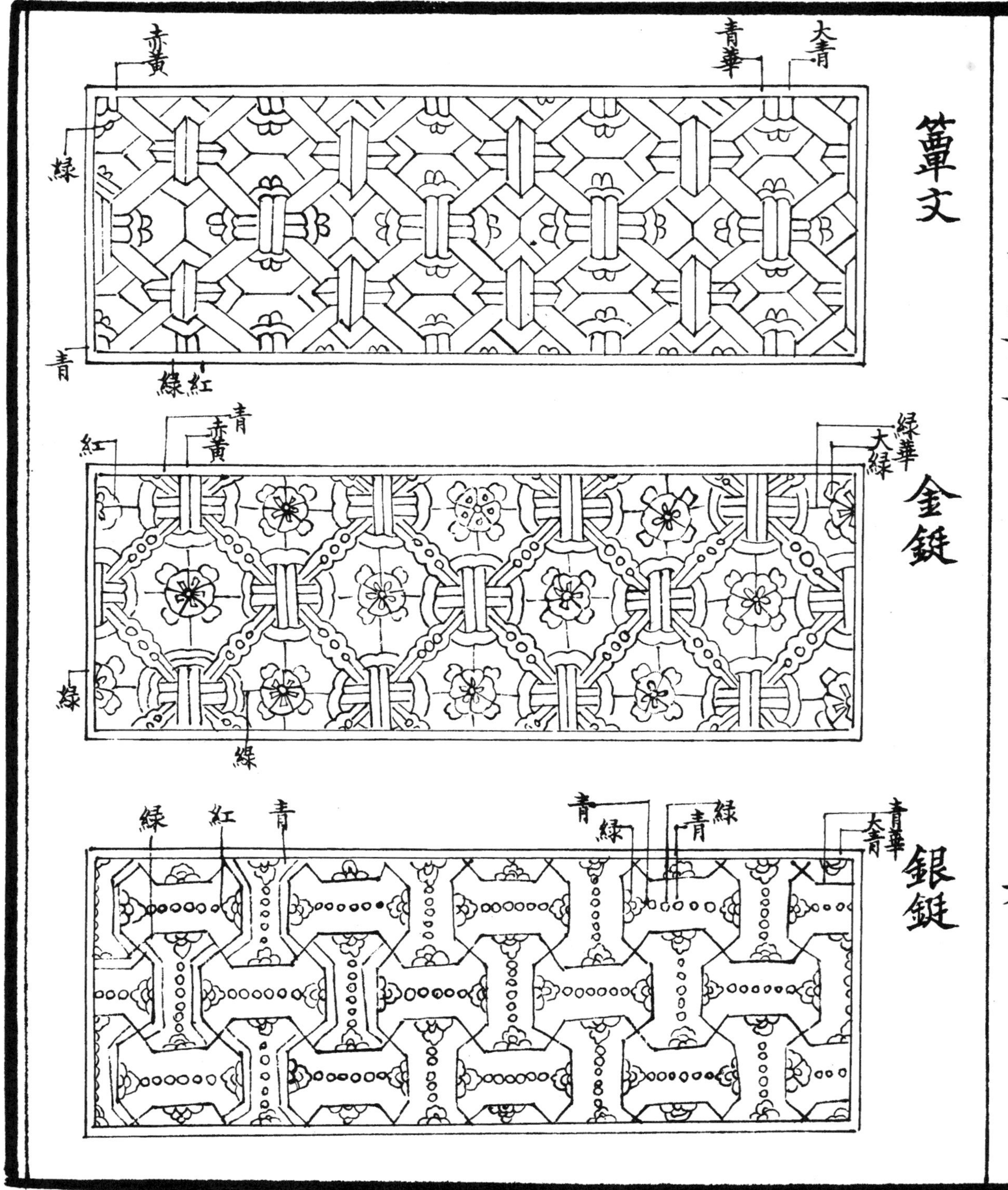

簟文
赤黃
青華
大青
綠
青
綠
紅
金鋌
青
赤黃
紅
綠華
大綠
綠
綠
銀鋌
綠
紅
青
青
綠
綠
青
青華
大青

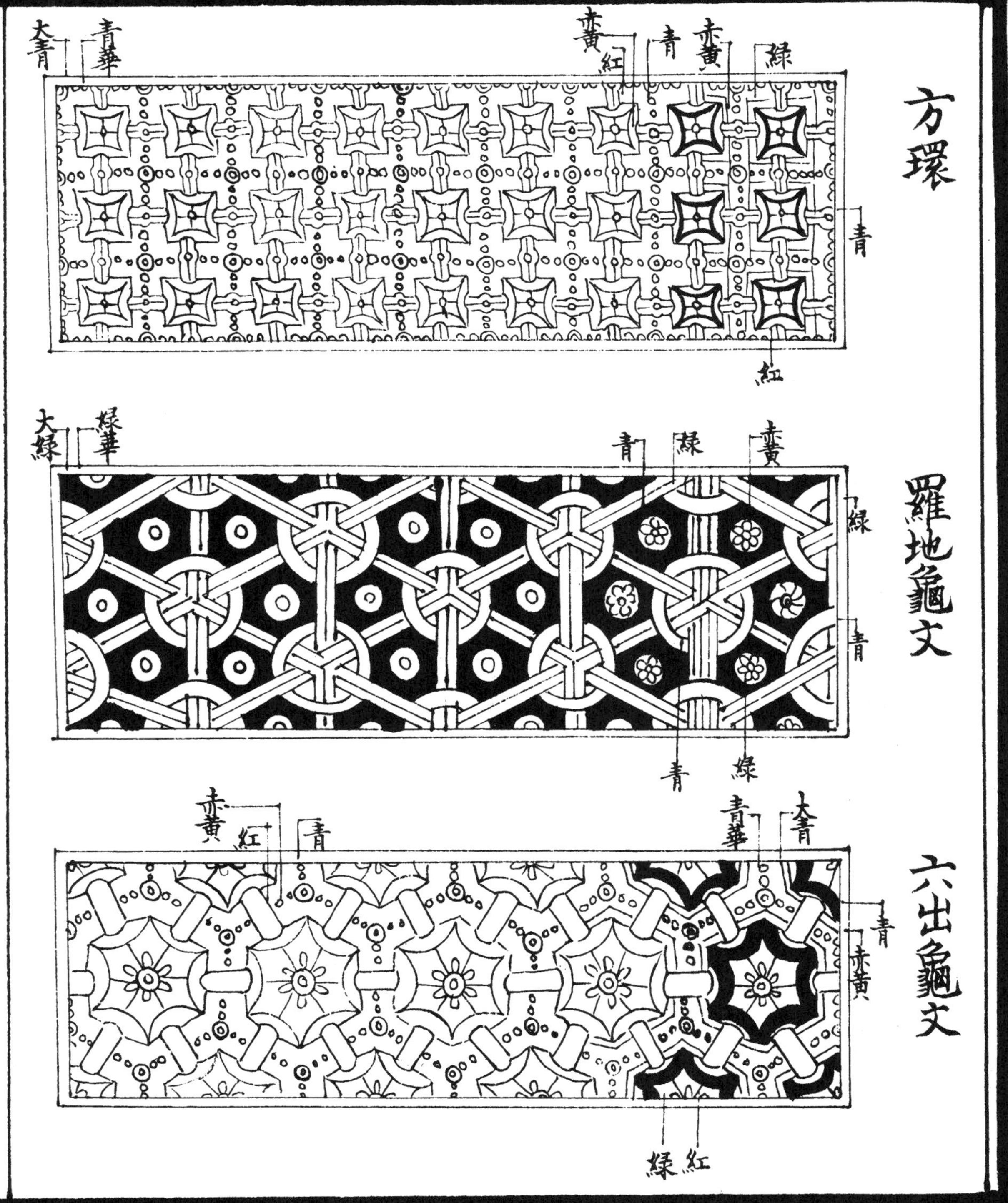
方環
大青
青華
青
綠
紅
羅地龜文
大綠
綠華
青
綠
青
綠
六出龜文
紅
青
青華
大青
青
綠
紅

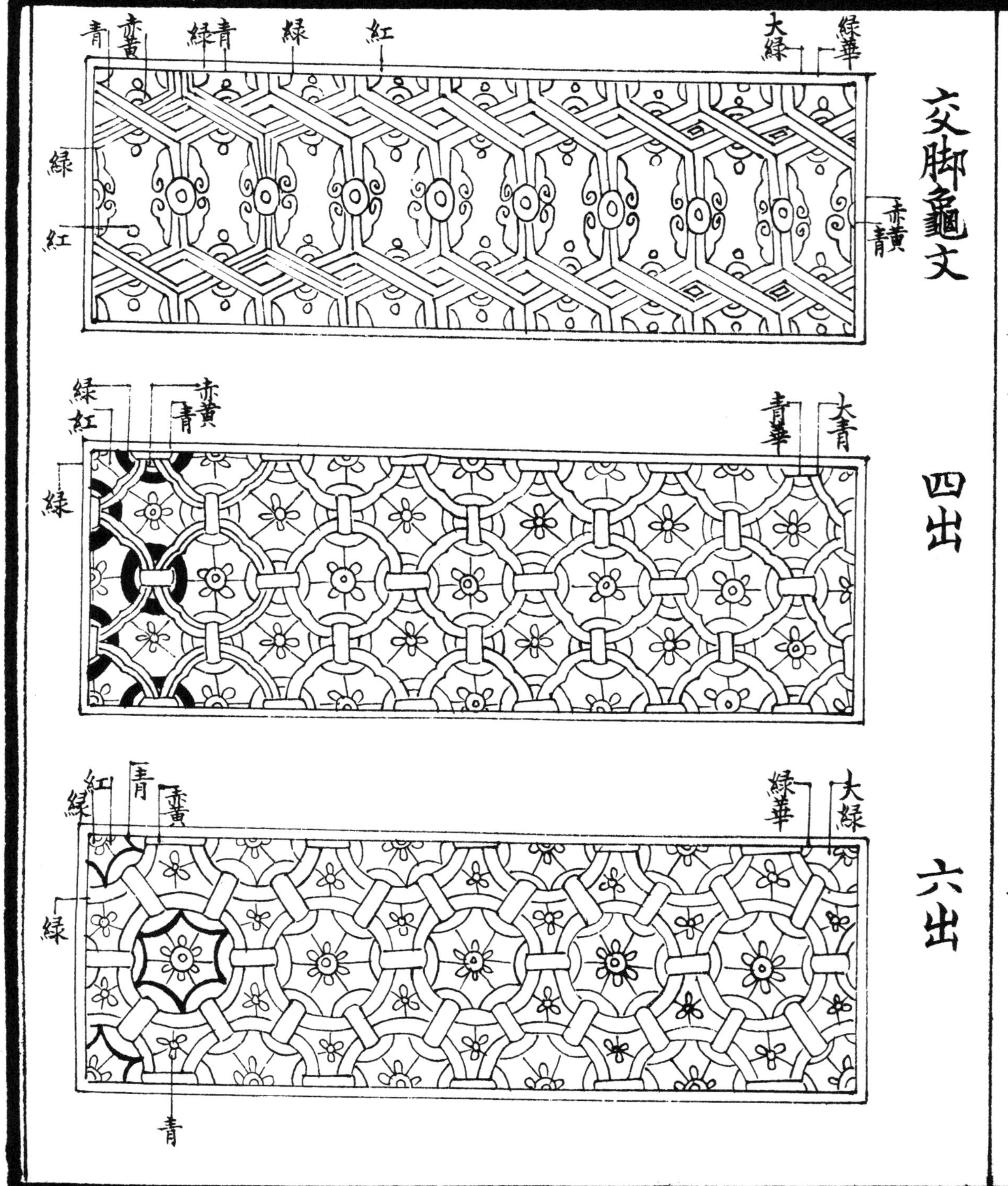

交脚龜文

四出

六出

曲水

万字

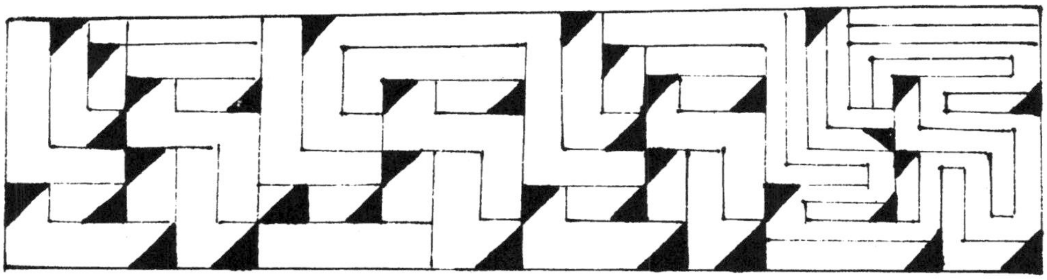

四斗底

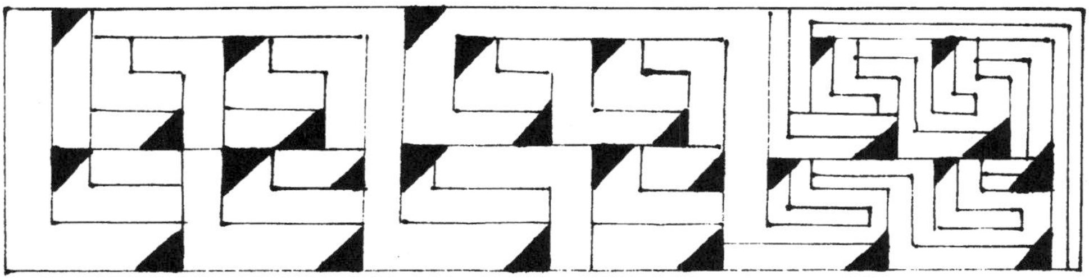

雙鎗匙頭

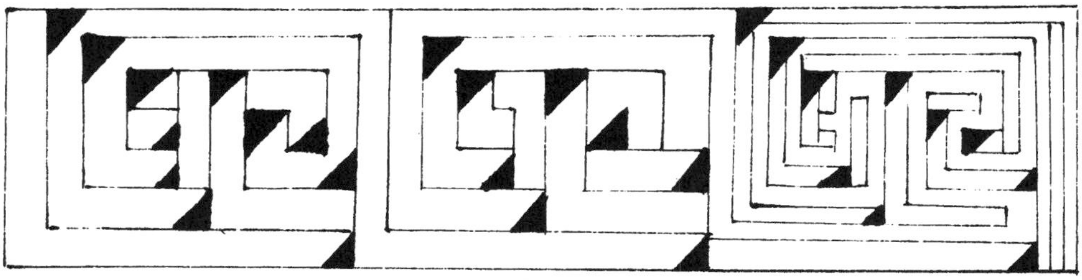

丁字

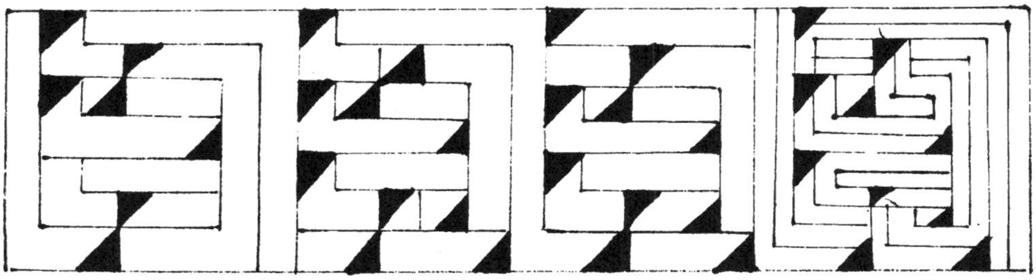

單鎗匙頭

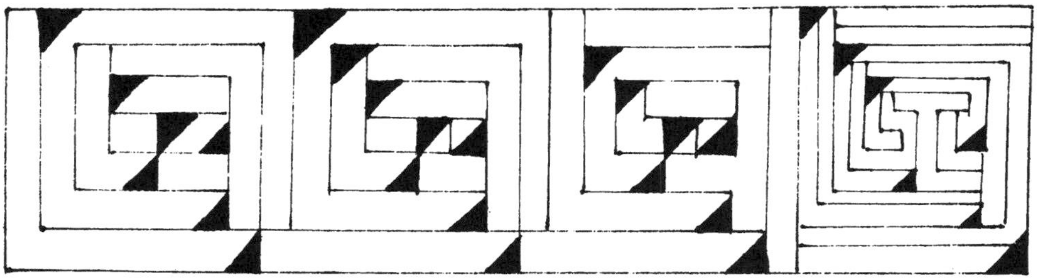

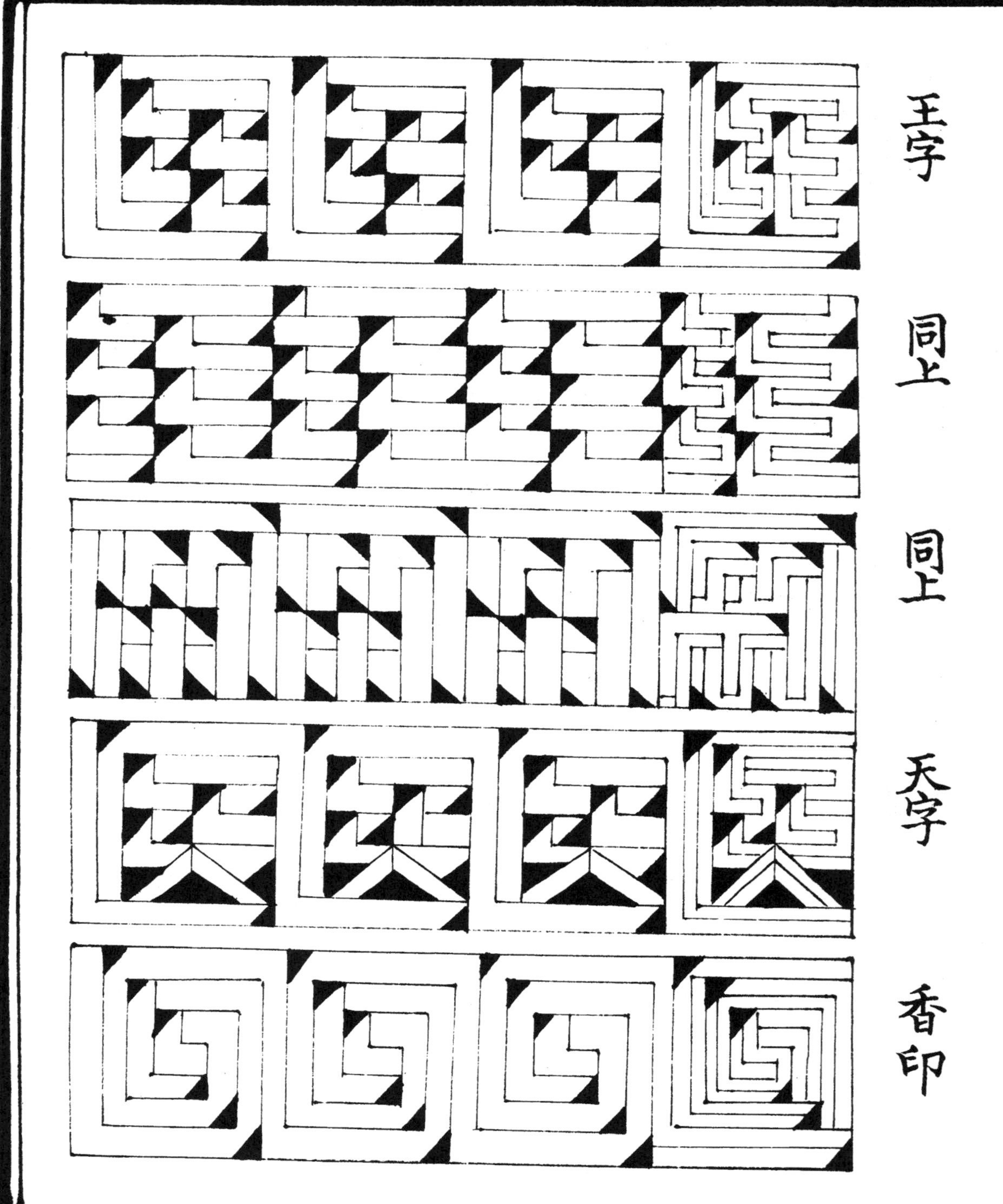
王字
同上
同上
天字
香印

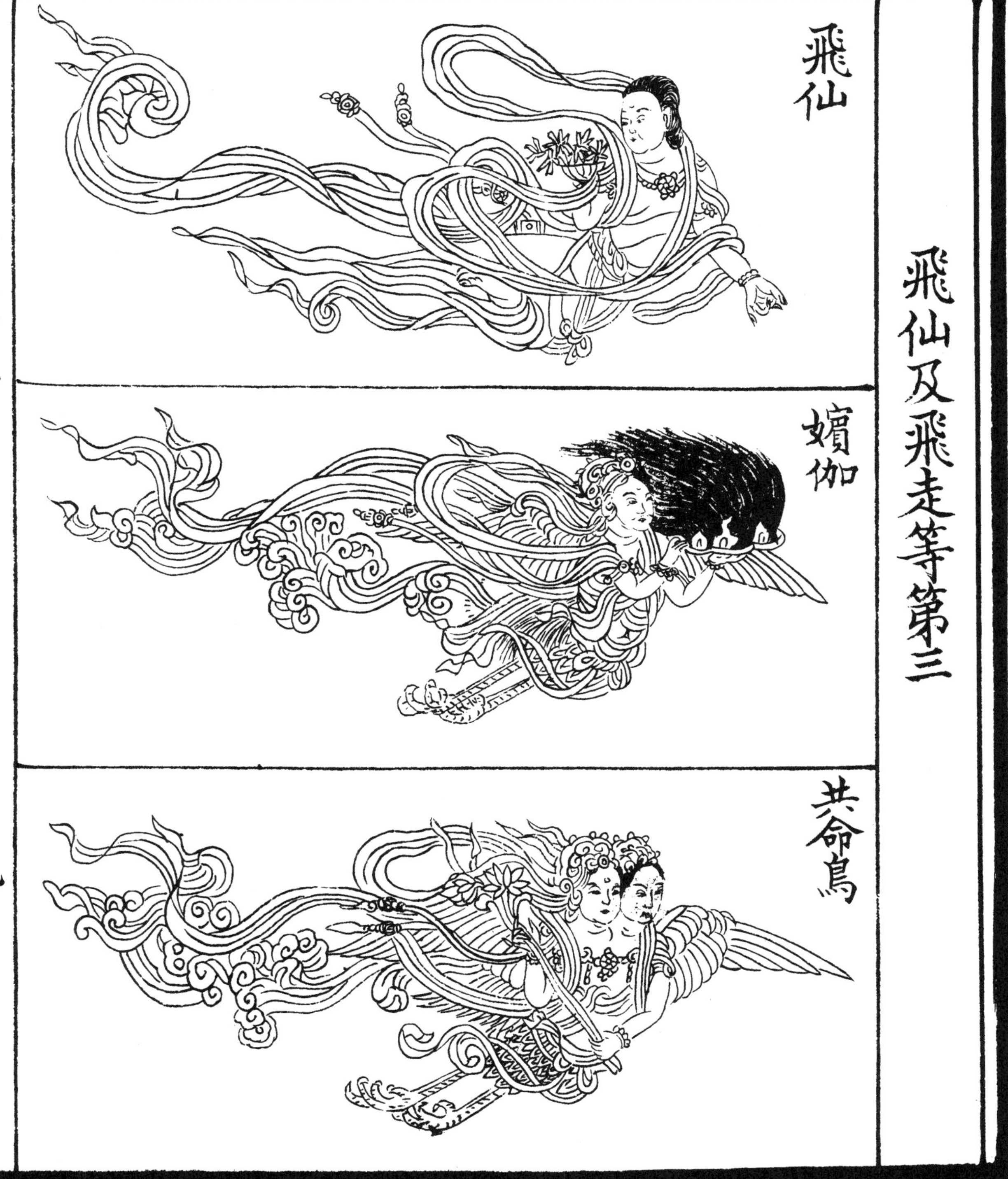
飛仙及飛走等第三
飛仙
嬪伽
共命鳥

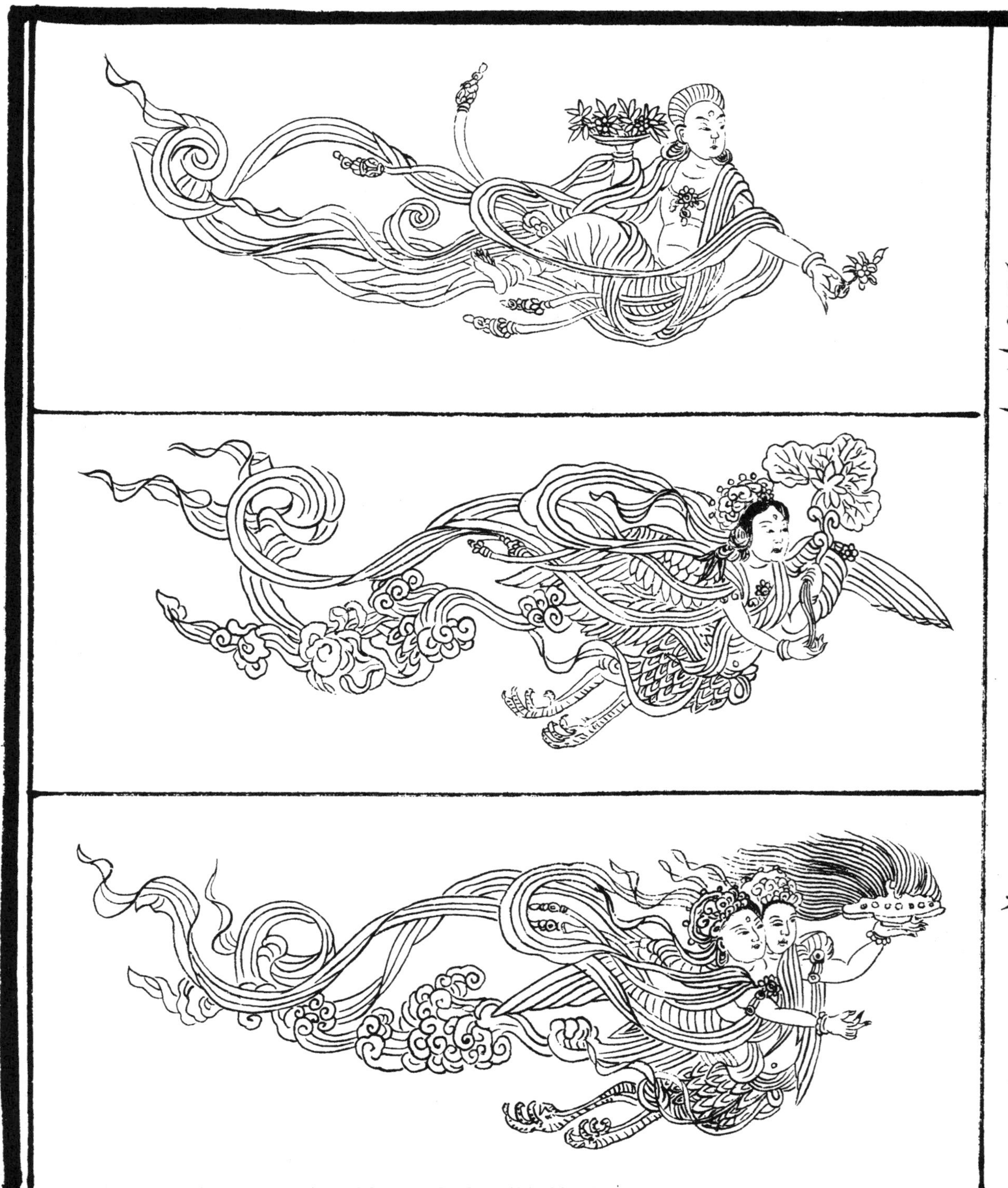

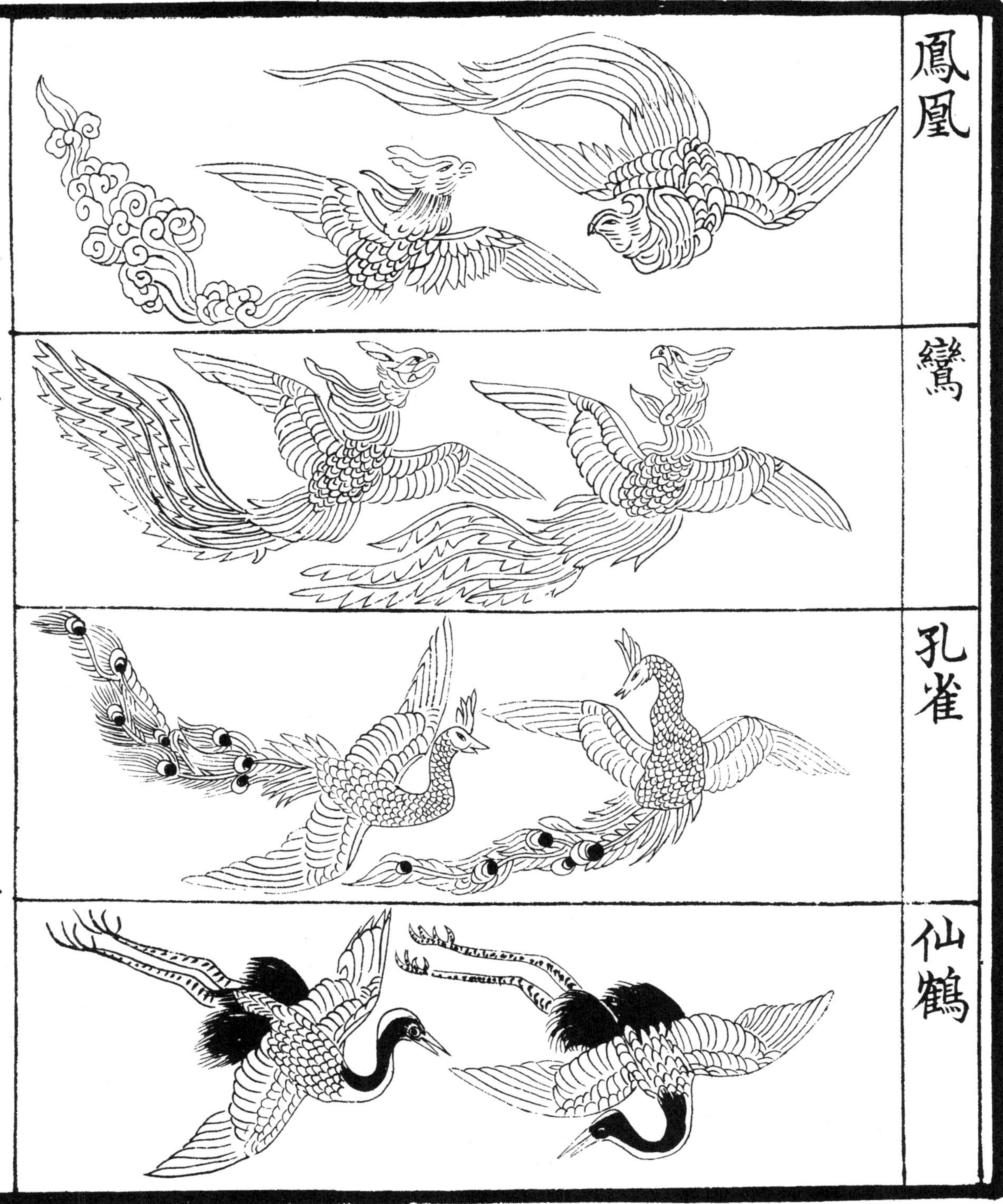
鳳凰
鸞
孔雀
仙鶴

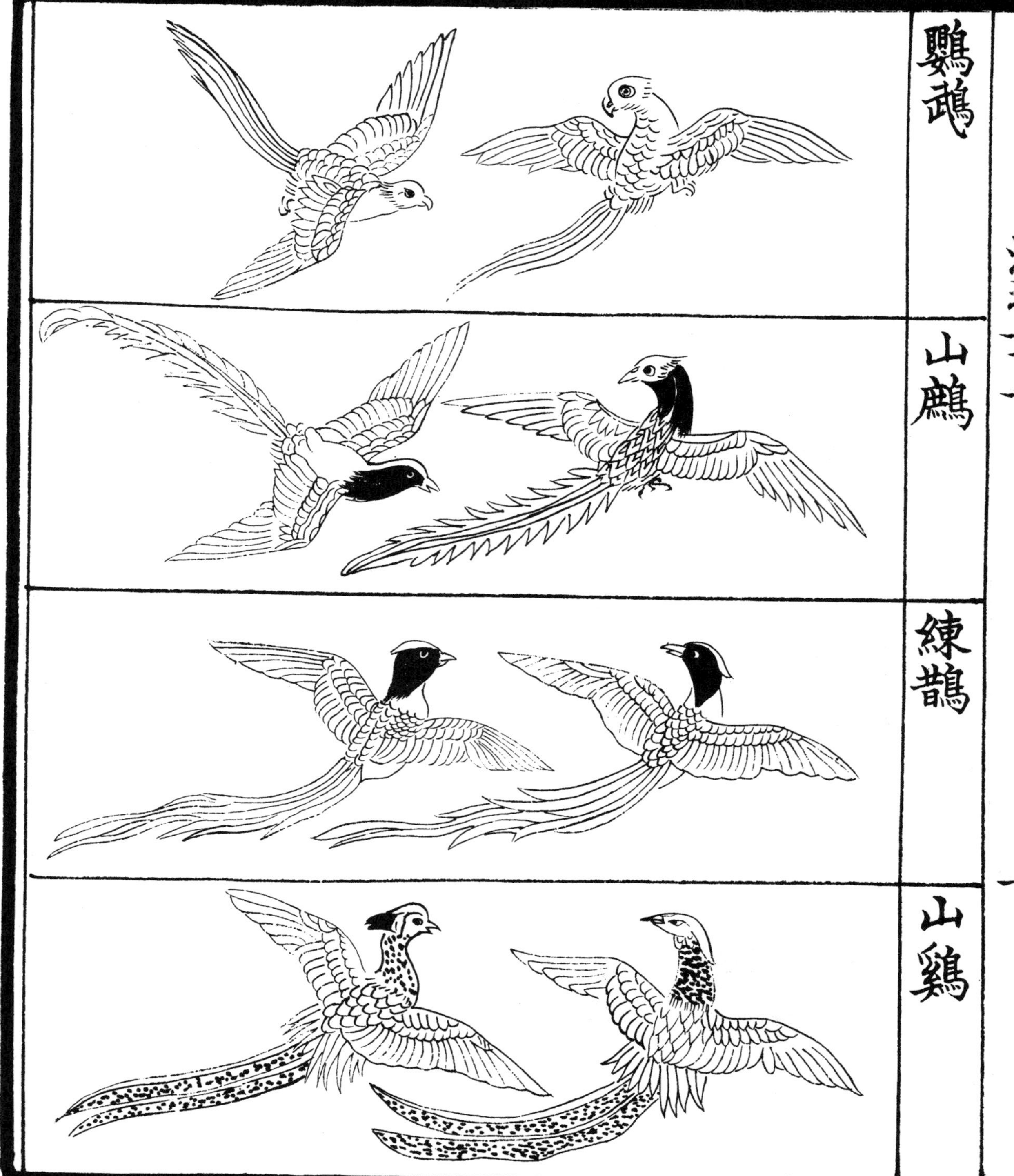
鸚鵡
山鷓
練鵲
山鷄

谿鵡

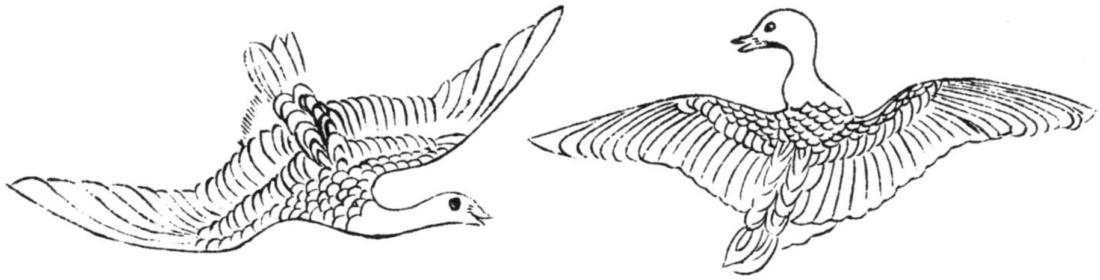

鴛鴦

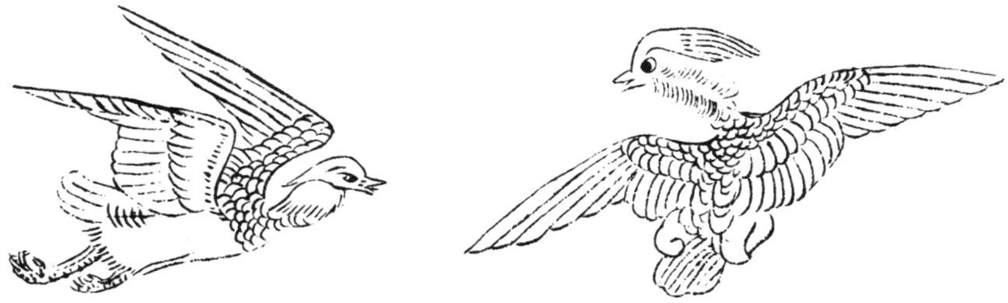

鵝

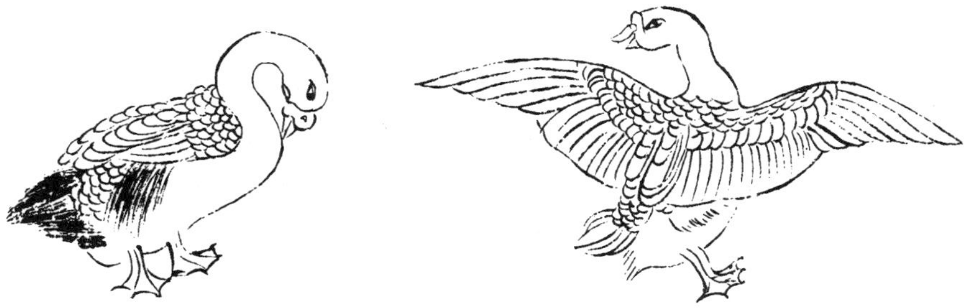

華鴨

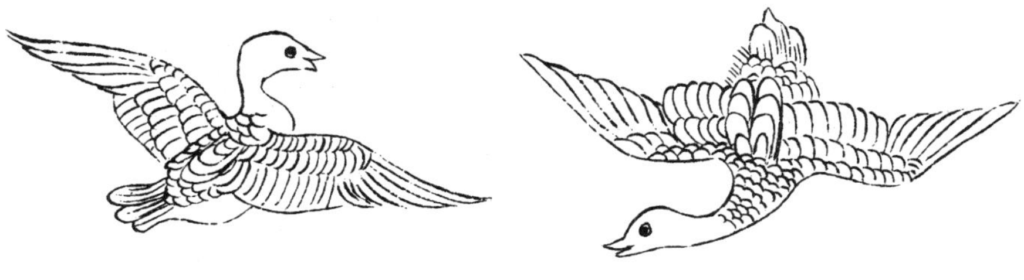

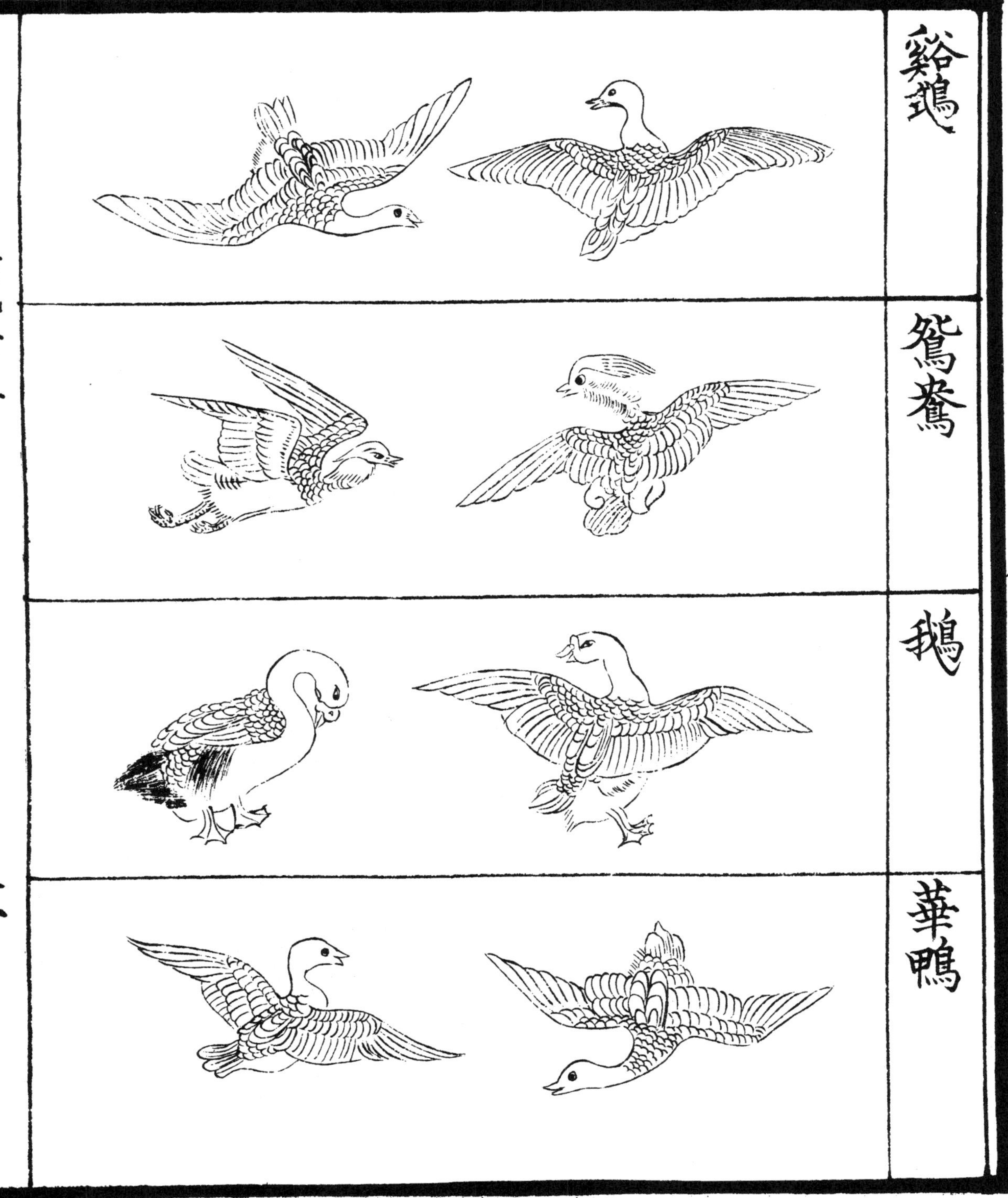

師子
麒麟
狻猊
獬豸

天馬

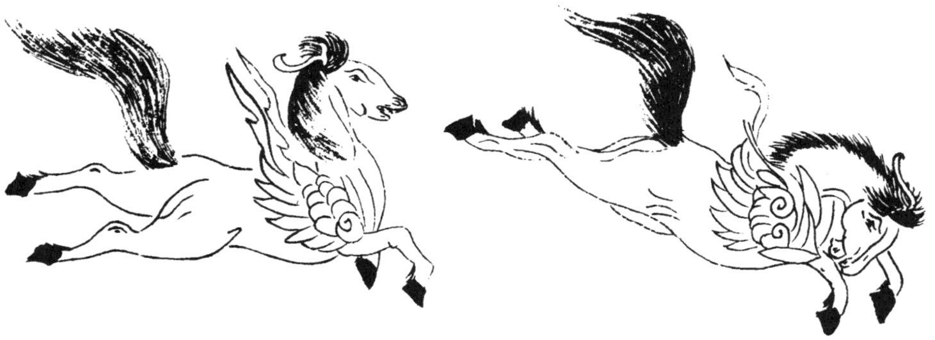

海馬

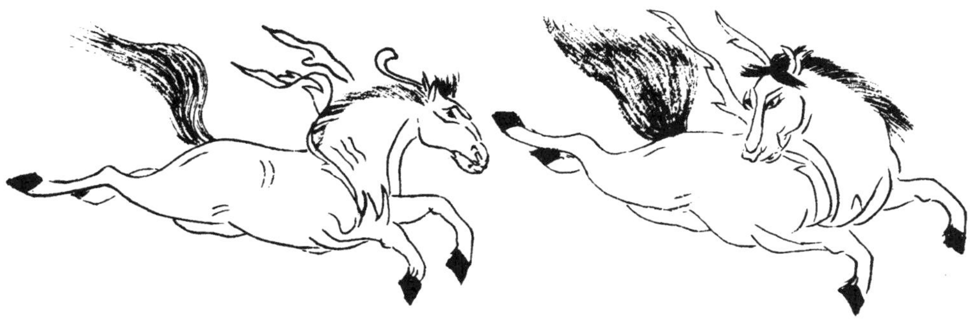

仙鹿

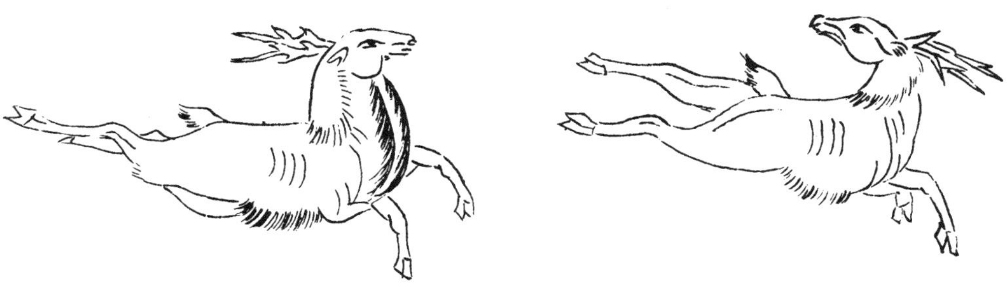

羖羊

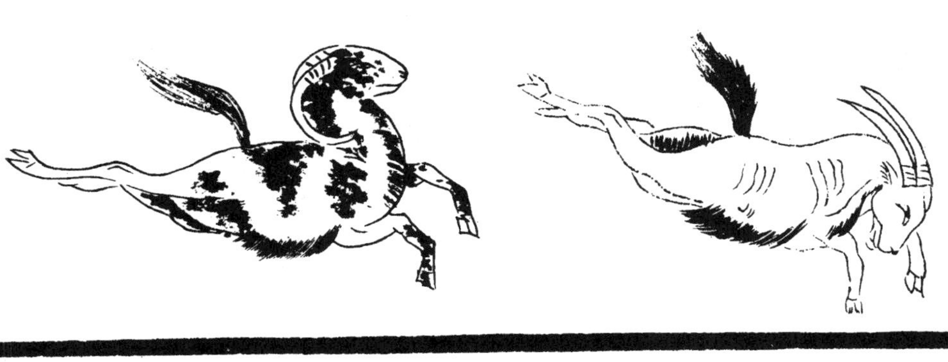

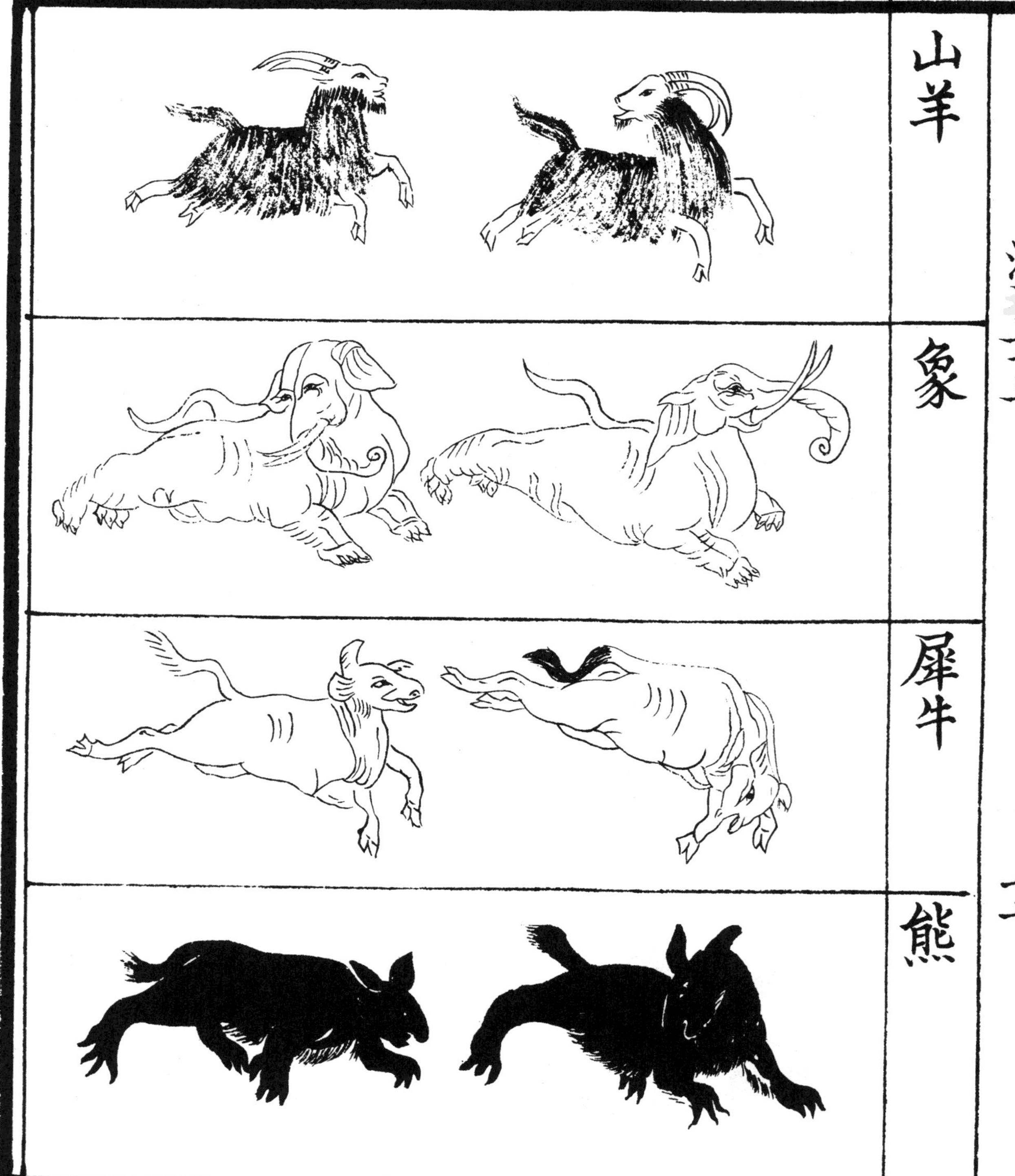
山羊
象
犀牛
熊

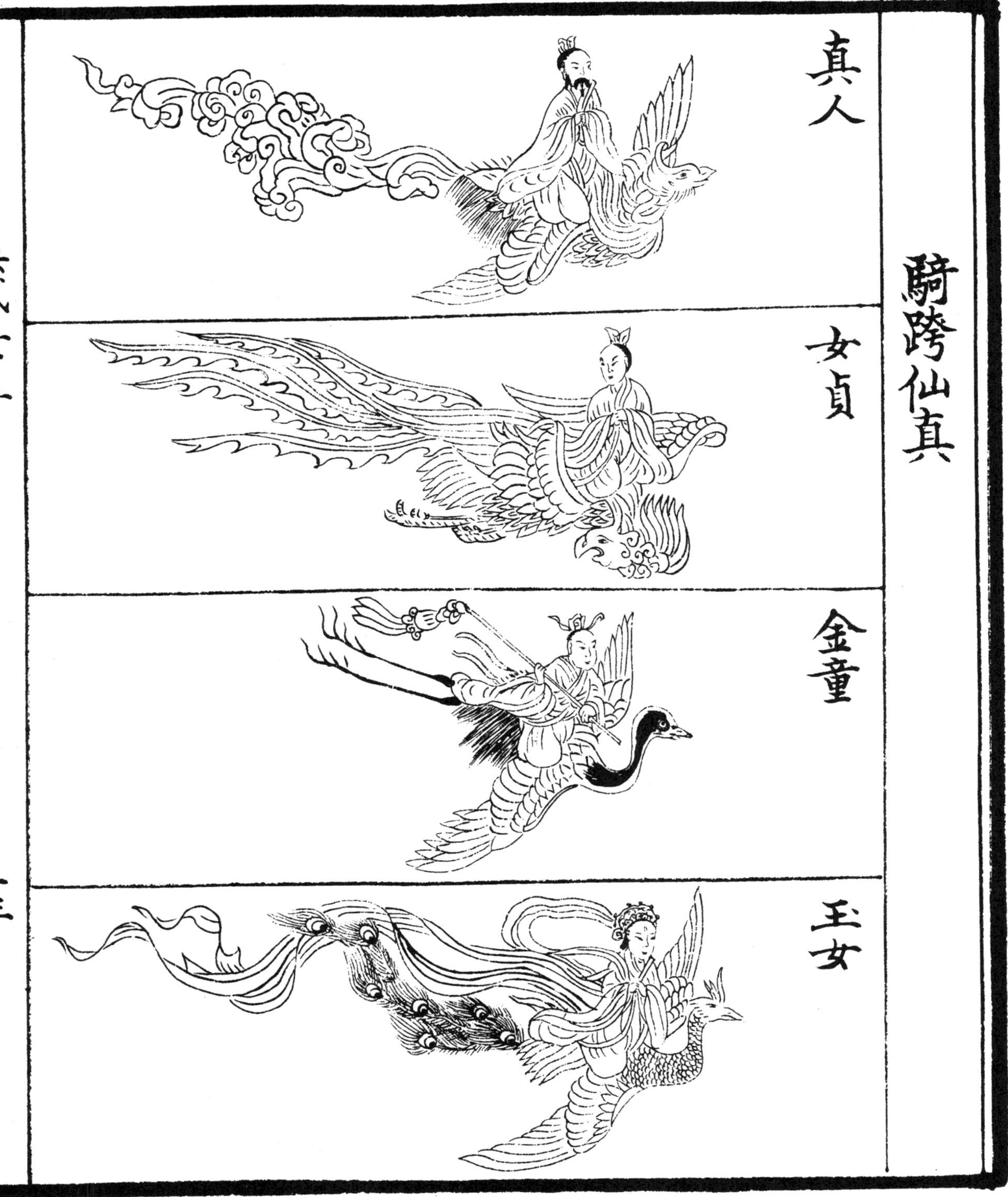

騎跨仙真

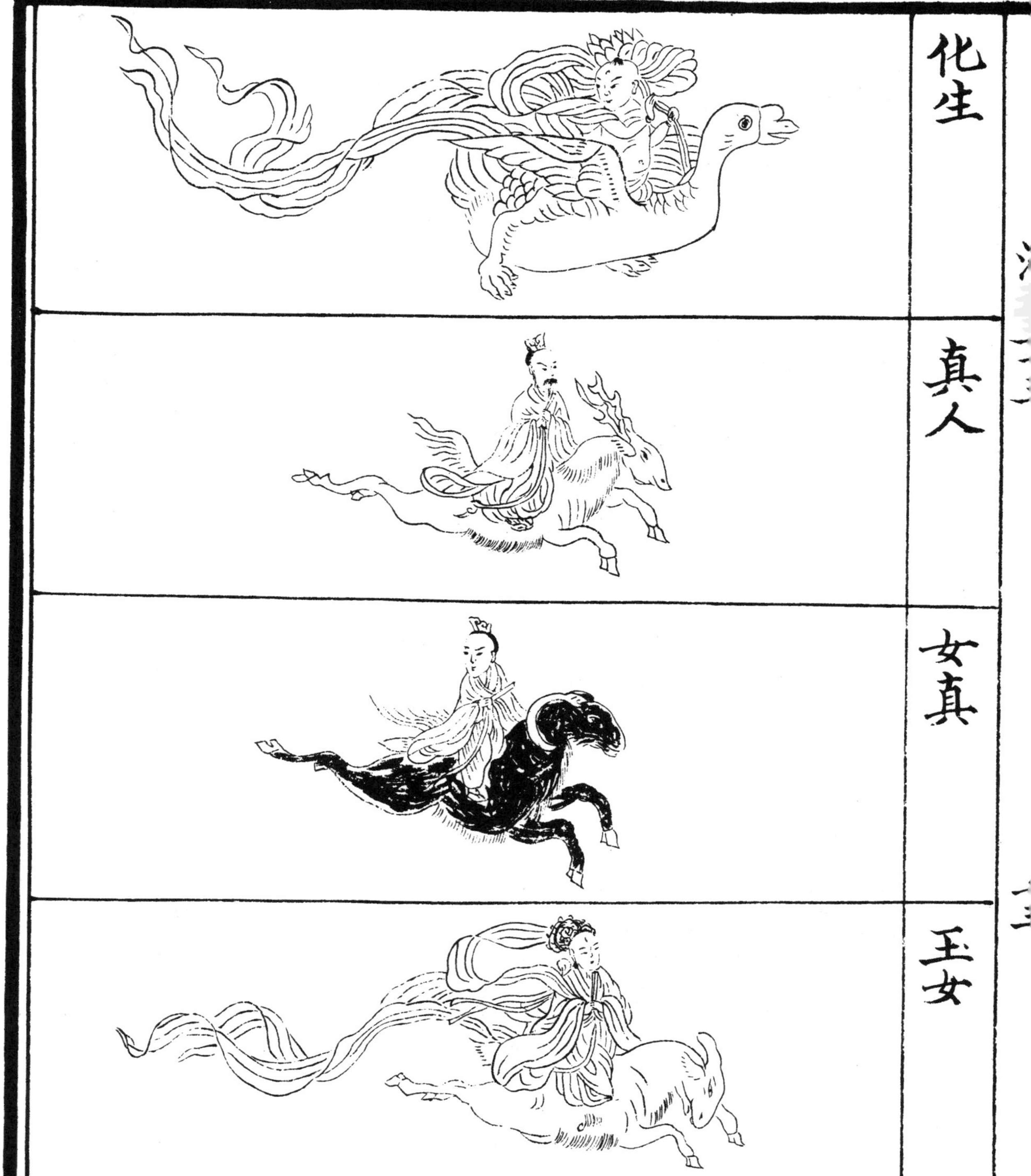
化生
真人
女真
玉女

拂菻

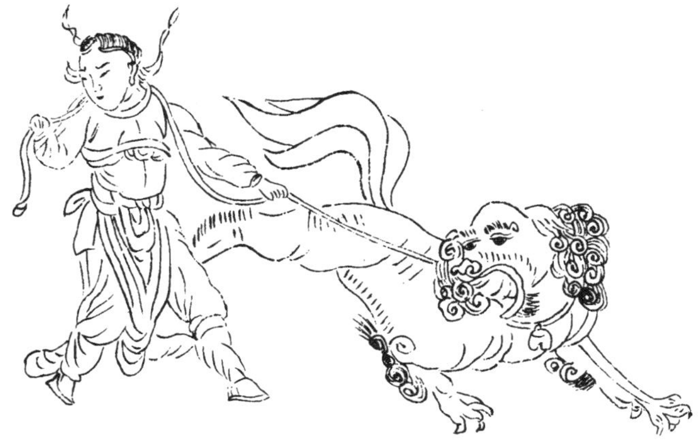

獠蠻

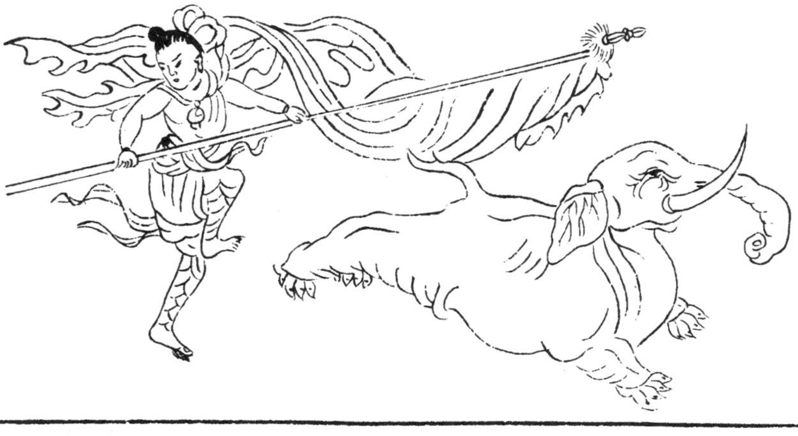

化生

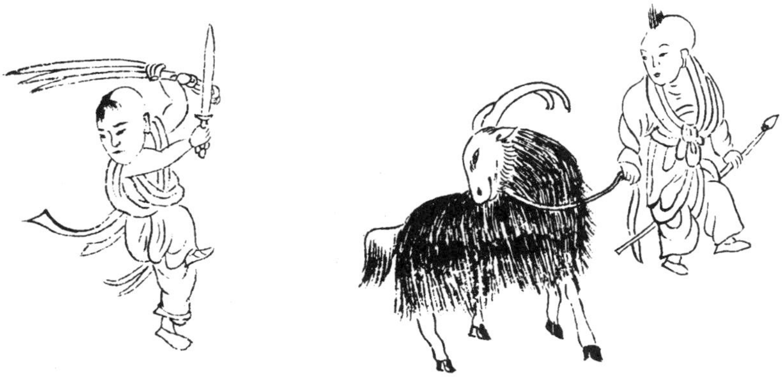

十四

五彩額柱第五

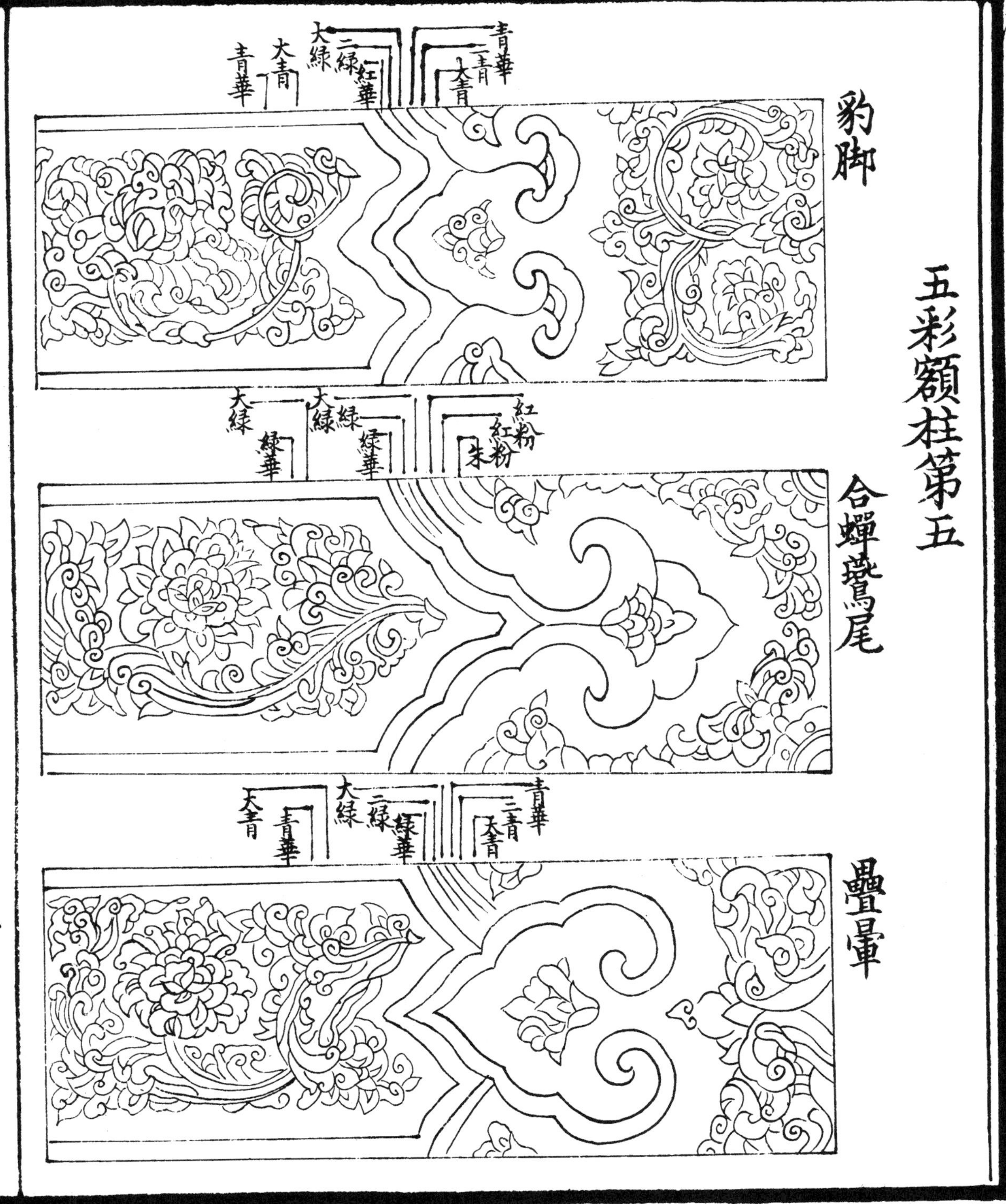
豹脚
青華
大青
大緑
二緑
紅華
青華
二青
大青
合蟬鷰尾
大緑
緑華
大緑
緑
緑華
紅粉
紅粉
朱
疊暈
大青
青華
大緑
二緑
緑華
青華
二青
大青

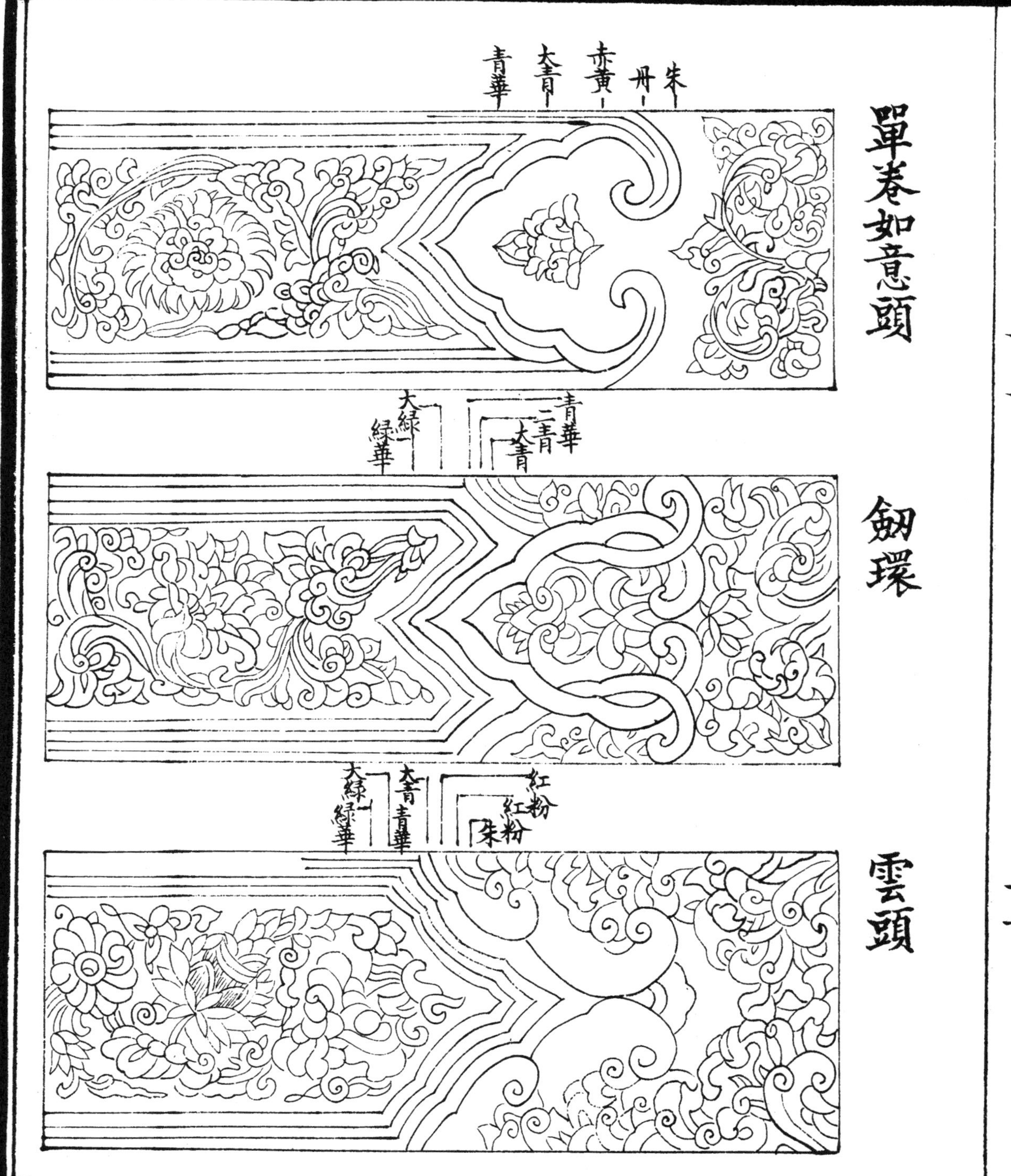
單卷如意頭
朱
丹
赤黃
大青
青華
剱環
青華
二青
大青
大綠
綠華
雲頭
紅粉
紅粉
朱
大青
青華
大綠
綠華

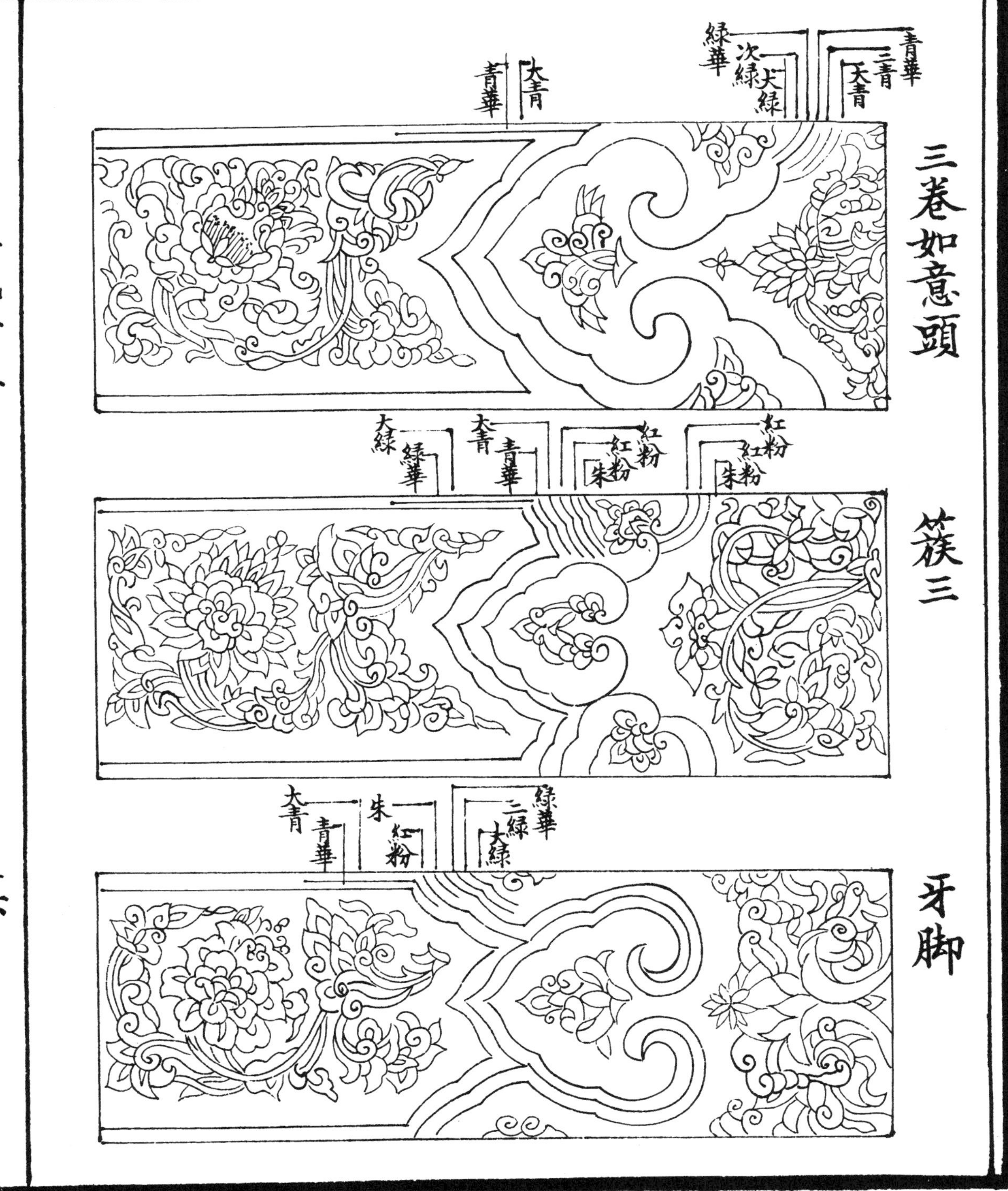
三卷如意頭
青華
三青
大青
緑華
次緑
大緑
大青
青華
簇三
紅粉
紅粉
朱
紅粉
紅粉
朱
大青
青華
大緑
緑華
牙脚
緑華
三緑
大緑
朱
紅粉
大青
青華

海石榴華内間六入圜華科
寶牙華内間柿蔕科
枝條卷成海石榴華内間四入圜華科
青
二青
青華
大緑
緑華
紅粉朱
緑華
二緑
大緑
朱
紅粉
紅粉
青華
大青
青華
二青
大青
朱
赤黄
緑華
二緑
大緑

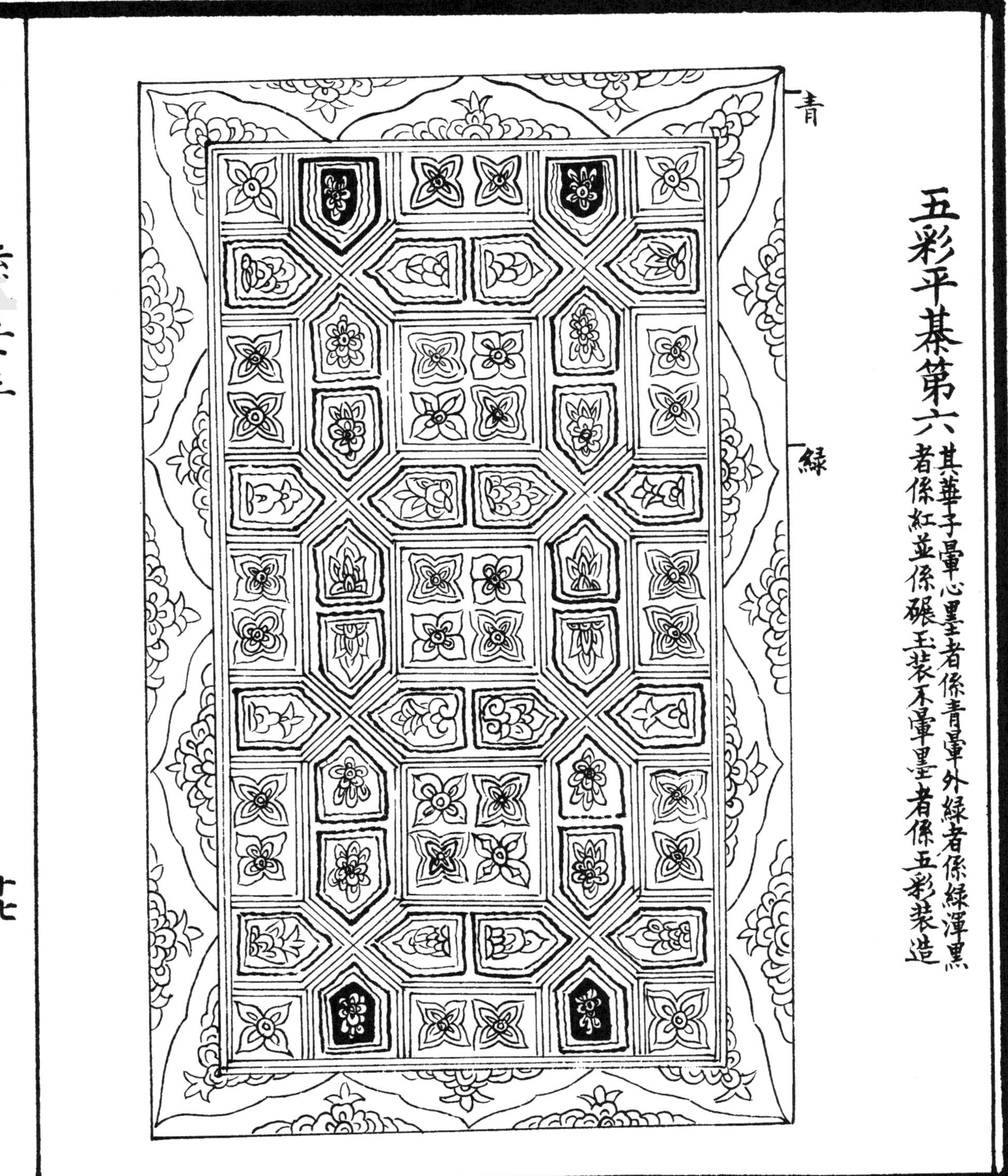

五彩平棊第六其華子暈心墨者係青暈外綠者係綠渾黑者係紅並係碾玉裝不暈墨者係五彩裝造

大青
二青
青華

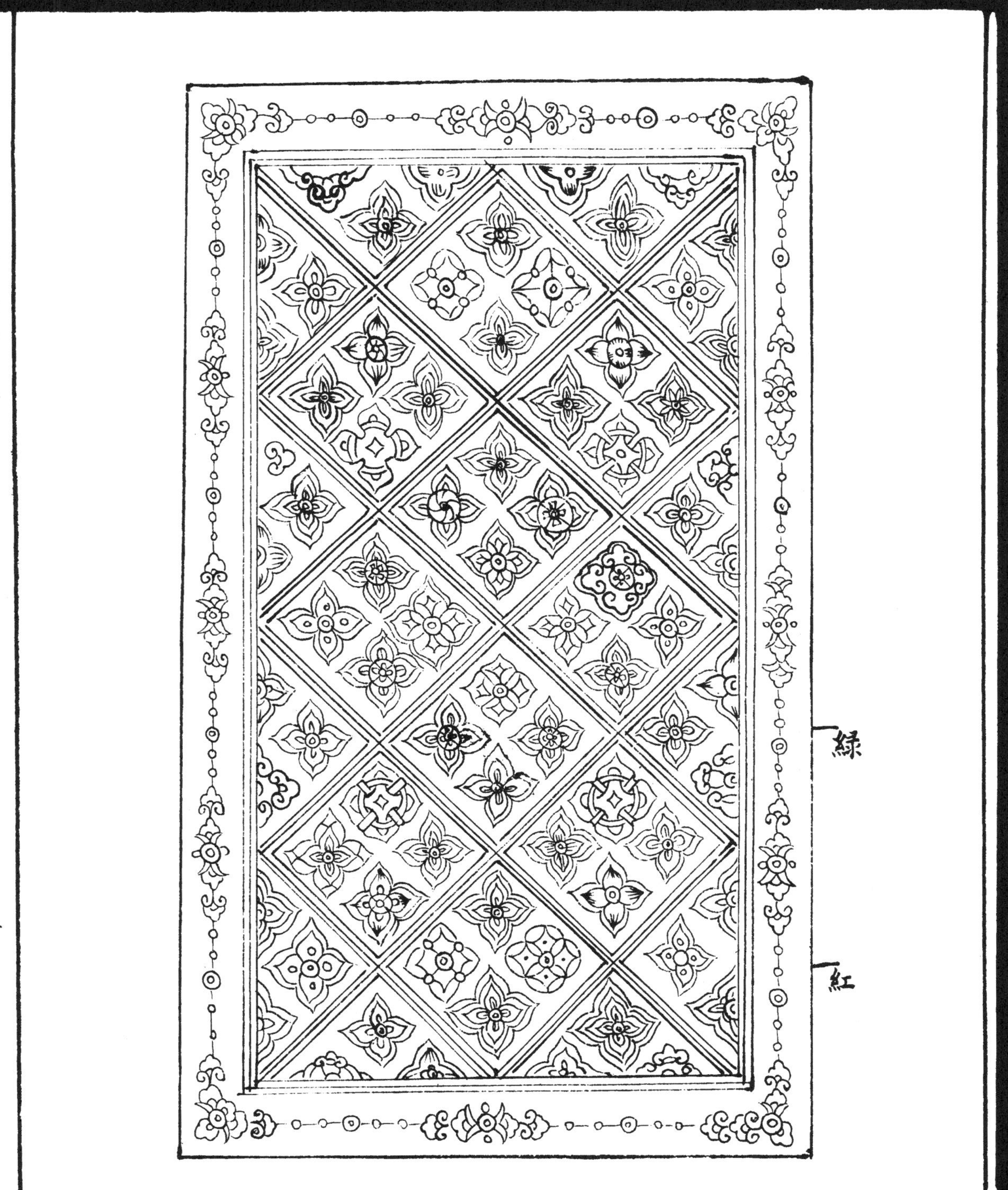
緑
紅

碾玉雜華第七

海石榴華

大青
青華
白
大綠
綠華

寶牙華

大青
青華
白
綠華
大綠
青

太平華

大青
青華
白
綠華
大綠

寶相華

大緑 緑華 白 青華 大青

牡丹華

大青 青華 白 緑華 大緑

蓮荷華

大青 青華 緑華 大緑 大青 白

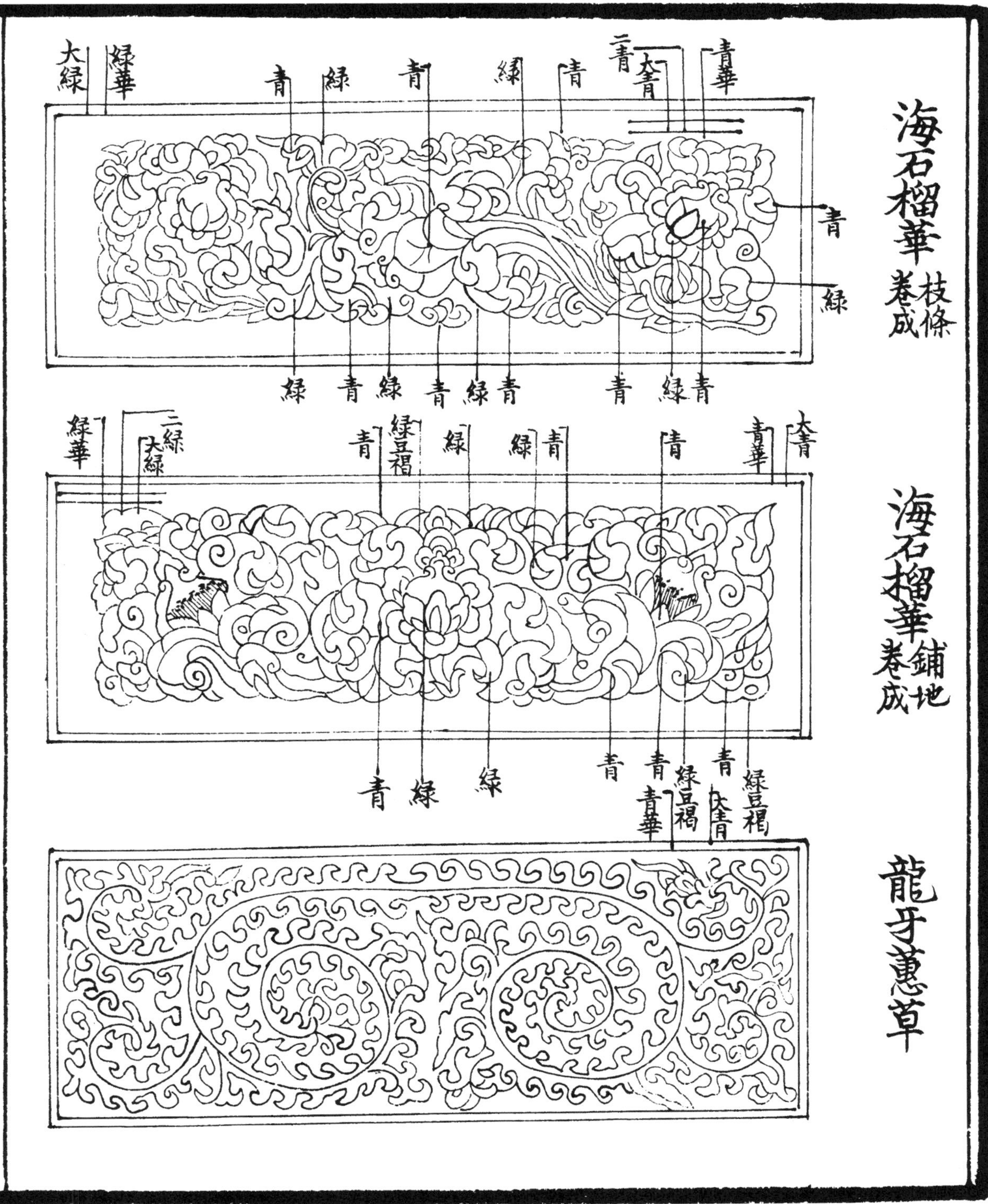
海石榴華 枝條卷成
海石榴華 鋪地卷成
龍牙蕙草
大綠
綠華
青
綠
青
綠
青
二青
大青
青華
青
綠
綠
青
綠
青
綠
青
青
綠
青
綠華
二綠
大綠
青
綠豆褐
綠
綠
青
青
青華
大青
青
綠
綠
青
青
綠豆褐
青
綠豆褐
青華
大青

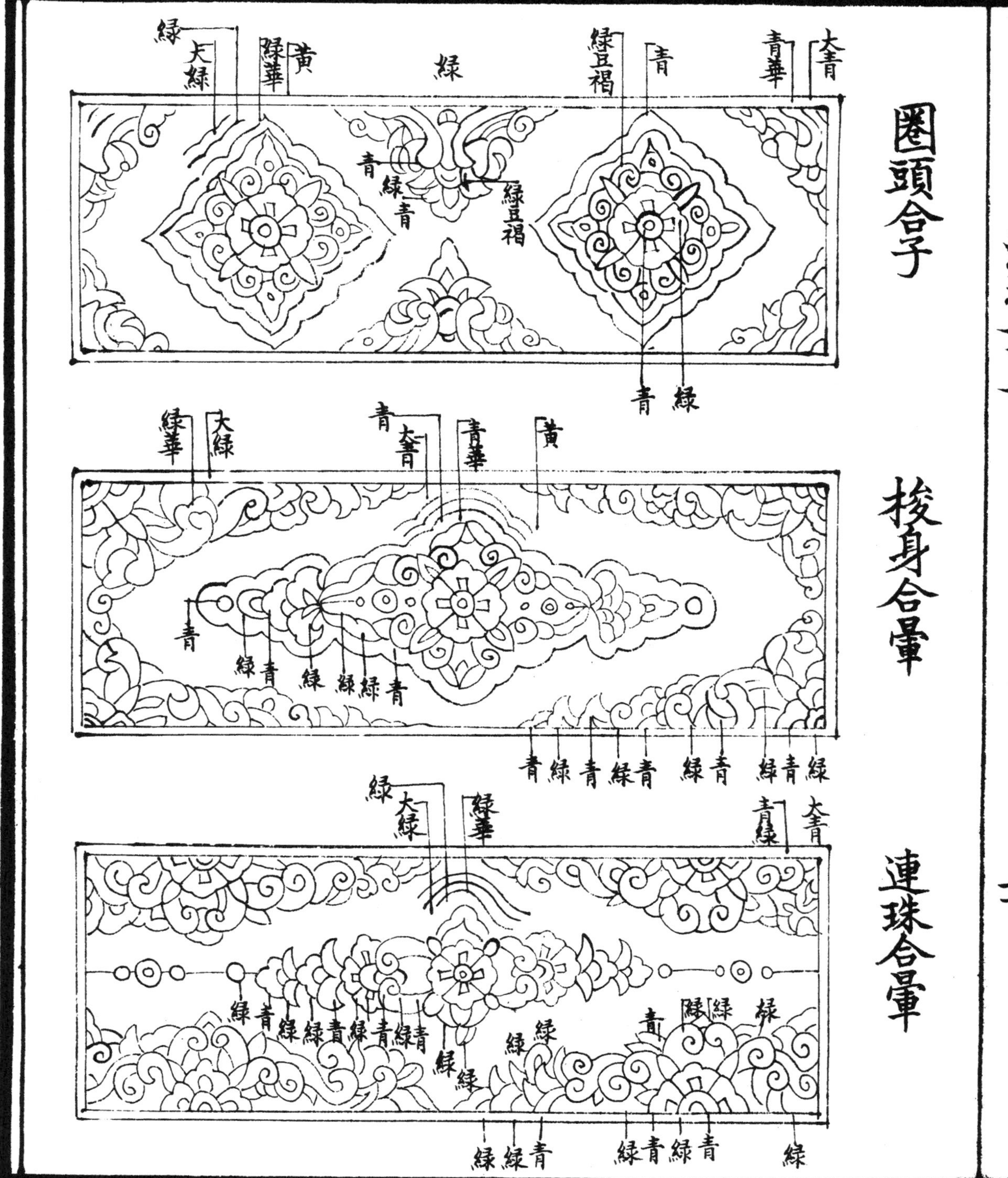

圈頭合子
綠
大綠
綠華
黃
綠
綠豆褐
青
青華
大青
青
綠
青
綠豆褐
青
綠
掕身合暈
綠華
大綠
青
大青
青華
黃
青
綠
青
綠
綠
綠
青
青
綠
青
綠
青
綠
青
綠
青
綠
連珠合暈
綠
大綠
綠華
青綠
大青
綠
青
綠
綠
青
綠
青
綠
青
綠
綠
綠
綠
青
綠
綠
綠
綠
綠
青
綠
青
綠
青
綠

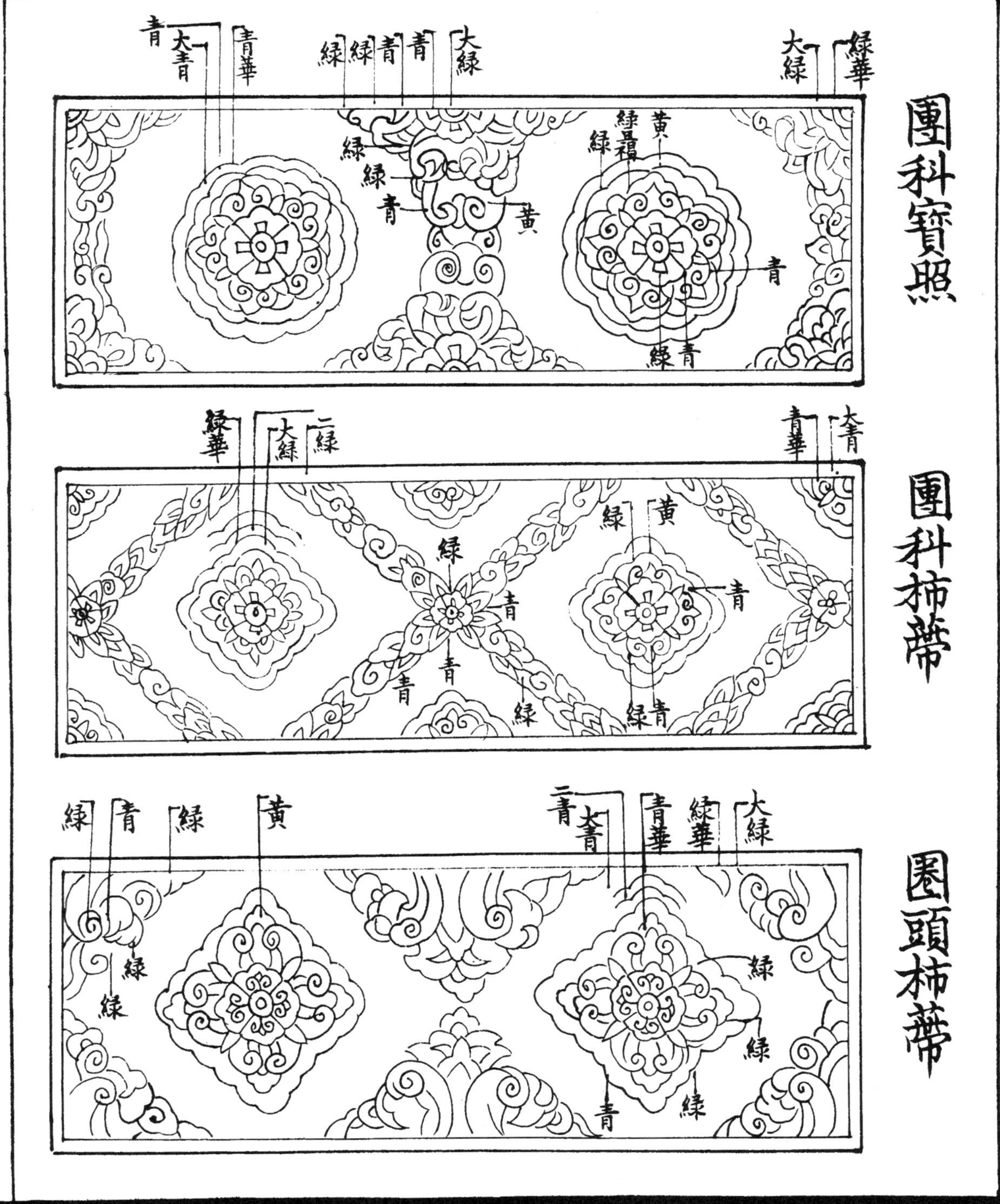
團科寶照
青
大青
青華
绿
绿
青
青
大绿
大绿
绿華
绿
绿
青
黄
绿
黄
青
绿
青
團科柿蔕
绿華
大绿
二绿
青華
大青
绿
黄
绿
青
青
青
青
绿
绿
青
圈頭柿蔕
绿
青
绿
黄
二青
大青
青華
绿華
大绿
绿
绿
绿
绿
青
绿

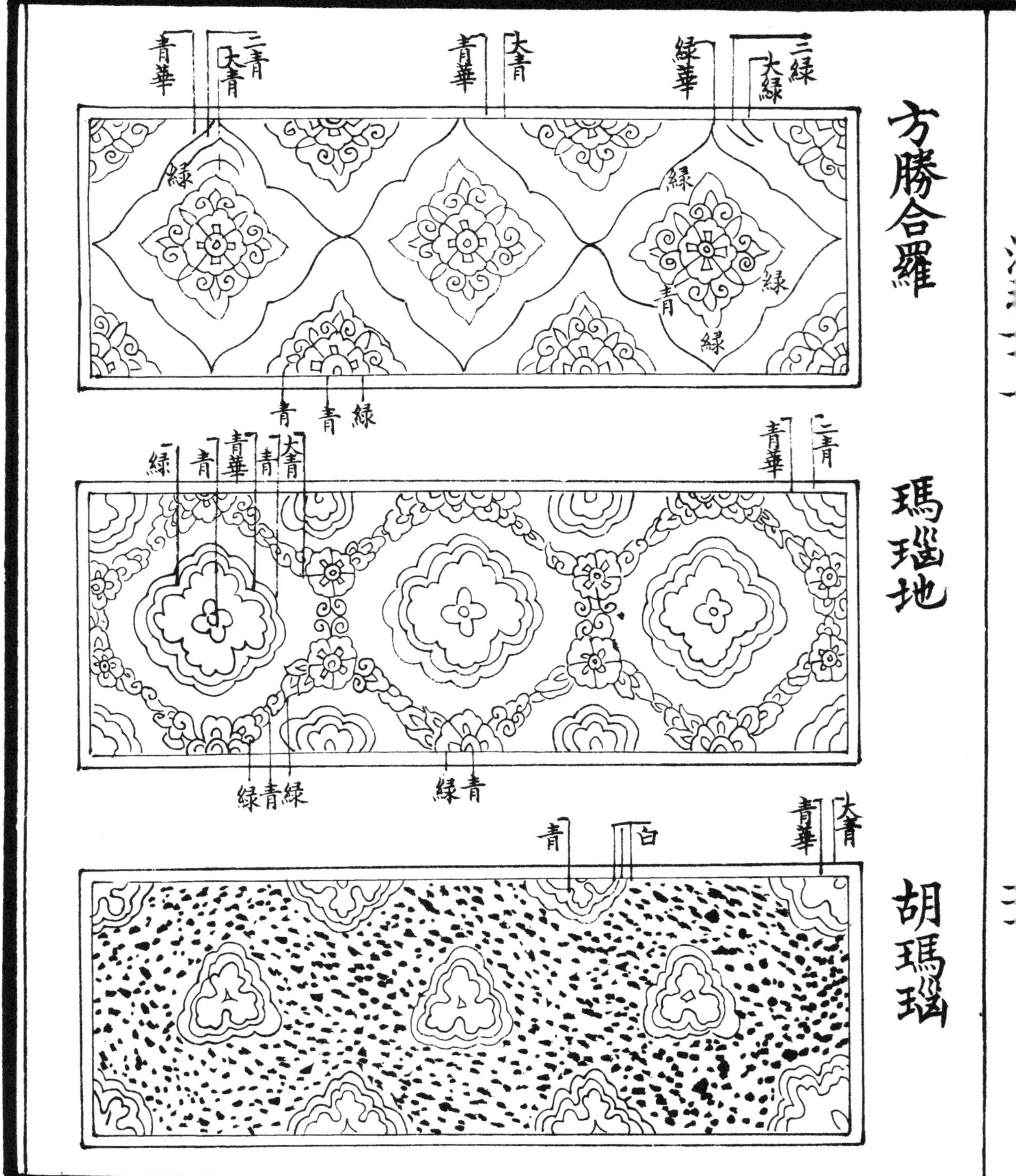
方勝合羅
青華
二青
大青
青華
大青
綠華
三綠
大綠
綠
綠
綠
青
綠
青
青
綠
瑪瑙地
綠
青
青華
青
大青
青華
二青
綠
青
綠
綠
青
胡瑪瑙
青
白
青華
大青

碾玉瑣文第八

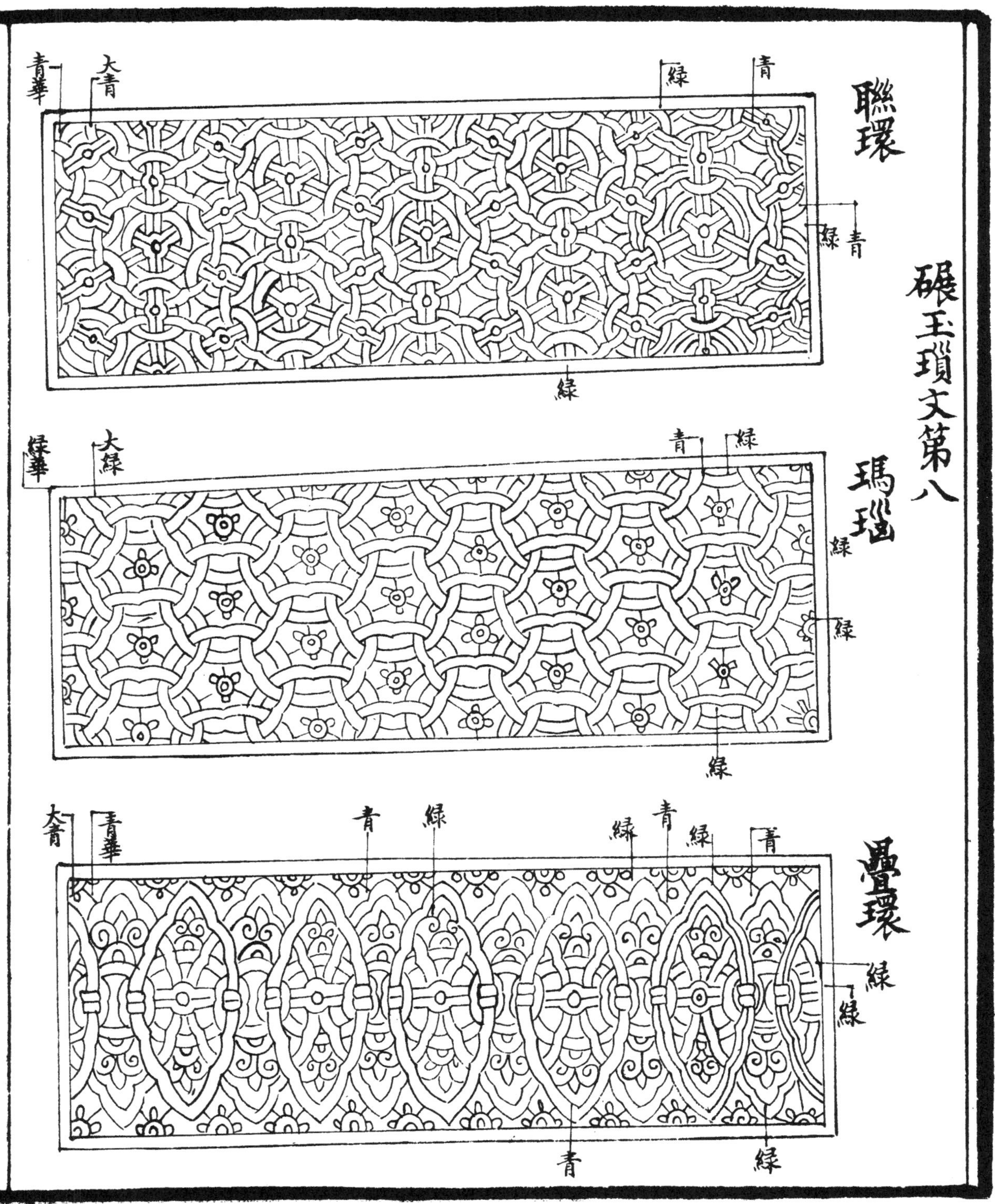

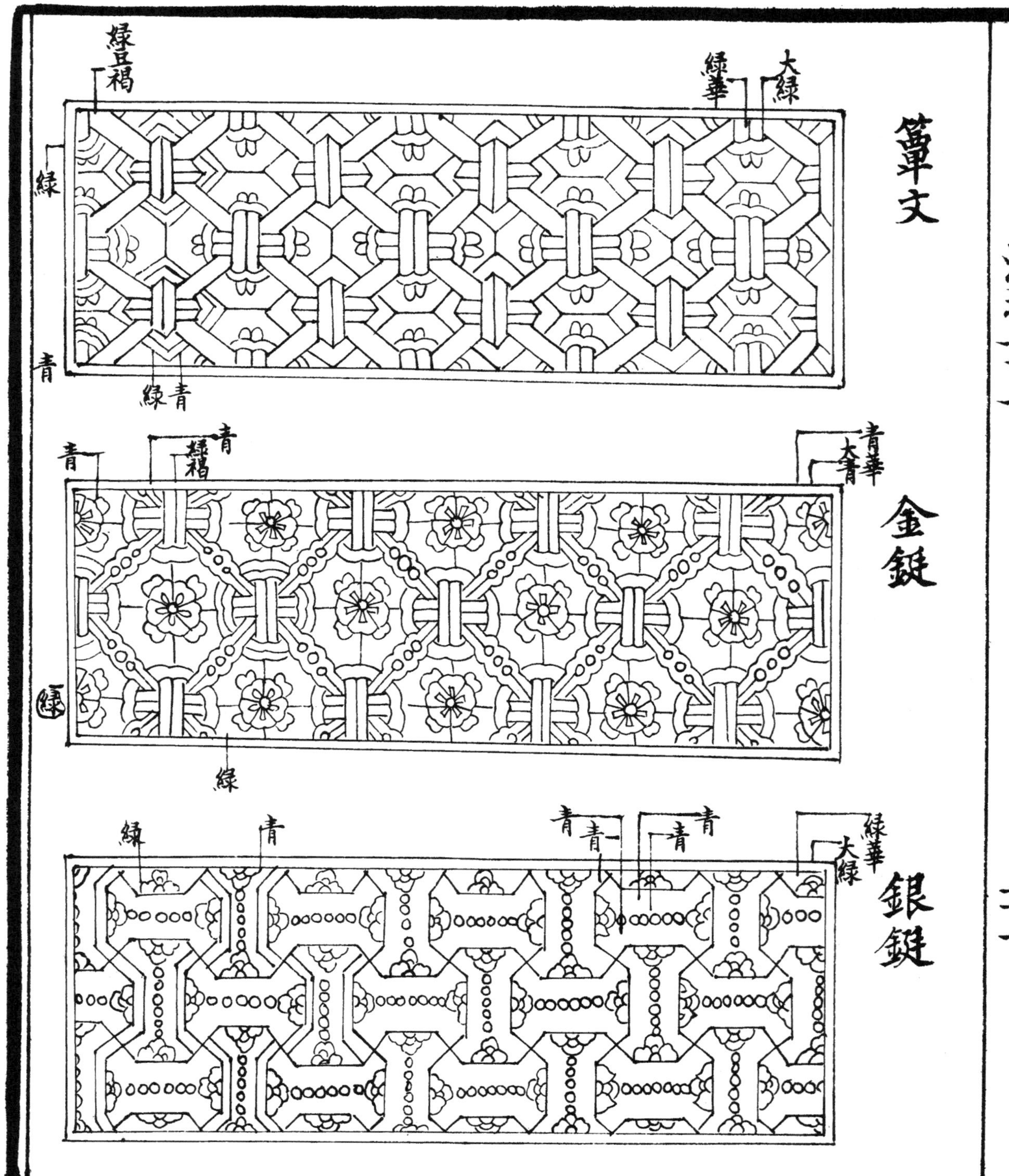

簟文
綠豆褐
綠華
大綠
綠
青
綠
青
金鋌
青
綠褐
青
青華
大青
綠
綠
銀鋌
綠
青
青
青
青
青
綠華
大綠

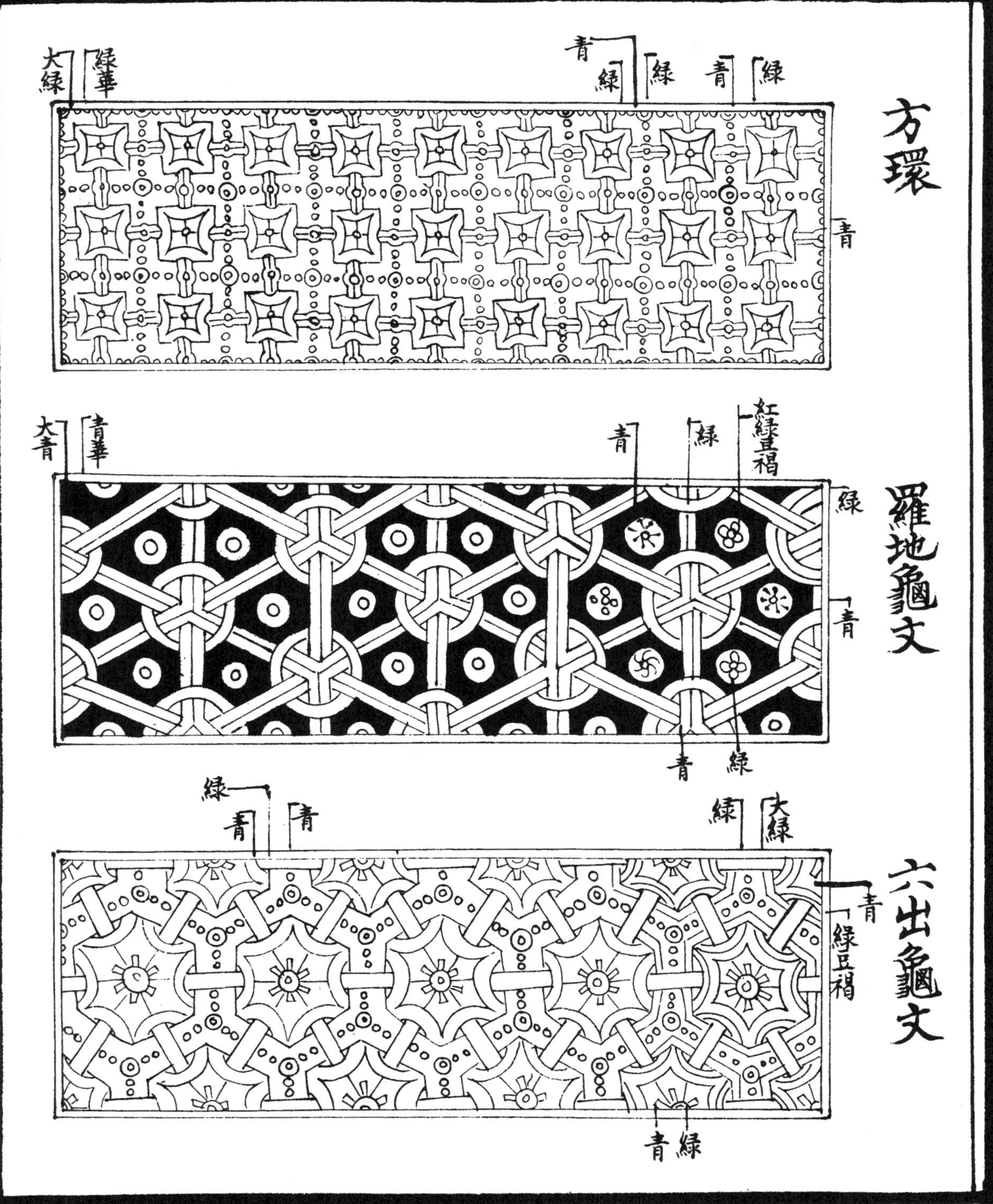
方環
大绿
绿華
青
绿
绿
青
绿
青
羅地龜文
大青
青華
青
绿
紅绿豆褟
绿
青
青
绿
六出龜文
绿
青
青
绿
大绿
青
绿豆褟
青
绿

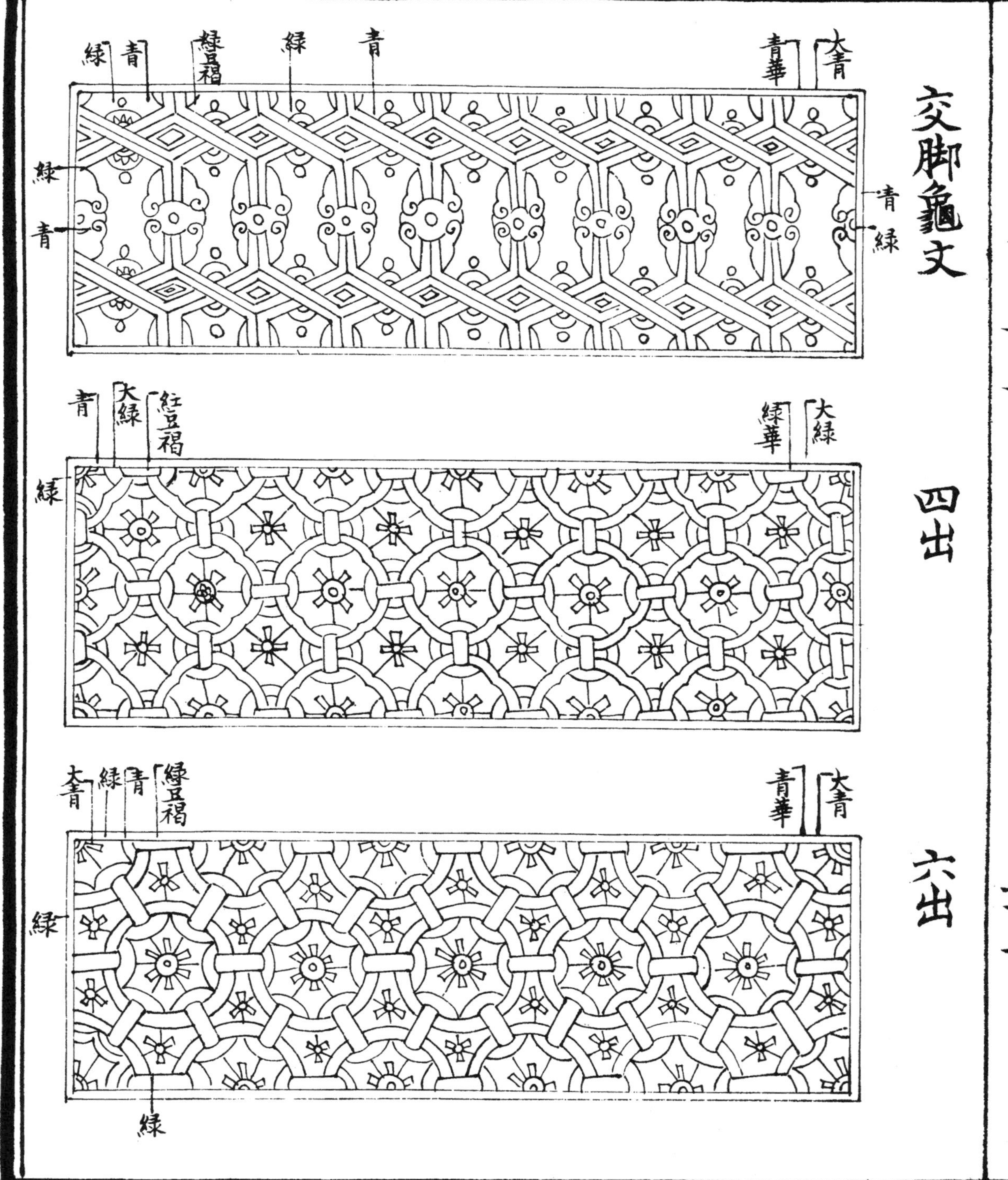
交脚龜文
四出
六出
緑
青
緑豆褐
緑
青
青華
大青
緑
青
青
緑
青
大緑
紅豆褐
緑華
大緑
緑
大青
緑
青
緑豆褐
青華
大青
緑
緑

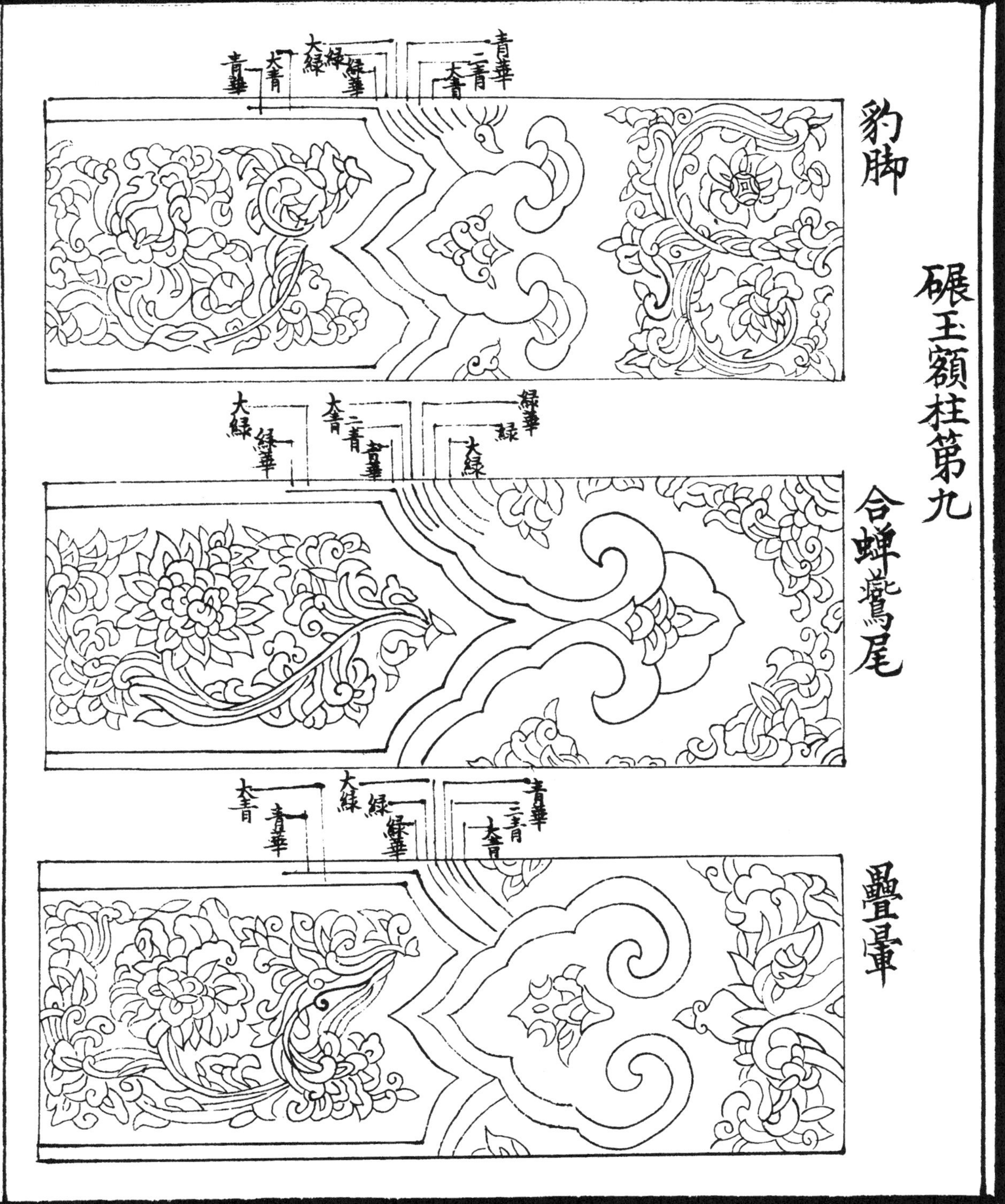
碾玉額柱第九
豹脚
合蟬鷰尾
疊暈
青華
大青
大綠
綠華
二青

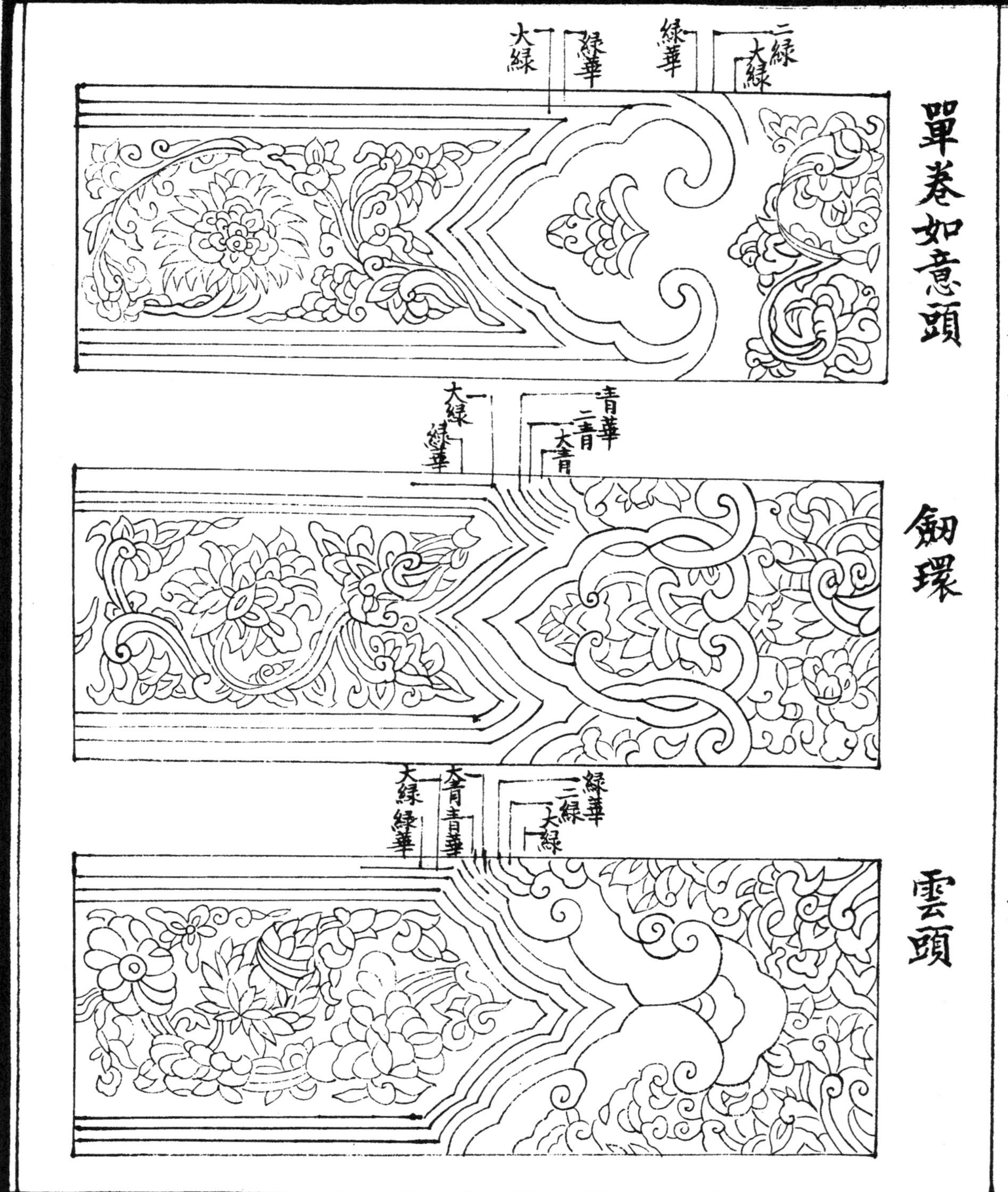
單卷如意頭
大綠
綠華
綠華
二綠
大綠
劒環
大綠
綠華
青華
二青
大青
雲頭
大綠
綠華
大青
青華
綠華
二綠
大綠

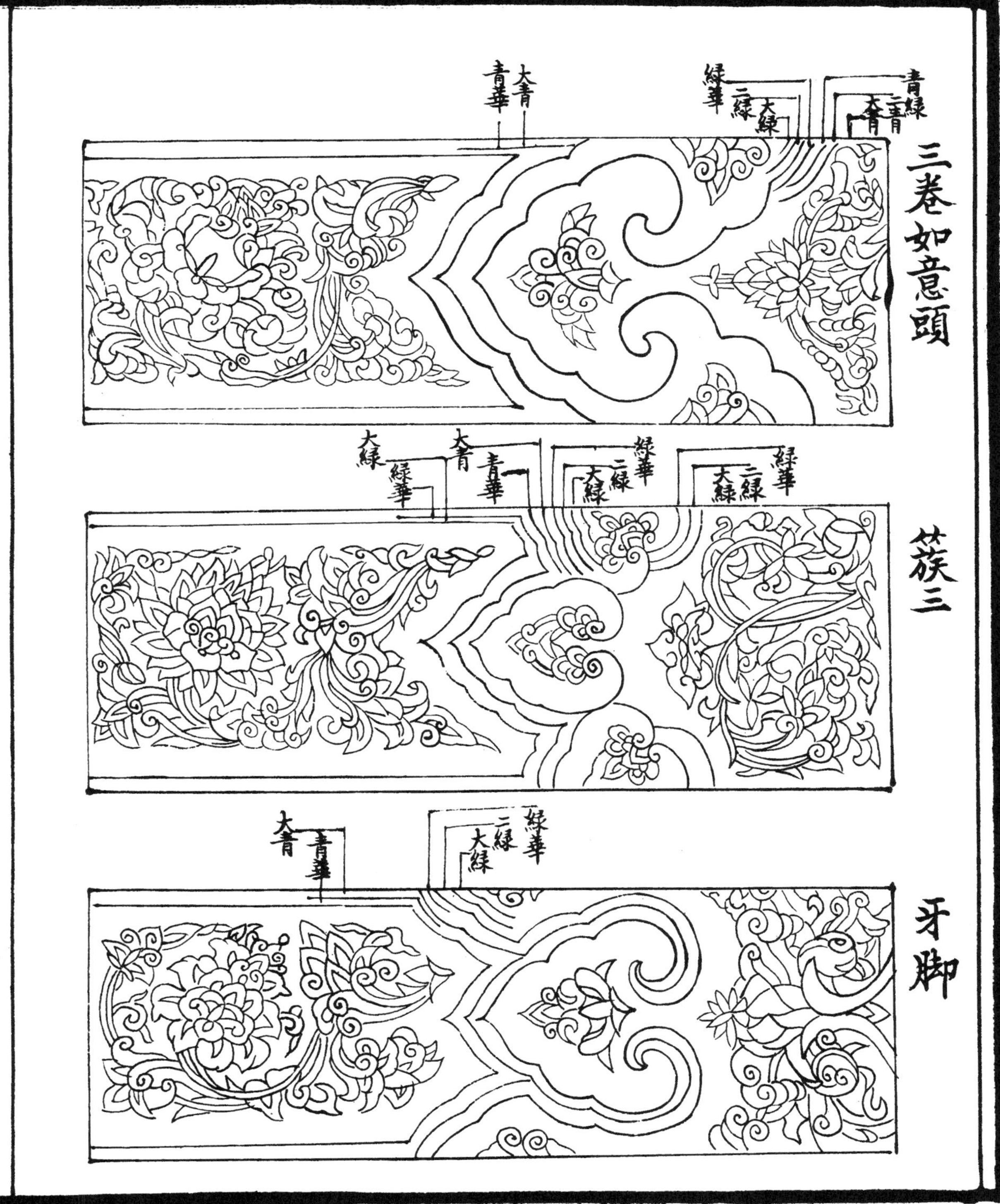

大青
青華
緑華
二緑
大緑
青緑
二青
大青
三卷如意頭
大緑
緑華
大青
青華
緑華
二緑
大緑
緑華
二緑
大緑
簇三
大青
青華
緑華
二緑
大緑
牙脚

海石榴華內間六入圜華科

寶牙華內間柿蔕科

枝條卷成海石榴華內間四入圜華科

碾玉平棊第十

其華子暈心墨者係青暈外緑者係緑並係碾玉裝其不暈者白上描檀疊青緑

青

緑

大青
二青
青華

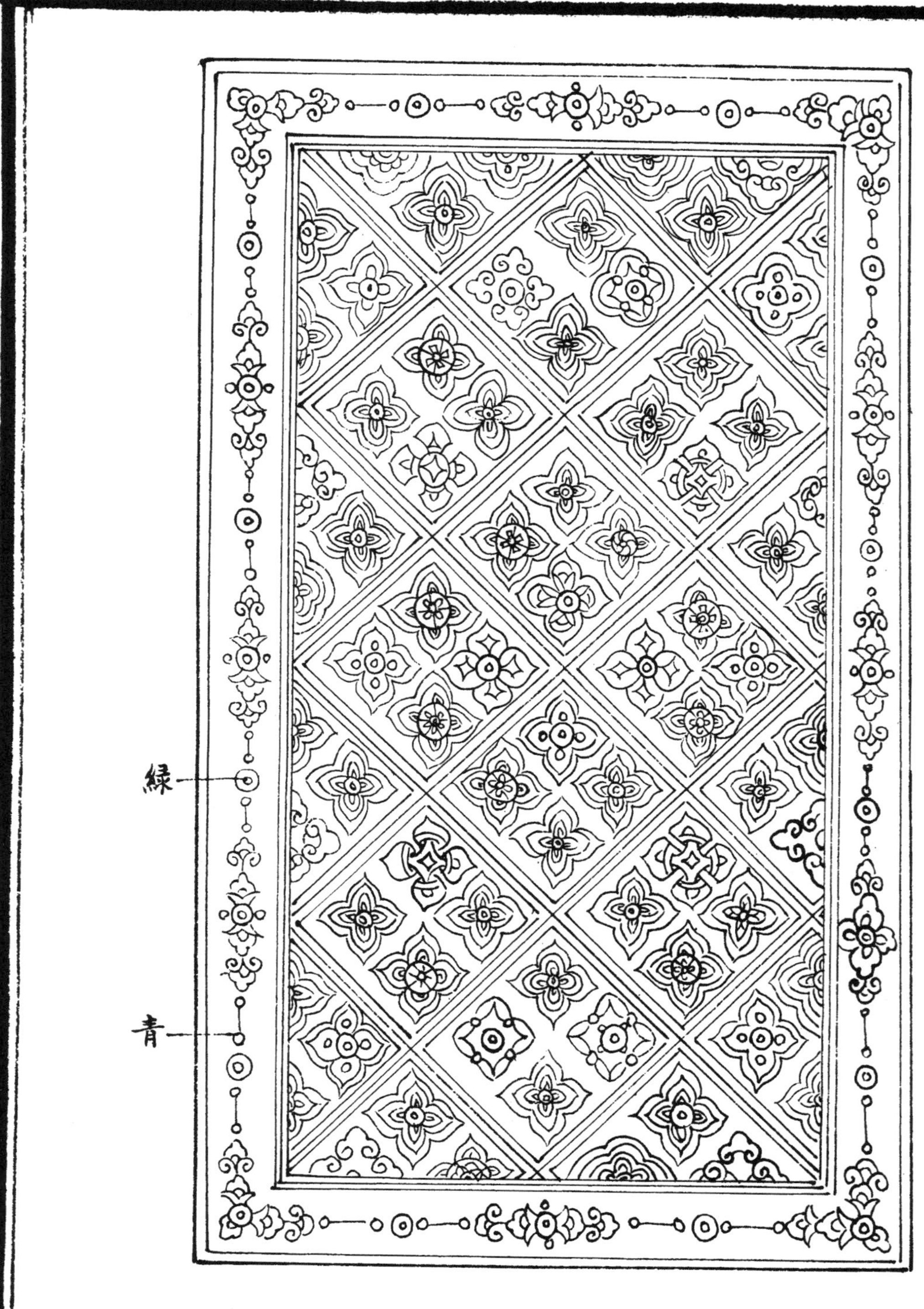
緑
青

營造法式卷第三十三

營造法式卷第三十四

通直郎管修蓋皇弟外第專一提舉修蓋班直諸軍營房等臣李誡奉

聖旨編修

彩畫作制度圖樣下

五彩遍裝名件第十一

碾玉裝名件第十二

青緑疊暈棱間裝名件第十三

三暈帶紅棱間裝名件第十四

两暈棱間内畫松文裝名件第十五

解緑結華裝名件第十六 解緑裝附

刷飾制度圖樣

丹粉刷飾名件第一

黄土刷飾名件第二

彩畫作制度圖樣下

五彩遍裝名件第十

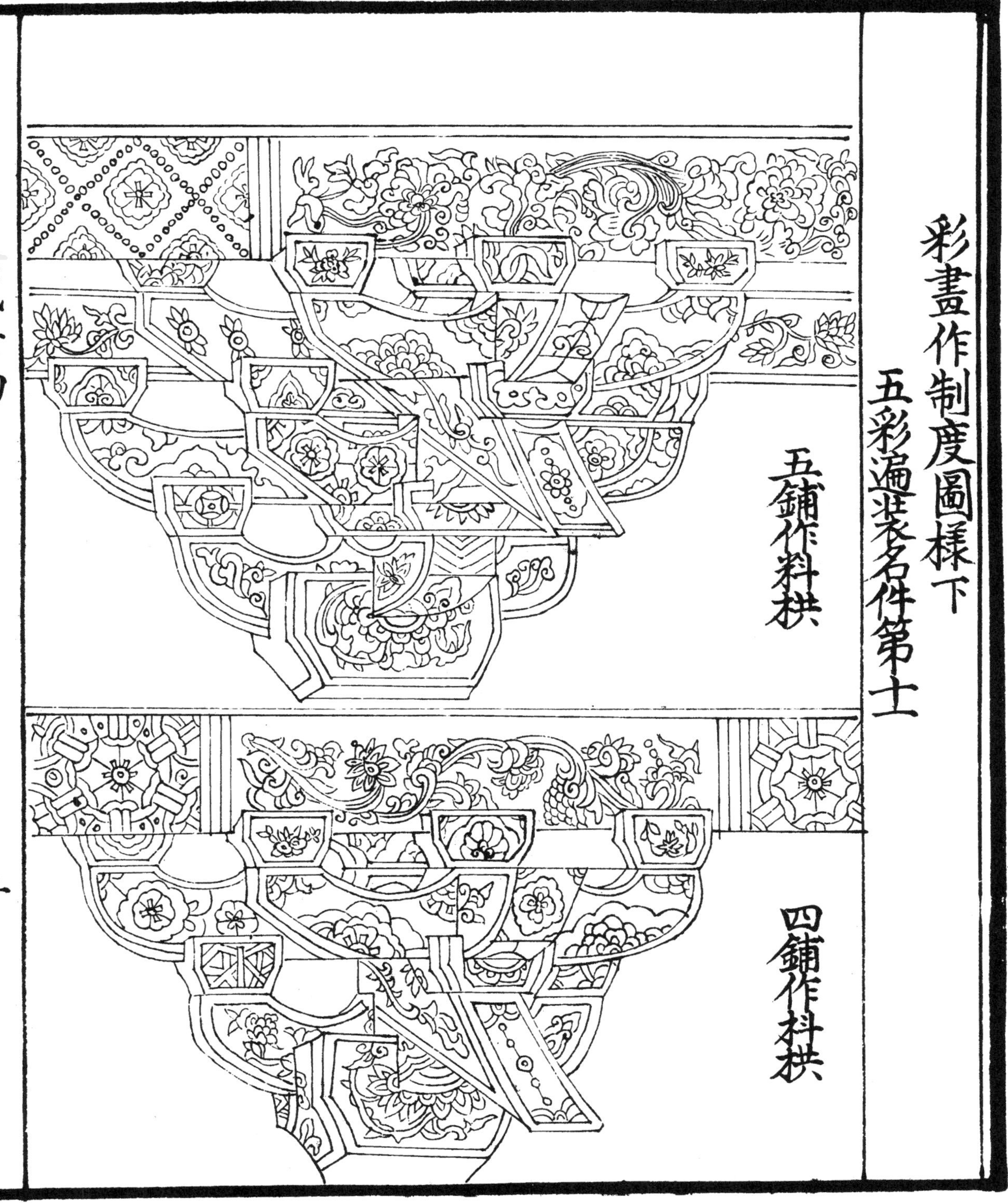

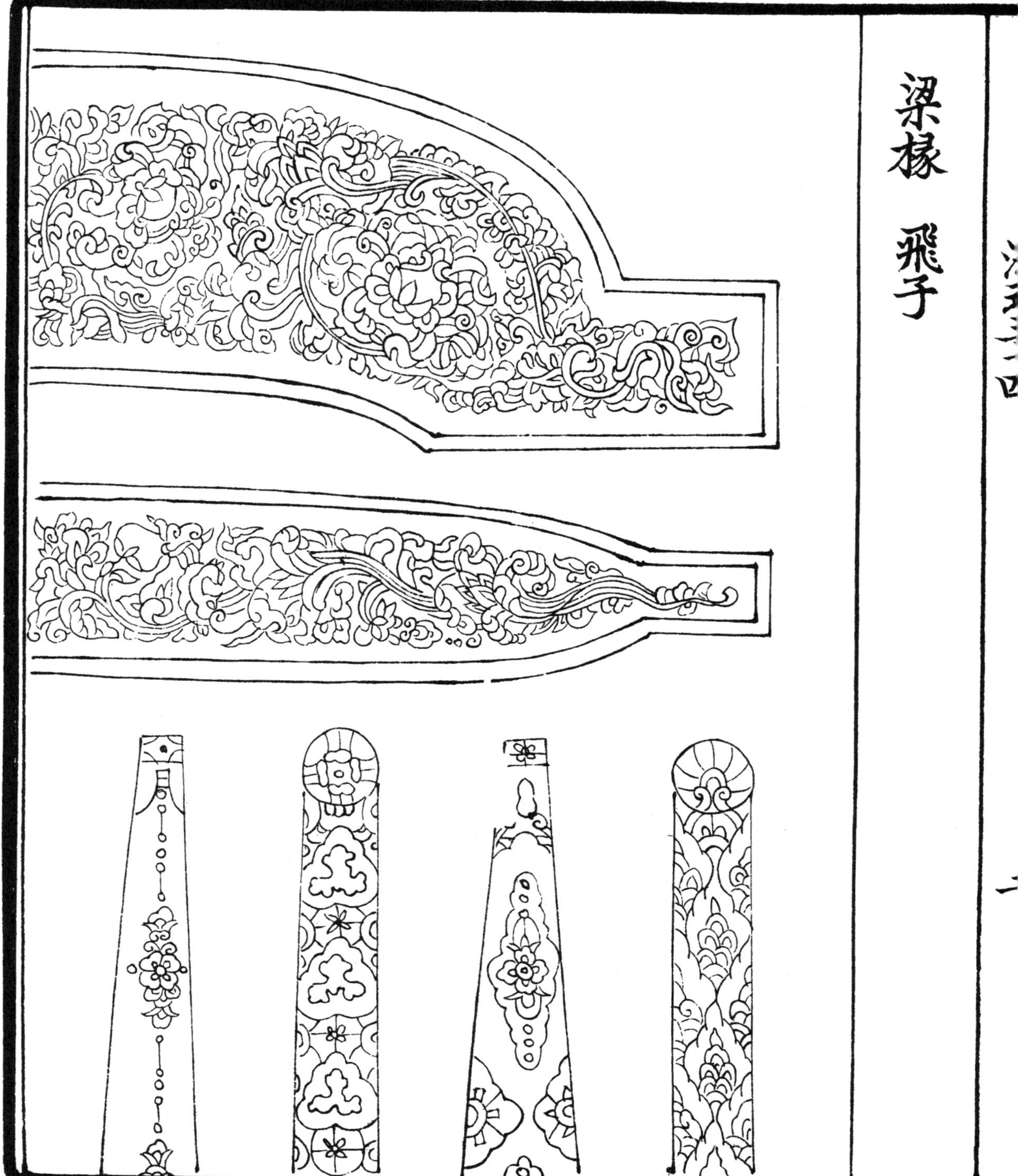

梁椽 飛子

五彩裝淨地錦

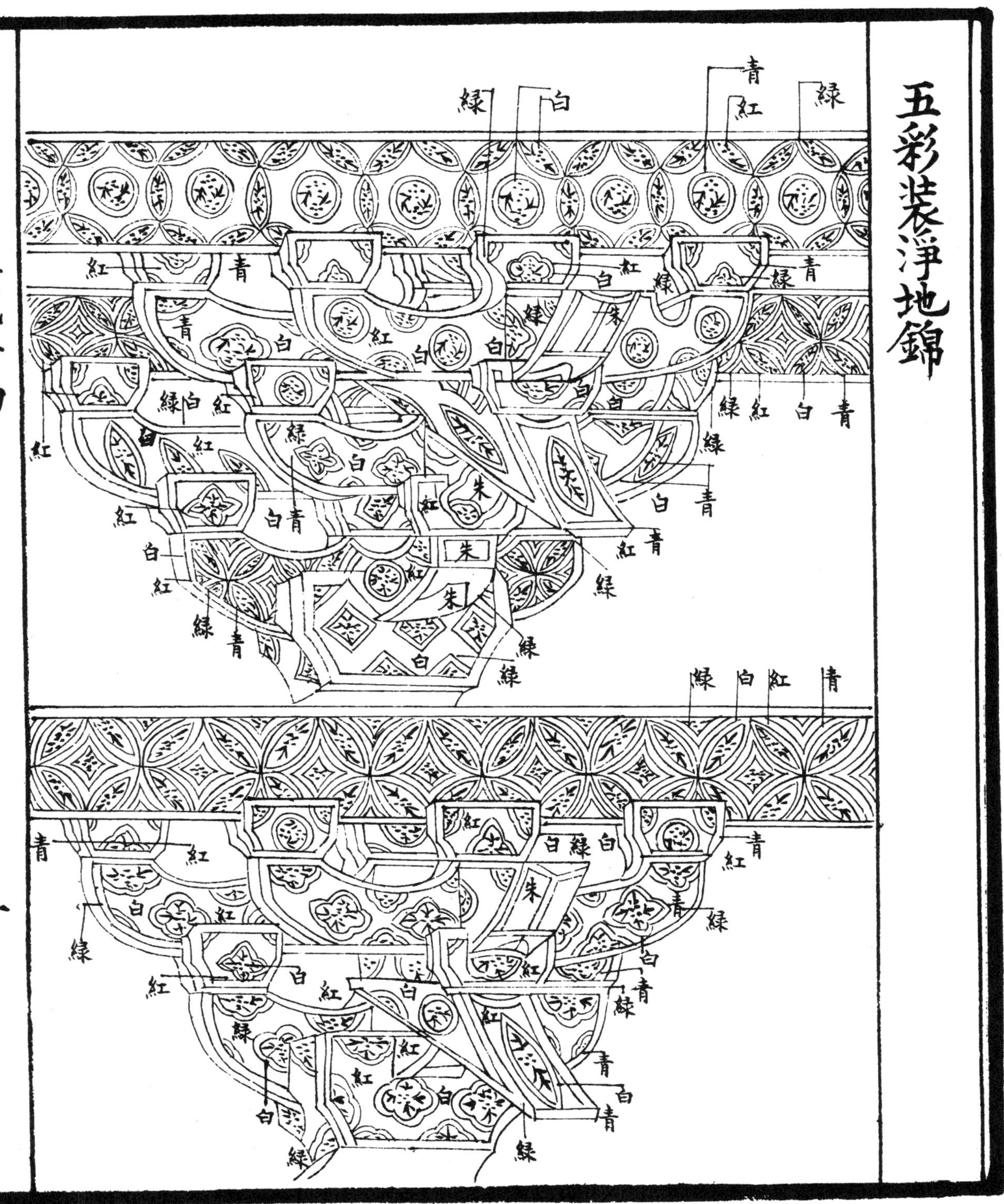

綠
白
青
紅
綠
紅
青
白
紅
綠
青
綠
朱
紅
白
白
青
白
綠
白
紅
綠
紅
白
青
紅
白
紅
綠
白
朱
紅
白
青
紅
青
白
紅
朱
紅
朱
綠
紅
綠
青
綠
白
綠
綠
白
紅
青
青
紅
白
綠
白
紅
青
紅
朱
白
紅
綠
青
綠
紅
白
紅
白
紅
紅
青
綠
綠
紅
紅
白
紅
青
白
白
青
綠
綠

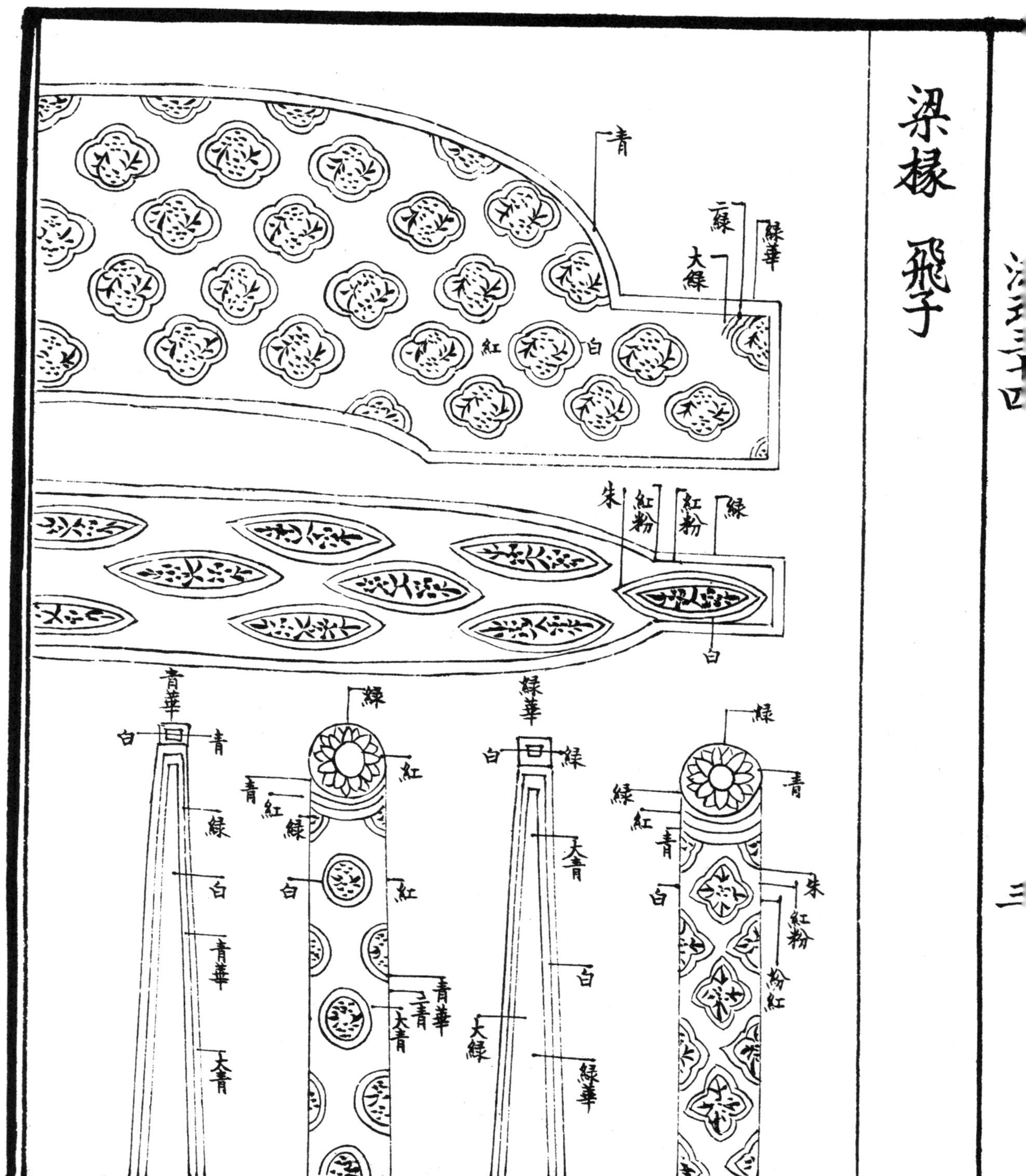

梁椽飛子
青
緑
緑華
大緑
紅
白
朱
紅粉
紅粉
緑
白
青華
白
青
緑
白
青華
大青
緑
紅
青
紅
緑
白
紅
青華
青
大青
緑華
白
緑
大青
白
大緑
緑華
緑
青
緑
紅
青
朱
白
紅粉
粉紅

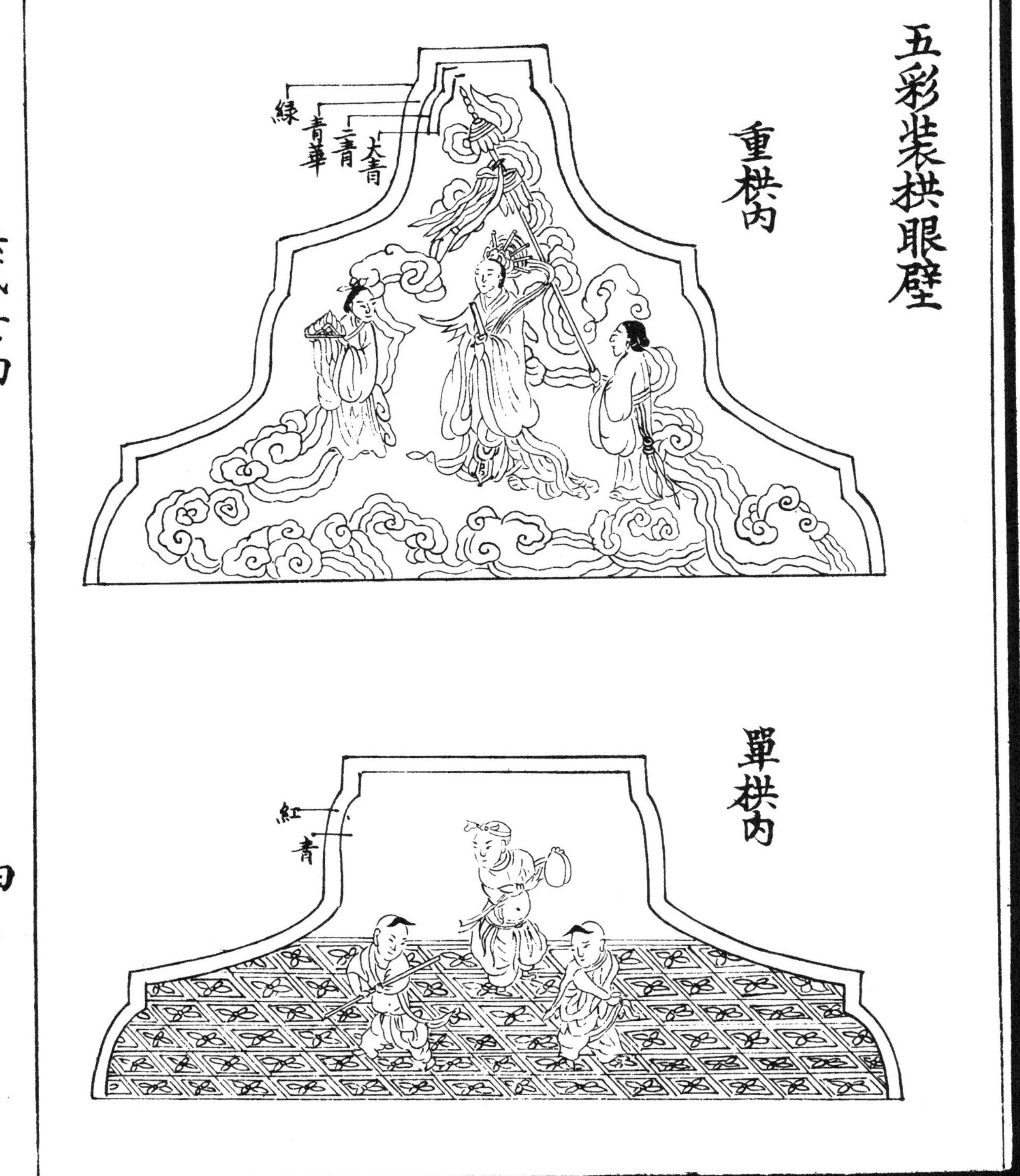
五彩裝栱眼壁
重栱内
綠
青華
二青
大青
單栱内
紅
青

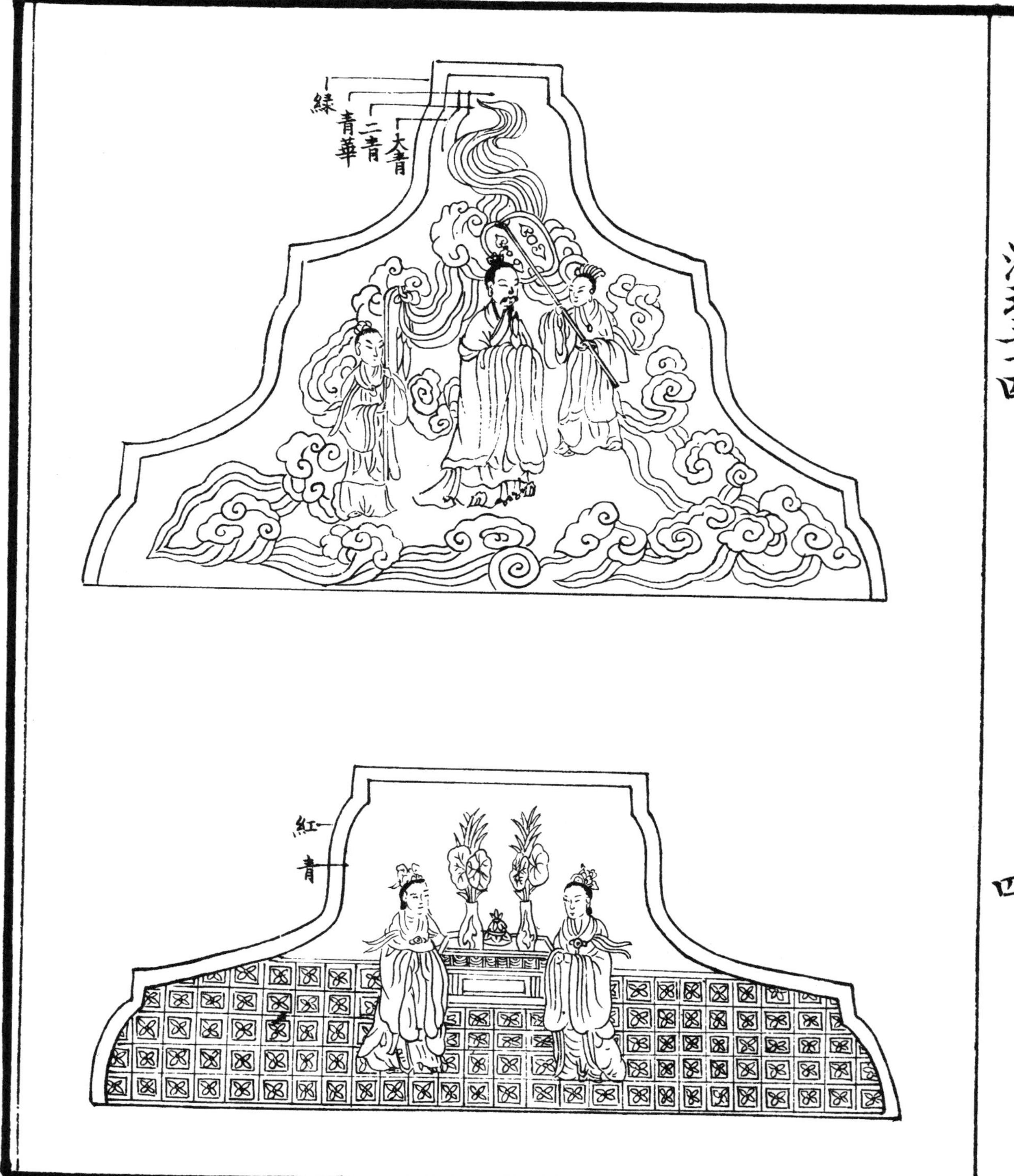
綠
青華
二青
大青
紅
青

青華
二青
大青
綠
大綠

紅粉
紅粉
紅
青
大青

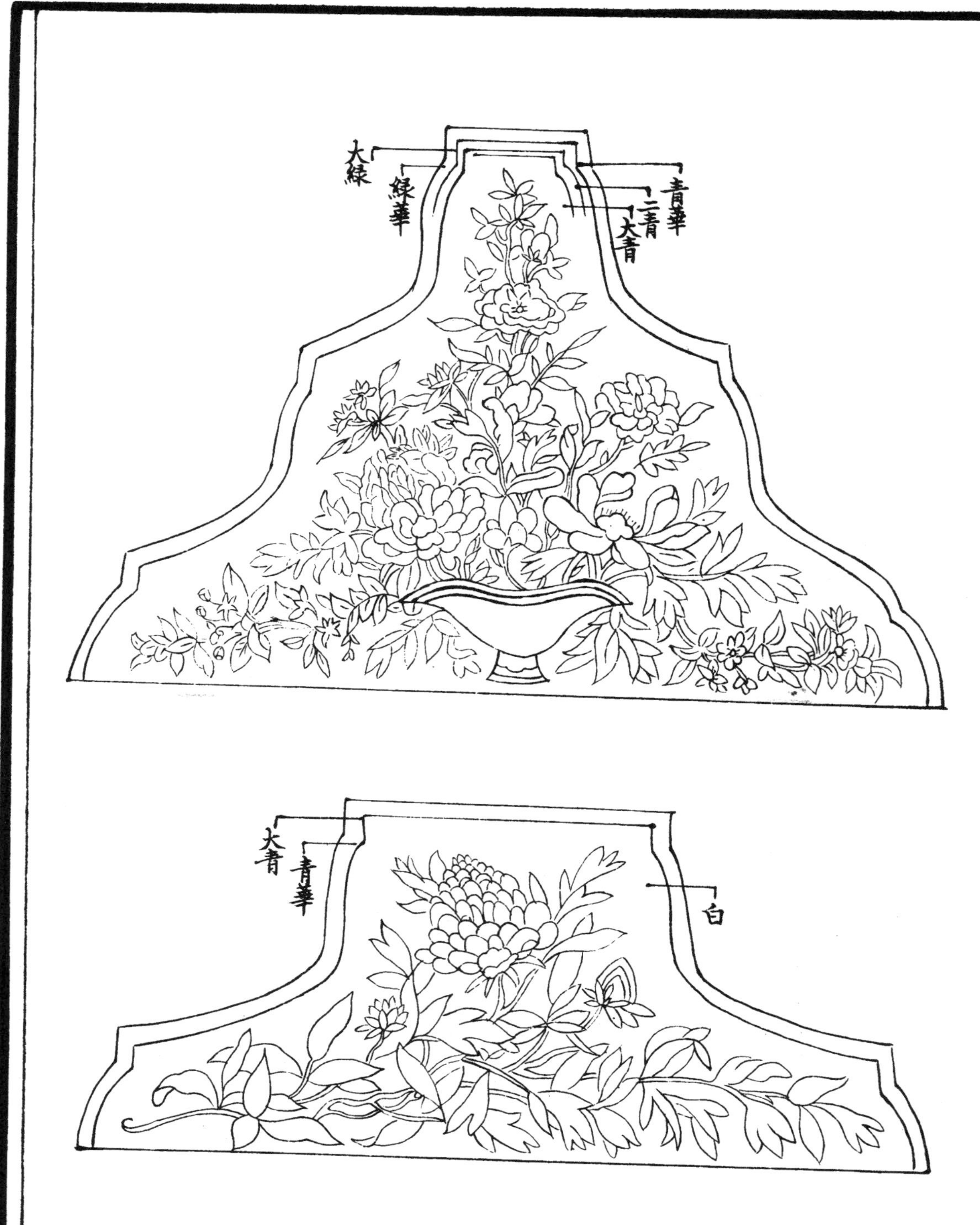
大綠
綠華
青華
二青
大青
大青
青華
白

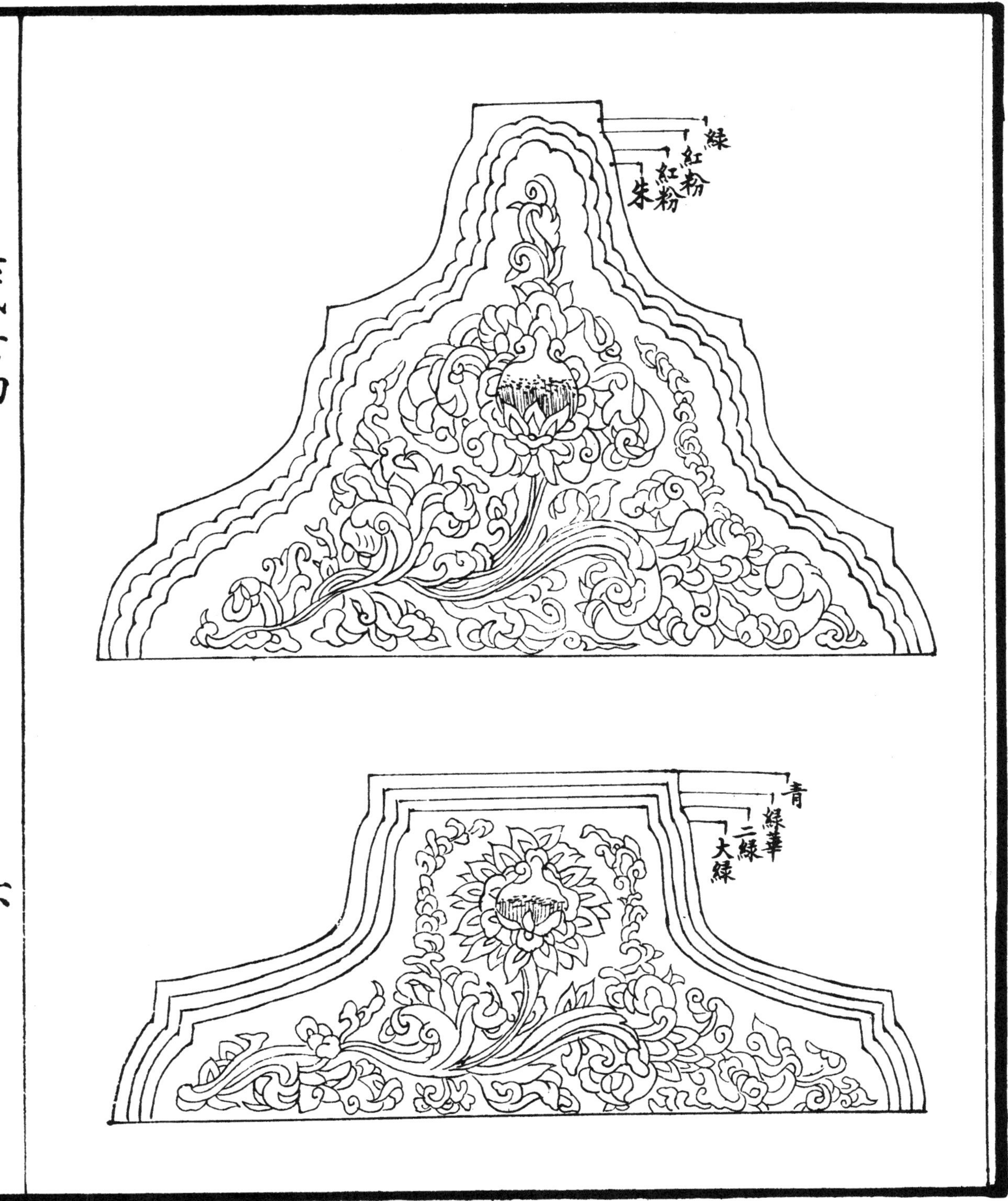
綠
紅粉
紅粉
朱
青
綠華
二綠
大綠

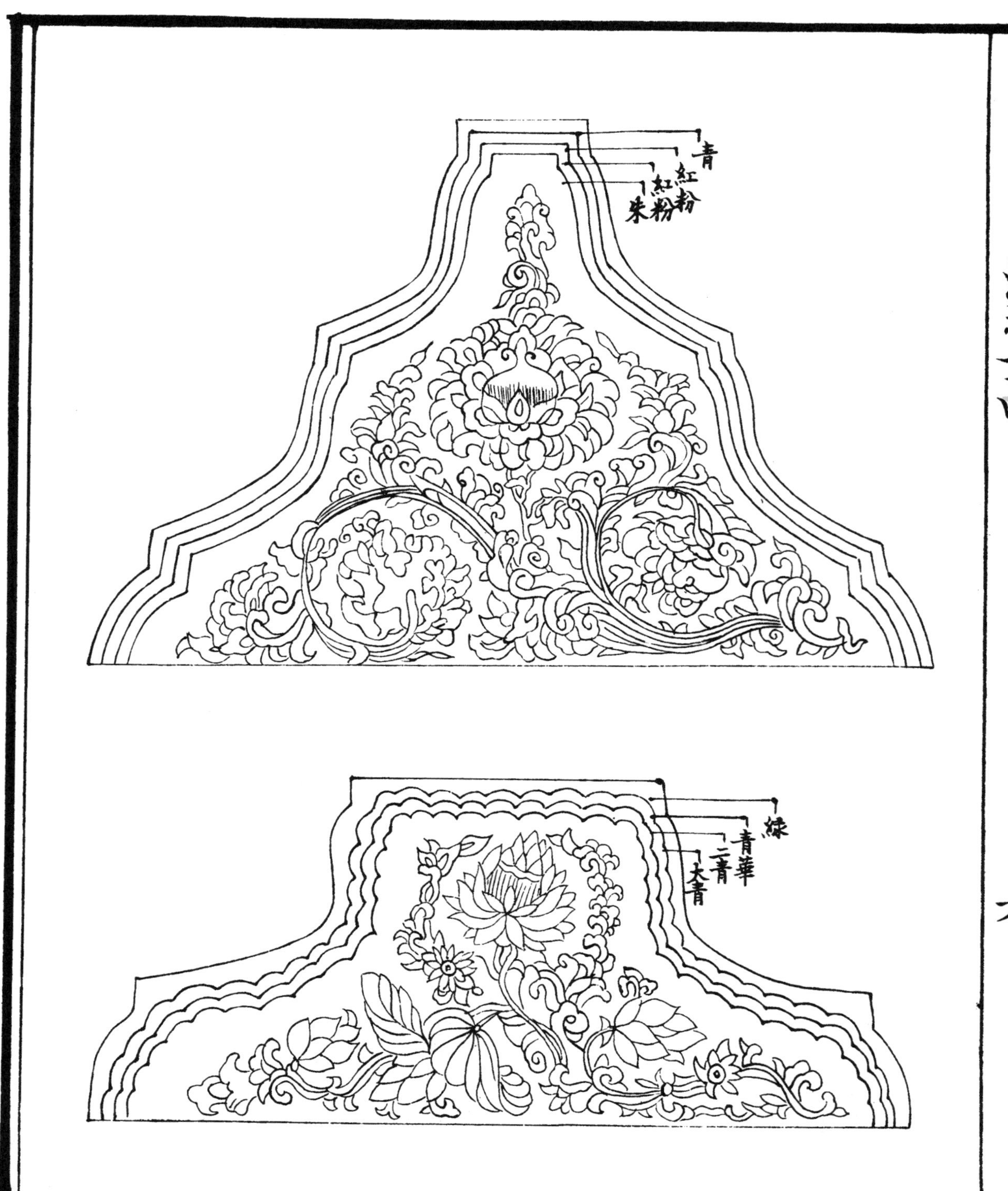
青
紅粉
紅粉
朱
綠
青華
二青
大青

碾玉裝名件第十二

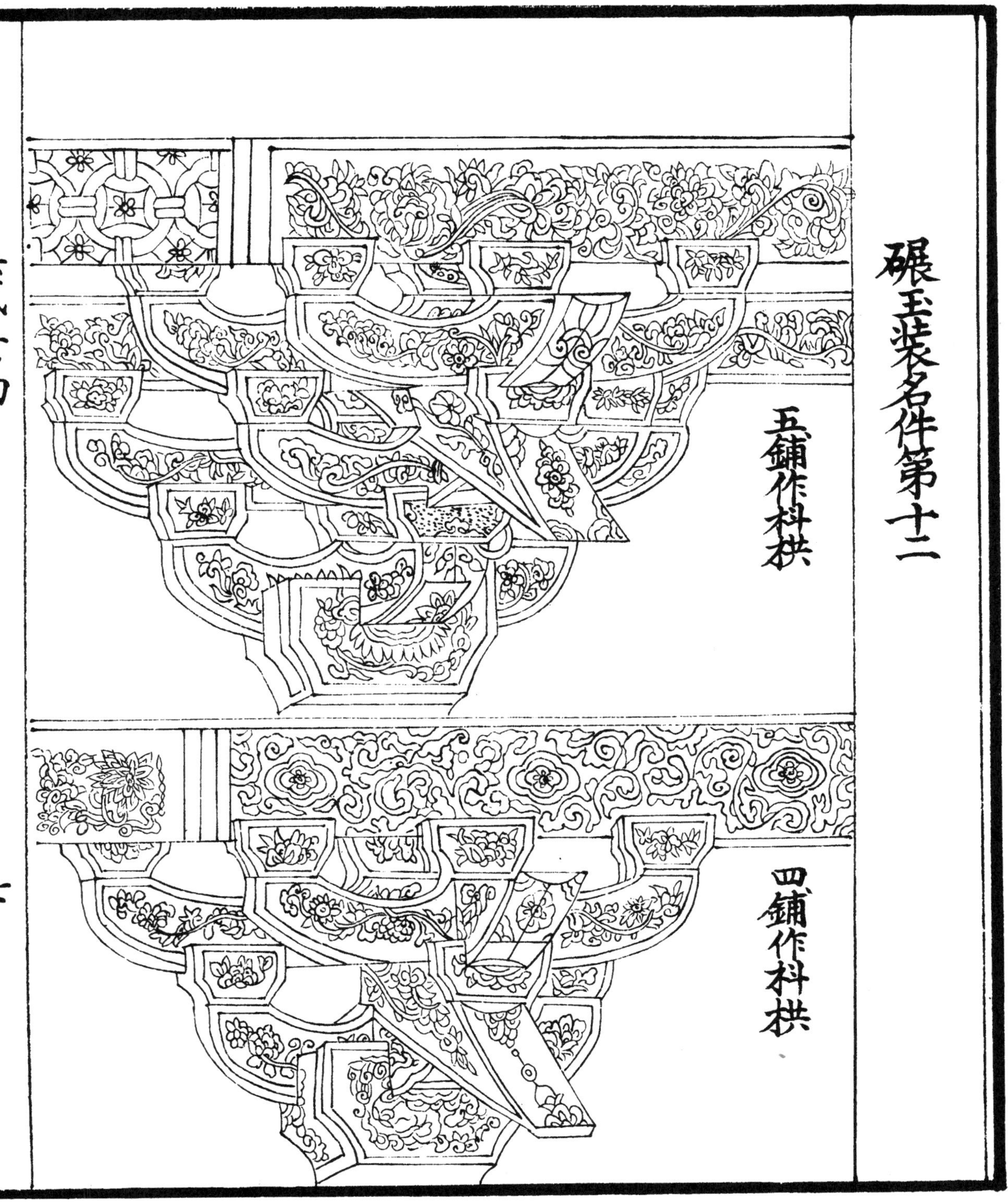

梁椽飛子

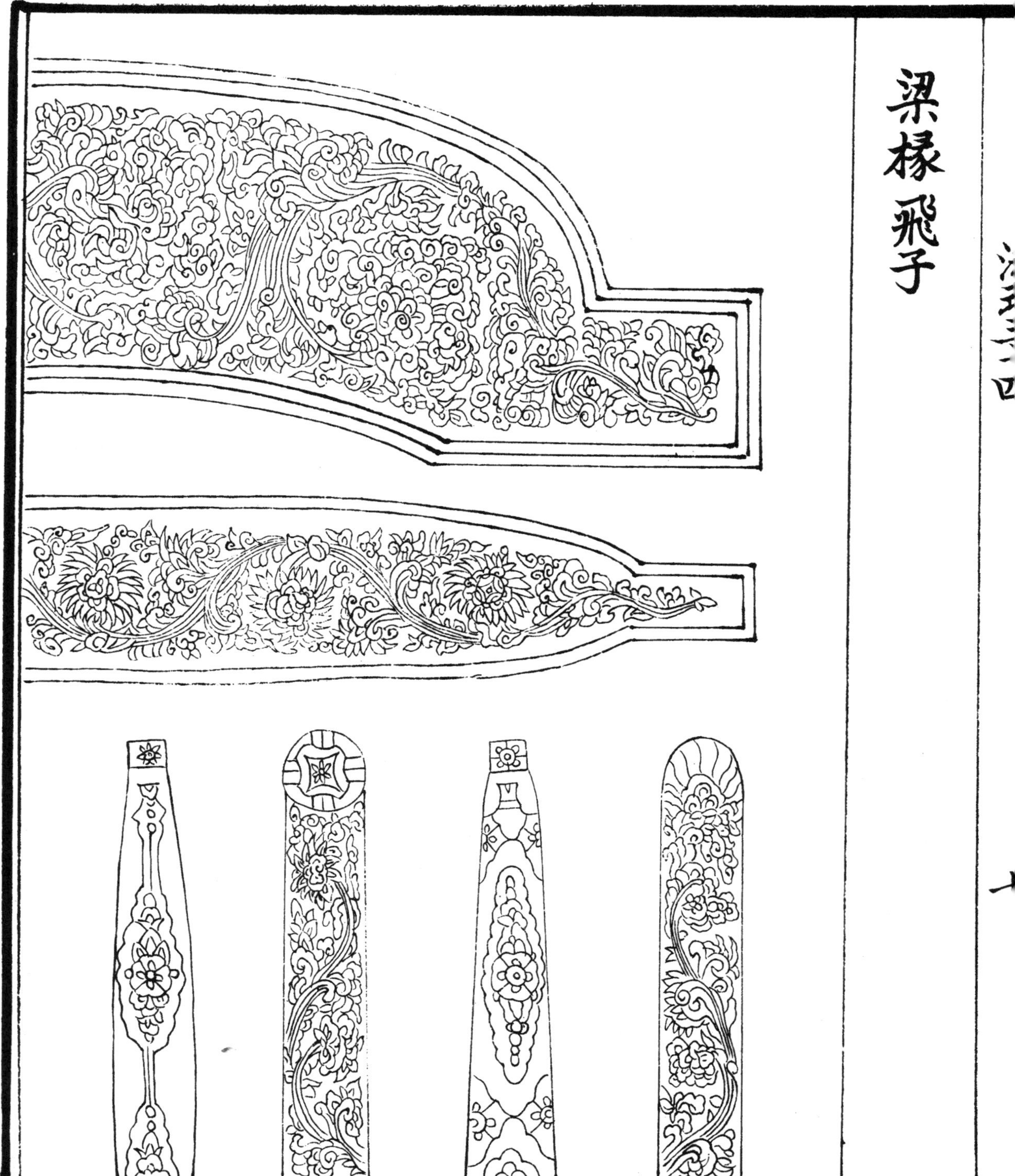

碾玉裝栱眼壁

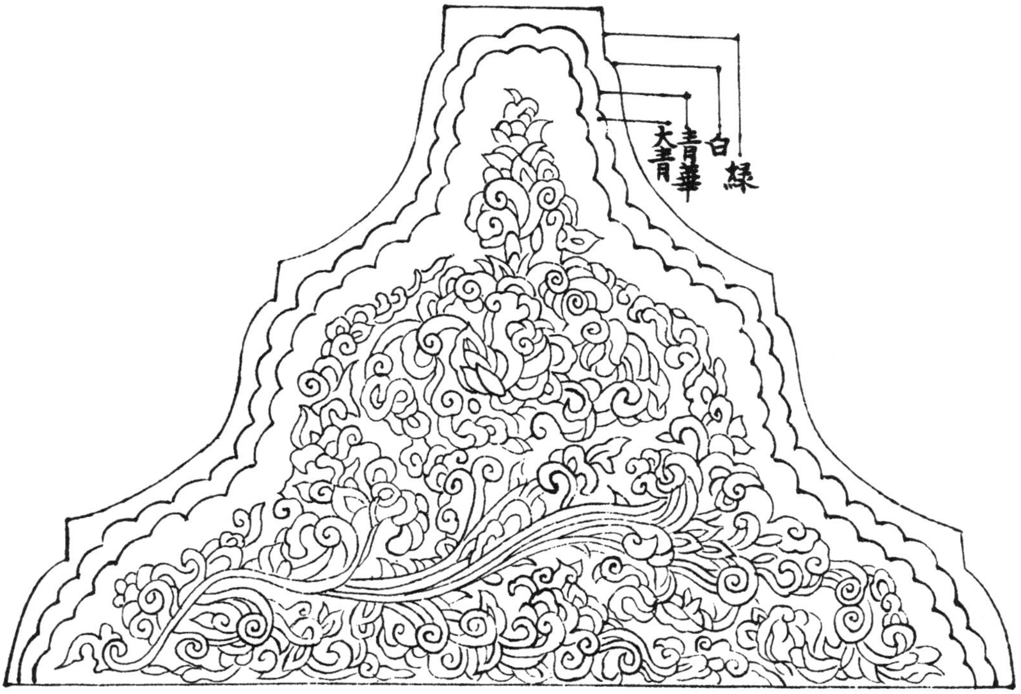

綠 白 青華 大青

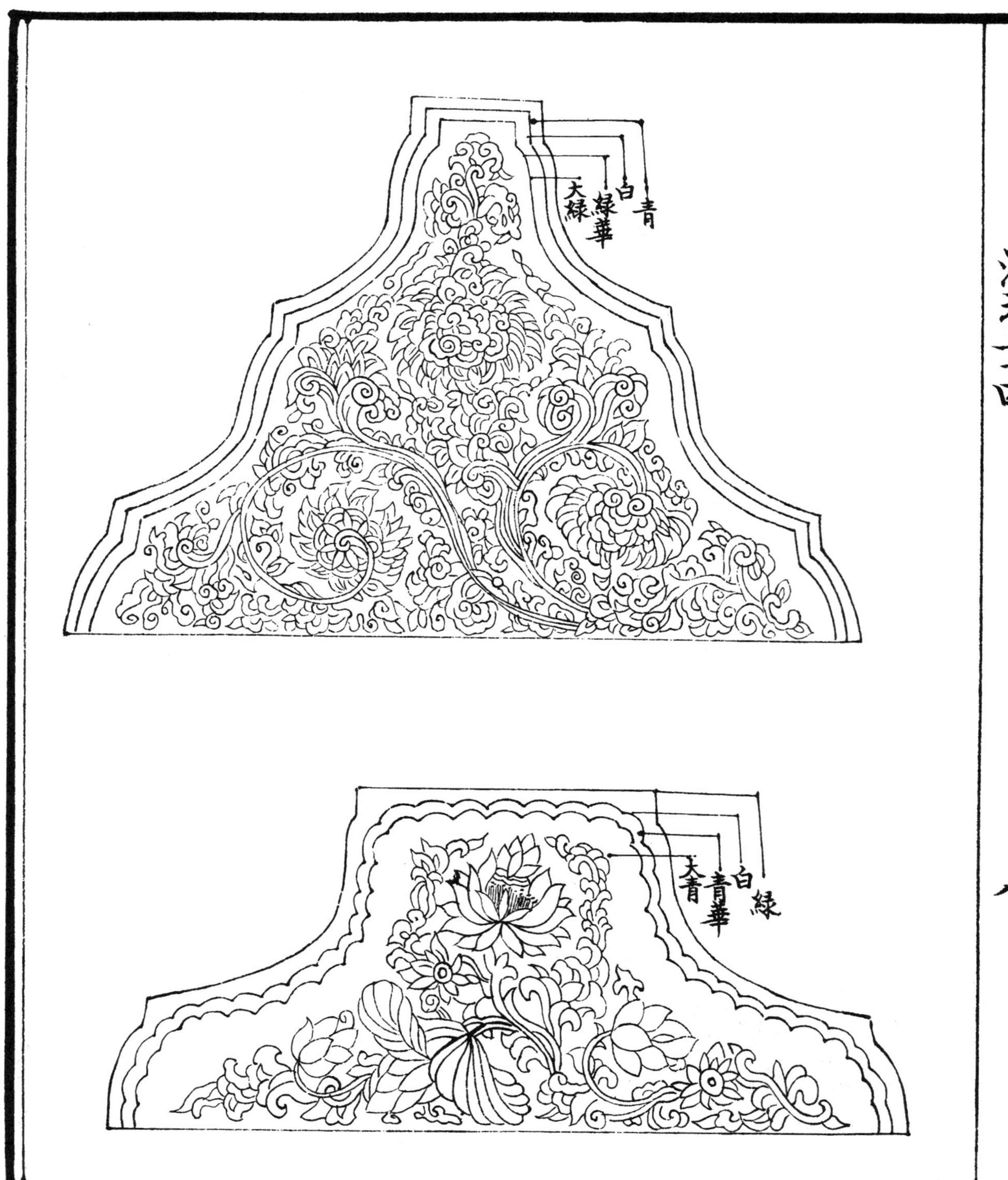
青
白
綠華
大綠
綠
白
青華
大青

青緑疊暈棱間裝名件第十三

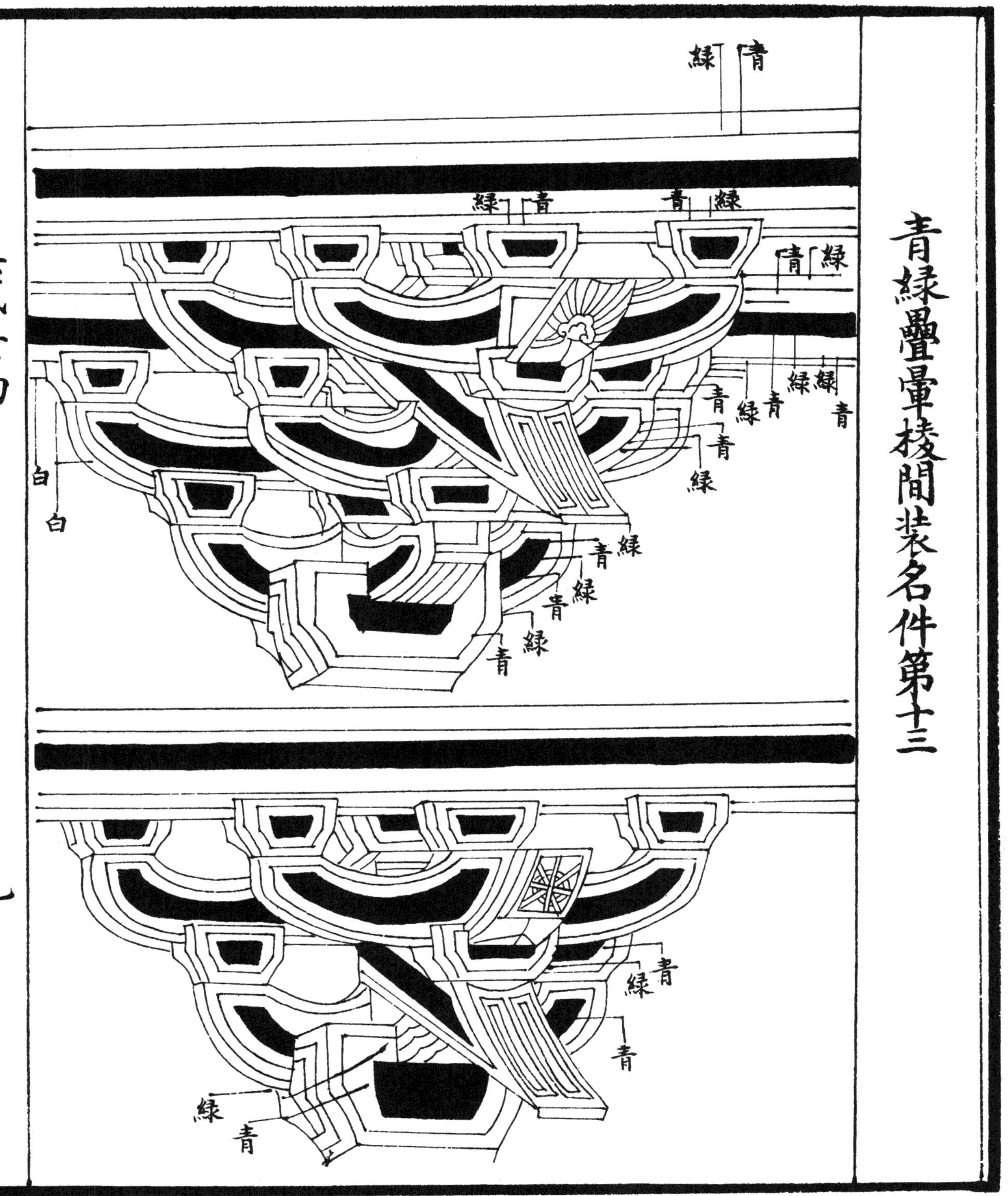

梁椽 飛子

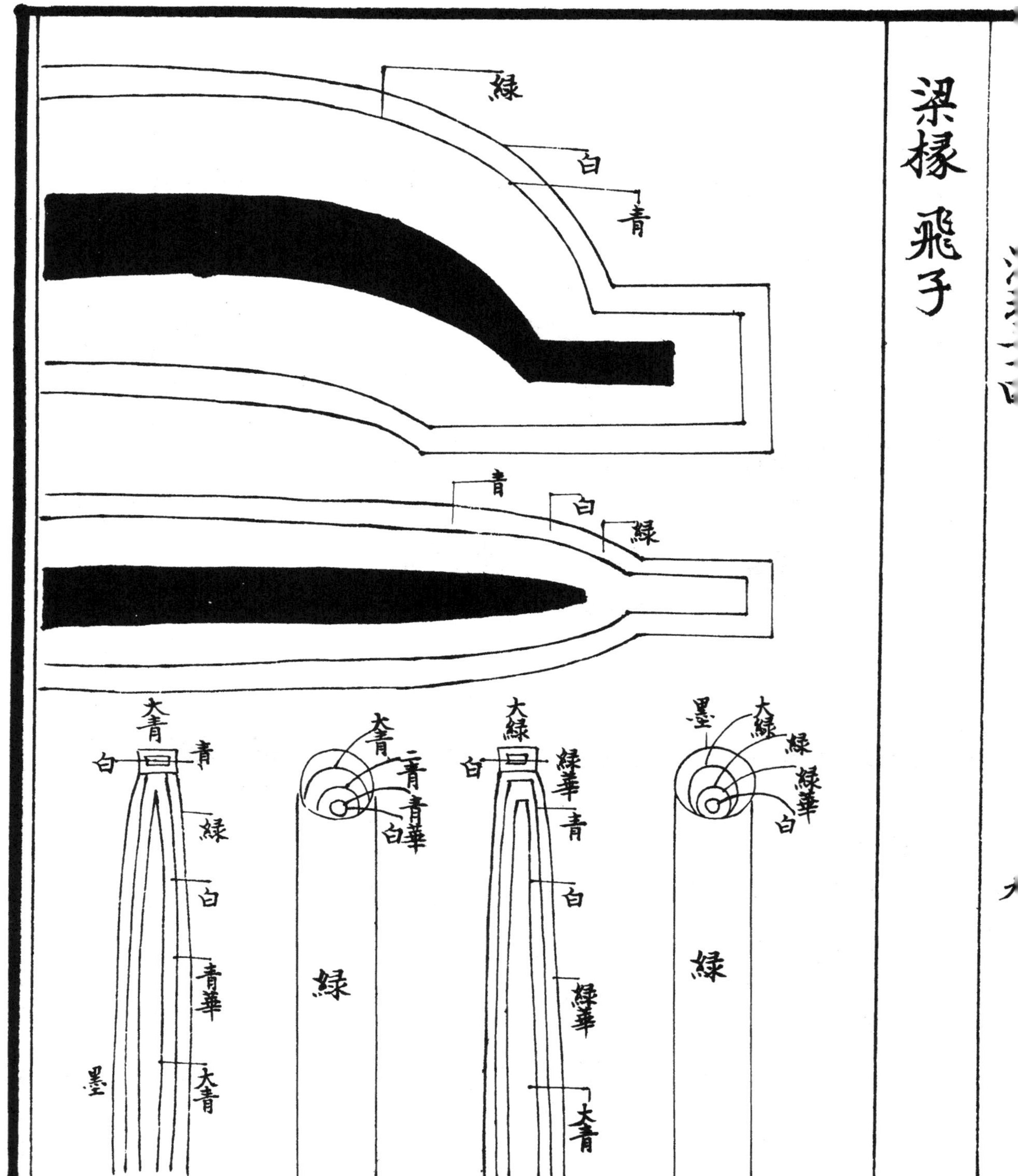

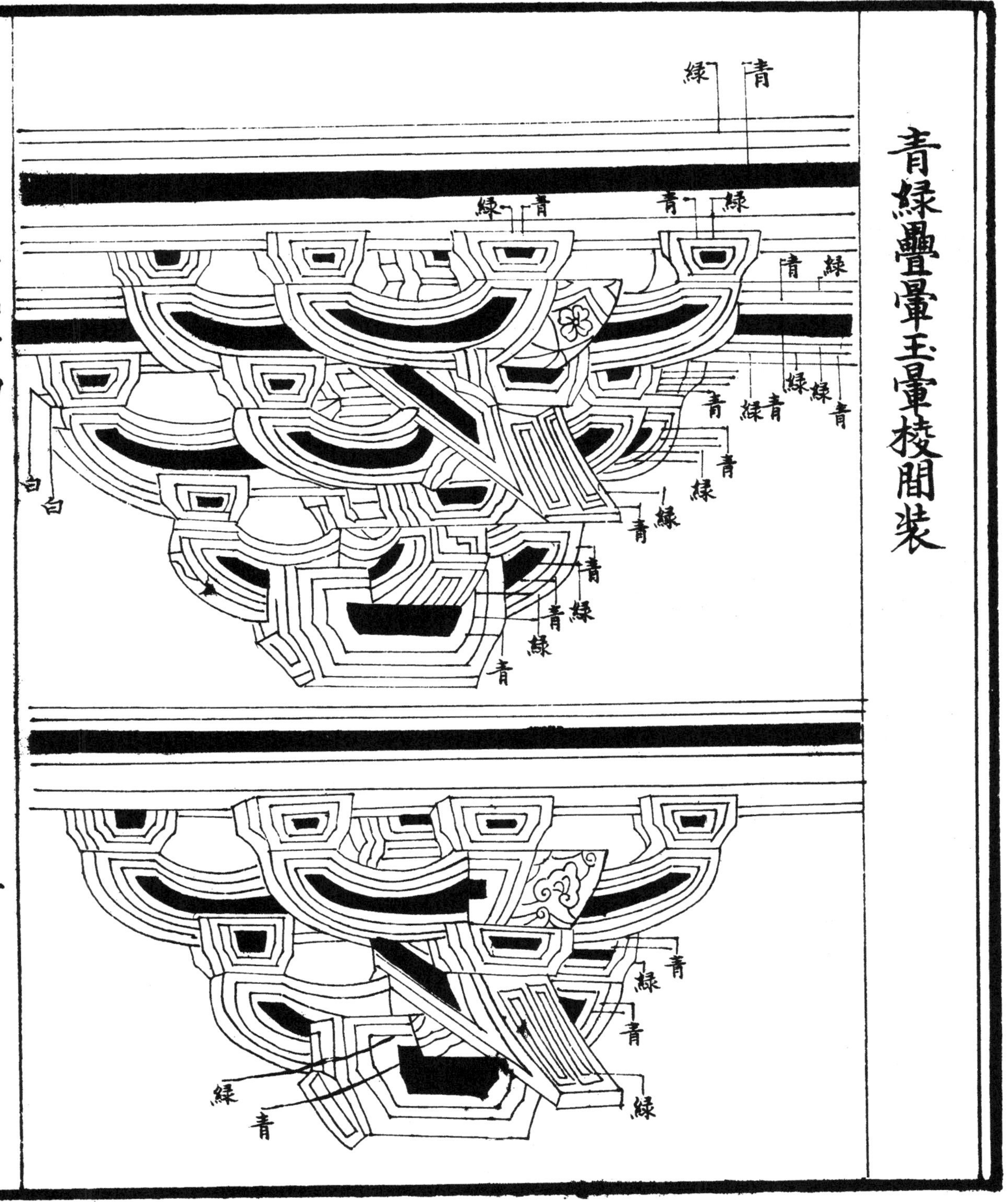

青緑疊暈玉暈棱間裝

梁椽飛子

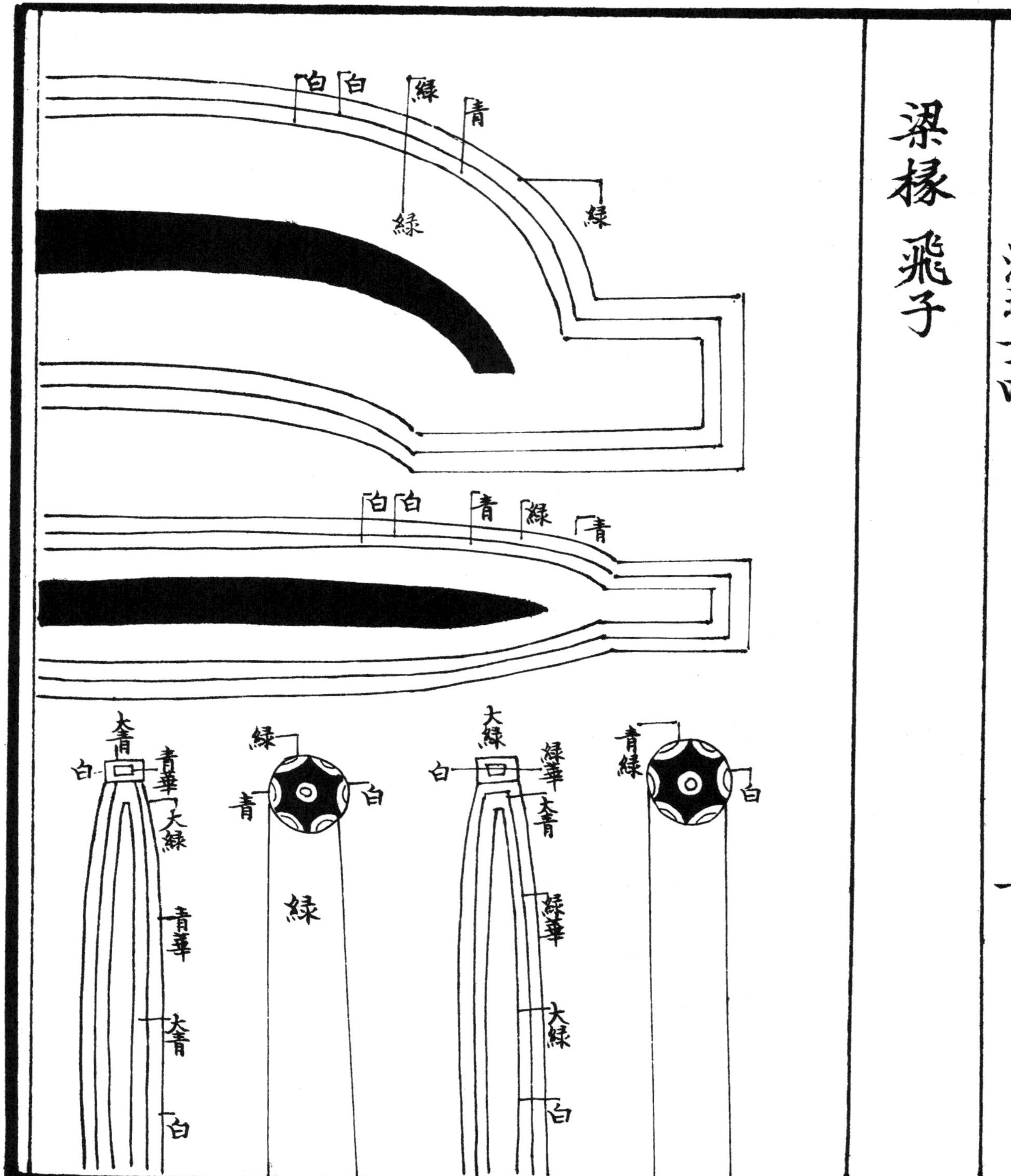

三暈帶紅棱間裝名件第十四

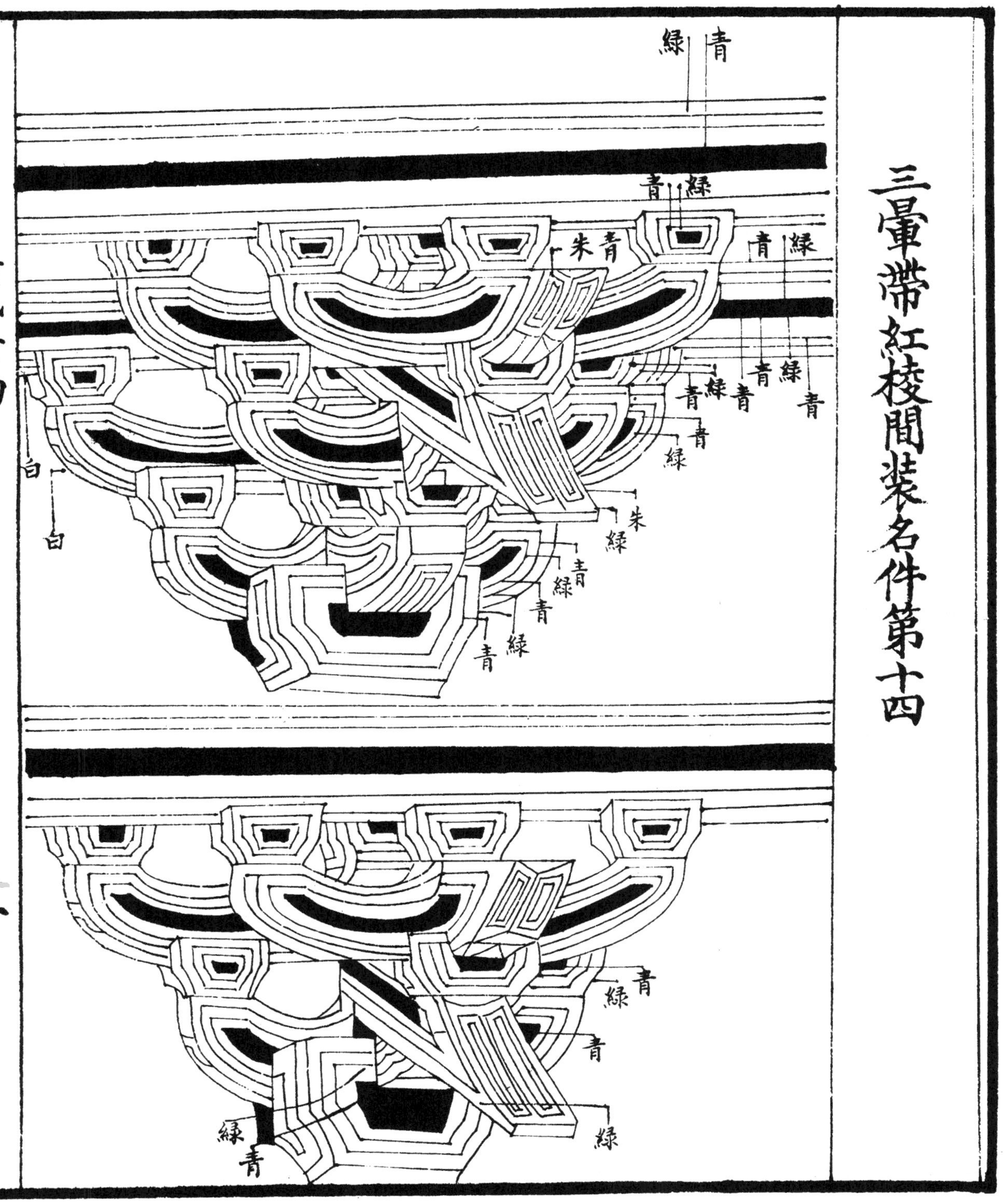

梁椽飛子

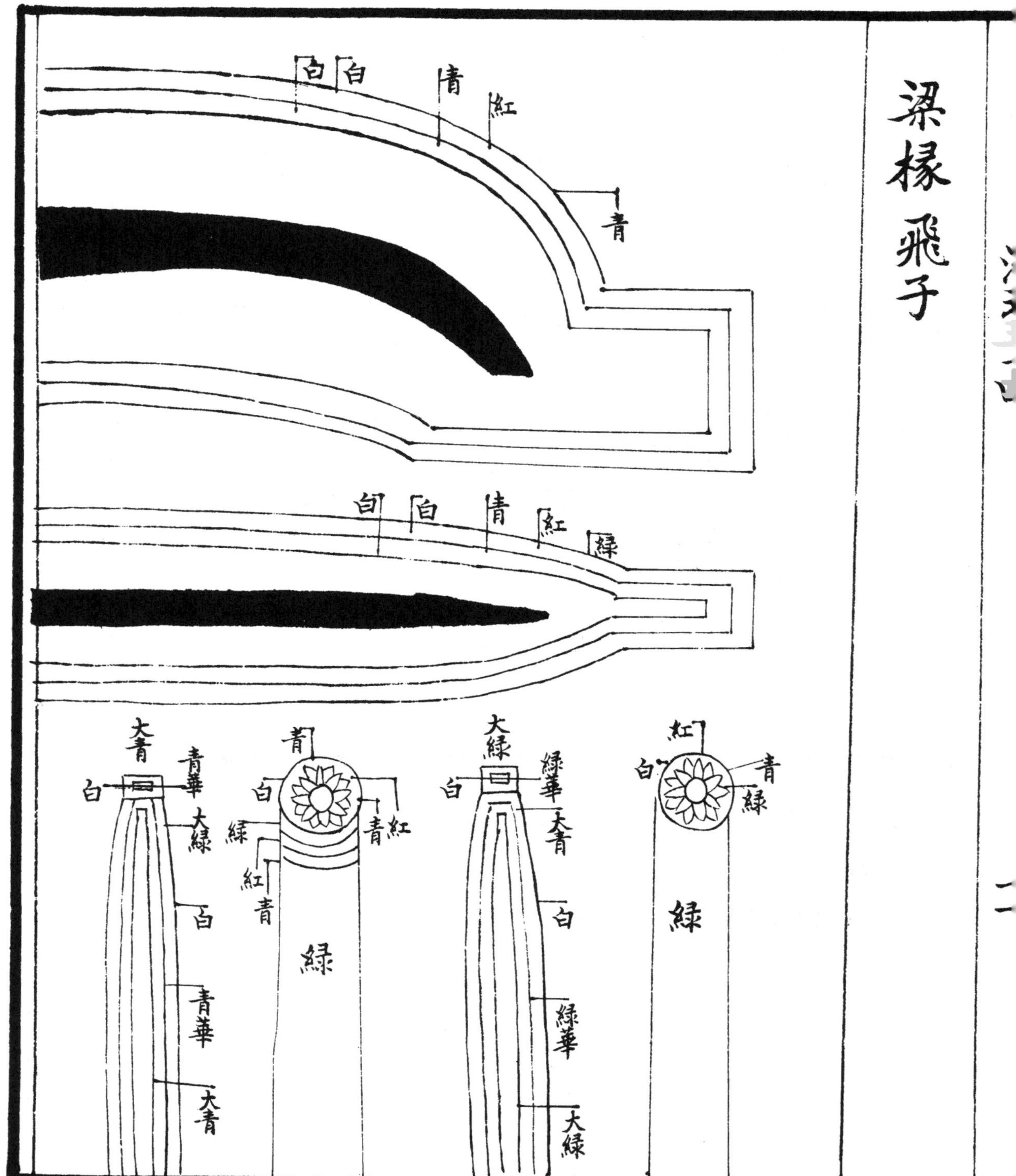

兩暈棱間內畫松文裝名件第十五

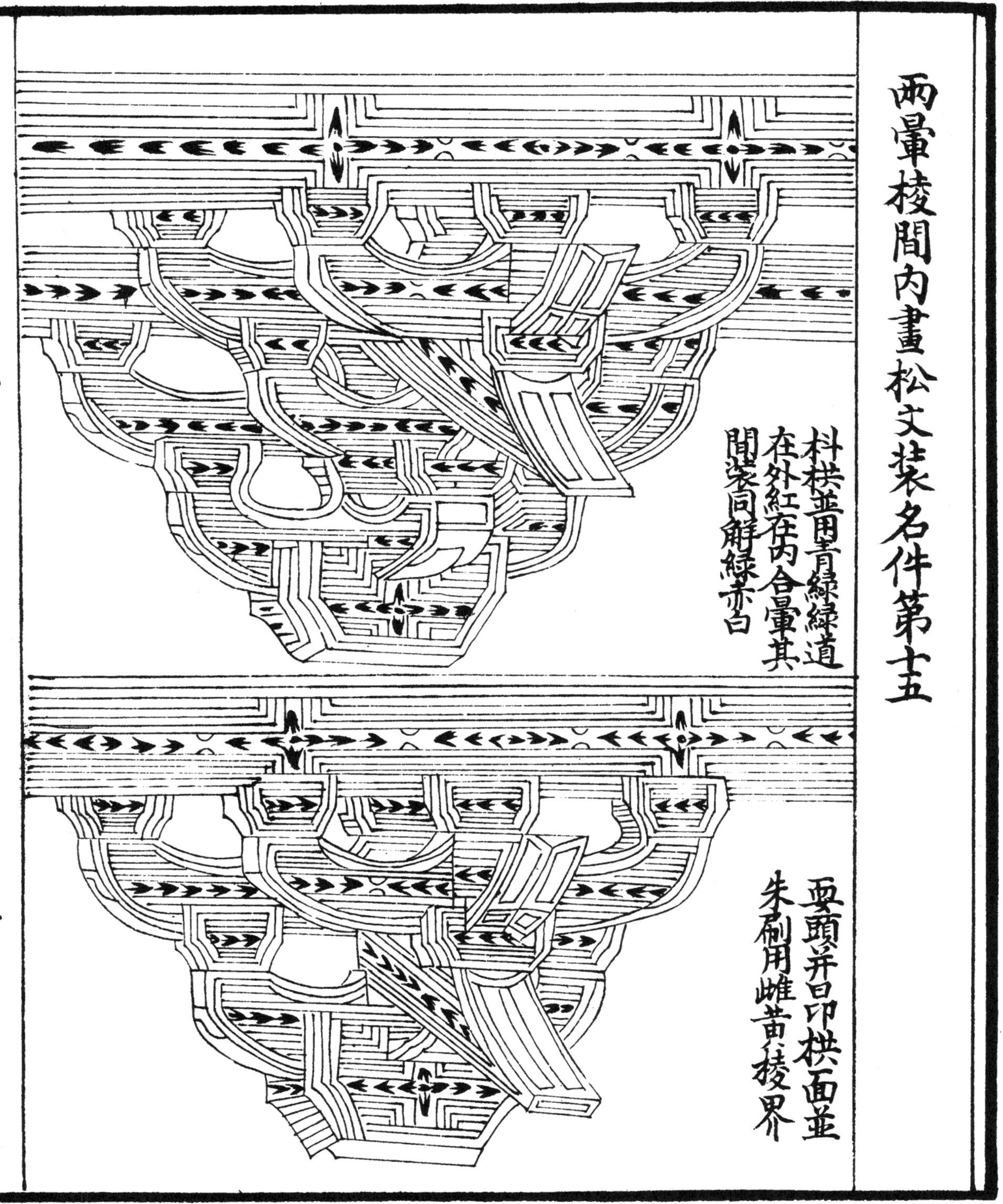

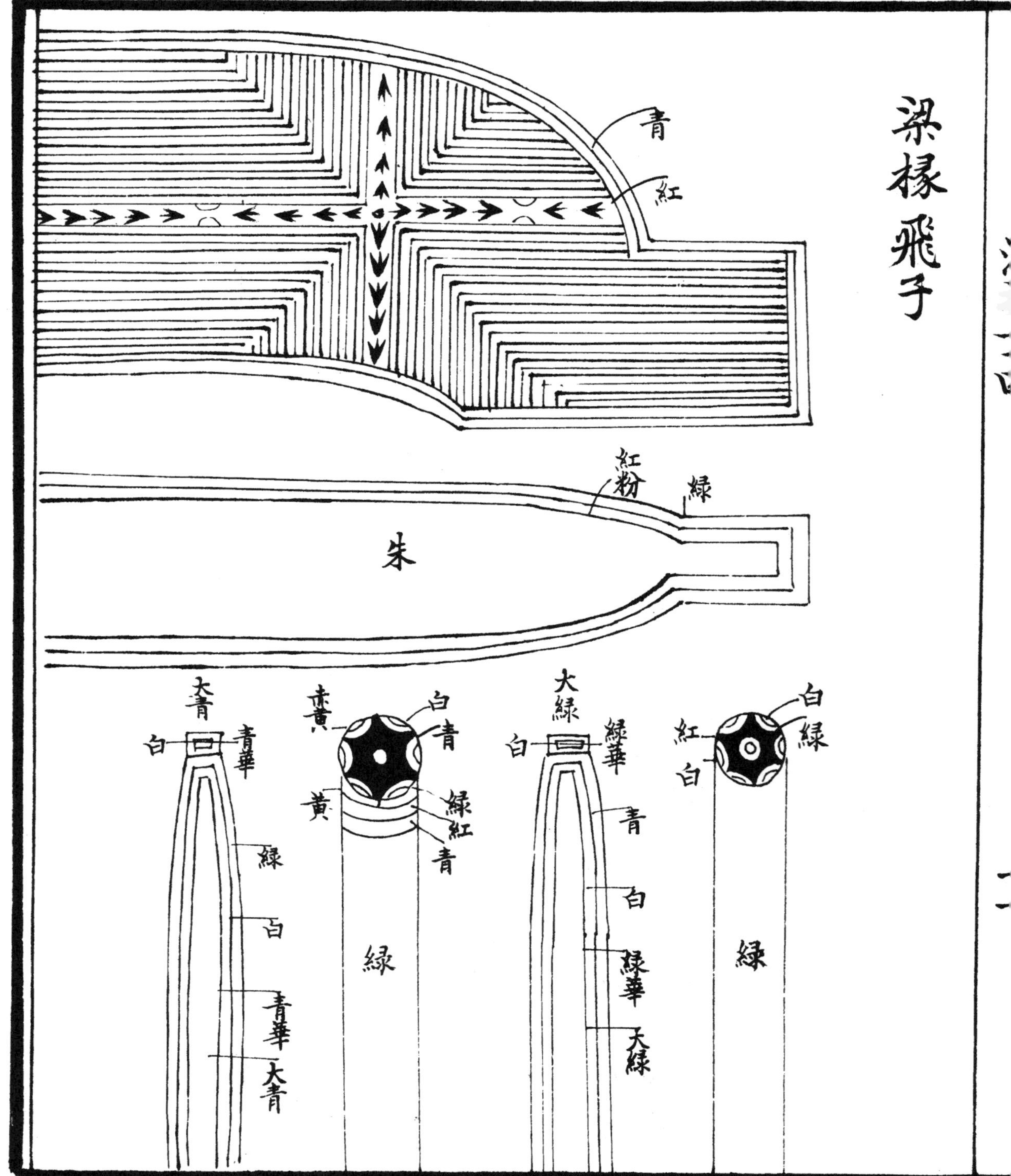
梁椽飛子
青
紅
紅
粉
綠
朱
大青
白
青華
綠
白
青華
大青
青
黃
白
青
黃
綠
紅
青
綠
大綠
白
綠華
青
白
綠華
大綠
紅
白
白
綠
綠

解綠結華裝名件第十六 解綠裝附

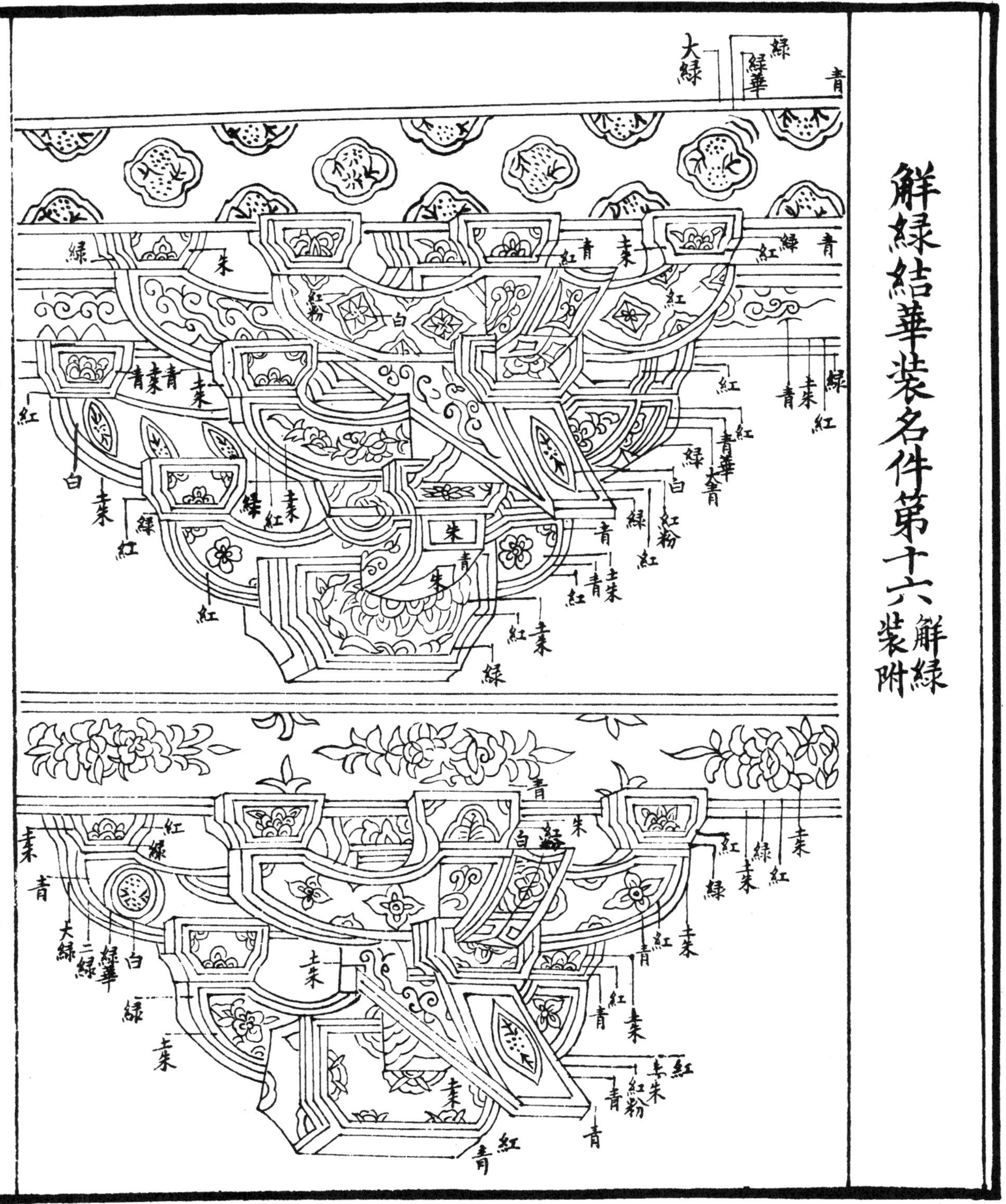

梁椽飛子

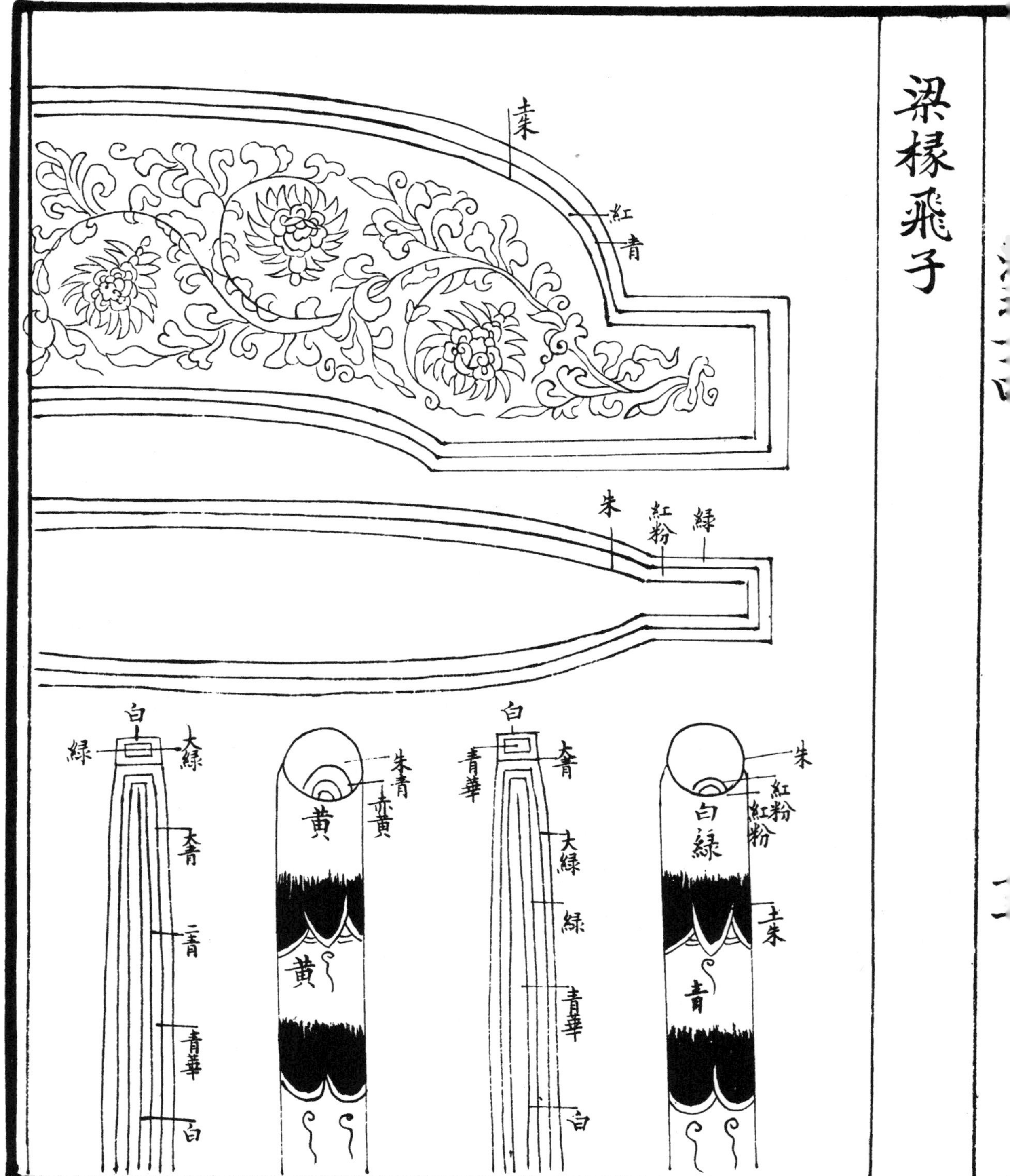

解緑裝名件

凡青緑並大青在外青華在中粉緑在內

凡緑緑並大緑在外緑華在中粉緑在內

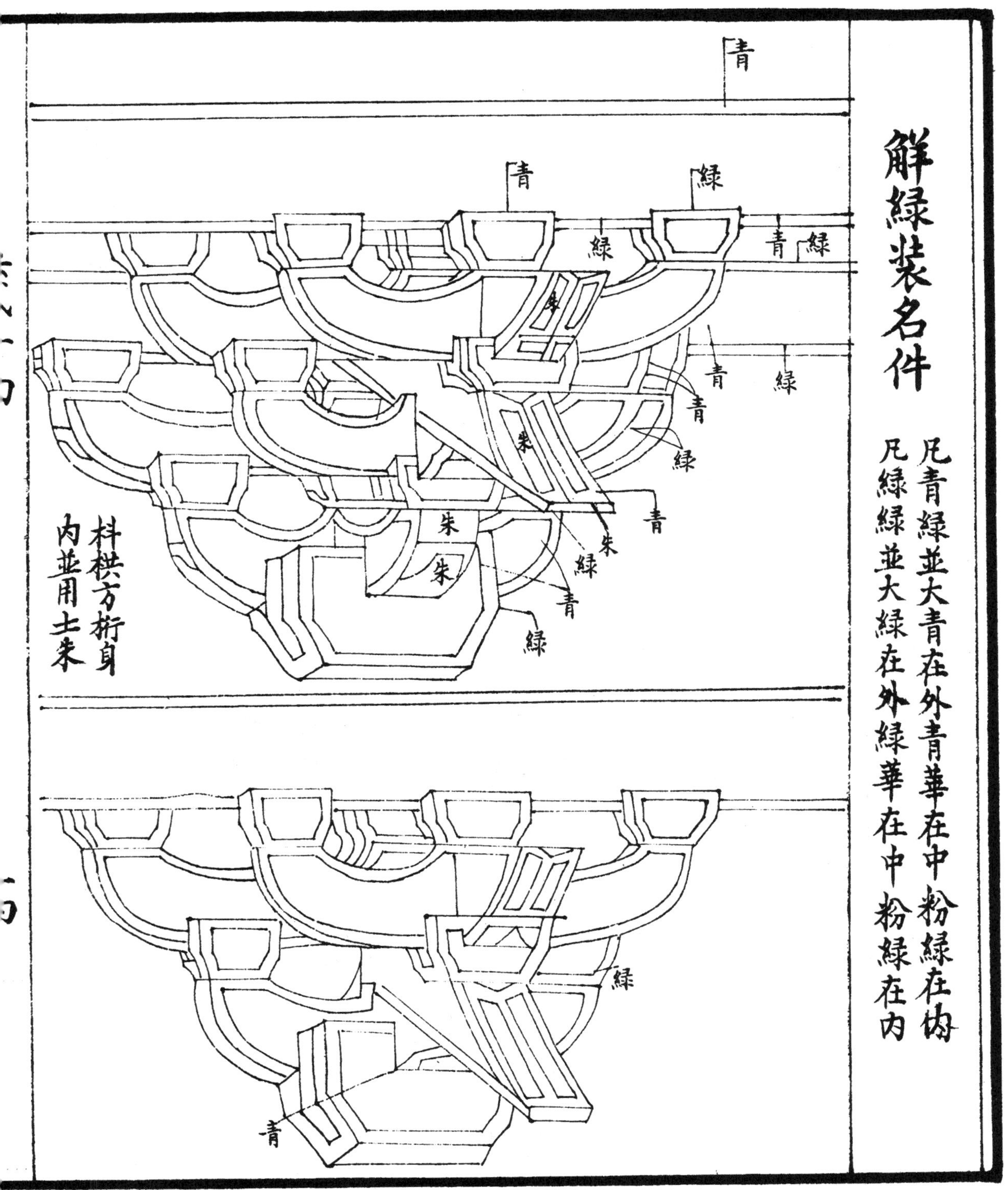

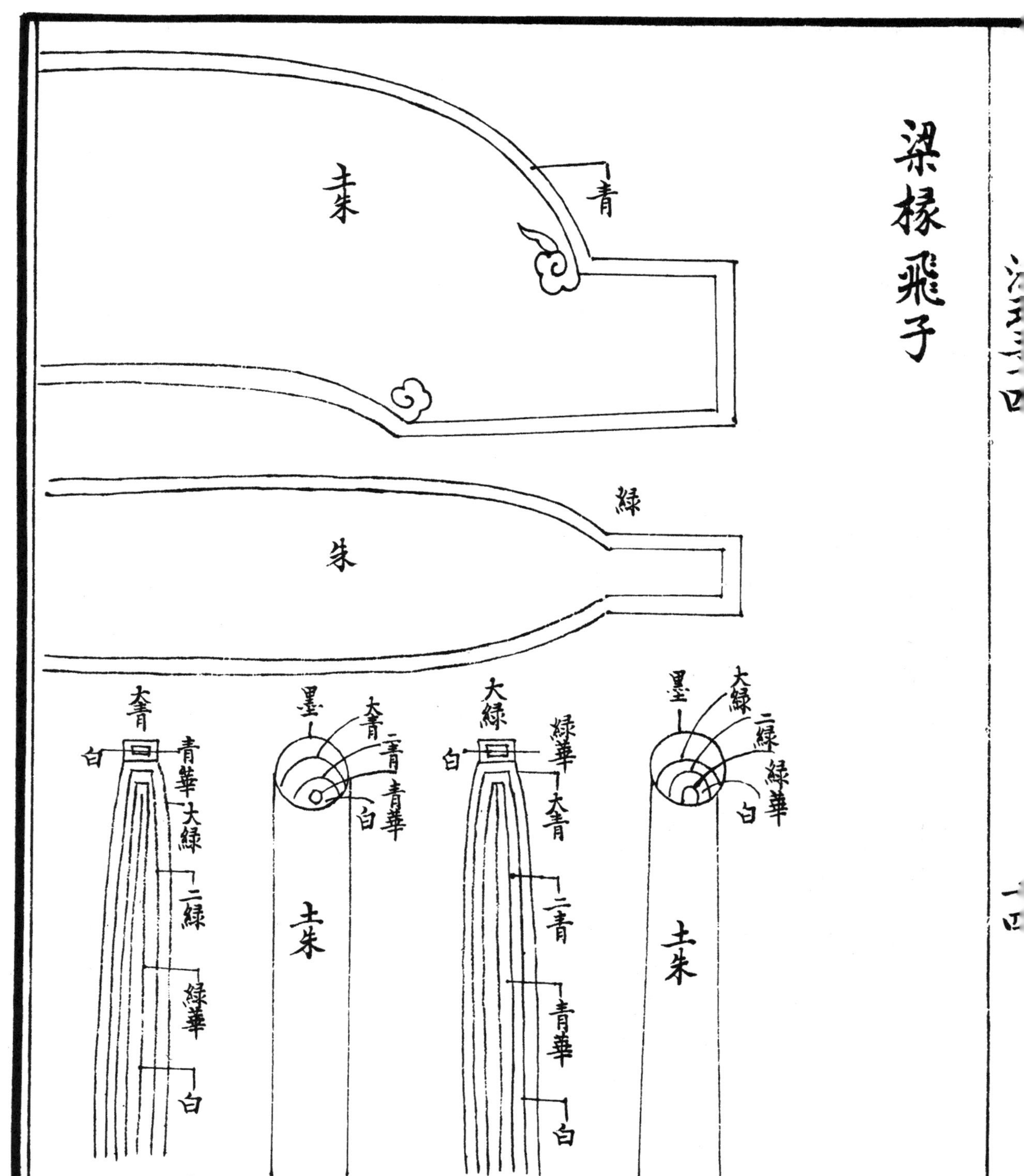
梁椽飛子
青
土朱
綠
朱
大青
白
青華
大綠
二綠
綠華
白
墨
大青
二青
青華
白
土朱
大綠
白
綠華
大青
二青
青華
白
墨
大綠
二綠
綠華
白
土朱

栱眼壁内畫單枝條華

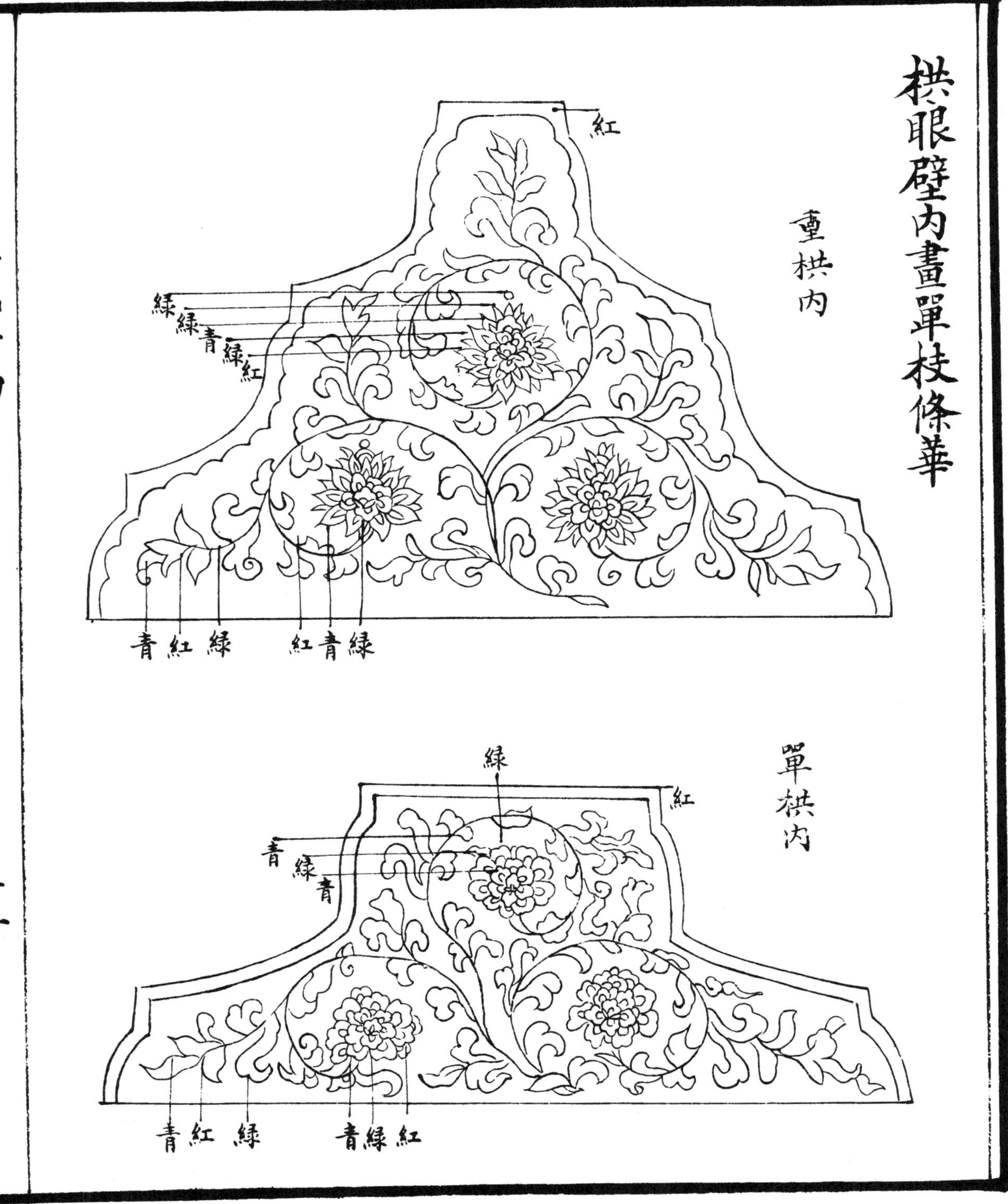
重栱内
紅
綠
綠
青
綠
紅
青
紅
綠
紅
青
綠
單栱内
綠
紅
青
綠
青
青
紅
綠
青
綠
紅

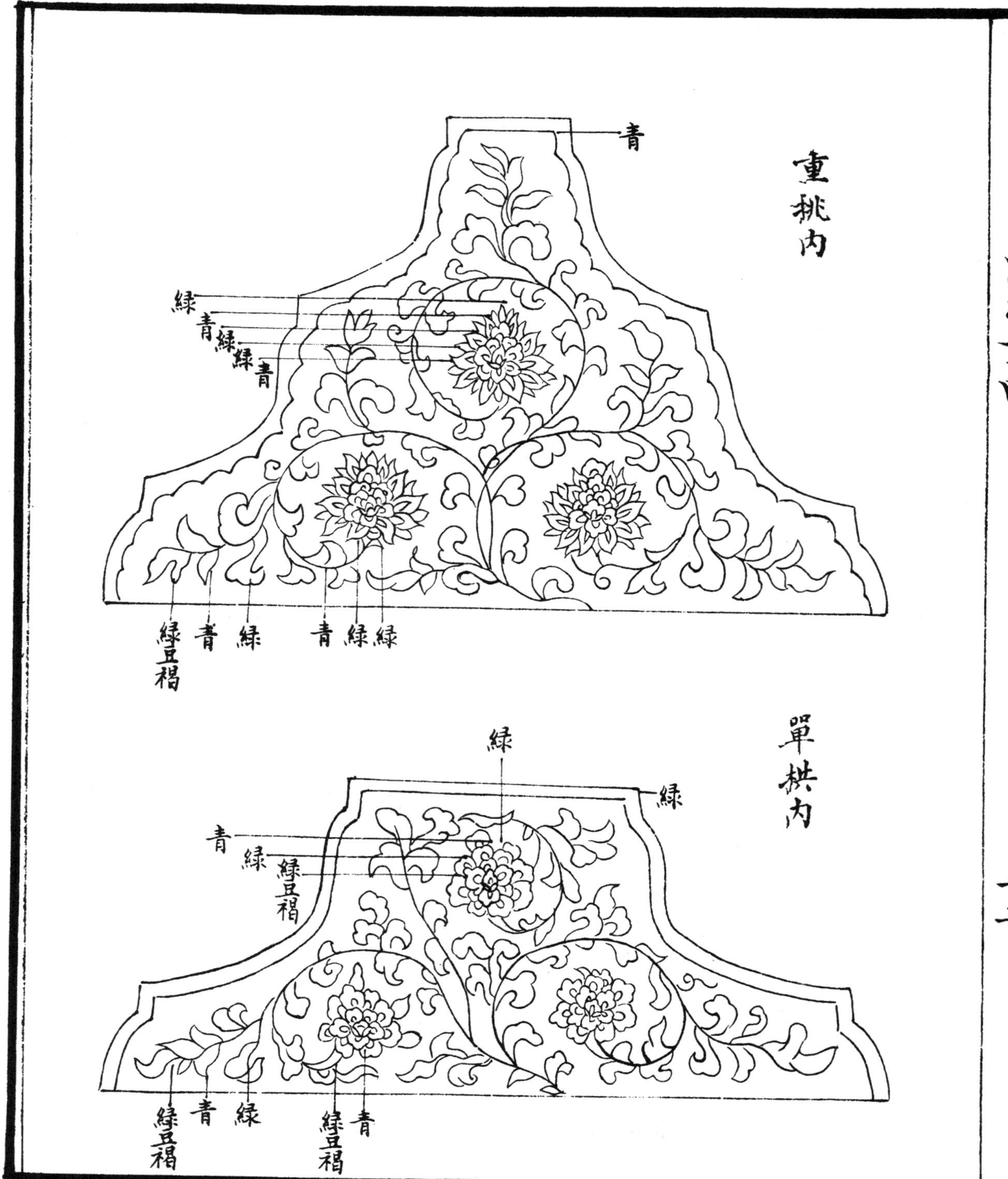
重栱内
青
綠
青
綠
綠
青
綠豆褐
青
綠
青
綠
綠
單栱内
綠
綠
青
綠
綠豆褐
綠豆褐
青
綠
綠豆褐
青

青緑疊暈棱間裝栱眼壁内影作

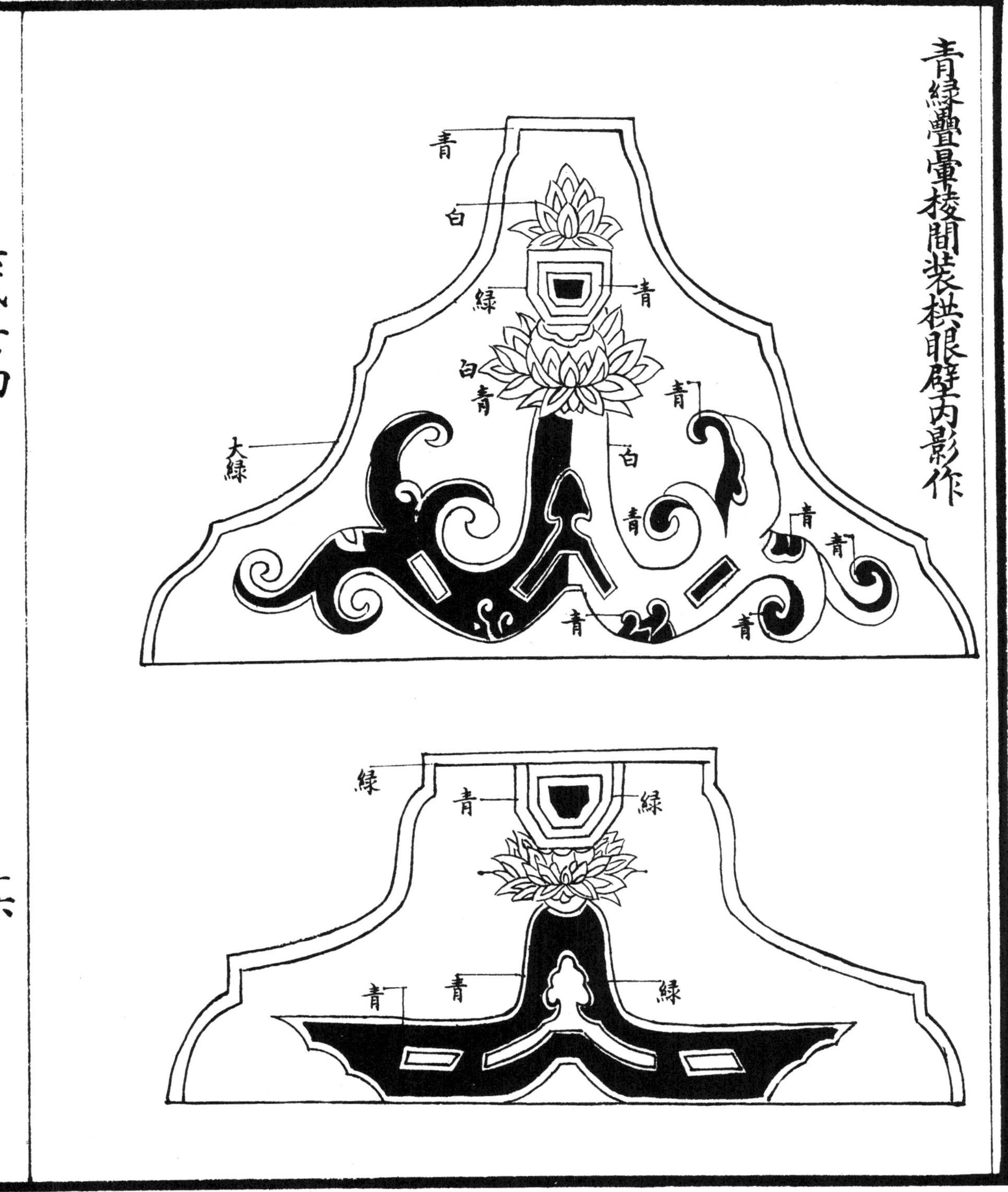

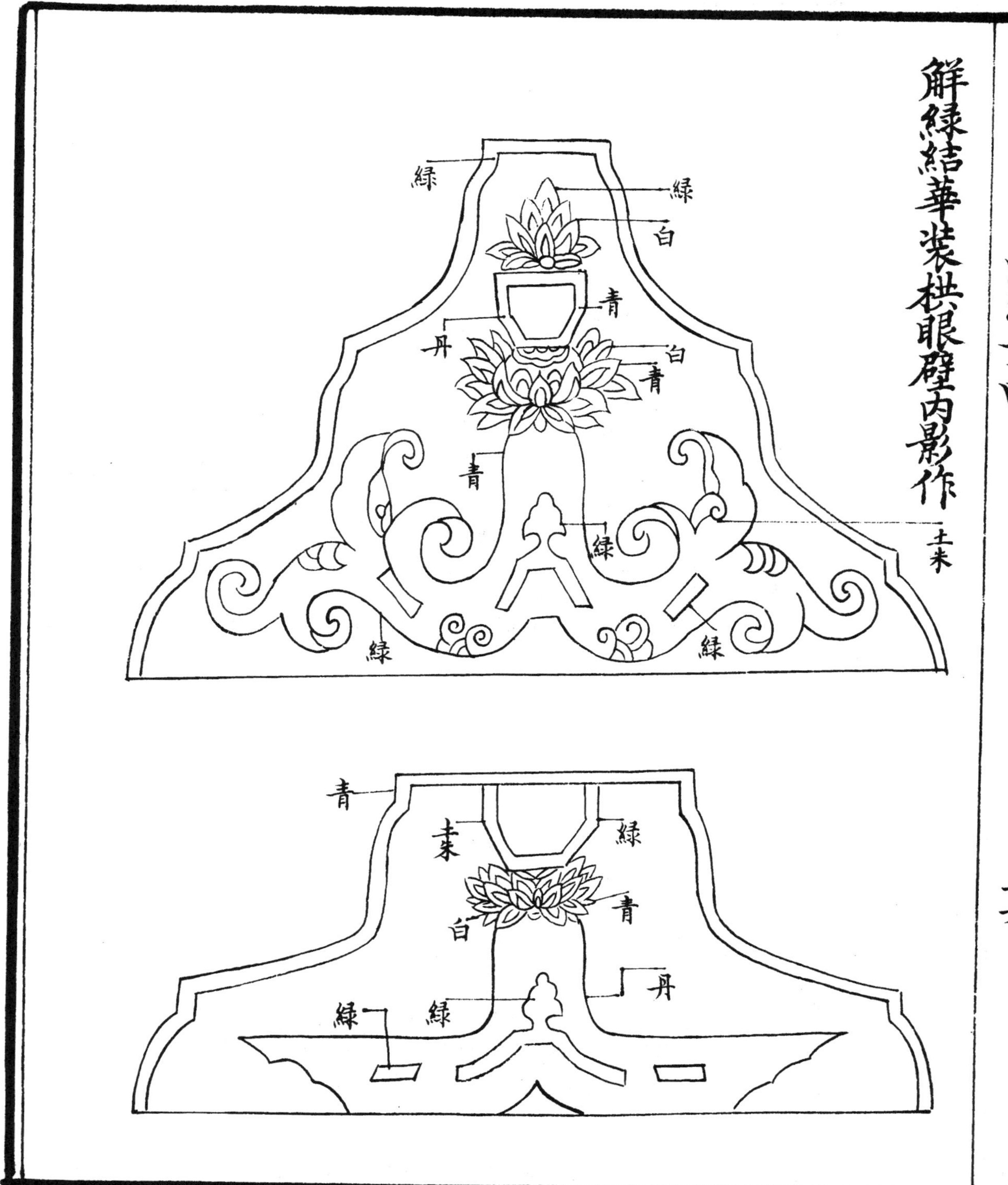
解綠結華裝栱眼壁內影作
綠
綠
白
青
丹
白
青
青
綠
朱
綠
綠
青
朱
綠
青
白
丹
綠
綠

刷飾制度圖樣

丹粉刷飾名件第一

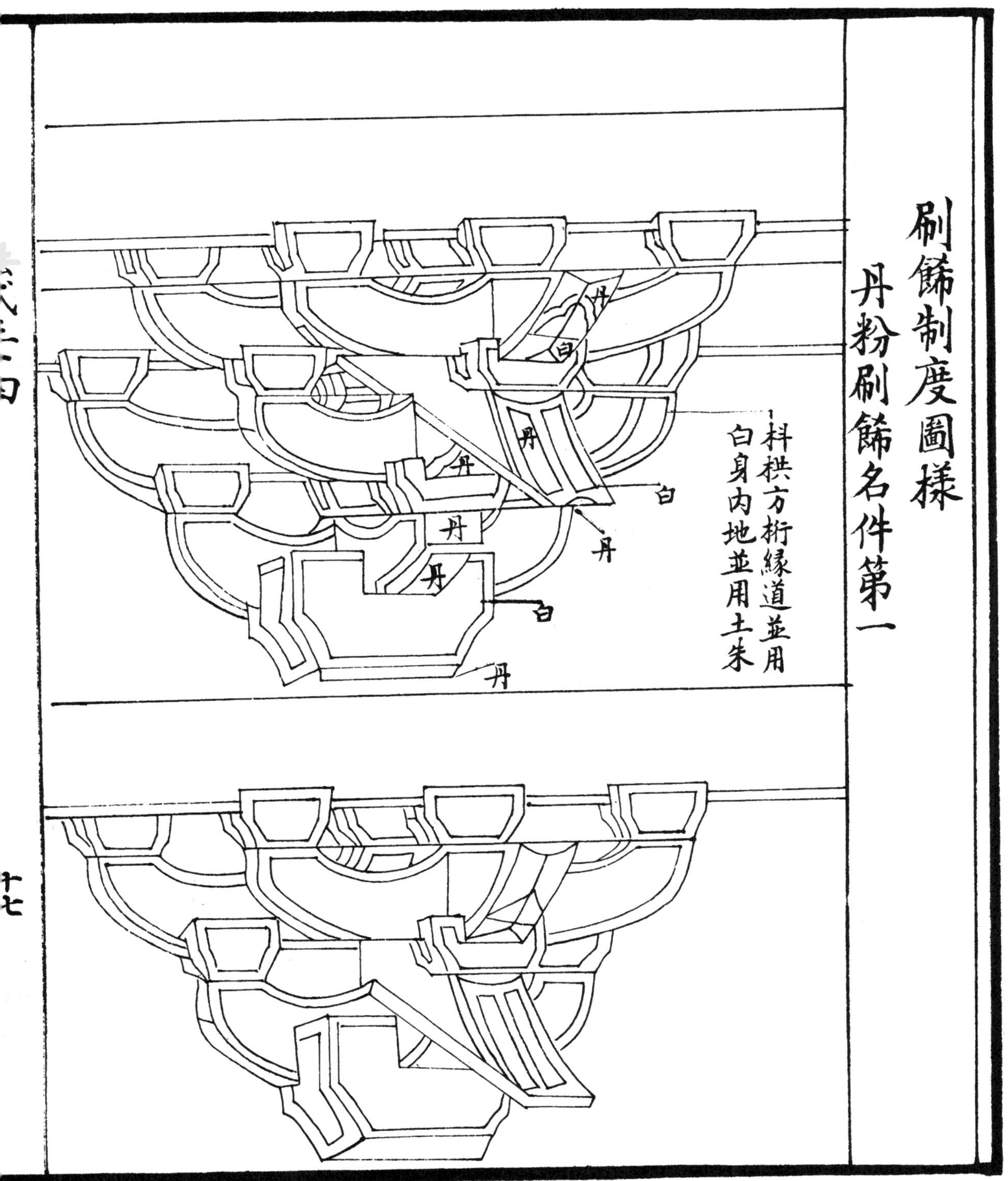

梁椽飛子

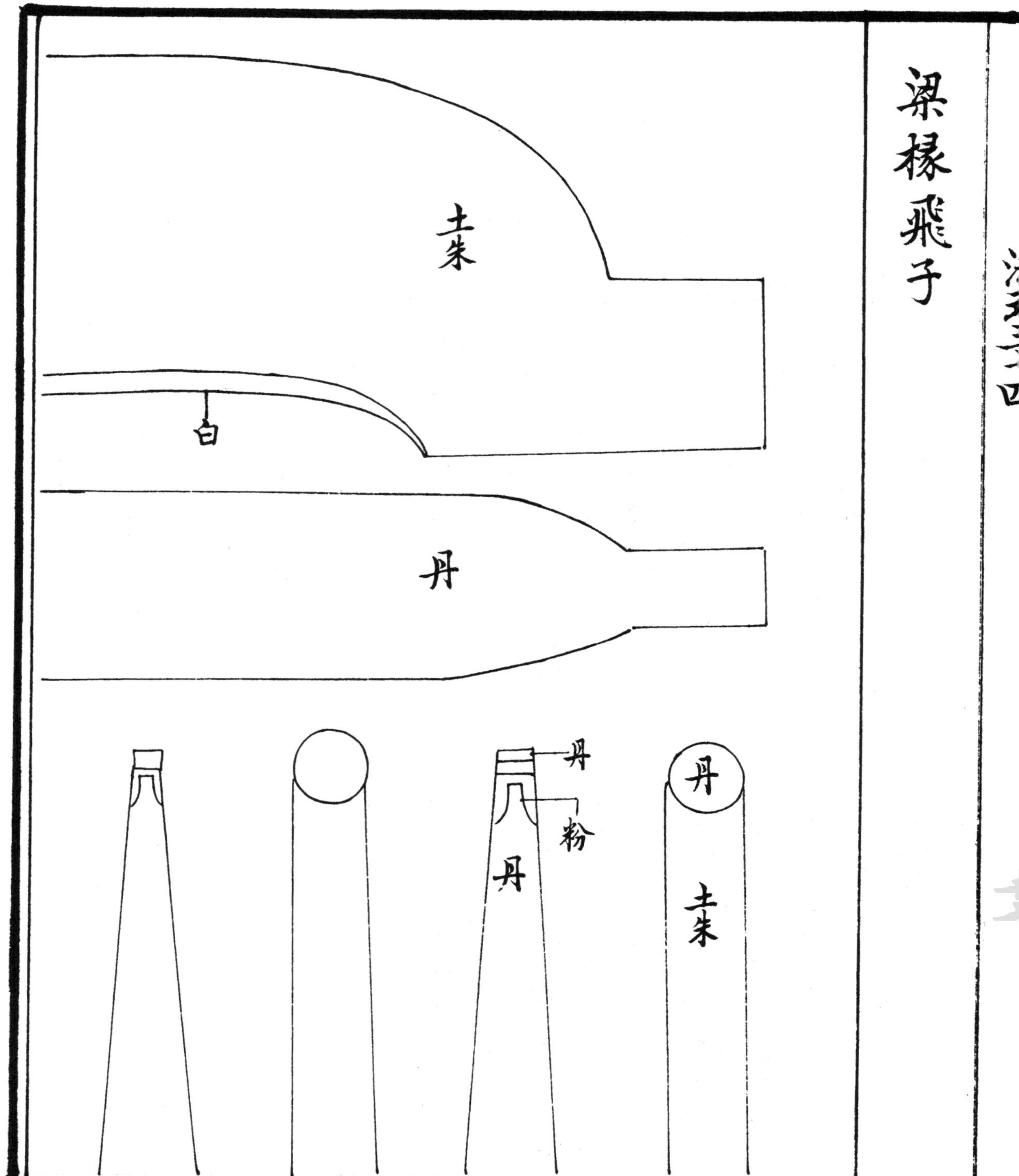

黄土刷飾名件第二

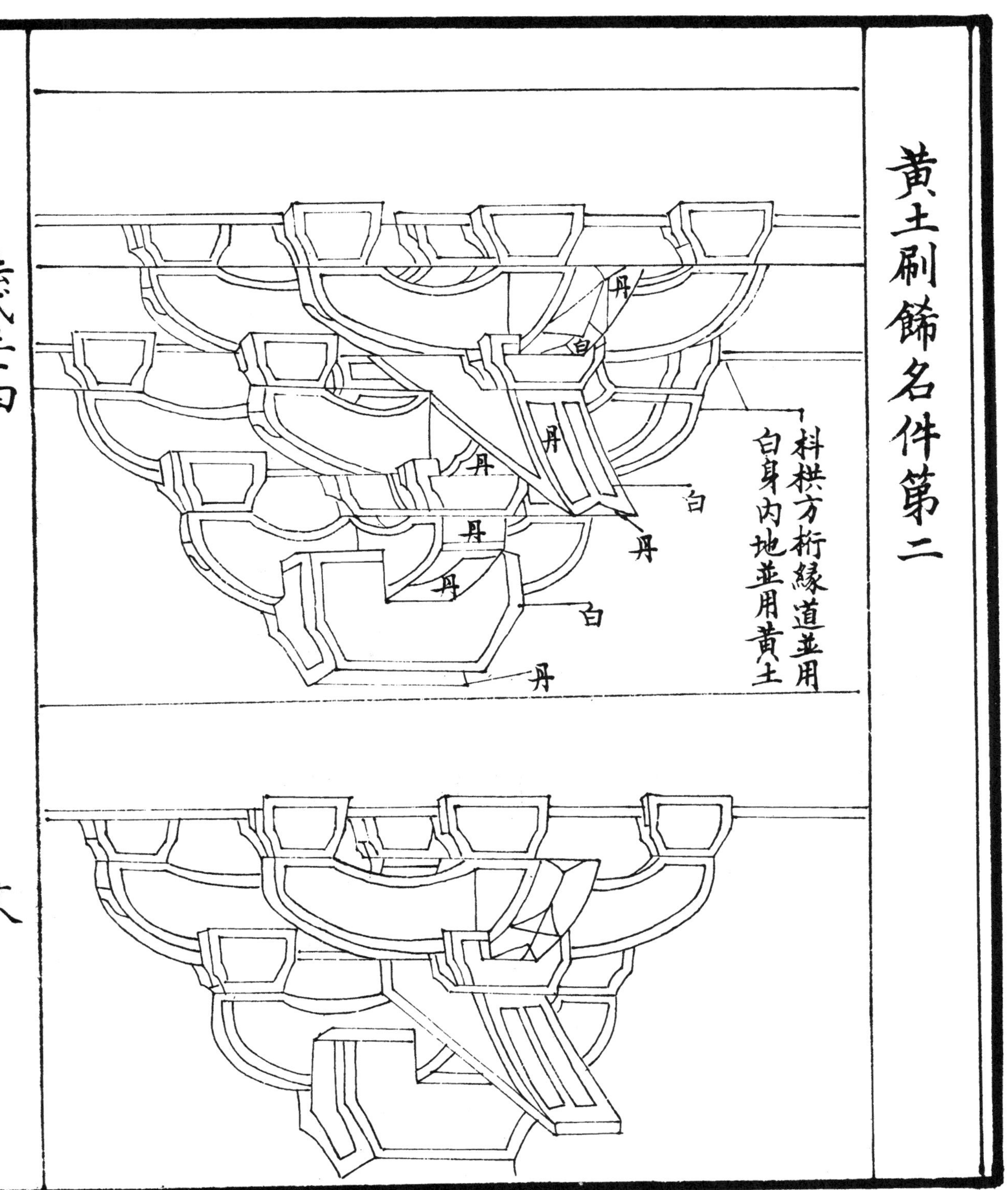

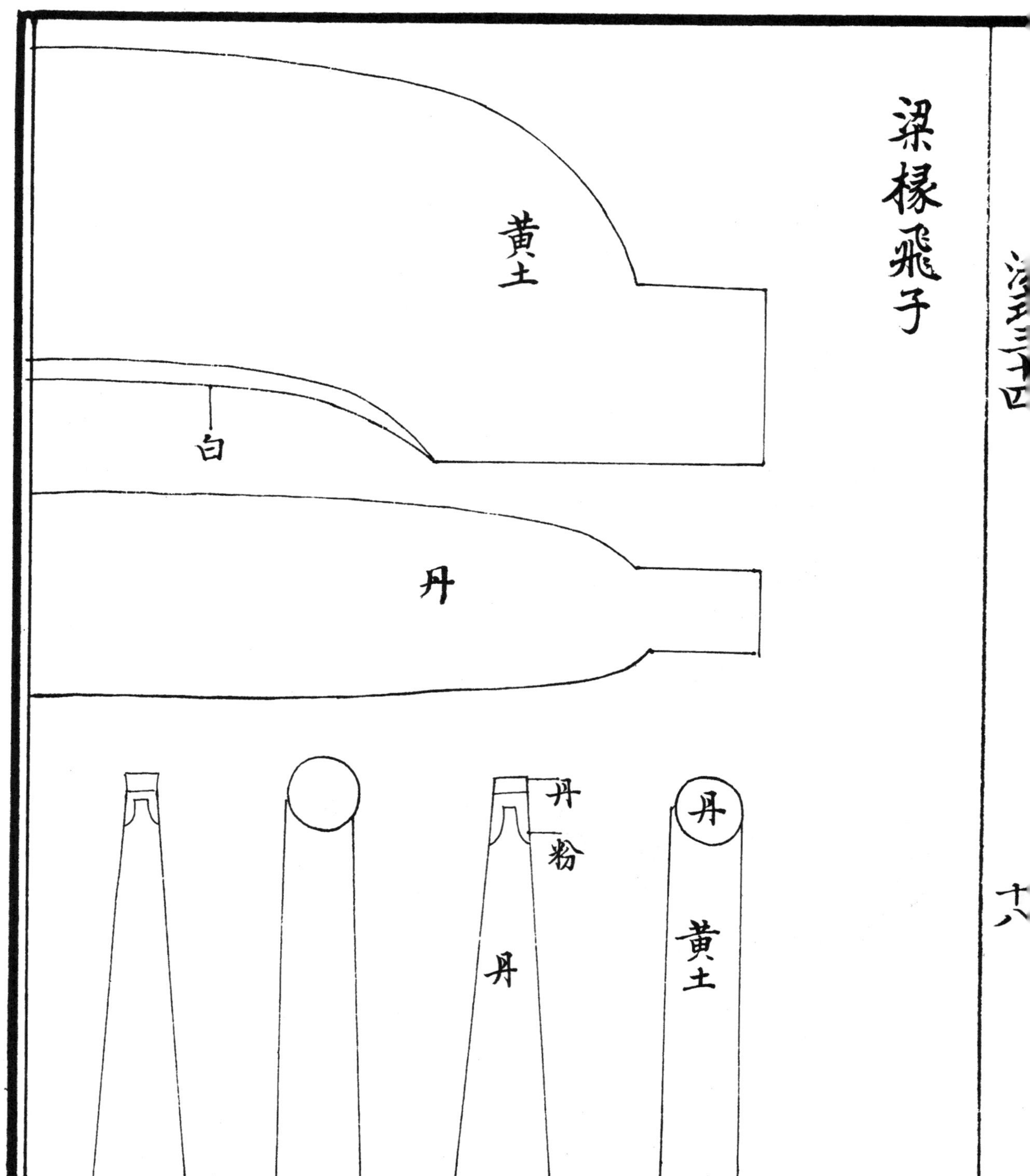
梁椽飛子
黃土
白
丹
丹
粉
丹
丹
黃土

黃土刷飾黑緣道

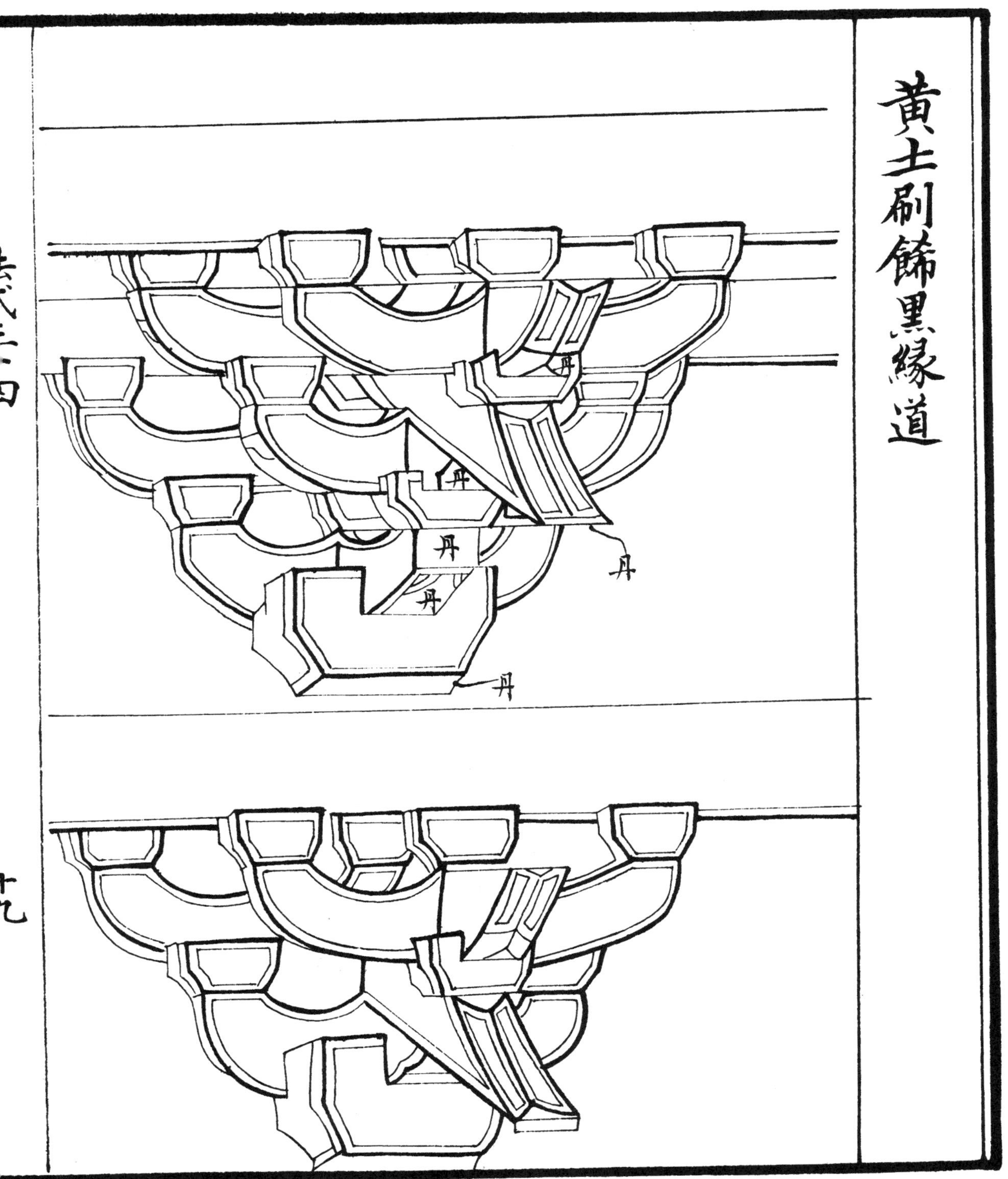

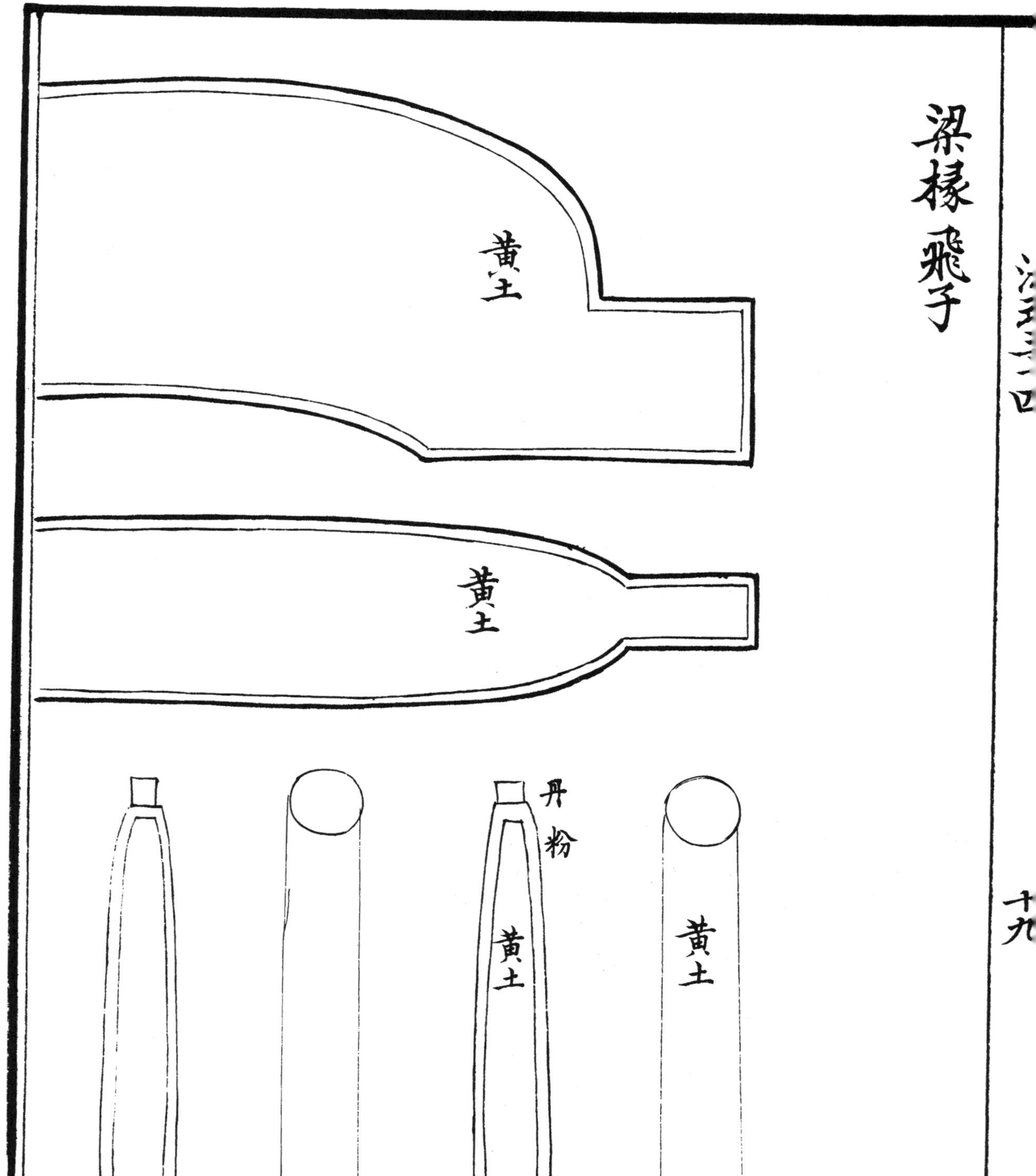
梁椽飛子
黃土
黃土
丹粉
黃土
黃土

丹粉刷飾栱眼壁

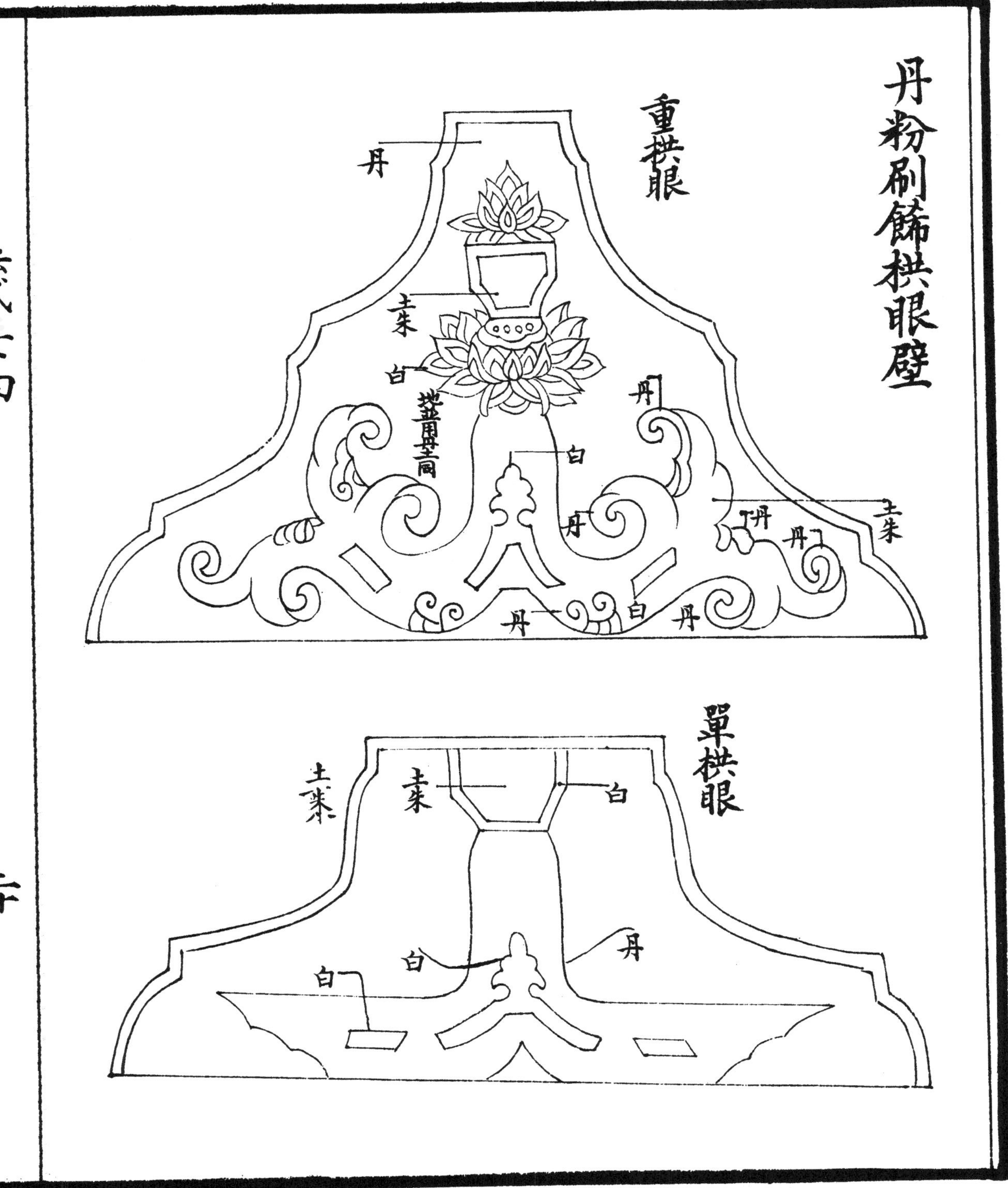

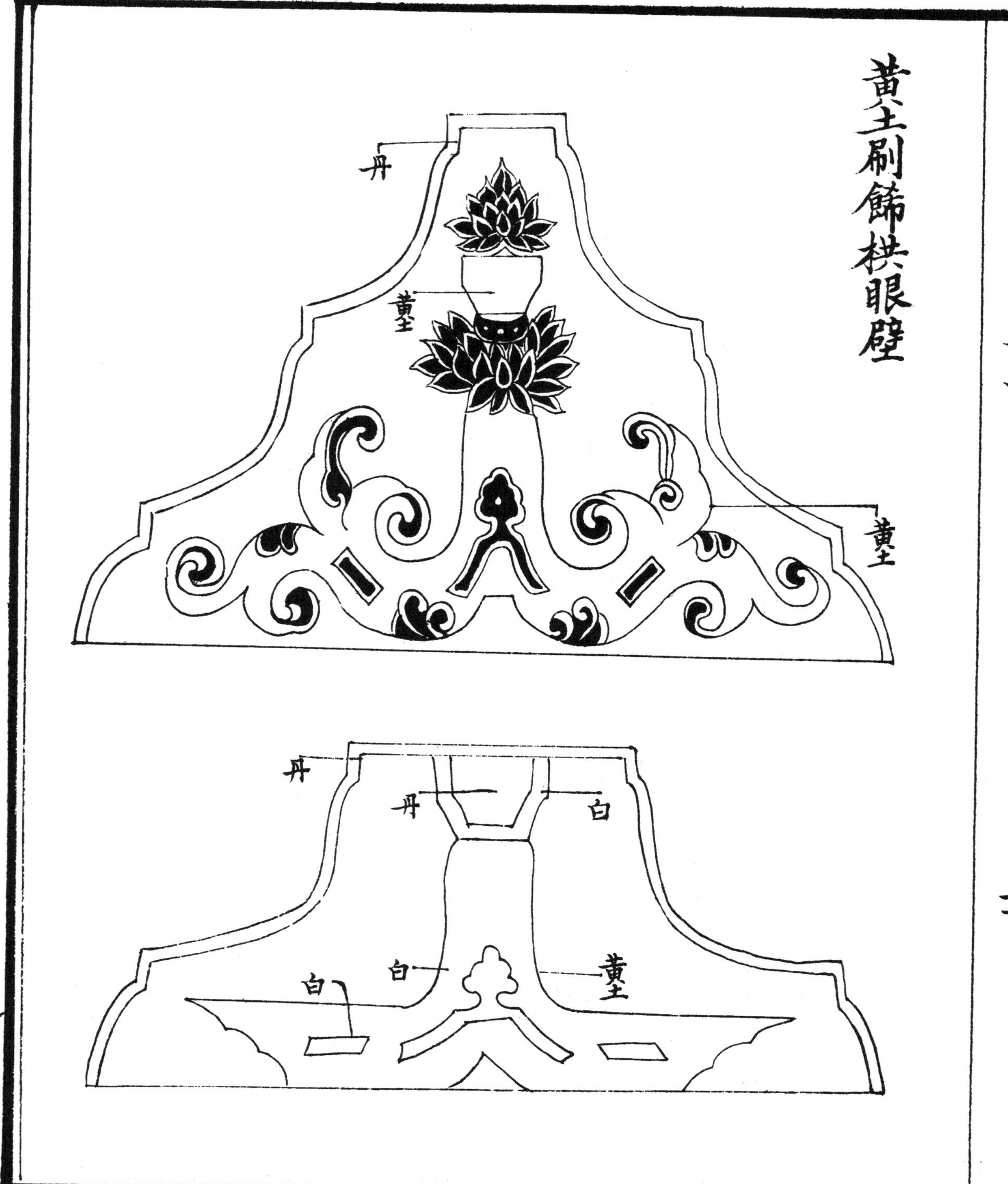

黄土刷飾栱眼壁

營造法式卷第三十四

平江府今得
紹聖營造法式舊本幷目録看詳共一十四册
紹興十五年五月十一日校勘重刊
左文林郎平江府觀察推官陳綱校勘
寶文閣直學士右通奉大夫知平江軍府事提舉
勸農使開國子食邑五百户　王晚重刊